GROWING MINDS
A Developmental Theory of Intelligence,
Brain, and Education

成长吧，心智！

智力、脑与教育的发展理论

[塞浦路斯] 安德里亚斯·德米特里（Andreas Demetriou） 著
乔治·斯巴诺迪斯（George Spanoudis）

左西年　刘斯漫　等译

教育科学出版社
·北京·

出 版 人　郑豪杰
责任编辑　赵琼英
版式设计　杨玲玲
责任校对　贾静芳
责任印制　米　扬

图书在版编目（CIP）数据

成长吧，心智！：智力、脑与教育的发展理论 / （塞浦）安德里亚斯·德米特里（Andreas Demetriou），（塞浦）乔治·斯巴诺迪斯（George Spanoudis）著；左西年等译. —北京：教育科学出版社，2024.4
　　书名原文：Growing Minds: A Developmental Theory of Intelligence, Brain, and Education
　　ISBN 978-7-5191-3599-7

Ⅰ.①成… Ⅱ.①安… ②乔… ③左… Ⅲ.①发展心理学—研究 Ⅳ.①B844

中国国家版本馆CIP数据核字（2024）第026043号
北京市版权局著作权合同登记　图字：01-2024-0328号

成长吧，心智！——智力、脑与教育的发展理论
CHENGZHANG BA, XINZHI! ——ZHILI、NAO YU JIAOYU DE FAZHAN LILUN

出版发行	教育科学出版社		
社　　址	北京·朝阳区安慧北里安园甲9号	邮　　编	100101
总编室电话	010-64981290	编辑部电话	010-64981280
出版部电话	010-64989487	市场部电话	010-64989009
传　　真	010-64891796	网　　址	http://www.esph.com.cn

经　　销	各地新华书店		
制　　作	北京京久科创文化有限公司		
印　　刷	保定市中画美凯印刷有限公司		
开　　本	720毫米×1020毫米　1/16	版　　次	2024年4月第1版
印　　张	27.75	印　　次	2024年4月第1次印刷
字　　数	336千	定　　价	86.00元

图书出现印装质量问题，本社负责调换。

译者序

二十年前，当我获得数学博士学位后转入生命科学领域时，我不由地开始思考人脑的奇妙之处：这是一个可以跨越时间维度的器官，它回忆过去、体验当下、规划未来。随着对认知神经科学的了解，以及家庭里新生命的诞生，我越来越渴望这样一本浓缩型的书籍：它能囊括我们心智终身发展所需的科学知识，指导我们理解人类心理行为的由来和发展、认识脑的发育规律和机制、实施家庭和学校教育，进而塑造一个更好的未来。这是一个巨大奢望，因为它必须汇集心理科学、神经科学和教育科学等多学科知识，而将这些不同学科的知识融会贯通起来则是一件非常困难的事。直到有一天，我打开邮箱收到谷歌学术发来的电子邮件，里面汇总了每隔一段时间全球学者引用我已发表学术论文的情况。本书的英文版彼时刚出版不久，恰好引用了我发表在《认知科学趋势》(*Trends in Cognitive Sciences*)上关于人脑连接组终身发展的文章。这吸引我迅速阅读了该书全文。读后我不由地感叹，这就是我一直寻找的那本书，我一定要把它介绍给每个人，让它惠及更多的父母，惠及学校和社会。

我希望这本书能带你进入一个人类脑与心智的世界，帮助你了解心智的结构和发展、脑与心智的关系以及教育与心智发展的关系。心智可以被理解为一个人的心理功能，如感知、记忆、推理等，而智力则是人在现实世界中利用心智适应环境、解决问题的能力，反映了不同人在应对外部世界时使用心智的方式和效率差异。不同人的智力不可避免地存在着差异，但这并不意味着智力的发展是随机无序的。先天因素和后天因素共同影响和塑造了智力，这种相互作用贯穿着一个人终身发展的历程，构成了智力发展的基础。在人类发展的早期阶段，遗传因素对智力起着重要作用。然而，随着成长和学习，后天因素，包括自我觉醒、环境适应、教育质量等，逐渐发挥越来越重要的作用。这种复杂的相互作用导致了个体之间智力发展的差异，也提示我们智力具备终身可塑性，可以通过教育和学习促进。

脑是心智的生物基础。心理过程和行为表现具有深刻的生物学机制，并且反映在脑的结构和功能上。脑的神奇之处在于它那极度复杂而精密的联结结构。人脑包含数以百亿计的神经元，这些神经元通过突触电化学信号相互连接，形成了复杂的神经网络，帮助我们处理感知信息、进行认知控制、调节情绪反应等。现代神经科学研究为我们提供了深入了解人脑运作机制的窗口，使得我们可以逐渐理解人脑的神奇之处，认识它支持和塑造我们的心智活动的一般规律。本书第二部分涵盖了脑发育和智力发展是如何相辅相成的知识，通过阅读这一部分我们可以知道，脑发育为智力发展提供了生物学基础，而智力发展又进一步促进了脑功能的优化和成熟，我们还能更进一步地了解先天和后天因素是如何发挥作用的，以及这种脑智之间的密切联系对于理解心智成长的重要性。

教育应致力于推动个体心理和行为的健康、全面发展。教育不仅仅意味着知识的传授，更促进着个体的心智成长和脑健康发展。在学生的学习成绩之外，教育更应关注学生的心理健康、社交能力、情感认知等方面的发展。一个成功的教育体系应该是科学的，应该能够帮助学生塑造积极的人格品质、培养健康的心理状态、促进脑智的健康发展，使他们能够应对生活中的各种挑战。科学化的教育需要建立在对个体身心脑发展规律和差异的尊重之上。教育者需要深刻理解脑与心智成长的规律及关联。不论何种类型的教育者，都应该充分了解我们脑在不同年龄段的发育特点，以及不同学习经历对脑功能和结构的影响，从而有针对性地创新教学内容和方法，激发学生的兴趣和潜能，引导他们积极参与学习过程，培养具有批判性思维和创造力的个体，实现每个人心理和行为健康而科学的发展。这其实也是对自古以来"因材施教"教育观科学内涵的丰富。希望这本书能成为每一个家长、教师和脑智健康工作者的案头书。

本书的翻译工作由左西年主持，科学技术部科技创新2030——"脑科学与类脑研究"重大项目（2021ZD0200500）资助，发展人口神经科学团队执行，团队由来自北京师范大学、中国科学院心理研究所、北京理工大学、南宁师范大学的进行多学科交叉研究工作的师生共同组建。具体分工如下：前言和导言由刘斯漫、陆秋宇、罗鑫澧主译，第一章由李会杰、王平主译，第二章由荣孟杰、朱言主译，第三章由王平、李会杰主译，第四章由周荃、张家鑫主译，第五章由朱言、荣孟杰主译，第六章由张家鑫、周荃主译，第七章由侯晓晖、王银山主译，第八章由王银山、侯晓晖主译，第九章由陈丽珍、张青主译，第十章由张青、陈丽珍主译，第十一章由常达、范雪如主译，第十二章由宫竹青、周子轩主译，第十三章由范雪如、常达主译，第十四章由周子轩、宫竹青主译，第十五章由刘斯漫、罗鑫澧、晏灿丽主译，第十六章由罗鑫澧、刘斯漫主译，第十七章由陆秋宇、杨宁主译，第十八章由刘斯漫、罗鑫澧、李照晴主译，第十九章由杨宁、陆秋宇主译，索引由所有翻译人员共同完成，全书最后由左西年、刘斯漫统一校定。

衷心希望我们的工作能帮助你更好地了解脑智成长的历程。这，只是一个开始。期待越来越多的人能和我们一样加入这支心智探索的队伍，更期待越来越多的人能利用好心智的成长规律，科学地学习、科学地生活。

左西年

2024年4月

前　言

这是一本讲述人类心智的书，汇集了有关人类心智的构成与发展过程的科学研究，同时探讨了造成人类心智个体差异的诸多原因。本书共由三部分组成。第一部分总结和评价了心理学有关心智研究的三种传统，分别是实验认知的传统、差异的传统与发展的传统。其中，第一种传统区分了注意、工作记忆、推理等心理过程，并阐述了这些心理过程在现实场景中的工作机制。第二种传统将心理过程视为个体差异的不同维度，并试图揭示个体在应用这些过程方面有何不同以及不同之处产生的原因。一般智力与智商的提出和智力测验的编制是这一研究传统的成果。第三种传统聚焦人类心智的毕生发展，试图勾勒出人生不同阶段的心智发育水平，并揭示其发展变化的机制。

人类心智是一个有机的统一体。不同个体的心理过程存在差异，年岁的增长也会带来个体心理过程的改变。为什么有的个体心智成熟得快，而有的个体却并非如此？唯有对人类心理过程、心智的结构与发展形成一个普遍有效的理论，我们才能最终揭开人类心智的奥秘。我们将在本书的第二部分详细展开这一理论。我们在这一部分通过整合实验认知、差异及发展的传统视域下的脑智研究成果，逐步形成了一个综合的理论模型。该理论模型不仅勾画出了人类从出生到成长过程中的心智发展过程及不同心智过程的交互作用，还揭示了导致个体发展与成就出现个体差异的因素。此外，我们还在这一部分将我们的理论模型与人格发展、遗传和文化影响以及人脑发展等有关人类心智的研究视角整合起来，旨在揭示"先天和后天"是如何交互影响心智，并最终塑造出独特的个体的。

本书第三部分聚焦教育，总结了教育如何影响智力及其发展的研究，阐述了有关智力的研究成果如何反哺教育，呈现了提升智力的实验研究。最后，这一部分利用这些知识建构了一个发展个体从婴幼儿到成年早期智力与批判性思维水平的完整方案。

本书是第一作者安德里亚斯·德米特里（Andreas Demetriou）教授的代表作，展示了其整个学术生涯的精华。对于第二作者乔治·斯巴诺迪斯（George Spanoudis）教授来说，本书的出版是进一步发展本书提出的理论的重要一步。自从20多年前，斯巴诺迪斯教授在希腊塞萨洛尼基亚里士多德大学（Aristotle University of Thessaloniki）开始研究生学习以来，两位研究者就一直保持着密切的合作。

作为人类心智发展的研究者，我们深信认识论思维的重要性，因此本书试图诠释好书中呈现的历史－认识论思想的起源和发展。从时间轴上看，书中的理论形成历经三个阶段。第一阶段从20世纪70年代末至80年代末，始于德米特里教授博士研究期间。在这一阶段，遵循重视心理过程领域特异性和模块化的时代趋势，德米特里教授研究了被皮亚杰低估的思维领域，并绘制了其发展图谱。在第二阶段，斯巴诺迪斯教授加入了德米特里教授的研究团队，时间为20世纪90年代初至21世纪初。以1993年和2002年两次在儿童发展研究协会（Society for Research in Child Development）发表专题论文为界，该阶段的研究旨在重新诠释心智发展的一般机制，以及它们是如何与特定领域发生联结的。探究注意控制、工作记忆、自我意识等心智发展的一般机制是这一时期的研究重点。从某种意义上说，本书是这个阶段研究的产物，试图从认知心理学的理论和心理测量学的方法出发来解答发展心理学的问题。2008年至2011年，德米特里教授被任命为塞浦路斯文化与教育部部长期间，他的学术生涯（幸运地）有了短暂的停歇。也正是借着这一契机，发展理论与教育在我们的研究中形成了联结。第三阶段从 2011 年至今，在这一阶段，我们重新定义了领域特异性过程、一般心理过程与自我意识三者之间的关系，同时我们开始关注智力与人格的关系，开展全新的实验，采纳最新的研究范式。这一阶段的知识与思想成果丰富了本书的第二部分与第三部分的内容。总的来说，第一阶段播撒下的种子在第二阶段生根发芽，终至第三阶段在理论和方法上结出累累硕果。

揭开人类心智奥秘的价值不言而喻。遗传学、脑科学、计算机建模领域的新方法与前沿技术推动了新问题的提出与解答。而这些问题在曾经巨擘辈出的时代（如查尔斯·斯皮尔曼、威廉·詹姆斯、威廉·冯特或让·皮亚杰所在的时代）无从寻求答案。即使如此我们也必须要说，本书中的研究发现无疑是站在这些先辈们的肩膀上的，他们的一些直觉和理论概念仍然存在于我们的理论中，并且构成了这里提出的许多概念的基础。我们谨以此书纪念他们，希望这本书能为他们提出的问题提供新的答案，同时启迪研究者提出更多问题。如果这本书能在所涉及的领域中引发新的研究，我们会非常高兴，即使这些研究将来证明我们的许多回答是错误的或不完整的。

本书面向所有对人类心智感兴趣的读者，以下几类读者会尤为受益。首先是人类智力和认知发展的研究者。正如前文所述，本书整合了认知发展的理论并提出了一个全新的理论体系。其次是教育工作者，包括教师和教育政策制定者。通过考量不同年龄段孩子可能出现的理解力方面的潜力与困难，本书能够指导教师更好地组织课堂教学活动。我们也将本书推荐给脑科学领域的科学家们，书中涵盖了大量脑智发育的理论和研究成果，有助于脑科学家们找到解释研究结果和提出研究问题的新视角。最后，本书阐述了智力与人格发展的相关研究，研究人格的学者可能也会对本书感兴趣。

书中的研究得到了众多机构与个人的帮助。研究的每一阶段都离不开各个大学的资助。本研究的第一阶段在塞萨洛尼基亚里士多德大学展开，第二阶段在塞浦路斯大学（University of Cyprus）展开，第三阶段在塞浦路斯大学和尼科西亚大学（University of Nicosia）展开，衷心感谢三所大学慷慨无私地提供学术与物资支持，共同协助研究的顺利开展。感谢资助机构对我们研究的大力支持，尤其是希腊研究与技术总秘书处（General Secretariat for Research and Technology）、塞浦路斯研究促进基金会（Cyprus Research Promotion Foundation）、雅各布斯基金会（Jacobs Foundation）和莱文提斯基金会（The A. G. Leventis Foundation）的支持。

衷心感谢参与本书中各项研究的同事们。他们分别是：来自塞萨洛尼基亚里士多德大学的阿纳斯塔西亚·艾夫克里蒂斯（Anastasia Efklides）、玛丽亚·普拉狄思多（Maria Platsidou）、尼古劳斯·马克里斯（Nicolaos Makris）、司马拉格达·卡兹（Smaragda Kazi）、艾莱夫里亚·格尼达（Eleftheria Gonida）、菲利普·卡尔勾普洛斯（Phillip Kargopoulos）和塔索斯·吉亚格可左格洛（Tasos Giagkozoglou），来自塞浦路斯大学的安提戈涅·墨依（Antigoni Mouyi）、玛丽亚·安德烈乌（Maria Andreou）、埃莱尼·帕帕乔里吉欧（Eleni Papageorgiou）、安娜·图尔瓦（Anna Tourva）、瑞塔·帕娜奥拉（Rita Panaoura）和马里奥斯·皮塔里斯（Marios Pittalis），来自尼科西亚大学的卡特里娜·乔里伽拉（Katerina Giorgalla）和瓦仑蒂娜·泽诺娜斯（Valentina Zenonos），来自雅典派迪昂大学（Panteion University）的埃琳娜·卡扎里（Elena Kazali），以及来自希腊色雷斯（Thrace）德谟克里特大学（Democritus University）的德米特斯·齐玛特兹蒂斯（Demetris Tchmatzidis）。

最后，我们无比感恩家人们的支持。德米特里教授特别感谢正在经历成长的儿孙们,他们是安德里亚斯(Andreas)、阿西娜(Athina)、尼古拉斯(Nicolas)和阿里斯(Aris),他们当中年龄最小的才2个月大,最大的8岁,感谢他们的成长经历为他提供了一扇观察心智成长的窗口,并为书中的一些实验研究带来了深刻的启发。

导　言

对人类心智的兴趣可以追溯到几千年前。在现代认知科学发展之前，哲学家柏拉图和亚里士多德就试图了解什么是知识和推理。他们的答案旨在建立理论，以阐释人类如何理解世界、如何建立关于世界的知识，以及如何与世界理性互动。后来，认知哲学家如康德、笛卡尔和休谟在19世纪晚期确立了现代认知心理学的框架。

如今，这些伟大的思想家提出的大多数理论已不再被人们所接受。然而，激发他们探索人类心智的问题仍然存在，并推进着认知和发展科学的现代理论和研究。柏拉图关于永恒的理论启发了关于遗传能力、核心概念领域和自然种类的现代理论。亚里士多德的逻辑是一种关于人类如何理解物体之间关系的理论，作为一种推理得出的解释，基本上仍然是有效的。康德关于质、量、因果、空间和时间的理性范畴在皮亚杰的理论和其他各种人类思想的现代认知科学分析中都有体现。在本书中，当我们试图强调哪些观点经得起时间的考验时，我们将参考这些思想。

这本书关注人类心智的三个方面：它的本质以及它在这个世界的功能，它在生命周期中的变化，以及它在个体之间结构和功能的差异。为了理解人类心智的本质，认知科学家探索了人类对世界的认识的起源（如感知和学习），用于表征和存储关于世界的信息的心理过程（如记忆），以及用于操纵和扩展对世界的认识的过程（如推理）。此外，随着个体年龄的增长，心理过程也会发生变化。事实上，人类心智是两个时间尺度上变化的产物：一个是系统发生的尺度，它是持久的，在物种的进化中起作用；另一个是个体发生的尺度，在每个人的生命周期中起作用。个体可能在这两个尺度上都有所不同：在系统发生的尺度上，个体可能携带不同的基因，反映出祖先影响的差异；在个体发生的尺度上，每个人有不同的发展史和生活环境。个体之间的这些差异解释了他们在智力上的差异。

所有人都有心智，但人们使用它的方式却不尽相同。个体使用心智的差异反映了他们的智力，智力在广义上被定义为我们使用心智来适应世界的能力。现代有关智力的科学试图描述和解释智力的个体差异，并揭示为什么有些人在获取和使用知识以及应对环境中的挑战方面比其他人更有效率。

本书将总结关于人类心智三个方面的研究。我们使用"心智"一词来指代心理功能（例如，每个人都有感知、记忆和推理）的一般方面。智力一词指的是现实世界中个体对这些过程的使用，因此，它指的是个体在应对世界使用心理过程时可能存在的差异。我们的主要目标是为一个全面的理论奠定基础，该理论将解释人类心智发展的三个方面：它的组织和功能，它的毕生发展，以及它在组织、功能和发展上的个体差异。读者可以从本书中找到以下问题的答案。

（1）智力背后的认知过程是什么？也就是说，为了学习、问题解决和决策，信息是如何被表征、连接、加工、理解、转换和使用的？

（2）什么是一般智力？什么又是特殊智力？也就是说，不同的知识领域（如数学、文学、科学）或技能（如音乐、绘画和舞蹈）之间有什么共同之处，以及它们各自又有什么特殊之处？

（3）随着儿童年龄的增长，在智力方面什么是稳定的，什么又是发展变化的？一般的心理过程是简单地延续多年，还是随着个体的发展转变为不同类型的心理过程？

（4）为什么智力存在个体差异？差异是由父母和祖先的遗传基因决定的吗？环境和文化对这些差异的影响是什么？基因和环境的影响是如何相互作用的？

（5）智力和智力发展与基因组和脑的关系如何？是否有控制智力功能的特定基因？是否有与不同的表征和心理过程相联系的脑组织和功能的特定模式？这些模式的变化是否与智力功能的发展变化有关？

（6）智力与人格有什么关系？不同的人格特征是如何使用智力来应对世界的？智力是否反映在人格的不同方面？

（7）智力可以通过特定的干预来提高吗？也就是说，是否可以提高发展中的个体在表征和处理关系、做出更好的选择和决策、处理更复杂的问题等方面的能力？在教育的背景下，令个人的需求与许多其他人的需求相协调，具体的干预措施如何实施？

智力包括什么？

人类的心智源于人脑功能。人脑是一个极其复杂的系统，它的进化使人类能够了解世界，并为了生存和延续而应对世界。我们通过感官与世界相连。视觉为我们提供了通往可见世界的途径。我们所处的空间，我们所看到的物体，它们的颜色、形状、大小和数量，它们彼此之间的相对位置，以及它们之间的相互作用，都是通过我们的眼睛和脑中负责表征与加工眼睛收集的信息的区域来了解的。听觉提供了获取声音的途径。自然环境和其他生物（包括人类）产生的各种声音都可以通过耳朵和脑中负责记录和加工声音的区域来了解。其他感觉，如嗅觉、味觉和触觉，提供了关于世界的其他种类的知识。来自不同通道的信息具有特定的属性。随着时间的推移，人脑已经进化出专门加工感官提供的各类信息的结构和过程，并将不同类型的信息整合为整体和系统的表征，从而实现准确的理解、适当的决策和有效的问题解决（Jung & Haier，2007）。

上述描述适用于所有其他有脑的生物，其程度因脑的复杂程度而异。人类，也许还有其他一些动物，可以从储存的知识和想法中获取知识和解决问题的方法。这些文化产物最初之所以成为可能，是因为人类进化出了一种交流系统，使他们能够分享知识和思想，这就是语言。人类至少在10万年前获得了语言（Sampson, Gil, & Trudghill, 2009），很久以后，大约3200年前（Daniels & Bright, 1996），他们通过发明代表语言的任意符号系统（主要是文字），使知识和思想的永恒成为可能。因此，知识和问题解决成为集体性的，在原则上总是可用并且可以被修改的内容。不同文化所储存的知识反映了它们各自的历史。教育经过数千年发展起来，是将每个人引入自己文化的一种方式（Mithen, 1996）。

自19世纪晚期以来，人类心智一直是心理学三大研究传统的焦点：侧重于认知功能和过程的实验认知的传统（Sternberg, 2011）、侧重于智力能力的个体差异的差异的传统（Hunt, 2011; Mackintosh, 1998）、侧重于认知发展的发展的传统（Case, 1985; Piaget, 1970）。由于侧重点不同，这三种传统的研究问题、研究方法和理论结构各不相同，尤其是在早期。随着时间的推移，这三种传统在理论和方法上相互作用、相互影响，这导致它们在分析和研究人类心智方面出现了很大程度上的聚合。根据这些传统，人类心智（1）从与世界的互动中积极学习，（2）在心理模型中表征这一互动，并据此（3）应对未来发生的事件，尤其是突发事件。在这些传统中，能否成功地应对突发事件，是心智整体功能效率的判定标准，可用于对当前情境（实验认知的传统）、其他个体（差异的传统）或个体的年龄（发展的传统）的综合考量。所有传统都是还原论：它们总是试图将更复杂的过程（如智力或思维）简化为更简单的过程（如编码信息的速度或准确性），以解释我们学习或思考的能力（Demetriou, Mouyi, & Spanoudis, 2010; Demetriou, Spanoudis, & Mouyi, 2011, 2012）。本书的第一部分总结了每个传统的基本假设，目的是为我们的理论奠定基础，该理论建立在每个传统的优势之上，以便为人类心智的组织和发展提供完整的描述。

目　录

第一部分　人类心智研究的三种传统

第一章　实验认知的传统…………………………………… 002

第二章　差异的传统………………………………………… 021

第三章　皮亚杰的理论……………………………………… 033

第四章　新皮亚杰学派的理论……………………………… 050

第五章　推理的发展………………………………………… 067

第六章　关于心智的意识和认识…………………………… 082

第七章　核心领域…………………………………………… 100

第二部分　一个有关心智成长的理论

第八章　人类心智的组织形式……………………………… 114

第九章　发展的周期与阶段………………………………… 147

第十章　觉知的循环与中介………………………………… 164

第十一章　发展周期中心理过程的分化与整合……………… 181

第十二章　人格与情绪……………………………………… 199

第十三章　心智的遗传、心理和文化研究………………… 219

第十四章　绘制脑智发育图谱……………………………… 238

第三部分　一种发展的教学理论

第十五章　学校和智力发展………………………………… 270

第十六章　在实验室中增强智力…………………………… 283

第十七章　迈向教育实践的理论…………………………… 307

第十八章　培养批判性思维………………………………… 339

第十九章　结论：迈向心智成长的总体理论……………… 350

参考文献……………………………………………………… 367

索　　引……………………………………………………… 407

第一部分
人类心智研究的三种传统

第一章　实验认知的传统

实验认知的传统主要关注心理功能的动态方面，目的是解释人类如何：（1）感知世界并选择与特定时刻相关的信息；（2）为感知的信息赋予意义或解释；（3）解决遇到的问题；（4）存储和组织关于世界的知识和经验。

从 20 世纪 50 年代初以来，信息加工模型一直主导着认知心理学。根据这些模型，人类通常在与目标相关的冗余、冲突或不一致信息引起的不确定性条件下活动。通常情况下，我们在某刻看到的信息总是多于需要的。例如，在开阔的地方寻找某人时，我们经常看到周围有许多其他人或物体。要找到某人，我们需要寻找特定的面孔和身体轮廓，快速排除其他可能看起来相似的人。此外，为了做出最终选择，我们通常需要填补信息空白。例如，当我们正在寻找的人被其他人部分遮挡时，我们会利用记忆或推理将我们看到的与我们记忆中的信息相匹配。同样，在谈话中，人们通常需要根据听到内容的含义或对方的意图来做出决定。通常，人们需要对冲突的信息进行解释。例如，当一个人觉得伴侣的意思与他所说的不同时，为了实现他的沟通目标，他必须能够集中注意并有效地加工与目标相关的信息，在快速对话的约束下过滤与目标无关的信息，并通过推理填补空白。实际上，控制性注意、加工速度、工作记忆和推理在信息登记、理解、学习和问题解决中是很重要的。

一、注意和抑制的机制

控制性注意指个人专注于感兴趣的信息、同时过滤不相关信息的过程（MacLeod，1991；Neill，Valdes，& Terry，1995）。例如，当我们试图在人群中找到一个人时，注意会驱动对特定特征的搜索。在实验室情况下，斯特鲁普（Stroop）现象是有效处理冲突信息的典型例子。在该任务的经典版本中，研究者会给参与者呈现显示颜色词的卡片，卡片上的单词用黑色墨水或与单词本身表示颜色不同的墨水颜色印制（例如，用蓝色墨水印制单词"红"）。参与者接受不同条件的测试。研究者主要感兴趣的条件是阅读用黑色墨水印制的颜色词，以及当单词本身的含义和印制的颜色不同时，参与者说出印制墨水的颜色（例如，当蓝色墨水印制单词"红"时说蓝）的时间。在这些条件下，读字（100个字的卡片需要43.30秒）比读墨水颜色（110.3秒）快得多。这两个条件之间的时间差被认为是刺激的优势要素（即阅读单词的倾向）对加工较弱但与目标相关要素（即墨水颜色的命名）的干扰。这种差异被视为抑制的衡量标准，这是控制性注意的基本成分（MacLeod，1991；Stroop，1935）。

信息加工速度在信息加工理论中始终很重要。这是因为我们通常在已有信息快速变化的条件下活动。因此，在特定刺激消失或被其他刺激取代之前觉察和识别它是很重要的。信息加工速度通常指识别刺激或执行相关心理操作所需的时间。通常，在信息加工速度测试中，个体需要尽快识别一个简单的刺激，例如字母、几何图形或母语中的单词。在这些条件下，加工速度表示记录和赋予信息意义所需的时间。传统上，个体识别刺激的速度越快，效率就越高（Jensen，1998，2006；Posner & Raichle，1997；MacLeod，1991）。由于决策通常是在快速变化的情况下做出的，因此信息加工速度快有利于解决问题：在当前信息被新传入的信息淹没之前，必须完成对当前信息的理解。

二、表征和加工的机制

上文指出，理解是需要将当前信息与已掌握的信息联系起来的。这就需要使当前的信息保持足够长的活跃状态，以将其与过去相关知识建立联系。工作记忆是知觉和知识存储间的桥梁，或者是知识存储中的不同概念间的桥梁（见图1.1）。工作记忆使一个人能够留住处于活动状态的信息，同时将其与其他信息整合，直到当前问题得到解决。工作记忆的一个常见衡量标准是脑可以同时有效加工的最大信息和心理操作的数量。例如，记住几个句子中每个句子的倒数第二个单词，记住几个算术运算的和，记住物体在一系列场景中的位置，等等。有大量证据表明，理解、学习和问题解决与工作记忆表现呈正相关。工作记忆的增强增加了新信息之间或新信息与长时记忆中已存储的信息之间建立的连接。因此，工作记忆能力的增强使我们能够在理解概念、构建新的概念或提出问题解决方案时有更多选择。

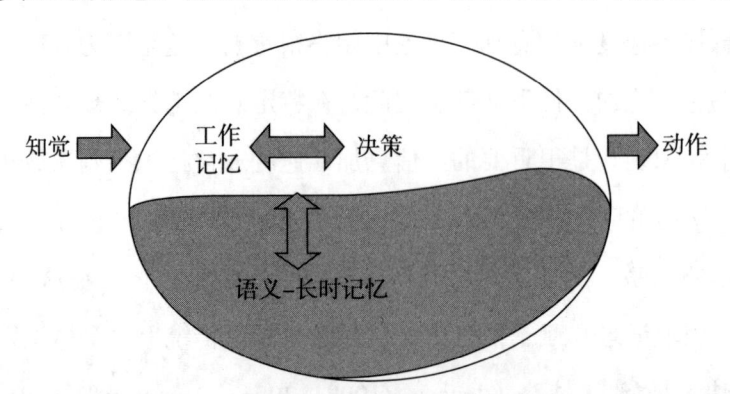

图1.1　工作记忆在持续感知和过去的知识（长时记忆）与行为之间调节

注：阴影区域代表晶体系统，白色区域代表流体系统。

巴德利（Baddeley，1990，2000，2012）的模型（见图1.2）受到了广泛的经验和理论的检验，被认为是工作记忆架构的良好估计。它假设工作记忆由一个中央执行器、两个专门的存储系统和一个整合的情景缓冲区组成。中央执行器是一个注意控制系统，负责监控和协调两个从属系统的运行，并协调工作记忆中的信息与长时记忆中的信息。

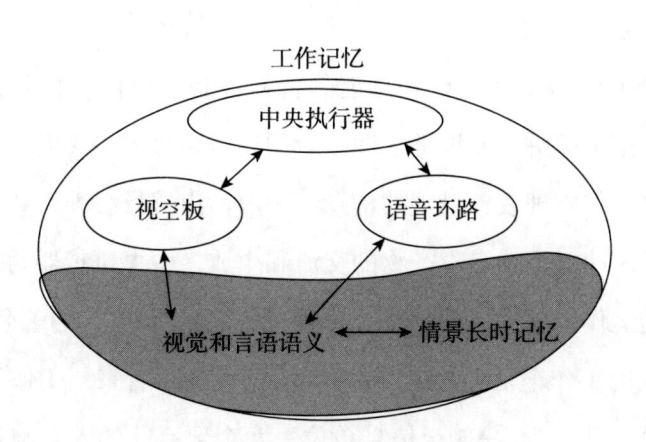

图 1.2　巴德利工作记忆模型

注：阴影区域代表晶体系统，白色区域代表流体系统。

语音环路包括一个短期语音缓冲环路和一个默读复述环路。第一个环路存储遇到的口头信息，此缓冲区中的信息会迅速衰减。第二个环路通过复述、刷新记忆痕迹来抵消这种衰减。复述越快，语音环路中能够保存的信息就越多。视空板负责保留和操作视觉或空间信息。这两个从属系统利用了不同的资源。因此，每个系统都容易受到不影响另一系统的特定信息的干扰。也就是说，语音环路受语言干扰的影响，但不受视觉空间信息的干扰；视空板受视觉空间信息而不是语言干扰的影响（Shah & Miyake，1996）。然而，这些系统是相互关联的，来自一个系统的信息可以通过中央执行器指导的复述转化为另一个系统的编码。

情景缓冲区是"一个容量有限的能够融合各种来源信息的临时存储系

统"（Baddeley，2000，p. 421），可将信息整合到使用多模态编码的单一多维表征中。它将来自其他工作记忆成分和长时记忆的信息整合到更复杂的结构中，例如场景或情节中。它充当具有不同编码（如单词、视觉图像或数字）的子系统之间的中介。中央执行器的能力有限，影响了情景缓冲区信息的整合和保持。对多种来源和通道的信息的提取和绑定过程主要基于有意识的觉察。

巴德利的模型反映了认知功能的特异性和一般性。特异性是根据接收信息的通道（即听觉或视觉）和随后的符号系统来定义的，这些符号系统处理以语言与心理表象呈现的信息，一般性由情景缓冲区和中央执行器完成。情景缓冲区整合心理产物的交流和生成，中央执行器的能力为两个附属系统的运作设置了一般约束。米勒（Miller，1956）的著名论文提出，正常成年人的工作记忆能力是 7±2 个信息单位。后来，工作记忆的容量被认为更低一些，为 3—5 个信息单位，两个数字间的差异与执行过程的操作所需的容量有关（Cowan，2010）。工作记忆的以下方面会影响智力：个体在工作记忆方面的差异与他们信息整合和推理能力的差异有关，还与认知发展有关，因为工作记忆的能力随着年龄的增长而提高。

三、整合机制：联想、推论和推理

存在一些不同的信息整合的机制。联想是一种或多或少的自动机制，它根据刺激或反应在时间或空间上的物理接近性或它们针对同一事物的共同特点来关联刺激或反应。各种类型的学习，如巴甫洛夫经典条件反射和斯金纳操作性条件反射，都是基于联想的。在巴甫洛夫经典条件反射中，一种特定的物理刺激（铃声）与另一种刺激（食物）的性质相关，然后引发该刺激自然引发的反应，例如狗看到食物在前方出现时分泌唾液。在斯金纳操作性条件反射中，如果一个事物在另一个事物出现之后不久出现，则刺激与反应会建立关联，例如当特定反应得到奖励时个体就会学习这个反应，当特定反应得到惩罚时个体就会躲避这个反应。

联想可能是推论的基础，因为它为推论提供了原材料。此外，推论是一种更加自我导向的关联形式，其中刺激之间的关联是建立在规则编码的基础上的，根据过去经验对正确或错误进行编码。一般来说，推论包括思考者将意义从一个表征转移到另一个表征的过程。这种转移通常发生在初始（或基本）表征和目标表征都具有的属性的基础上。

推理是涉及推论的思维。在推理中，我们用公共属性作为两个表征之间的中介；能够刻画基本表征的属性（公共属性除外）也归属于目标表征。例如，一个四岁的孩子若有所思地得出结论："如果我扔掉它时它没有破裂，那它就是一块石头。它没有破裂。它一定是一块石头。"（DeLoache，Miller，& Pierroutsakos，1998）这里要连接的两个事物是石头和当前物体的概念，它们的共同属性是它们在掉落时不会破裂。凭借这种共同的性质，"石头性"和其他衍生性质（如石头是重的、硬的等）也可以转移到当前物体上。

推理有几种类型，两种最概括的类型是归纳推理和演绎推理。归纳推理是一种更自由的推理，可以涉及任一类型的表征，例如知觉、心理图像和语言命题。此外，在归纳推理中，推理从特殊到一般或从特殊到特殊，结论不是必需的，而只是可能的。例如："我遇到的狗吠叫；因此所有的狗都会吠叫。"显然，这个结论只是可能的，因为将来我们可能会遇到不吠叫的狗。类比推理是应用于关系而不是对象本身之间的相似性的归纳推理。需要类比推理问题的经典结构由以下公式表示：$a:b::c:d$。例如，雅典之于希腊，就像伦敦之于英国（Holland，Holyoak，Nisbett，&

Thagard，1989）。

演绎推理是一种更受约束的推理。首先，它只涉及口头陈述或命题，或其他代表命题的符号。因此，演绎推理中的推理是将意义从一组命题（前提）传递到其他命题（结论）的过程。其次，在演绎推理中，推理过程总是从一般（前提）到具体（结论），结论必然从前提出发。这是因为在演绎推理中，前提必须是给定的，因此结论是强制性的。下面给出一个例子：

狗吠
麦克斯是狗
————————
麦克斯吠叫

显然，一旦这个论证的两个前提都被接受为真，无论麦克斯是什么样的动物，或者我们对它的了解如何，结论必然是正确的。这在前提与现实不一致的论证中更为明显：

狗会飞
麦克斯是狗
————————
麦克斯会飞

显然，在这个例子中，我们必须接受麦克斯会飞，即使我们知道现实是狗不会飞。

归纳推理和演绎推理都涉及许多不同的变式，每个变式都包含几个推论过程。例如，归纳推理涉及侧重于概率的统计推理和侧重于关系相似性的类比推理。演绎推理涉及类别推理和条件推理。类别推理是基于类别关系的。例如，用一个特定的属性刻画了一个类别（例如，吠）时，这个属性必然归属于该类别的成员（各种狗）。条件推理考察了"如果……那么……"类型的命题。条件推理对于智力很重要，因为它允许人们对信息进行整合和评估（Johnson-Laird & Khemlani, 2014）。

条件推理以四种逻辑方案为基础，个体在整个童年和青春期会慢慢掌握这四种逻辑方案（Markovits & Vachon, 1990; Moshman, 2011; Müller, Overton, & Reene, 2001）：肯定前件（modus ponens, MP），否定后件（modus tollens, MT），肯定后件（affirming the consequent, AC）及否定前件（denying the antecedent, DA）。其中两个方案，肯定前件和否定后件，是可判定的，并且容易掌握，因为结论所需的所有信息都存在于前提中。在肯定前件中，如果接受"如果 A 那么 B"和"A 发生"，则还须接受"B 必然发生"。在否定后件中，如果 B 没有发生，那么 A 也必然没有发生。其余两个，肯定后件和否定前件，是不可判定的，因为结论所需的信息，前提中并未提供。具体来说，在肯定后件中，如果 B 发生，并不意味着 A 也会发生，因为可能涉及第三个非特异性的因素。在否定前件中，如果 A 不发生，并不意味着 B 就不会发生，因为第三个因素可能导致 B 发生。因此，这两种方案被称为"逻辑谬误"，因为它们可能会欺骗思考者得出一个站不住脚的结论。我们将在后面的章节中看到，肯定前件和否定后件是在发展早期（儿童的 7—9 岁）获得的。肯定后件和否定前件这两个逻辑谬误，直到 11—12 岁才可能被儿童掌握，并且只有不超过三分之一的成年人能够系统地处理它们（Gauffroy & Barrouillet, 2009; Johnson-Laird & Wason, 1970; Markovits, 2014; Moshman, 2011; Overton, 1990; Ricco, 2010; Wason & Evans, 1975）。沃森（Wason）选择任务是演示这些过程的著名任务。这项任务涉及四张卡片，一面标有字母，另一面标有数字。例如，这四张卡分别写着 A、D、3 和 7，如图 1.3 所示。参与者被告知："以下规则适用于这四张卡片，可能是真的，也可能是假的：如果卡片的一侧有一个 A，那么卡片的另一侧有一个 3。"然后要求他们指出必须翻转哪些卡片以决定该规则是真是假。正确答案是 A 和 7。A 是相关的，因为它在规则中有所说明。如果另一边没有 "3"，那么这条规则就会被证明是错误的。显然，这是对肯定前件参数的测试。D 是不相关的，因为该规则不涉及带有 A 以外的字母卡片。带有 3 的卡片似乎是相关的，但它并不是，这是因为规则指定了 A 发生时必须遵循的内容，并且没有说明如果 3 发生时必须遵循的内容。因此，即使 A 没有出现在卡片 3 的另一侧，该规则也不会与实际情况相矛盾，因为该规则没有说明应该在 "3" 的背面标记什么。这是对结果（即肯定后件谬误）的肯定，如上所述。最后，带有 7 的卡片是相关的，因为它的另一侧可能有一个 A，这是规则不允许的。因为如果有 A，就应该有一个 3。因此，卡片 7 是相关的，因为它可以歪曲规则（这说明了否定后件与肯定前件的关系）。参与原始实验的大多数成年参与者选择了卡片 A 和 3，他们的操作就好像在表明 "如果 A 那么 3" 规则等同于 "如果 3 那么 A" 规则。当然，情况并非如此。

| A | D | 3 | 7 |

如果卡片的一侧有一个 A，那么卡片的另一侧有一个 3。需要翻转哪些卡片来决定该规则是真是假？

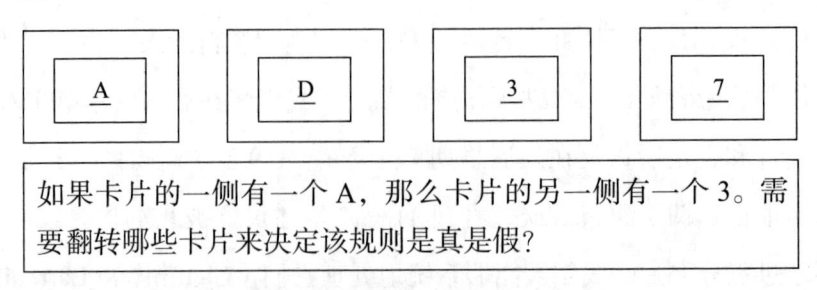

图 1.3　考察条件推理的沃森选择任务

关于推理的性质和操作，已经有几种理论。一方面，一些理论认为推理是在模仿逻辑规则的基础上操作的（Rips，1994，2001）。例如，在上面的例子中，肯定前件遵守一条规则，即"如果'A→B'为真，则任何A都必然得出B"。因此，在这种情况下，一旦"狗会飞"被接受为真，那么任何狗都会飞就必然是真的。根据推理的规则理论，上面概述的四个条件推理论点中的每一个都有一个规则。

另一方面，心智模型理论占主导地位。心智模型是对情境的表征，具有很强的图像成分，以某种方式向思考者描绘所代表的情况。例如，在"所有狗都吠叫"的前提下，会有一个狗吠叫的心理模型产生。该理论声称，人们会建立论据或情节中涉及的元素和关系的心理模型，并继续操纵和组合这些模型以得出结论或做出决定。例如，在上面关于吠叫的狗的论证中，"狗麦克斯"也"吠叫"的模型与"吠叫的狗"的一般模型相关联，并得出了一致的结论。根据提出推理心智模型理论的约翰逊-莱尔德（P. N. Johnson-Laird）的说法，推理是基于前提和一般知识的心智模型的构建：在肯定前件中，这是一个关于麦克斯吠叫的模型。每个模型都表示可能从前提推导出的真实情况。如果结论适用于所有模型，则该结论被认为是有效的。有研究表明，推理者还构建了反例的心理模型，这些模型会证伪前提。找不到任何反例会加强对结论有效性的信念。有证据表明，论证所需的模型越少，论证就越容易。例如，论证肯定前件需要的模型比论证肯定后件少；论证肯定后件还需要关于基本前提中陈述的可能性以外的其他可能性的模型。选定的是找不到反例的那个结论。例如，不能设想非吠叫狗的模型（Johnson-Laird，1983；Johnson-Laird & Khemlani，2014）。当推理者不考虑所有可能的模型时，就会发生错误。出于这个原因，工作记忆与包括沃森任务在内的这些任务的表现有关：更复杂的论证需要考虑更多的模型，因此需要更强的工作记忆（Barrouillet & Lecas，1999）。

这两种推理理论并非不相容。思考者可能会根据情况或他们的发展阶段在不同规则和模型之间切换。例如，在较后的发展水平上，人们可以构建规则，将他们的推理经验与心智模型及其关系进行编码。我们将在接下来的章节中说明这两种推理理论可以被整合在一起，以便根据发展阶段或已有知识使用规则和心智模型（Barrouillet, Grosset, & Lecas, 2000; Oberauer, 2006）。

四、思维语言：推理和模块化

在认知科学中，关于人类思维的结构存在长期且悬而未决的争论。在当前阶段，争论的重点是思维语言（Language of Thought, LoT）作为理解世界的手段的相对重要性，以及作为专门理解世界特定方面的模块的重要性。

（一）思维语言

思维语言被认为包含基本元素或意义单位及一组整合这些元素并形成关于世界的意义流的规则。因此，认知科学研究这些元素和规则的本质、起源和可能的发展（Schneider & Katz, 2011）。在其经典版本（Fodor, 1975, 2008）中，思维语言的基本单位是原子符号，代表着对思考者有意义的表征（例如，"猫""狗""动物""生命"可能都是有效的符号，尽管它们的含义可能因思考者而异）。这些符号可以通过组合语法而整合，产生无限的复合表征，其含义由所涉及的符号和使用的语法规则定义（例如，"如果麦克斯是一只狗，那么它会吠叫"）。维护真相是思维语言的一个基本属性，因为真实前提（符号）的转换总会带来进一步的真实前提：一旦初始真理被带到集合中，任何合成的表征都可以转换为任何其他集合。对于许多人来说，这种语法规则是逻辑推理层面的规则，与它们具体是什么无关（Johnson-Laird & Khemlani，2014；Rips，1994）。

思维规则从何而来？在认知和发展科学中，答案差异很大。在一个极端，沃尔夫假说认为需要通过语言来完成对思维的决定（Whorf，1956）：思维语言是语言中的语法规则。在另一个极端，完全独立假说假设语言是思维交流的媒介，对思维没有任何其他重要影响（Hurlburt，1993）：思维语言有自己的规则，语法规则是思维语言规则的映射。在发展心理学中，维果茨基和皮亚杰的理论被视为思维规则起源两极化的代表。在一个极端，维果茨基（Vygotsky，1986）声称，社会脚手架和语言塑造了思维。具体来说，内部言语（对自己的无声语言）表达及控制思维，并作为文化形成性影响的内在化媒介而存在。在另一个极端，皮亚杰（Piaget，1970）声称，思维规则是从心理操作的协调中逐渐产生的。这种协调变得越来越抽象，遵循在不同发展阶段能够处理的关系表达的逻辑规则。语言和其他表征功能，如知觉和表象，都服从于这种协调。因此，语言的状态和复杂性反映了当前心理结构的状态和复杂性。我们将在第三章中总结皮亚杰的理论。有趣的是，差异心理学的答案与皮亚杰的答案非常相似：语言被认为在表达已有的知识，而不是在塑造构建和使用知识库的机制（Carroll，1993）。

最近，卡拉瑟斯（Carruthers，2002，2009）的理论处于中间位置。他假设语言是一种通用工具，用于将领域特异性信息和表征连接到一般的思维流中，正如我们在各种形式的推理中看到的那样。具体来说，他认为将"不同的内容项目整合到一个思想中"（p. 668）的思维能力是以语法的基本属性为特征的，即递归性（例如，狗追狐狸、狐狸追猫、猫追兔子）、组合性（一个接一个地背诵单词以传递信息）、生成性（单词可以以多种方式组合以传达相同的含义）和层级性（例如，单词和句子可以被嵌入不同的层级中，以传达所描述现实的复杂性）。

（二）模块化

在许多理论中，一般的思维语言与几个模块一起存在。每个模块都是服务于特定生物或心理功能的过程系统，或多或少独立于其他模块。正如福多尔（Fodor，1975，2008）所介绍的那样，模块在最严格的表达中是自动的和信息密封的。也就是说，它们由专用的神经网络运行，因此它们被与它们相关的信息激活，而不是其他信息。一旦激活，它们就会产生对世界的解释（表征），这是所涉及的特定信息类型和专用网络被激活的产物。知觉就是一个例子。例如，颜色知觉就是这样：不同波长的光会导致不同颜色的知觉，例如绿色、红色等，除了影响眼睛、脑或二者视知觉的神经基础之外，没有什么可以改变这一点。这可能延伸到更高的层次，如对较小的数字的看法。数字直觉，即对3—4个彼此靠近的小物体的数量感知，是自动的，如果出生时没有，也会在生命早期出现。当输入信息与已有的模块相关时，模块特异性的行为就会产生，以满足当前的需求。模块化的假说假设人类思维是许多相互独立运行的模块的集合体。也就是说，模块是领域特异性的，每个模块涉及的信息加工机制都专门用于该领域的信息加工，不能跨领域互换。

模块化受到乔姆斯基（Chomsky，1986）将语言视为模块化系统的观点的高度影响。在他看来，人类是唯一在特定时间窗口（大约2岁）内获得语言的物种，这一事实是一个强有力的证据，证明了这样一个模块的运作，即该模块决定了语言是何时以及如何获得与使用的。作为对个体内和个体间令人印象深刻的认知成就的解释，模块化的概念引起了心理学界的极大兴趣。例如，低能学者可能在精神上严重受损，但在特定领域表现出高级能力，例如能够计算遥远的过去或未来的一天是星期几；尽管存在严重的精神问题，有些人仍会在工作记忆中表现出保持信息的能力（Luria，1968）。模块化的支持者认为，这种奇怪的技能模式表明，模块不需要任何通用过程来运行，正如那些认为存在思维语言的人所假设的那样。模块化有几种形式，从大规模模块化理论（Carruthers，2006）到假设大多数认知过程都是模块化的，再到假设过程之间的差异是更柔和的并且是由学习差异引起的。关于模块化的讨论在本书中会多次出现。

（三）知觉和意识

人类是否能意识到心理过程？知觉和自我意识一直是人类思维研究的核心。在20世纪20年代至50年代，内部心理过程并不被认为是科学上正当的研究对象。然而，在20世纪50年代的认知革命之后，对知觉和意识的探索已成为研究的主要焦点。这里关注的问题是：头脑了解自己吗？它是否有自己精神状态的表征？它能有意改变自己的功能吗？自我知识是否随着年龄或经验而改变？自我知识和意识如何与推理和加工功能相互作用？事实上，如今，它是脑科学研究的一大主题，主要目标是了解脑功能如何产生意识，以及意识反过来如何影响脑功能（Dehaene，2014；Koch，2012）。

在18世纪中叶，康德认为，只有意识到为了理解和判断而进行表征整合的能力，智力才得以存在："'我'作为一种智能存在是因为它意识到自己的整合能力。"（Kant，1902；Kitcher，1999）也就是说，智力只存在于能够认识自己的认知者中。这个认知者能够意识到通过结合真实对象、世界中的实体或具有因果关系的心理结构表征来产生客观判断的判断过程。这个过程的认知者具有对自我感觉的自我意识。

对于认知科学来说，知觉是人类思维的一个组成部分。我们在前面指出，为了实现目标，人类必须能够集中注意力并有效地加工与目标相关的信息。现在人们认为，知觉的进化使人类能够监控、记录、调节、组织和重组其表征和推理过程，调整它们以适应当前事物的意义和问题解决的需求。输入知觉的信息来自所有其他系统功能产生的信息；输出是对当前意识到的刺激和拟采取的行动的选择。因此，知觉是一种聚光灯，它允许一小部分心理内容进入意识并允许人们系统地操纵这些内容。显然，注意和工作记忆都是知觉的组成部分（Dehaene & Naccache，2001）。知觉的一般表示如图 1.4 所示（Baars，1997）。

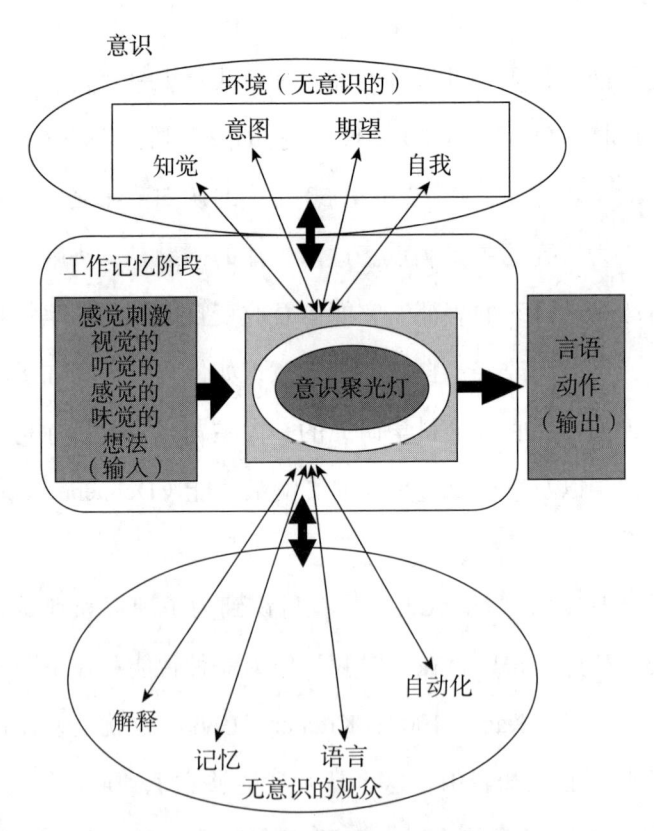

图 1.4　巴尔斯对知觉经验的剧场隐喻

毋庸置疑，并非我们关注的所有内容都能到达意识或被完全察觉。通常，认知过程及其产物，例如新知识或已有概念的变化，从未明确地到达意识。然而，知觉总是在接收来自认知功能的信号，潜意识地运行着。例如，一个人在实验中看到了一系列根据某种规则组织的字符，但并不知道这种规则。然后，他需要判断一组新的字母序列中的哪些序列遵守了该规则，并表明对判断的信心。有趣的是，对规则的意识水平，从完全意识不到存在到完全意识到存在，都可以反映在元认知判断的信心水平和反应速度上。对规则存在的意识越强，对该规则样例的识别就越快（Mealor & Dienes，2013）。

因此，知觉系统对低于意识阈值的过程很敏感，这个系统产生了一种看不见的洞察力，反映了注意操作和注意抑制机制。看不见的洞察力来自预测过程之间的相互作用，这些过程产生关于信息到达感官的原因的自上而下的预测（例如，对特定颜色或脸孔的预期）以及通过自下而上的投射提示预期和观察到的刺激不匹配（例如，这不是我期望看到的颜色或脸孔）。这些相互作用被记录和元表征，从而允许我们在需要注意的情况下进行系统的自我指向的行动（Scott, Dienes, Barrett, Bor, & Seth, 2014）。同样，德兰和帕施勒（Tran & Pashler, 2017）最近表明，涉及快速行动技能的内隐学习与意识有关。例如，如果想在网球比赛中获得上佳表现，就需要预测对手在击球时的隐藏信号，比如对手的目光或头部位置。只有明确线索与位置联系起来的规则的个体，才能学会这样的预测规则。我们的几个实验均利用了这一现象，后面的章节中会对此进行介绍。

当遇到新的信息，或者需要对新信息的意义或将要采取的行动做出选择或决定时，明确的意识就会被激活。当需要精神努力来构建问题的第一个表征、发现和过滤不相关的信息及激活过去的知识以评估当前不相关的信息时，意识也会被激活。因此，根据定义，巴德利工作记忆模型中的中央执行器是意识的主要场所。此外，根据定义，推理中的心智模型及其评估是意识的对象。重要的是，安德森和芬彻姆（Anderson & Fincham, 2014）最近发现，元认知模块可能位于大脑中，它"创建、修正和演练对认知过程的陈述性表达"。他们训练 12—14 岁的青少年和 19—35 岁的青年人根据特定的规则和相关反馈解决算术问题，使参与者能够概括和使用规则来解决新问题。问题解决有四个阶段：编码、计划、解决和响应。元认知模块可以保存这些步骤，修正它们，创建新的陈述性步骤，并演练它们。我们稍后将再次讨论这些问题，届时我们将介绍这些操作过程和智力的关系及随着个体发展改进其操作的研究。

五、总结

[20] 我们在引言中指出，所有探索人类思维的传统研究都在努力回答有关其组织、功能和发展的问题。在引言中陈述的各种问题中，实验认知的传统回答了与所涉及的过程及其相对普遍性相关的前两个问题，还回答了与心理过程的脑基础有关的问题。关于心理过程问题的答案如今被广泛接受：人类思维被表征为一个高效设计的信息加工系统。该系统涉及一套心理过程，为了理解和解决问题，在信息的表征和整合中执行不同的任务。任何信息加工系统的效率都是其在预先设定的表征限制（时间、负荷、复杂性等）内完成任务能力的函数。作为一种信息加工系统，脑通常在紧张的时间和表征约束下运行。信息（光波、声波等）快速连续地到达感官。任一时间点的任一图像、声音或其他感官输入都必须在消失之前被解释。登记和编码用于加工的信息也受到人体构造的限制。当眼睛看着这个时，它们不能看那个；当耳朵听到这个时，它们听不到那个；等等。这种现实需要被表征，这种表征会延长信息，直到它被整合在时间或感官上。因此，信息加工是参照四个参数定义的：速度、注意、同步和保持。

速度很重要，因为快速加工可以增加标准时间单元内可能加工的信息量。注意很重要，因为它能确保人们专注于信息并在相关刺激之间灵活切换，同时忽略不相关的刺激；给定时间单元内，对重要或相关内容越专注越好，因为这样资源就不会被浪费。同步是指在感官内部和感官间对信息编码进行微调。这很重要，因为它允许通过适当地"包装"略微变化的传入信息来构建物体或情节的适当心理表征。例如，来自眼睛的信息同步——匹配来自眼睛的图像（即双眼视觉）——带来了深度知觉；来自两只耳朵的信息同步——通过计算声音到达每只耳朵的时间的最小差异（即耳间时间差异）——使人们能够判断声音在空间中的位置；在同一视觉图像下或跨感官下融合同一个人的视角——例如将视觉图像和声音"耦合"在正确的面孔或人下——能够确保人们进行正确记录。保持是指在刺激消失后及时延长信息，以便将其与当前传入的信息相结合。这很重要，因为有限或不准确的保持会使人陷入不断的无关紧要的信息流中。保持是工作记忆的基础。

我们需要一种与高效信息加工相辅相成的模型，其中，分析的重点从信息的识别、表征和保持转移到整合和意义创造上。在这个层面上，真实性和有效性可能比效率更重要。换句话说，我们需要一个逻辑性模型。有人提出，真实性和有效性由不同的机制来保障。组合性、递归性、生成性和分层性是根据真实性和有效性的标准整合信息的四种基本特性。人们在归纳推理和演绎推理中控制推理过程的规则，根据表征的类型和所涉及的表征之间的关系类型来实现这种控制。例如，条件推理中的一般推理方案（如肯定前件、否定后件、肯定后件和否定前件）是建立在上述一般机制之上的真理制定规则，并能从给定的一系列表征和表征（或其符号）间关系中得出真实性和有效性。所涉及的信息类型（例如视觉、听觉信息）可能会导致整合过程产生操作差异。例如，在某些时间点显示某些逻辑关系时，视觉表征比听觉表征更清晰。这里的效率通常来自加工一种类型的信息比加工另一种类型的信息更容易的技能或倾向。

在逻辑性模型之上，还需要决策者模型。关于决策的文献跨越多个学科，包括数学、经济学和心理学（Evans，2003；Kahneman，2011；Osman，2004；Stanovich & West，2000），这超出了本书的关注范围。这里需指出，决策涉及选择，选择又涉及意识。显然，在心理加工中有很多东西永远不会到达意识，例如深度知觉或声音定位。然而，当我们对推理中的解释或结论或错误纠正进行选择时，我们需要一些意识，这些意识可能因学习或发展的任务或阶段而异。在决策者之上是一个代表个体的人类主体。因此，还需要一个主观性的模型。我们将在后面的章节中提出集成上述模型的方法。我们现在转向关注个体差异的区分性传统。

第二章　差异的传统

差异或者说心理测量的传统关注的是心理能力的个体差异。能力是贯穿多种行为的潜在维度或特征，并影响它们的相互关系。例如，学校里不同考试的分数——数学、语言和科学——往往是相关的：一个人一门科目的分数高，常常另一门科目的分数也高。有人假设，在所有相关的分数中有一些共同的因素引导着个体在这些科目中学习和表现的能力。上述三个科目的考试分数反映了在这三个领域中学习和解决问题的推理和记忆过程。差异的传统强调的是不同个体在理解、学习和解决问题时如何高效地利用各个过程，而不是其中所涉及的元素和操作。

心理测量的传统中对智力的研究在单因素和多因素的概念之间摇摆不定。一个极端是斯皮尔曼（Spearman，1904，1927）的双因素理论，该理论认为任何测试的表现只涉及两个因素：一般智力因素（general intelligence，g 因素），它是在所有测试中共有的因素；特殊因素（specific variation），指特定测试的表现所特有的技能或干扰。只有第一个因素是人们感兴趣的因素。詹森（Jensen，1998）和戈特弗雷德松（Gottfredson，2016）是当今一般智力因素观点的坚定支持者。

从技术上讲，g 因素反映了一种所谓的正相关模式，即所有认知测试彼此呈正相关关系。从数学上讲，g 因素代表了一种与所有认知测试相关的共同因素。对斯皮尔曼来说，g 因素主要代表了一种潜在的推理能力，用于推导关系和相关性。关系推理（eduction of relations）是一种归纳思维，基于对象或事件的相似性或功能，抽象出它们之间的关系。例如：麦克斯是一只狗，会吠叫；雷克斯是一只狗，会吠叫；狗会吠叫。或者：2、4、6……（下一个数字是8）。相关推理（eduction of correlates）是更高阶的对关系间抽象关系的归纳思维。例如，能够理解"雅典之于希腊，就像伦敦之于英国"，表明理解了"……是……的首都"的关系，意味着这两个城市与各自国家的关系是一样的。显然，关系推理和相关推理利用了上述讨论过的归纳和类比推理中涉及的推理机制。它们是构建世界概念网络并掌握所有领域意义的基础，例如语言中的隐喻、社会关系中的幽默、数学以及科学中的因果关系等等。斯皮尔曼还指出，使用这个机制的个体差异与不同个体表征和加工信息时脑功能的生物进程有关。

斯皮尔曼理论的现代分化是卡特尔和霍恩（Cattell & Horn，1978）提出的理论。该理论中，智力涉及两个一般因素——流体智力（fluid intelligence，Gf）和晶体智力（crystallized intelligence，Gc）。流体智力主要指向关系推理，与斯皮尔曼的g因素基本相同。而晶体智力主要指向有关世界的知识，它通过将流体智力用于学习和储存经验知识而建构，这些知识以后可以根据需要使用。

在另一个极端，有多个理论强调特殊能力。瑟斯顿（Thurstone，1935）的基本能力模型是智力分化理论的早期版本之一，强调特殊智力的重要性高于一般智力。瑟斯顿提出了七种主要能力：语词理解（verbal comprehension）、语词流畅（word fluency）、数字运算（number facility）、空间想象（spatial visualization）、联想记忆（associative memory）、知觉速度（perceptual speed）和推理能力（reasoning）。加德纳（Gardner，1983）的多元智力理论是人类智力分化理论的现代版本。加德纳的智力分类与瑟斯顿的非常相似：视觉空间智力（visual-spatial intelligence，即空间判断和思维可视化能力），言语智力（verbal-linguistic intelligence，即熟练使用词汇和语言阅读、写作、讲故事和记忆单词的能力）。逻辑数学智力（logical-mathematical intelligence，即进行逻辑、抽象、推理、数字运算、因果理解和批判性思维的能力）。加德纳在这个列表中增加了其他智力，它们源自认知心理学和神经科学的研究和实践，包括：音乐智力（musical intelligence，即对声音和韵律——节奏、音高、音调、节拍、旋律或音色、唱歌、演奏乐器和作曲的敏感性），躯体运动智力（bodily-kinaesthetic intelligence，即对身体运动和物体的熟练控制以及躯体行动的时间感与目标感），人际智力（interpersonal intelligence，即对他人的感觉、情感、动机的敏感性以及与他人合作的能力），自知智力（intrapersonal intelligence，即内省、自我反思、自我认识和自我控制的能力），自然智力（naturalistic intelligence，即理解自然环境以及对自然形态，如动物、植物、岩石，进行区分的能力），以及存在主义智力（existential intelligence，即对精神和宗教的理解）。

但是，这些理论并未很好地被实证验证。瑟斯顿（Thurstone，1938）承认他的模型基于从高水平的学生身上采集到的数据而建立。众所周知，当样本的变异性受到限制，特别是处于高水平一侧时，g因素会被隐藏在特殊因素之下，这反映出那些学生在感兴趣的领域中获得了高水平表现，但在其他领域中表现并不好。同样地，实证研究表明，大多数加德纳的智力维度高度依赖于g因素，包括言语、视觉空间、逻辑数学、人际、自然智力。还有一些智力维度与g因素的相关性不强（如躯体运动和音乐智力），但是它们通常不被认为是传统智力维度的一部分（Visser，Ashton，& Vernon，2006；Waterhouse，2006）。

当前这个传统中，越来越多人认同智力是一个三层等级系统。当前的心理测量理论建构的人类心智模型（McGrew，2009），已经总结并整合了卡特尔和霍恩（Cattell & Horn，1978）的流体智力-晶体智力理论，以及卡罗尔（Carroll，1993）的三层模型。这一常见模型通常被称为卡特尔-

霍恩-卡罗尔智力模型（Cattell-Horn-Carroll model，CHC 模型）。该模型假设人类的心智按照三个层级系统组织。

第一层级包含一些特殊的能力或技能，例如不同领域中的问题解决能力、对有关世界的信息和知识的掌握、言语和语言能力、在记忆中存储和提取信息的能力等。在第二层级中，这些特殊能力被总结成八种广泛能力。这八种能力的每一种均由第一层级的特殊能力所共有的潜在心理过程组成。例如，归纳和演绎推理是构成流体智力的基础；知识和信息的组织及其在文化相关环境下的应用是构成晶体智力的基础；信息的保留和储存是一般记忆和学习能力（general memory and learning ability，Gy）的基础；视觉化、空间关系、闭合速度和空间扫描是广泛视觉加工（broad visual perception，Gv）的基础；语言、声音辨别、一般声音辨别和音乐能力是广泛听觉加工（broad auditory perception，Gu）的基础；创造力、思想流畅性和命名能力是广泛检索能力（broad retrieval ability，Gr）的基础；测试反应速度、数字能力和感知速度是广泛认知速度（broad cognitive speediness，Gs）的基础；而简单反应时间、选择反应时间、语义加工速度和心理比较速度是加工速度（processing speed，Gt）的基础。这些反过来又受制于第三层级的一般智力，即 g 因素。g 因素密切反映在对智力的测量中，通过各种智力测试来体现，如智商（IQ）测试（Carroll，1993；Cattell & Horn，1978；Jensen，1998；Gustafsson & Undheim，1996）。图 2.1 说明了 CHC 模型的这种层级结构。

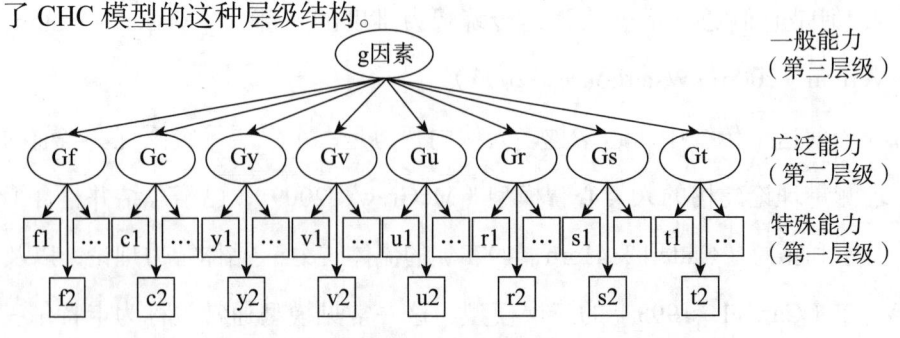

图 2.1　CHC 模型

目前对 g 因素的定义强调的是关系思维，它仍然非常接近斯皮尔曼的教育机制。许多实证研究将斯皮尔曼的归纳能力与各种形式的归纳和类比推理测试联系起来进行研究，如瑞文标准渐进矩阵（Raven's Standard Progressive Matrices，SPM）所测的内容就被认为与流体智力是相同的。瑞文表示（Raven，2000，p.2）："瑞文测试直接测量的是斯皮尔曼在 1923 年确定的那些能力（Spearman，1927）。这些能力分别是：（1）推理能力（eductive ability，来自拉丁文 educere，意思是"引出"），即从混乱中获得意义的能力，产生高级的、通常是非语言的、使复杂问题易于处理的图式的能力；（2）再现能力（reproductive ability）——吸收、回忆和再现信息的能力，这些信息已经被明确表达并从一个人传达给另一个人。"图 2.2 展示了瑞文标准渐进矩阵的例子。不同集合中的矩阵在复杂性上明显不同：集合 A 中较简单的矩阵需要基于一个清晰可见的感知模式抽象出一个单一规则；集合 B 和集合 C 的矩阵需要抽象出两到三个维度，并指出它们的内在关系；最难的是集合 D 和集合 E 中的矩阵，它们需要在隐含且没有明确规定的基础上抽象出多种规则，这些规则是在设想而非感知维度的基础上将各个维度联系起来的。值得注意的是，这些模式是由不同年龄段的人群在瑞文标准渐进矩阵总体上的平均表现归纳出来的（Raven，2000）。

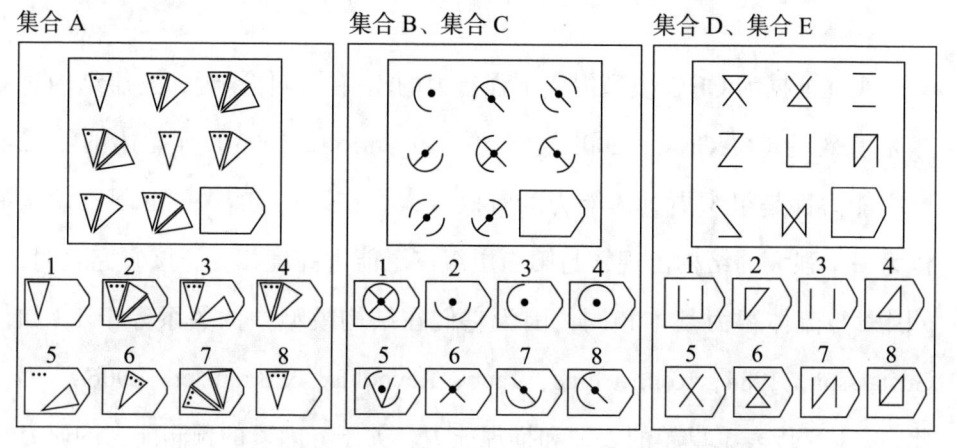

图 2.2　瑞文标准渐进矩阵中所包含的复杂度递增矩阵的例子

值得注意的是，还有其他几项测试聚焦于对一般智力更广泛的定义。纳格里非语言能力测试（Naglieri's test of non-verbal ability，NNAT；Naglieri，1997；Naglieri & Ronning，2000）是为了实现纳格里 PASS 理论而设计的（Naglieri & Kaufman，2001）。这个理论将智力定义为一个系统，涉及计划（planning，问题解决目标的具体化、实施和评估）、注意（attention，刺激的选择和抑制）、同时性（simultaneous，根据刺激的关系进行整合）以及连续性认知过程（successive cognitive processes，将关系编码为可能被推断到新情境的规则）。显然，PASS 理论在很大程度上是基于流体智力和执行过程的，这一点将在下文中讨论。因此，纳格里非语言能力测试包括了空间想象力、模式完成、序列推理和类比推理的项目。当然，这个测试与瑞文标准渐进矩阵高度相关（相关系数为 0.62）。还有其他几项被认为与关系思维有关的测试（Dumas & Alexander，2016）也与瑞文标准渐进矩阵高度相关（相关系数为 0.49）（Alexander，Dumas，Grossnickle，List，& Firetto，2016）。

一、连接实验认知的传统和差异的传统的研究

实证证据为 CHC 模型提供了强有力的支持。具体来说，三层结构显然是有效的（McGrew，2009）。卡罗尔（Carroll，1993）所描述的第二层级能力都是组织更具体能力的有效因素。在第三层级中，g 因素总是作为一个强大的结构出现，与第二层级广泛能力高度相关。该研究表明，g 因素与流体智力基本相同，因为它们在结构模型中的关系等于 1（如 Gustafsson，1984；Keith，Fine，Taub，Reynolds，& Kranzler，2006）。因此，g 因素代表了卓越的表征和推理能力。关于 g 因素的预测能力的研究

表明，它"是一种广泛的现象；具有高度的遗传性；为所有的认知测试提供了共同的支柱，不管是复杂的还是基本的，看起来是否存在差异；并且在身体、脑和行为中存在普遍关联"（Gottfredson，2016，p. 120）。许多日常活动结果，包括教育和职业成就、工作场所的成功、犯罪、发生交通事故、拥有婚外子女等，都与智商有关。基于这些发现，心理测量传统产生了有信度和效度的测试，用来衡量个体在每个维度上的相对位置。智力测试，如 IQ 测试或瑞文标准渐进矩阵等流体智力测试，都是很好的例子。总的来说，一般 IQ 测试或瑞文测试的表现被认为是一个较好衡量 g 因素的标准（Herrnstein & Murray，1994；Jensen，1998）。

请注意这样一个事实，差异的传统所规定的能力与实验认知的传统所研究的过程广泛重叠——注意力、工作记忆和长期记忆、推理以及涉及语言和视觉的特殊过程，这些都存在于 CHC 模型中。这两个传统的区别在于如何处理这些心理过程。在实验认知的传统中，研究和理论试图描绘每个过程的组成及其实时功能。在差异的传统中，这些过程被看作个体差异的维度。也就是说，它们是能力的稳定维度，可以用来比较个体差异，明确其相对位置；它们反映了每个人所拥有的能力，换句话说，它们反映了每个人在学习、解决问题和决策中使用每种能力的程度。

科学是还原主义的。它试图将复杂的现象还原为简单的机制或原理，以帮助人们更容易地预测和控制感兴趣的现象。在目前的情况下，如果我们能将个体之间在 g 因素或 IQ 方面的差异还原为更简单的过程，例如识别简单刺激所需的速度、对相关刺激的关注、对无关刺激的加工或工作记忆的抑制，那么我们对智力和学习的理解和控制将非常高效。这样的话，操纵这个更简单的过程就将导致更复杂的我们感兴趣的现象——智力的变化。在这一背景下，已有大量研究调查了在实验认知的传统中作为心理功能的重要组成部分的过程间的关系，这些过程是差异的传统中研究揭示各种能力的基础。

詹森（Jensen，1998，2006）强调了信息加工速度的重要性：识别一个简单的刺激物（如一种颜色）的最短时间、根据一个规则在两个刺激物中选择一个（如当红灯变成绿色或绿灯变成红色时，分别按下右边或左边的按钮）或执行一个心理行为（如根据推理链得出一个结论）所需的最短时间。事实上，这种方法隐含在卡罗尔（Carroll，1993）的理论中，因为他将第二层级中的许多因素与执行速度相关的主要过程联系起来。詹森（Jensen，1998）认为加工速度是脑信息加工质量的指标之一，并报告 g 因素和信息加工速度之间的相关系数约为 0.5。基于 50 年来进行的 172 项研究，谢泼德和弗农（Sheppard & Vernon，2008）发现信息加工速度和 g 因素之间虽然一直存在系统性的相关性，但是相关性呈中等程度，相关系数约为 0.3。此外，研究还发现，相关性往往随着反应时任务复杂性的增加而增加，例如，需要在刺激物之间进行选择的任务的反应时会随着需要选择的刺激数量的增加而增加。当任务需要某种注意控制和抑制时，相关性也会增加，如前文描述的斯特鲁普范式。在这些条件下，相关系数可能高达 0.5。很明显，智力和简单的信息加工与控制过程是相关的。然而，如果将智力和信息加工与控制过程等同起来，它们之间的关系就要弱得多了。

还有研究表明，工作记忆容量（working memory capacity，WMC）是 g 因素的关键组成成分之一。显然，工作记忆和推理之间共享的主要组成成分关系着行为和心理信息加工方面的表征效率，它们帮助我们考虑信息之间关系的替代假设、归纳出关系并通过推理评估结论。从凯尔洛宁和克里斯特尔（Kyllonen & Christal，1990）进行的一项被广泛引用的研究开始，许多研究表明，g 因素或其每个组成部分，如归纳和演绎推理，都与工作记忆高度相关。事实上，g 因素和工作记忆容量之间的关系密切于其与信息加工速度的关系，但如果 g 因素和工作记忆容量是同一事物，之前那种假设就不足为道了。基于对大量研究的元分析，阿克曼等人（Ackerman, Beier, & Boyle, 2005）发现，工作记忆和 g 因素之间的真实平均相关系数为 0.48。然而，工作记忆容量和 g 因素之间的关系可能会受到信息加工速度的调节。阿克曼还发现，信息加工速度与工作记忆容量的相关系数比与 g 因素的相关系数更高（0.57）。因此，这些过程的结合可能会增大对 g 因素的解释方差。事实上，丘德斯基（Chuderski, 2013）表明工作记忆容量和 g 因素之间的关系随着问题解决的情境需求而变化：一个人在快速决策条件下表现得越好，其相关系数越高，变化范围为 0.62（在没有时间限制的瑞文和类比测试中的表现）到 1（在快速条件下同一测试的表现）。工作记忆容量、流体智力和选择反应时之间可能有什么共同点？"工作记忆容量是建立和维持刺激和反应表征之间的联结所必需的。当刺激和反应之间的映射是任意的时候，这种联结尤其重要，因为认知系统不能使用预先存在的关联将刺激转化为相应的反应。"（Wilhem & Oberauer, 2006, p. 43; Oberauer, Farrell, Jarrold, & Lewandowsky, 2016）

学者们将这些模式作为 g 因素的另一个重要组成部分——执行控制的指引（Blair, 2006）。这是一个中央注意系统，体现着专注于处理目标并在可能的干扰下灵活部署计划以实现目标的能力。因此，执行控制被认为包括注意集中、抑制、灵活转移以及监控和信息刷新以达成当前的心理目标（Garon, Bryson, & Smith, 2008; Miyake et al., 2000）。这些功能中的每一个都与 g 因素或 IQ 之间呈显著和系统的相关，但相关程度也是中等，相关系数约为 0.3（Arffa, 2007）。因此，执行控制能力，就像信息加工速度和工作记忆容量一样，并没有成为 g 因素的特殊代表。

为了应对这一情况，一些学者将 g 因素与所有明确的心理过程剥离开来，用科瓦奇和康韦（Kovacs & Conway, 2016, p. 171）的话说："没有一个心理过程与心理测量的 g 因素相对应。"相反，g 因素是特定过程之间交互作用的一个代数结果。对于这种交互的途径有两种解释。根据范德马斯等人（van der Maas et al., 2006）的说法，g 因素的正相关模式不是由上述任何一个过程本身引起的；相反，它完全是由它们在发展过程中的相互作用产生的。也就是说，过程之间的相关反映了它们之间的相互作用，因为 g 因素是由它们共同执行功能而非上述任何一个过程本身引起的。在目前的形式中，该模型假设可按照以下四个方面来划分智力的类型：（1）心理过程之间的相互作用，如流体智力的各个方面，包括推理和工作记忆，以及晶体智力的各个方面，包括各领域的知识；（2）某一特定过程在特定时刻的中心地位，如特定年龄段的注意控制或工作记忆；（3）外部因素，例如环境因素可能会增强某些心理过程的作用，包括增强旨在促进某一特定过程（如工作记忆）的特殊学习；以及（4）用于测量成绩的特定分数抽样，例如智力测试使用 g 因素的不同维度与其他测试进行比较。这个模型的图示为图 2.3。

我们将在下一章讨论这一有趣的取向，因为它具有结构和发展方面的意义。例如，它表明 g 因素的作用可能随年龄或所涉及的活动领域的变化而变化（Demetriou, Christou, Spanoudis, & Platsidou, 2002; Demetriou, Mouyi, & Spanoudis, 2008; Gignac, 2014; van der Maas, Kan, Marsman & Stevenson, 2017）。

另外，科瓦奇和康韦（Kovacs & Conway, 2016）提出 g 因素的出现是过程重叠的结果，即多个过程为了它们自己的功能共享同一过程——执行控制。这并不一定反映不同过程之间的实际共同要素，但是反映了所调用过程的状态，就像一个瓶颈，掩盖了"特定能力的个体差异。即使在理论上，某人能够成功完成心理测试项目特定领域的任务，他也可能由于未能满足执行注意的要求而无法得出正确答案"（p. 163）。然而，把执行控制放在过程重叠的中心位置，将意味着 g 因素和执行控制之间的相关性比上述研究总结的要高得多。

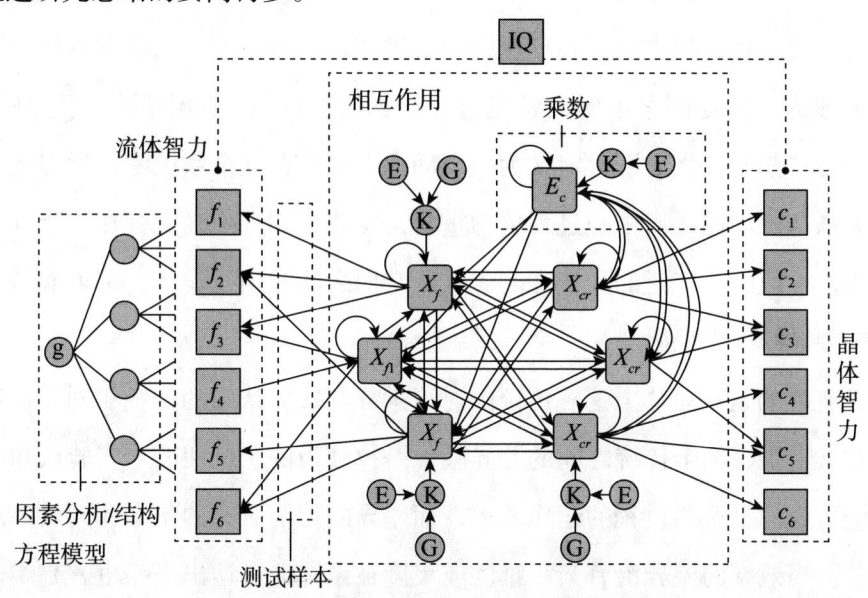

图 2.3　范德马斯的一般智力统一模型

注：范德马斯的模型假定心理过程之间存在相互作用（如 X_f 表示流体智力测量值，X_{cr} 表示晶体智力测量值），一些过程相比其他过程具有中心地位（如工作记忆，即 X_{f1}），环境因素等外部因素的影响可能有助于增强某些心理过程（如 E_c，一种特定的学习环境，旨在促进如工作记忆等特定过程），以及可以对用于衡量表现的特定分数进行取样（如各类智力测试）。c 和 f 是晶体智力和流体智力的测试结果，分别得出 IQ。在对 f（和 c）测试进行因素分析时提取的 g 因素反映了这些相互作用。图中的 K 代表特定心理过程所指向的能力，G 代表遗传因素，E 代表环境因素。（van der Maas, Kan, Marsman, & Stevenson, 2017）

二、总结

这一传统侧重于个体差异。该传统的研究为本书开头提出的那些问题提供了建设性的答案，这些问题涉及心智的结构以及各种过程的个体差异。具体来说，这一传统的研究清楚地表明，所有的具体过程与其他具体能力在多层级上共享过程，并受到它们的制约。g 因素无处不在，特定领域的广泛心理过程界定了心理过程的类型和知识的类型。一些学者将 g 因素描述为与其他因素不同的特定过程，如执行控制、工作记忆或推理能力。另一些学者将 g 因素定义为一个动态系统，在这个系统中，过程之间的关系与协调比任何中心过程更为重要，即使中心过程确实存在。所有的过程，一般的、广泛的和特殊的，以及它们之间的相互作用，都可能是个体间差异的独立来源。

有趣的是，总体上这一传统的讨论进程与实验认知的传统相同。从某种意义上讲，两个传统之间的差异就像一枚硬币的正反两面。实验认知的传统研究的是这些过程的运作效率，而差异的传统研究的是个体间效率的差异。当效率的差异沿着某一维度或尺度被系统地表达出来，也就是用于对个体进行排序时，心理过程就会转化为能力。因此，这两个传统的统一是可能的。然而，这一传统和实验认知的传统一样，都低估了发展这一因素。即使这个传统的研究者谈论起心理年龄，他们也只是在提及不同年龄段或成功或失败的模式，而非说明在生命的不同阶段心理过程的状态和功能的不同。因此，在构建更为完整的理论时，需要将发展纳入考虑，以实现整合。

我们还应注意到，在这一传统的理论中，缺失了一个重要结构。与实验认知的传统相反，在差异的传统中，意识（consciousness）和觉察（awareness）从来没有作为智力的组成部分被系统地研究过。有趣的是，即使在像卡罗尔（Carroll, 1993）、亨特（Hunt, 2011）和詹森（Jensen, 1998）这样有影响力的学者关于人类智力的著作中，主题索引中也没有出现"意识"和"觉察"这两个词。此外，主要的智力测试也没有直接评估意识和觉察的项目。在接下来的章节中，我们将更深入地探讨这个话题。

第三章 皮亚杰的理论

发展心理学，顾名思义就是采用发展的视角解答如下问题：在生命的连续阶段，理解、推理、问题解决及知识获取的状态各是什么？每个人的状态有什么变化？变化是如何发生的？为什么会发生？詹姆斯·鲍德温（James Baldwin）是第一个提出完整认知发展理论的人，旨在解释思维的发展。随后，皮亚杰将该理论的基本前提整合到他的认知发展理论中。由于皮亚杰的理论有着坚实的实证基础，在发展的传统中，皮亚杰被认为是认知发展学科中智力研究的代表人物和奠基者（Piaget，1970；Cahan，1984）。在本章中，我们将概述和评价该理论，而在接下来的章节中，我们将重点关注新皮亚杰和后皮亚杰的研究和理论。

一、皮亚杰的理论

皮亚杰是一位对认识论感兴趣的生物学家，曾在巴黎比奈的心理测量实验室接受培训，他将三个学科的思想都融合在了他的理论中。作为一名生物学家，他将智力视为一种生物适应；作为一名认识论者，他为自己设定了推进关于知识和智力的起源、性质及适应性功能的理论的任务。他将智力定义为"一种平衡状态，感觉运动和认知的所有持续适应、有机体与环境之间的所有同化和调节的相互作用都趋向于这种平衡状态"（Piaget，

1968，p. 11）。皮亚杰专注于知识哲学中重要的概念——推理和逻辑以及理性的基本类别，质量、数量、因果关系、空间和时间等是他数十年来研究的对象。读者可能会在这里发现，康德的理性范畴（Kitcher，2011）是皮亚杰研究的主要对象。皮亚杰对儿童进行的个体临床检查，对系统探索任务的正确和错误答案背后的原因的探索，则受到心理测量的启发。

皮亚杰意识到他所处的时代对于传统实验认知及差异的研究占主流，但他明确表示，他对"认识主体"，而非个体差异感兴趣：思想的一般机制是如此普遍，以至于适用于所有个体，这种机制并非引起个体内差异的因素或与认知机制有关的引起个体间差异的因素。在本章接下来的部分，我们将探讨是否可以将认识主体与心理主体区分开。

首先，我们将概述皮亚杰的智力本质模型。然后，我们将总结他提出的从出生到成熟的智力发展阶段，并总结他的认知变化模型。最后，我们将尝试对该理论（Piaget，1952，1968）进行评价。我们的目标是突出该理论中影响后来研究并经得起时间考验的方面，并将它们整合到现代智力发展的综合理论中。读者如果想更详细地研究皮亚杰理论，可以查阅关于皮亚杰理论的优秀书籍（如 Flavell，1963；Ginsburg & Opper，1988）和简短的摘要（Demetriou，1998）。

二、智力的本质和适应功能

对皮亚杰而言，现实在不断变化。任何物体或人，在任何时候，都处于由某种转变引起的特定状态中。转换是物体可能经历的各种变化——原地移动、重塑或改造、随着年龄的增长而变老等。状态是在转换之间事物或人的存在形式，例如，同一物体在不同的地方、有不同的颜色、由不同的组成方式排列，使其看起来比以前更平、更长和更薄等。为了适应，人类智力必须能够展示出现实的转换（动态）和状态（静态）两个方面，并理解它们之间的关联。因此，皮亚杰提出智力与两方面有关，即操作与图式（Piaget & Inhelder，1974）。

操作智力是智力的动态方面。它涉及为追踪、还原或预测感兴趣的事物及人的变化而采取的所有公开或隐蔽的行动。图式智力是智力或多或少的静态方面，涉及用于记住在转换之间干预的状态（即连续的形式、形状或位置）的所有表征形式。也就是说，它涉及知觉、模仿、心理表象、绘画和语言。由于状态不能独立于相互联系的转换而存在，因此智力的图式方面从智力的操作方面获得意义。皮亚杰认为，智力的图式或表征方面服从于其操作或动态方面，因此理解源于智力的操作方面："智力由结构和关联组成。"（Piaget，1968，p. 40）换句话说，操作智力组织并关联图式智力。

在任何时候，操作智力都构建了对世界的理解，如果理解不成功，它就会改变。皮亚杰认为，这种理解和改变的过程涉及两个功能：同化和顺应。同化指对信息做出积极改变并将其融入现有心理图式。它类似于生物层面上通过咀嚼和消化来改变食物以使其适应人体的结构和生化特征。顺应指考虑到与个体交互的对象、人或事件的特殊性而对同化结构或图式做出积极改变的过程。它类似于生物层面上饮食和消化系统对我们所吃的不同种类食物的适应。

对于皮亚杰来说，这些功能都离不开其他功能。要将一个对象同化到现有的心理图式中，首先需要考虑或顺应该对象的特殊性。例如，要将一个苹果识别（同化）为一个苹果，首先需要关注（顺应）这个物体的轮廓；要做到这一点，需要大致识别物体的大小。发展促进了同化与顺应两个功能之间的平衡。当彼此平衡时，操作智力的心理图式应运而生。当同化占主导地位时，理解可能不准确，为了支持个人观点，现实的某些方面可能被忽略；当顺应占主导地位时，尽管可能有一个情况或物体得到准确表示，理解仍可能是不完整的。

根据这一概念，皮亚杰认为智力是主动的和建设性的。事实上，即使从该术语的文学意义上看，它也是主动的，因为它取决于思想家为了建立和重建他的世界模型而采取的行动，无论这些行动是公开的还是隐蔽的、同化的还是顺应的。此外，智力是建设性的，由于行动，特别是心理活动，智力被协调成更具包容性和凝聚力的系统，因而被提升到更加稳定和有效的功能水平。皮亚杰认为，这种构建过程能够使心理操作系统更好地抵御感知现象的错觉，从而更不容易出错。换句话说，心理操作系统在智力操作层面的逐步构建，使发展中的人能够掌握世界上越来越隐蔽和复杂的方面。下面我们将介绍操作智力的发展。

三、操作智力的发展阶段

认知发展沿着几个不同但相互关联的维度展开。三个主要的维度为表征、推理和视角。表征从基于对物体及物体动作感知的外部表征，转变为代表感知和动作的内部表征，例如心理图像、语言或抽象符号（如数字等）。推理从基于现实的特例或以表象为主导的经常错误的推理，转变为基于将心理操作整合到可逆结构中的越来越有效和真实的推理，其中的连续状态可以通过恢复它们的转换在逻辑上推导出来。根据以上给出的智力的定义，智力所带来的错误越来越少，因为自然条件下可以通过推理来预测事物；在不可预测的条件下，智力可以还原事物的起源并在心理上解释它们。视角在发展过程中逐渐变得开阔和灵活。除了考虑自己的观点之外，还要考虑他人的观点。例如，在对前面章节中描述的任务进行推理时，人们可以考虑替代性结论，以确保从前提得出最好的结论，并且找不到反例。在社交互动中，人们可以从自己的角度跳出来，从另一个人的角度来看待问题。

表征发展分为两个主要阶段：感觉运动智力阶段，从出生持续到第二年结束；表征或符号智力阶段，3岁后出现并在童年及青春期持续发展。表征智力又分为两个关键时期，第一个时期为2—7岁，处于前运算阶段。该阶段主要以对尚未协调成可逆操作的结构进行表征的心理活动为基础。对于皮亚杰（Piaget，1952）来说，操作协调的首要标准是可逆性，这包括理解给定的动作（实际的或心理的）可以被另一个动作取消或撤销。7岁时，心理操作被整合到可逆结构中，前运算智力转变为操作智力，第二个时期开始了。操作智力直到11—12岁时才向形式运算智力阶段过渡。形式运算智力阶段发展到青春期结束。

（一）感觉运动智力

本部分将重点介绍皮亚杰关于客体永恒性发展的观点。客体永恒性是相信客体独立存在的信念。根据皮亚杰的说法，在感觉运动期开始时，当感觉还没有很好地相互协调或与行动协调时，婴儿会认为当物体没有被看到、听到或摸到时，它们就不复存在了。通过整合对物体和人的感知与行动，婴儿在1岁左右能更多地体察到物体存在的稳定性。

然而，物体仍然不能独立于婴儿的行为而存在，这种情况被称为A非B错误。想象一下，婴儿将一个球滚到沙发A下，这个年龄的婴儿可以从沙发A下找到球，因为他相信这个沙发下面有一个球。但是，如果稍后他看到球在沙发B下滚动，他依旧会再次在沙发A下寻找球，因为他之前已经成功地找到了球。这种行为表明在该年龄段的婴儿眼中，物体并不完全独立于自己的行为。对物体独立于自己的行为的觉知是在下一阶段结束时实现的，那时婴儿 15—16 个月大，可以从物体最后一次消失的地方中找到它。几个月后，婴儿能够重建物体移动过程中隐藏位置的变化，这表明行动已被内化并整合到可以独立于行为执行的心理动作计划中了。由此，一个新的漫长的旅程开始了：走向表征智力发展的旅程。

（二）表征智力 I：从前运算到具体思维

将感觉运动图式内化会产生心理图式，这些图式是可以在心理上执行的行动蓝图。尽管在表征智力的早期阶段心理图式就存在，但它们并没有被协调成可逆的结构。因此，这一阶段的概念被物体或个体经验的令人印象深刻或熟悉的方面所主导，个体不能整合各个方面的观点以获得平衡的解释。此外，儿童的推理也容易出错，因为他们是由外表来判断事物的。下面通过皮亚杰的一些著名任务示例来说明这个阶段儿童智力的弱点。

皮亚杰（Piaget，1970）认为，操作智力以对类别和关系逻辑的掌握为基础。通过类包含任务可以考察儿童类逻辑的发展（Inhelder & Piaget，1958）。在这个任务中（见图 3.1），实验者会给儿童呈现属于两个互补类别的对象，例如四朵玫瑰（A 类）和三朵雏菊（A' 类），它们都属于一个包括它们的更高阶的类——花（B 类）。在描述了所有存在的东西之后，儿童会被问到类包含问题："桌子上是有更多的花（即 B 类数量）还是有更多的玫瑰（即 A 类数量）？"也就是说，要求孩子将上级 B 类与下级互补类之一进行比较，在标准任务中，上级 B 类总是数量最多的类。

图 3.1 类包含任务：玫瑰多还是花多？

前运算阶段的儿童会说"玫瑰多，因为雏菊只有 3 朵，玫瑰有 4 朵"，这说明他们的思维中不存在上级类别"花"。皮亚杰将这种弱点归因于他们的心理操作缺乏可逆性。这种特性将使儿童能够通过关注特定类共有的属性来构建上级 B 类，然后通过关注它们的特定属性来还原子类。只有当组合和可逆性可以同时被应用时，儿童才能在上下级的类别之间移动，并掌握它们的包含数量关系。

处于直觉阶段的儿童通常会给出两个答案之一：他们要么给出正确答案（花比玫瑰多）但无法解释原因，要么说"它们是一样的"。这些答案表明这个阶段的儿童可以对上级类形成直观把握，然而，他们的心理动作操作尚未被整合到完全可逆的心理操作结构中，因此，儿童无法在清楚地了解一般类和特定类的情况下进行类层次结构的上下移动。当儿童进入具体操作阶段时，这些困难就迎刃而解了。在这个阶段，他们可以给出正确答案和解释，这表明具体操作的结构已经建立："花比玫瑰多，因为雏菊也是花"（即花 = 玫瑰 + 雏菊）；或"有更多的花，因为玫瑰不是桌子上唯一的花"（即花 − 玫瑰 = 雏菊）。

皮亚杰认为，理解关系的传递性等同于理解类包含（Inhelder & Piaget，1969）。在传递性任务的简化版本中，有三根棍子，例如，杆 A 比杆 B 长，杆 B 比杆 C 长。首先向儿童展示杆 A 和杆 B，再展示杆 B 和杆 C。杆 A 和杆 C 从未被一起展示。然后，要求儿童推断它们的关系。与类别包含问题一样，前运算阶段的儿童无法解决这个问题；直觉阶段的儿童能找到正确的答案，但他们无法解释；具体运算阶段的儿童可以正确回答和解释，这表明他们可以通过可逆的心理运算来整合两个前提——一旦杆 B 比杆 A 长，杆 C 比杆 B 长，杆 C 就一定比杆 A 长。根据皮亚杰的观点，这种理解表明了另一种形式的可逆性。具体来说，这里的逆操作并不会抵消前一个操作的效果，它们只是相互的。一系列大小递增的对象都比前面的对象大，也比后面的对象小。比其他物体更大或更小不会影响物体的身份，而只会影响观察它的视角。

皮亚杰认为，对现实中每一个领域的理解，本质上都是类逻辑和关系逻辑综合的结果，其中类逻辑体现在类包含任务中，而关系逻辑则体现在系列化任务中。例如，在经典的数字守恒任务中，实验者向儿童展示排成一排的 5 枚硬币，这些硬币相距约 2 厘米。然后，他邀请孩子用相同数量的硬币排另一排。前运算阶段的儿童摆出的硬币排列，其末端与样例一致，但他们很少注意具体硬币的数量；直觉阶段的儿童能够复制整排硬币排列，这表明他们对数字概念已经有了全局层面的掌握，但是，当其中一排被拉长使得硬币之间的距离更长时，该阶段的儿童会认为"更长的一排有更多的硬币，因为它更长"。处于具体运算阶段的孩子不会被这种变化所欺骗，他们认为"数量还是一样的，因为没有添加或删除任何东西"，或者"这一行似乎更多，因为它更长，但硬币之间也有更多空白（可逆性作为互换的论据），如果将它们带回原来的位置，您可以看到它们仍然是相同的（可逆性作为反转的论据）"。

对其他守恒（数量、物质、大小、面积、长度、重量、体积）的测试产生了非常相似的结果：儿童首先会看到两个相似且相同的概念示例（例如，两个相似的玻璃杯含有相同数量的水），然后以某种方式改变其中一个（杯子）但不改变被讨论的概念的属性（例如，将一个杯子里的水转移到另一个更高更细长的杯子里），然后询问儿童被讨论概念的属性（水的数量）是否仍然相同。答案如上：前运算阶段的儿童认为不一样，直觉阶段的儿童认为相同但无法解释原因，具体运算阶段的儿童认为是一样的且可以提供合理的解释（"仍然是一样的，因为没有添加或拿走任何东西，这个杯子可能更长，但它也更细，如果你把水倒回去，它会再次变得和之前一样"）。

（三）表征智力Ⅱ：从具体思维到形式思维

皮亚杰认为形式思维最重要的结构性成果是将两种形式的可逆性整合到一个单一的系统中（Inhelder & Piaget，1958），他认为这是从具体思维阶段过渡到形式思维阶段的基础。因此，下文将首先描述该系统的结构和运行原理，之后会讨论该结构更常见的特征。

虽然具体操作结构的实现足以确保对现实可观察属性的实际或心理操纵，但这一阶段中可逆性在两种形式之间的分离导致个体无法完成超越甚至是违背现实层面的操作。一个例子是科学推理中假设检验的变量分离，例如，向儿童展示几根不同长度、横截面和材料的杆，并要求他们找出一对杆，这对杆将能够构成"长杆比短杆弯曲得更多"的假设检验。显然，任何两个在除长度外其他各方面都相似的杆都是对这一假设的正确检验，因为它们在柔韧性上可能的差异只能归因于它们的长度。皮亚杰认为，这种类型的推理只有在反转和互换相结合的情况下才能实现，它们的等价性也才能被理解。在上述假设中，理想的正确检验应该是只考虑杆的长度，想象这样的杆无异于在思想上否定或控制了在实验中需要控制的杆的所有特性。当然，实际上没有这样的杆，因此在实际情况下这种操作是不可能的。但是，如果将需要控制的因素均设置为相同，则可以抵消这些因素带来的影响，从而使它们对柔韧性的影响相同。因此，杆之间的任何柔韧性差异都可以归因于它们长度的差异。这也提醒我们，消除或补偿是互换的基础。根据皮亚杰的说法，一种形式的可逆性可以用来代替另一种形式的可逆性，这意味着个体构建了一个结构，该结构可以将这两种形式整合成一个单一的整体。

形式思维的所有特征都源于这种结构。其中首要也是最普遍的特征是构思可能性的能力。前面已经解释过，两种可逆性形式的整合可以实现模拟"不存在的现实"的心理状态的构建（构建除了长度之外没有其他属性的杆）。这显然是一种可能性：只有结合超越现实的心理操作，才能在心理上构建这种状态。

很多更具体的能力源于这种构思可能性的能力。第一个能力是组合思维的能力，其是特异化可能性的工具。它使用系统的方法来生成属性之间的所有可能组合，甚至组合本身。例如，可以从一个盒子中抽出四个不同颜色的球（红色、绿色、蓝色和黄色），想象一下所有可能的组合。第二个能力是进行命题思维的能力：可能性或组合被表达成言语命题，然后组合为命题论证，强调命题之间的逻辑关系而不是它们的内容。例如，在这个阶段，第一章中提到的四个逻辑论证（肯定前件、否定后件、肯定后件和否定前件）都被整合到一个共同的结构中，在这个结构中有一个原则明确了每个论证中命题之间的关系如何相互转换，从而使完全条件推理成为可能。第三个能力是进行假设演绎的能力，也就是说，个体在一开始就设想了所有的可能性，然后通过对这些命题中可能性的逻辑操作来明确它们的含义。第四个能力是理解复杂的动态系统的能力，其功能受多种相互作用的力的支配，例如真实或实际平衡中的机械平衡，或理解复杂的数学关系（如比例关系），等等。

综上，皮亚杰认为，在理解世界的过程中，发展的每个阶段都赋予发展中的心智某种概念上的稳定性。将感觉运动行为组织成一个连贯的结构以及随后对该结构的内化，使婴儿能够获得本体论的稳定性，理解事物在感官之外有自己的存在。具体操作的组织使儿童能够获得概念稳定性：了解事物的基本属性，如身份、大小等，即便有误导性的感知线索，但仍然保持不变。最后，形式运算的结构使青少年能够获得观念上的稳定性，理解结论是必要的，它们来自有效的逻辑论证，即使它们永远无法被经验验证。因此，形式思维是一个完美平衡的思想体系，所有的发展从出生起就趋向于它。一旦达到，它就会在心灵与环境之间的关系中提供稳定性，因为任何事情都可以在精神上重建，使心灵免受任何可能的干扰。

四、皮亚杰理论的变化机制

皮亚杰的理论经常被视作阶段论。然而，它更多地是一个认知变化理论而非阶段理论。对皮亚杰而言，阶段只不过是不断变化的系统向平衡发展的过渡状态，这种状态使人能够在精神上应对环境的所有变化（如Piaget，1976，1977，2001）。为什么会发生认知发展？皮亚杰认为，当当前的认知结构产生不完整或错误的理解时，个人理解或所做的事情与当前情况之间就产生了不一致和冲突，这时改变是必要的。上述所有前运算阶段的例子都会导致儿童的理解与现实发生冲突。

认知冲突如何解决？皮亚杰提出了反思抽象的机制：通过生成整合冲突观点的新结构来消除冲突。在他后来的工作中，他将反思抽象确定为一个两阶段的过程。在阶段的一开始（或处理一个新问题时），反思抽象起到反映抽象的作用：它会采取连续的行动，并将这些行动及结果合并到一个新的系统中，该系统没有之前系统的冲突和不一致。让我们以一个儿童为例，她认为在数字守恒任务中，更长意味着更多，但她也意识到对同一组对象的不同排列进行实际计数会使她说出相同的数字名称，显然，这与她认为越长越多的信念相矛盾。这里，反思抽象是比较连续计数动作的过程，在这个过程中，该儿童注意到这一组对象的共同元素（例如，三轮计数的结果都是5），将其从内容中提出（例如，硬币先是被排成一长排，然后是一圈，最后是一堆，没有添加或拿走硬币）并简化（皮亚杰会称之为投射或反映）为一个新概念或方案："啊哈！它总是5，永远都是一样的！"总之，反思抽象是将一系列行动及其结果合并成一个新结构的心理机制，该结构消除了先前结构产生的冲突和不一致。一旦构建，在随后的阶段，新概念本身就可以成为反思的对象。例如，数字的概念可以与长度的概念相关联，以更准确地构造一个人对空间的表征，这就是反思抽象。从这个意义上说，反思抽象等同于反思，思考思考本身。

五、皮亚杰理论的现状

皮亚杰的理论在20世纪60年代和70年代引起了人们极大的兴趣，皮亚杰在谷歌学术中的名字获得了18.3万次点击（截至2017年6月）。皮亚杰理论的大多数方面都有可靠的实证依据，关于这个理论的有效性、对理解人类思维的永久贡献以及其潜在贡献，这些实证依据使我们能够得到某些结论。

对于皮亚杰理论的研究可分为两大类。一类测试了皮亚杰发现的现象的有效性。比如，7岁以前的孩子真的不能完成各种守恒任务吗？这类研究可以很容易地用一句话概括：只要验证研究的条件接近皮亚杰研究中的原始条件，就会观察到与皮亚杰描述的现象相同的现象。在感觉运动阶段，大约 8 个月大的儿童会犯 A 非 B 错误；儿童在 7 岁之前无法完成类包含、传递性和守恒性任务；儿童在小学阶段就能够掌握这些概念，然而，他们不会对问题进行"如果……那么……"的推断，无法进行命题推理，无法通过系统地控制变量来设计实验，或者即使他们非常聪明（根据智力测试分数），也无法在青春期之前理解比例关系。因此，可以肯定地说，皮亚杰发现的现象及其发生的大致年龄都是正确的（Brainerd，1978；Dasen，1977）。

但这个理论正确吗？这个问题的答案既不简单也不直截了当。事实上，我们必须对问题本身进行更具体的表述，以便对理论进行公平和准确的评估。这里只提出两个问题，一个涉及皮亚杰任务反应（例如，可逆性）的心理过程，另一个涉及将这些过程组织成他提出的结构。关于心理过程的疑问在于皮亚杰任务的表现是否真的反映了皮亚杰声称它们所反映的心理过程。例如，儿童不能解决传递性任务真的表明这个孩子不能进行逻辑推理吗？布赖恩特和特巴索（Bryant & Trabasso，1971）关于传递性的研究是最早也是最有影响力的研究之一，它推翻了皮亚杰的观点，即他的任务只涉及逻辑推理。在这个任务中，孩子们会一起看到 杆 A 和杆 B 以及杆 B 和杆 C，然后实验者会要求他们推断杆 A 和杆 C 之间的关系。皮亚杰断言，未能做出正确的推论意味着缺乏产生推论的逻辑结构（将杆 B 视为既比杆 A 高又比杆 C 短）。但是，如果孩子不记得杆 A 和杆 B 以及杆 B 和杆 C 的比较，或者他们没有正确地表示它们，会发生什么？显然他们会在任务上失败。然而，在这种情况下，他们的失败并不表明他们缺乏逻辑推理能力，而是由于他们记忆错误或表征水平低下，这正是布赖恩特和特巴索发现的：学龄前儿童要么忘记比较，要么记错了。

数以百计的此类研究表明，当记忆、语言和交流、对任务和测试程序的熟悉程度以及兴趣等逻辑外因素得到控制时，所谓的前运算阶段儿童可以（或可以被训练）分类和掌握类包含、系列和传递性，记忆数字和数量，理解他人的观点并推理因果关系（参见 Donaldson，1978；Gelman & Gallistel，1978）。

其他研究侧重于理解不同领域所涉及的过程的组织，而非首次获得时的年龄。这些研究旨在检验皮亚杰对每个发展阶段都有一个支配不同领域理解的总体结构的假设是否正确。因此，在这些研究中，儿童接受了大量旨在代表不同领域的任务的测试，例如空间、数字、因果关系等。总体结构的概念表明了不同领域的同步发展，因此无论类型如何，任务都将在同等的发展水平上进行，特别是在形式运算阶段。诚然，皮亚杰意识到，在获得逻辑相似的概念时，不同的领域或维度存在发展年龄上的差异，如6—7岁习得数字、8—9岁习得重量、10—11岁习得体积。然而，即使对于被认为相同的概念，例如数量或物质守恒的各个方面，这种期望也没有得到证实。相反，这些研究系统地表明，个体可能在不同领域进行不同层次的操作。这一发现表明，可能存在超越皮亚杰总体结构概念的认知过程组织因素（Demetriou & Efklides，1985；Fischer & Bidell，1998；Shayer，Demetriou，& Pervez，1988）。

六、总结

皮亚杰的工作刷新了整个20世纪对人类思维的研究。一方面，皮亚杰研究的一些现象是传统实验认知和差异研究中的现象，尤其是推理。皮亚杰本人将他对类比推理发展的分析与斯皮尔曼对关联机制的推导进行了比较（Piaget，2001）。他提出，关系的推导始于前运算阶段，但建立于具体运算阶段，而关联（即类比思维）的推导只有通过形式思维才能实现。因此，他将自己的工作视为斯皮尔曼理论中 g 因素所涉及的过程的发展性适应性映射。皮亚杰和斯皮尔曼也许会很高兴得知，许多研究表明经典皮亚杰任务的表现与经典智力测验的表现高度相关（相关系数在 0.7 左右）。卡罗尔（Carroll，1993）发现这些任务涉及了一种特殊类型的推理，他将其命名为"皮亚杰推理"。在他的三层模型中，这属于第二层级（广泛能力），与流体智力有关，被归入 g 因素。这反映出皮亚杰用哲学和认识论中汲取的概念丰富了对思维的研究，例如对因果关系、数量、物质、重量、体积等概念的研究，甚至是对科学方法和推理的研究，而这些概念不属于认知或差异研究的重点。

皮亚杰理论中的基本因果机制与传统实验认知和差异研究中的机制存在深层相似，尽管它们之间存在表面差异。例如，当前在执行过程方面对流体智力的定义与皮亚杰的可逆心理操作结构存在相似之处，皮亚杰式完全可逆并因此平衡的思维可能被视为完美流体智力的理想选择。具体来说，心理可逆性可被视为两个刺激或心理对象之间的转换（如守恒任务中玻璃杯的长度和宽度，将液体从一个玻璃杯转移到另一个玻璃杯的行为以及将其倒回原玻璃杯的行为）及其在总体概念下的整合。这种转换过程涉及抑制反应（例如"玻璃杯越长，水越多"），这将反映问题的感知主导方面（即"更长的玻璃杯有更多的水"）。人们甚至可能会看到一个更新过程，尤其是在正确答案被自动化之前的过渡阶段。也就是说，相互矛盾的解释（即"因为它更长所以更多，而不是因为没有添加或去掉任何东西所以数量不变"）被更新并被交替考虑，直到做出最终判断。因此，皮亚杰与传统实验认知或差异任务之间的密切关系并不意外。

同样可以肯定的是，皮亚杰理论对于思维语言的假设早在现代认知科学做出这一假设之前就已经存在。皮亚杰的思维语言是建立在一般心理逻辑的基础上的，正如福多的思维语言假设也是建立在一般心理逻辑的基础上一样。具体来说，皮亚杰对具体和形式操作逻辑背后的一般过程的分析明确涉及一般思维语言的四个基本属性：组合性（心理操作的整合）、递归性（如在类包含或系列任务中可以根据需要多次进行的综合心理操作）、层级性（如基于将观点或行动简化为一般解释的守恒判断）及生成性（即新的心理结构是从旧的心理结构中产生的）。

连续的发展阶段是通用思维语言日益强大的表现。也就是说，不同类型的逻辑在连续的发展阶段促进思维语言的强大：功能逻辑（简单关系）在前运算阶段塑造思维语言；类和关系的逻辑（将密集关系和广泛关系指定为概念和概念层次的规则）在具体思维阶段塑造思维语言；符号推理（条件推理和命题推理）在形式运算阶段塑造思维语言。在这个系统中，由思维逻辑组成的心理操作支配着特定的表征形式，例如语言、心理表象等。

最后，皮亚杰关于意识作用的概念与认知传统中赋予它的角色并无不同，它能够解决冲突和创造新的心理内容。就目前的讨论而言，皮亚杰的反思抽象是在不同发展阶段思维语言实现连续过渡的关键机制。

上述相似之处（强调推理、关于一般思维语言的假设和意识）使皮亚杰的理论更接近实验认知的传统而非差异的传统。在心理测量理论中，推理当然存在于流体智力之下。甚至有人可能会说，心理测量理论确实假设了思维语言 g 因素的运作，但它在很大程度上对其本质一无所知。然而，为了公平起见，我们注意到最近的研究根据思维语言的主要组成部分（例如组合性）分析了流体智力。邓肯等（Duncan, Chylinski, Mitchell, & Bhandari, 2017）提出了组合性是思维功能的基础。他们发现，将一个复杂的整体拆分为简单的、单独起作用的部分的过程，与整合、工作记忆和加工速度不同，这对于在传统智力测试（如瑞文标准渐进矩阵测试）中的更好表现非常重要。最后，我们注意到心理测量学理论仍然对意识的作用一无所知。

上述共同点是我们进一步发展对发展中的思维的理解的坚实基础。然而，我们也需要注意到皮亚杰的理论存在的不足和问题。如上所述，实证研究表明，皮亚杰的理论在几个重要方面是不完善的。此外，我们注意到，皮亚杰始终是一位定性理论家，他从未考虑过表征或加工机制的可能作用，例如工作记忆或注意的作用。尽管他考虑了表征的作用，事实上，他的阶段理论可以被看作连续表征变化的理论；但是，他对表征作用的看法是片面的。它们的变化（即图式智力）总是被认为是推理过程（即操作智力）变化的副产品，而不是相反。

因此，我们需要一个能够弥补这些不足的理论。具体来说，即使存在，皮亚杰所描述的思维类型也没有像他假设的那样组织起来。例如，皮亚杰依赖于特定的可以自我调整的逻辑类型，并将其作为每个发展阶段心理过程的组织模型，但是却忽略了不同阶段思维背后心理网络的多样性。因此，皮亚杰的思维语言模型是不可接受的。无论如何，除了推理过程之外，智力发展理论还需要对其他传统所考虑的表征和个体差异过程进行建模。

皮亚杰的变化模型虽然很有前景，但也过于笼统。具体来说，他的反思抽象可以最终成为认知发展理论的一部分，但该理论必须具体说明反思抽象如何在不同的发展阶段、不同的领域和不同的学习环境中运作。就这一点而言，表征的本质本身可能就属于思维语言的一部分。稍后我们将证明，对心理过程的意识始终存在，但其受到每个发展阶段可用表征类型的强烈影响。皮亚杰无视了这些问题。在接下来的部分，我们将介绍几种试图澄清这些问题的替代理论。

第四章　新皮亚杰学派的理论

㊹　为了解决皮亚杰理论所面临的问题，一些学者从实验认知的传统和差异的传统中汲取了概念和方法。在这个方向上有五个研究取向，每一个都侧重于皮亚杰理论的不同方面，也都产生了有价值的发现和假设，这些发现和假设需要被整合到一个新的、全面的理论中，以克服每种传统的局限性。第一个研究取向侧重于加工速度和抑制在思维和问题解决的发展中的作用。第二个研究取向被称为新皮亚杰学派，侧重于工作记忆在认知发展中的作用。第三个研究取向侧重于推理本身的发展。第四个研究取向侧重于各种思维领域的性质和发展，如因果推理和类比推理。最后，第五个研究取向考察对心智本质的意识的发展及其在行为中的作用，即所谓的心理理论（theory of mind，ToM），以及对认知过程的认识，即元认知。前两个研究取向寻找一种相对简单的过渡机制以解释更高级的心智变化。其他研究取向强调这些更高级的心智本身的发展变化。下面将讨论这五个研究取向。

一、加工速度和抑制的作用

有大量证据表明，加工速度会随着年龄的增长而系统性地增加。凯尔（Kail，1991，2000，2007）发现，对一系列任务的反应时间随着年龄的增长而呈指数级下降，包括运动任务、感知任务和认知任务（如心算、心理旋转和记忆搜索），并在17—18岁左右趋于稳定（图4.1说明了加工速度如何随年龄变化）。也就是说，凯尔发现加工速度的变化受一个共同因素的制约，这一因素在所有类型的任务中都起作用。这表明有一个共同的潜在机制在运作，它可能与神经通信速度或其他与人脑中信息表征和加工有关的参数的随龄变化相关。凯尔（Kail，2000）认为，加工速度的变化会导致对工作记忆的更有效使用，进而增强推理和思考能力。凯尔和索尔特豪斯（Kail，2000，2007；Kail & Salthouse，1994；Salthouse，1996，2000）扩展了这一模型，以解释生命后期发生的认知变化。具体而言，他们认为，中年后发生的认知能力受损（Baltes，1991；Schaie，Willis，Jay，& Chipuer，1989）是由加工速度减慢引起的，加工速度减慢大约从40岁时开始并系统性地持续直到死亡。

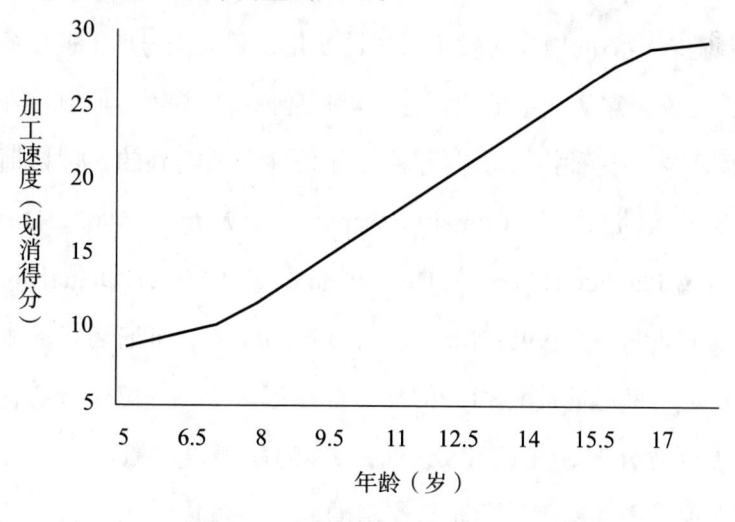

图4.1　年龄与加工速度的关系

索尔特豪斯（Salthouse，1996）将这种认知减慢归因于两种机制，即有限时间机制和同时性机制。根据第一种机制，当加工速度慢于给定任务的需求（例如，做三位数加法）时，表现会下降，因为当前执行的操作和刚刚执行的操作之间存在竞争（例如，十位数的相加干扰了百位数的相加）。也就是说，"当大部分可用时间被早期操作的执行占用时，执行后期操作的时间将受到很大限制"（Salthouse，1996，p. 404），导致加工总是落后于当前需求。根据第二种机制，"早期加工的结果（例如，在三位数加法的任务中十位数相加的结果）可能会在后期加工（例如，在三位数加法的任务中对百位数进行相加）完成时丢失。在这种情况下，相关信息可能在需要时不再可用"（Salthouse，1996，p. 405）。因此，由于缺乏关键信息，高级心理功能（如工作记忆或推理的运行）可能会受到损害。

抑制则是信息加工的守门员。它是主动压制的过程，保护加工免受无关信息的干扰，它从加工的领域或空间中删除与任务无关的信息，并阻止可能使加工偏离当前目标的心理或外部行为（Bjorklund & Harnishfeger，1995；Dempster，1991，1992，1993；Harnishfeger，1995）。实证研究表明，抑制随着年龄的增长而发生系统性变化，其模式与加工速度的发展相似，也就是说，它从儿童早期到青少年晚期都有所提升，直到中年保持稳定，随后下降。这种模式是在各种任务条件下观察到的，包括斯特鲁普任务和工作记忆测试（Comalli, Wapner, & Werner, 1962；Demetriou, Efklides, & Platsidou, 1993；Demetriou et al., 2002；Demetriou et al., 2013；Harnishfeger, 1995；MacLeod, 1991）。在工作记忆任务中，随着发展，儿童越来越能够将相关信息保存在记忆中，并忽略分心信息。再后来，注意力分散在相关和分心信息上的趋势再次激增，损害了工作记忆的表现。图4.2 显示了抑制控制的变化。可以看出，这一变化模式与加工速度的变化非常相似（Demetriou et al., 2013；Demetriou et al., 2017）。

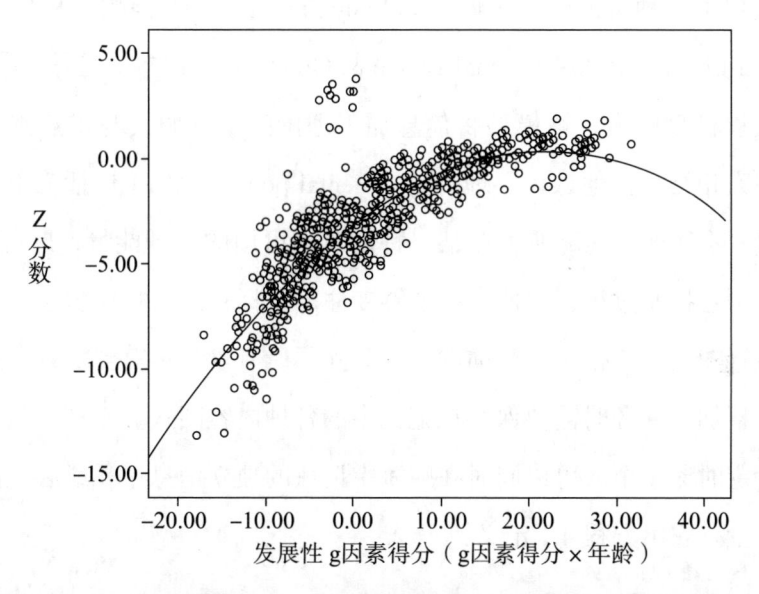

图 4.2　抑制控制在 4—7 岁的变化（Demetriou et al.，2017）

在第一章中，我们从速度、注意、同步和保持方面定义了信息加工效率。这里总结的研究表明，速度和注意之间可能有因果关系。也就是说，一方面，加工速度的提高可以导致在分心物干扰之前加工并完成任务的能力提高，从而提高注意力。另一方面，注意力的提高可以节省用于当前目标的资源，从而减少完成任务所需的时间。我们将在稍后提供关于保持的作用的证据后再回到这个问题上。

二、工作记忆的作用

（一）心理力量：帕斯科尔－里欧

在发展的传统中，新皮亚杰主义的理论家将皮亚杰理论中各阶段的进展归因于工作记忆容量的增加。尽管在 20 世纪 60 年代初有几位研究人员设想了这种可能性（例如，McLaughlin，1963），但帕斯科尔－里欧（Pascual-Leone，1970；Pascual-Leone & Goodman，1979）是第一个提出认知发展模型的人，该模型将信息加工理论的基本假设与皮亚杰理论的基本假设相结合。他认为心理力量（mental power，Mp）包括三个组成部分：M-运算器，它反映了在某一特定时刻可用的心理能量；I-运算器，反映了中心抑制过程，它使人们能够专注于目标；以及目前占主导地位的一套执行图式，它指定了当前的目标。除了所有这些运算器之外，工作记忆还包括加工任务时需要保存在记忆中的各种内容图式。心理力量是指在某一特定时刻，个人可以同时在脑海中记住的独立信息单元或心理图式的最大数量。它由方程4.1定义：

$$Mp=e+k \qquad (4.1)$$

其中，e代表保持当前目标（或执行）活动所需的心理力量，k代表可以表征和操作的独立图式的数量。因此，Mp与前文分析的巴德利的工作记忆非常接近，因为两者都包括执行过程和信息存储。根据帕斯科尔－里欧的说法，e在感知运动阶段不断增长，直到2—3岁时稳定下来；实际上，它是在实现目标之前，在心理上表征目标所需的表征能力。k在3岁时等于1个图式或信息单位，每2年增加1个信息单位，直到15岁时达到最大的7个信息单位。因此，帕斯科尔－里欧的模型将米勒的神奇数字7视为理所当然，并说明了它如何随着发展而变化。

帕斯科尔－里欧试图系统地证明心理力量的增加是从皮亚杰所提出的一个阶段或子阶段过渡到下一个阶段的原因（Johnson，Pascual-Leone，& Agostino，2001；Pascual-Leone & Baillargeon，1994；Pascual-Leone & Morra，1991）。从表4.1中可以看出，他认为从前运算阶段到后期的形式运算阶段可以解决的经典皮亚杰任务分别需要 1—7 个心理图式的心理力量。如果心理力量低于任务要求，则无法解决该任务。因此，心理力量的每一次提高都为概念的构建和技能的提高开辟了道路，使其能达到新的能力水平。在一系列研究中，帕斯科尔-里欧和他的同事（Johnson, Im-Bolter, & Pascual-Leone, 2003; Pascual-Leone, 1988; Rocadin, Pascual-Leone, Rich, & Dennis, 2007）表明，心理力量与信息加工速度、努力抑制和任务复杂性有关（Johnson et al., 2003; Rocadin et al., 2007）。

表 4.1　帕斯科尔-里欧的构造操作理论下皮亚杰所提出的阶段所需的心理力量

皮亚杰阶段	心理力量
感知运动（0—2 岁）	e
前逻辑思维（2—3 岁）	1
直觉思维（4—6 岁）	2
早期具体思维（7—8 岁）	3
后期具体思维（9—11 岁）	4
向形式思维的过渡（11—13 岁）	5
早期形式思维（13—14 岁）	6
后期形式思维（15—16 岁）	7

几项实证研究检验了心理力量发展与皮亚杰所提出的发展阶段之间的假设关系（de Ribaupierre & Pascual-Leone, 1984; Pascual-Leone & Goodman, 1979）。虽然这几项研究确实表明这两种发展形式是相关的，但科学上的一个常识是：相关性并不一定意味着因果关系。因此，这些研究并没有解决因果关系方向的问题，也就是说，究竟推理发展是由心理力量发展引起的，还是相反？或者两者都有可能是由第三个因素造成的？

其他几项研究还将帕斯科尔-里欧模型与巴德利模型进行了比较（de Ribaupierre & Bailleux, 1994, 1995; Kemps, de Rammelaere, & Desmet,

2000；Morra，2000）。这些研究表明，帕斯科尔-里欧的心理力量概念捕捉了工作记忆中执行过程的发展，但低估了与巴德利从属系统相关的特定领域过程的操作，如视觉和言语工作记忆（de Ribaupierre & Bailleux，1994，1995；Kemps et al.，2000；Morra，2000）。

（二）执行控制结构和循环：罗比·凯斯

罗比·凯斯（Robbie Case，1985，1992）拓宽了观察认知发展的视角。首先，他放弃了皮亚杰对推理和逻辑发展的重视，转向执行控制。事实上，他根据儿童可能掌握的执行控制结构，而不是根据潜在的逻辑关系来定义连续的发展水平。用他自己的话（Case，1985，pp.68-69）来说：

执行控制结构是一个内部的心理蓝图，它代表了一个主体对特定问题情境的习惯性理解方式，以及他处理该问题的习惯程序。所有的执行控制结构都应该包含（1）问题情境的表征，（2）在这种情境下他们最常见的目标的表征，以及（3）以尽可能有效的方式从问题情境到目标所需的策略的表征。

其次，凯斯认为，每一个连续发展阶段的执行控制结构都需要不同类型的表征。他提出存在四种类型的执行控制结构：感觉运动（例如，看或抓；1—18个月）、相互关系（例如，文字或心理图像；1.5—5岁）、维度（例如，数字；5—11岁）和矢量（例如，比率或类比关系；11—19岁）。这些名称引起了人们对表征单位的注意，该单位被用作构建层级执行控制结构的基础。

再次，他在每一种新执行控制结构的执行过程中都融入了循环的概念。具体而言，他认为，每一个新的执行控制结构都是从前一个结构中产生的，因此每一个执行控制结构发展的最后一步都是新水平的第一步。此外，每个水平的发展都通过相同的复杂步骤进行循环。具体而言，凯斯认为，这四个主要阶段中的每一个阶段的发展都包含四个层次相同的顺序演变：（1）操作巩固，（2）单焦点协调，（3）双焦点协调，以及（4）精细协调。正如它们的名称所暗示的，越来越复杂的结构可以在这四个层次中的每一个层次中被理解或组织起来。当给定阶段的结构达到其复杂性的最后一步（对应于精细协调层次）时，一个新的心理单元就被创建出来，它的表征更加丰富，循环也从头开始。

最后，他从加工效率和工作记忆两方面详细说明了这个序列的信息加工需求。他使用术语总加工空间（total processing space，TPS）来指代加工能力。他将总加工空间定义为操作空间（operating space，OS）和短期存储空间（short-term storage space，STSS）的总和：

总加工空间 = 操作空间 + 短期存储空间　　　　　　　　　　　（4.2）

操作空间是指思考者为了实现目标而需要执行的操作。在四个主要发展阶段的每一个阶段，操作空间分别被感觉运动、相互关系、维度和矢量操作占据。短期存储空间是指思考者在一次集中注意力时能够集中的最大数量的心理图式。举个例子，让一个人对几组对象中涉及的元素进行计数，并在最后回忆所有得出的值。在本示例中，计数操作占据了总加工空间的操作空间部分，而作为计数结果得出的值占据了短期存储空间。显然，操作空间与巴德利模型中的执行控制或帕斯科尔－里欧模型中的 e 非常相似。然而，它在一个重要的方面与它们不同：凯斯的操作空间随着发展而变化，而其他模型则不是。

与帕斯科尔－里欧不同，凯斯认为总加工空间不会随着发展而改变，只有操作空间和短期存储空间之间的关系会发生变化。凯斯推断随着发展，由于加工效率的提高，操作空间所需的心理资源数量会减少。由于这些变动而留下的空闲空间由短期存储空间使用。因此，短期存储空间随着加工效率的提高而增加。凯斯认为，短期存储空间的容量在操作巩固、单焦点协调、双焦点协调和精细协调层次分别为 1、2、3 和 4 个图式。因此，凯斯所提的概念更接近科恩关于工作记忆的定义，即大约等于 4 个信息组块，而不是更早的米勒关于神奇数字 7 的概念。

在一系列实验中，凯斯（Case，1992）试图证明短期存储空间的增加确实与操作效率的提高有关。在这些实验中，操作效率被定义为所需操作的执行速度。例如，为了测量不同维度中的操作效率，要求儿童尽可能快地对不同组对象的元素进行计数。儿童还接受了所涉及组的短期存储空间测试。研究发现，儿童执行计数操作的速度越快，他们能够在短期存储空间中存储的项目就越多，并且他们沿着维度思维水平的序列走得越远。这种关系如图 4.3 所示。

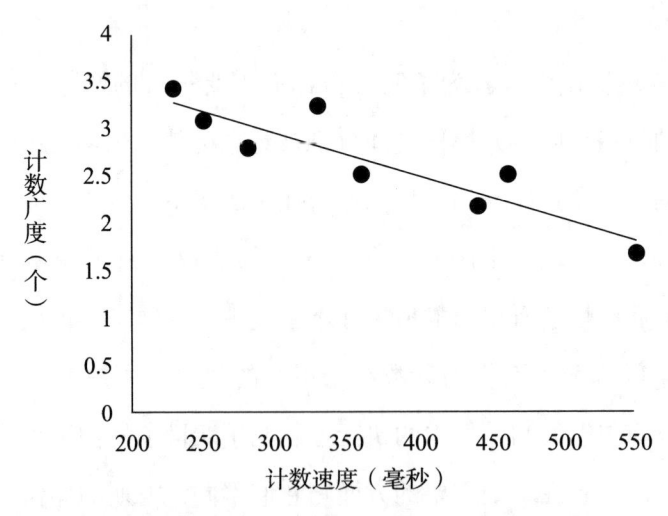

图 4.3　短期存储空间计数广度与计数速度的关系

凯斯的理论受到了多方面的批评。第一，可能的情况是，增加的加工速度不会被释放以用于表示执行控制结构的更多组成成分（例如，关于对象、计划步骤、要采取的行动等的信息）。另外，更快的加工速度可能使一个人能够在同一时间窗口中加工更多的项目，从而使表征的广度看起来更大，而不是实际上变得更大（Baddeley & Hitch，2000）。这种解释与索尔特豪斯（Salthouse，1996）的有限时间机制一致，该机制将工作记忆容量的增加归因于加工速度的提高。第二，总加工空间在整个发展过程中是稳定的说法是站不住脚的。现有证据表明，实际工作记忆容量确实会随着年龄的增长而增加（Cowan，2016；Halford，Wilson，& Phillips，1998）。第三，短期存储空间可能不是思考的工作空间，因为一个人可能存储着一种类型的信息，但仍在加工不同类型的问题。这意味着，中央执行系统参与当前的问题解决，而特定的短期存储空间系统则执行不同的任务（Baddeley，1990；Halford，Maybery，O'Hare，& Grant，1994）。可能，特定领域的存储系统可用于存储将在稍后的问题解决步骤中使用的信息（Halford et al.，1998）。然而，无论如何，执行控制结构的发展变化都不能被归因于短期存储空间的变化。这是一个很有意思且值得跟进的问题，因为它将讨论引向了其他会导致执行控制发生变化的因素，如意识和反思（皮亚杰讨论过这些因素，但从未系统地研究过）。第四，哈尔福德（Halford et al.，1998）指出，凯斯对加工步骤复杂性的定义是有缺陷的，因为同一个执行目标可以用几种同样成功的方式进行分析。

（三）关系复杂性：格雷姆·哈尔福德

格雷姆·哈尔福德（Graeme Halford）提出了另一种分析加工需求的方法，该方法被认为可以解释问题解决的最关键部分：理解问题的本质。根据哈尔福德的说法，这种理解是通过结构映射建立的。结构映射是将一种结构元素分配给另一种结构元素的过程，因此第一种结构元素之间的任何功能或关系也将被分配给第二种结构中的相应功能或关系（Halford et al.，1998）。换言之，结构映射是一种类比推理，用于将给定的问题转化为他们已有的表征或心理模型。问题具体是什么取决于问题的必要关系（例如"约翰比迈克尔高"）与心理模板的可用性，该模板可用于同化和赋予这些关系意义（例如，理解"高"这个概念需要理解两个实体 A 和 B 及其关系，例如 A > B）。如果必要的关系（这里是二元关系）超过了可用的心理模板（例如，儿童只能单独表征一个实体），那么问题要么无法被理解，要么会被降级到可用模板的级别：这里会有两个并列存在的没有任何整合的绝对判断——约翰很高，迈克尔很矮。因此，任务的加工负荷对应于维度的数量，如果要理解它们的关系，必须同时表征这些维度。

哈尔福德确定了四个级别。第一个是一元关系或元素映射的级别。该级别的映射以单个属性为基础。例如，猫的心理图像或者"猫"这个词是动物猫的有效表征，因为它们之间相似。第二个是二元关系或关系映射的级别。在这个级别上，个体可以构造"大于"类型的二维概念。因此，在这个级别上可以考虑由给定关系连接的两个元素。第三个是系统映射级别，它可以同时考虑三个元素或两个关系。这个级别可以表示三元关系或二元运算。在这个级别上可以理解的传递性的例子已经在上面解释过了。在缺少一个项（如"3+？=8"或"4？2=8"）的情况下，解决简单算术问题的能力也取决于系统映射，因为如果要确定缺少的元素或操作，则必须同时考虑给定的所有三个已知元素或操作。在第四个级别上，多个系统映射可以被构建出来。在这个级别上，个体可以构造四元关系或二元运算之间的关系。例如，可以解决两个未知数的问题（例如，2？2？4=4）或比例问题。在这些问题中，a：b 对被映射到 c：d 对上，使第二对中的项 c 和 d 分别对应于第一对中的 a 和 b，因此这两个关系被简化为一个整合了的两对的关系。也就是说，在这个级别上，个体可以同时考虑四个维度。

哈尔福德的理论与上文讨论的其他认知、心理测量和发展理论有关。具体来说，哈尔福德对维度复杂性和结构映射的分析旨在为归纳和类比推理提供机制模型。根据定义，它可以被视为对斯皮尔曼的关系推导和相关机制的认知科学分析。事实上，哈尔福德对关系复杂性的分析可以被视为对随年龄增长儿童认知机制改善的发展变化的分析。哈尔福德认为，上述四个层次的结构映射对应于皮亚杰的感觉运动、直觉、具体和形式运算阶段，或凯斯的感觉运动、相互关系、维度和矢量阶段，分别在1岁、3岁、5岁和10岁时可以达到。总之，哈尔福德的理论是一种"硬能力理论"，因为它可以解释跨越认知发展主要周期的转变背后的机制。换句话说，哈尔福德设想的加工能力可能相当于巴德利的中央执行功能或凯斯的操作空间概念。

哈尔福德批评了凯斯的操作空间概念，并认为短期存储空间未能解释外部关系结构如何转化为内部有意义的概念。为了解决这个问题，他提出了关系复杂性和结构映射的概念。反过来，这些概念在一个关键方面是薄弱的：它们没有解释结构映射是如何实现的。我们认为，加工日益复杂的关系的能力来自加工信息的执行策略的变化，而不是单纯来自表征能力的提升（Makris，Tahmatzidis，Demetriou，& Spanoudis，2017）。这些变化反过来又来自心理过程意识的变化和相关的自我调节，使思考者能够优先搜索和组织信息以建立感兴趣的关系。因此，因果关系的方向可能是双向的。这些变化将在接下来的章节中讨论。

三、新皮亚杰理论的评价

上述理论所涉及的因素是否能够解释认知发展？幸运的是，现在有证据可以就每一个因素做出回答。很简单，仅靠这些因素中的任何一个都不足以解释智力发展。关于速度，研究表明速度是一个发展因素。然而，它与生命早期（3—6 岁，$r = 0.43$）或从童年到青春期（8—15 岁，$r = 0.40$）的各种智力测量之间的关系不足以支持将速度变化视为智力变化的主要驱动因素的结论（Carlozzi, Tulsky, Kail, & Beaumont, 2013）。事实上，最近的纵向研究表明，随着时间的推移（6—13 岁），速度和流体智力之间的关系甚至可能比上述关系更弱（r 为 0.2—0.3）（Kail, Lervåg, & Hulme, 2015）。

关于工作记忆，很明显，认知发展序列的进步与工作记忆的增加之间确实存在关系（Cowan, 2016; Demetriou et al., 2002）。然而，工作记忆并不是新皮亚杰主义者所假设的过渡机制。要做到这一点，儿童在推理方面的认知水平必须达到工作记忆的预期水平，而不是单纯的年龄阶段。例如，两个年龄不同但工作记忆相同的儿童能在相同的认知发展水平上进行操作。显然情况并非如此。我们发现（Demetriou et al., 2013）推理能力与年龄而非工作记忆水平相匹配。我们根据儿童在各种工作记忆任务上的表现，将 4—16 岁的儿童分为三组——低（涉及 0—2 项任务）、中（涉及 2—5 项任务）和高（涉及 5—7 项任务），并比较他们在几个推理任务中的表现。主要发现如图 4.4 所示。可以看出，工作记忆能力高的儿童的推理表现更接近工作记忆能力低的同龄人的表现，而非年龄较大的儿童的表现。

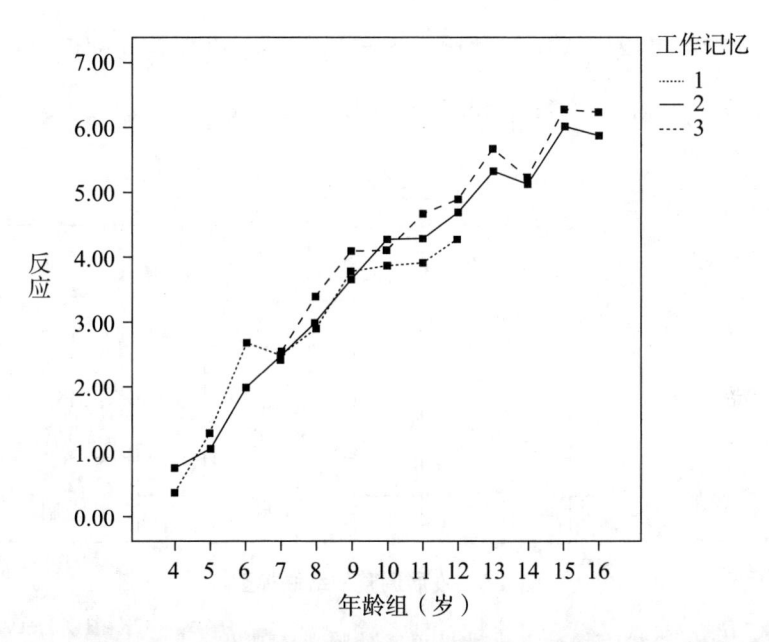

图 4.4 推理能力与年龄和语言工作记忆水平的关系（Demetriou et al., 2013）

注：工作记忆项中，1=低，涉及0—2项任务；2=中，涉及2—5项任务；3=高，涉及5—7项任务。

  研究者也发现不能将执行控制本身的发展作为智力发展的主要驱动力。具体而言，执行控制与智力发展之间的关系在学龄前时期很密切，但密切程度随后下降：在3—6岁，与年龄的关系非常密切（相关系数约为0.8），但在8—15岁，密切程度急剧下降（相关系数约为0.5）。执行控制与认知测量的相关性在学龄前阶段也很高（积木测验和言语能力的相关系数为0.6—0.7），但在8—15岁（积木测验的相关系数约为0.3，言语能力的相关系数约为0.5）大幅下降（Arffa, 2007; Zelazo et al., 2013）。

  然而，可能的情况是，级联模型而不是风扇模型能够解释这些因素与智力发展之间的关系。本章考虑了风扇模型，即假设这些基本过程中的每一个都与流体智力的发展变化直接相关。分层级联假设了一个关系链，使得最简单的过程（如绝对速度）位于链的一端，而最复杂的过程（如推理）位于另一端，其他过程位于相邻过程之间并中介相邻过程。该模型假设每个过程都可以嵌入层级结构中更高的下一个更复杂的过程中（Fry & Hale，1996；Kail，2007；Kail & Ferrer，2007；Kail et al.，2015）。该模型如图 4.5 所示。

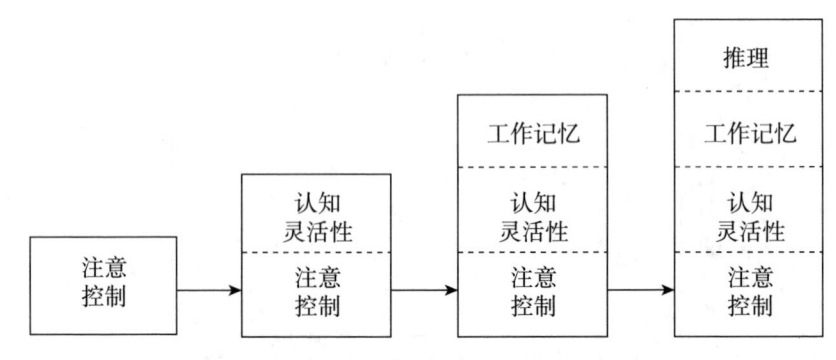

图 4.5　发展调整的级联模型

注：注意控制的相对重要性根据发展阶段而变化。

注意控制位于层级结构的最底层，因为它非常基本：将注意集中在目标上，忽略突出但不相关的物体特征（Diamond，2013；Rothbart & Posner，2015）。根据互补目标在刺激或反应之间灵活转换是层级结构中的下一个层次，因为这将心理焦点置于思考者的执行控制之下，并允许其部署心理或行为计划（Deak & Wiseheart，2015）。工作记忆在一定程度上是一项注意控制任务，因为它使人能够保持和执行目标，而不受感官中存在的其他信息或其他行为的干扰（Meier, Smeekers, Silvia, Kwapil, & Kane, 2018）。然而，除了这些执行过程，它还涉及存储和回忆过程，从而能够处理当前正在处理的信息（Baddeley，2012；Cowan，2016；Kane, Bleckley, Conway, & Engle, 2001）。不同领域中的推理和问题解决所需要的能力更强，因为它们还涉及为了得出有效结论而将表征相互关联的推理过程（Johnson-Laird & Khemlani, 2014；Rips，1994；Markovits, Thomson, & Brisson, 2015）。图 4.5 概述了这一级联。

无论级联模型看起来多么有前途，它都是脆弱的。我们发现（Makris

et al., 2017）级联模型作为嵌入更复杂过程 [年龄→注意控制（−0.64）→认知灵活性（0.58）→工作记忆（−0.89）→推理（0.87）→语言（0.98）→意识（0.60）] 中的更简单过程的层次结构，不能与其逆向模型区分开来，在其逆向模型中，更复杂的过程被嵌入更简单的过程中 [年龄→意识（0.50）→语言（0.67）→推理（0.97）→工作记忆（0.84）→认知灵活性（−0.84）和注意控制（0.48）]。[①]

四、总结

新皮亚杰理论试图根据实验认知的传统中的加工因素和表征效率来解释思维的发展——就像差异的传统试图解释智力的个体差异一样。具体来说，这些因素中的每一个（即加工速度、注意抑制、执行控制和工作记忆）都被认为是智力发展的圣杯。本章的研究结果表明，它们都没有实现这一作用。在将这些因素与智力的个体差异联系起来的心理测量研究中，每个因素都有其作用，并且肯定是认知发展的一部分。然而，正确的假设是，思维的变化不局限于这些因素中的任何一个。

将所有这些因素一起嵌入一个分层的级联中可能是一个解决方案。然而，事实比发展研究人员所希望的要复杂得多。上述研究结果表明，关系并不像级联模型所假设的那样从简单到复杂地自下而上建立，它们也是自上而下的，这在概念上是不可接受的。这一发现支持了一个不争的事实：如果这些部分是我们在这里所讨论的，那么复杂的思维过程就不仅仅是它们各部分的总和。缺失的可能是范德马斯（van der Maas et al., 2017）建议的那样——进程本身之间的相互作用，或者可能是驱动和协调这种相互

---

① 括号中的数字为前一个变量到后一个变量的回归系数。——译者注

作用的一个因素，但目前尚未有研究考虑到。甚至每个过程的相对贡献及其关系都可能是随着发展而变化的。后面我们将回到这些问题，届时我们将在发展的传统中描绘它们。

第五章　推理的发展

皮亚杰理论将连续的阶段与不同类型的逻辑思维联系起来，即将符号功能、分类和命题分别与前运算阶段、具体运算阶段和形式运算阶段联系起来（Piaget，1976，2001）。然而，皮亚杰的理论并没有解释推理的发展，因为这些类型的推理并没有真的完全体现每个阶段的推理可能性。前运算阶段的儿童也许会使用在后期阶段才能获得的推理能力，而形式运算阶段的青少年也许会在早期阶段就应该掌握的推理任务上失败（Moshman，2011）。新皮亚杰理论也是如此。这些理论同样从未真正阐述过推理的发展。在本章中，我们将总结那些与归纳推理和演绎推理的本质和发展有关的研究。

一、归纳和类比推理的发展

知觉相似性是最明显的相似形式：我们看到的东西颜色相同、形状相同、大小相同等等。因此，知觉相似性是归纳推理最早形式的基础。婴儿在很小的时候就能基于知觉相似性做出判断。事实上，正是这些用来研究婴儿认知能力的研究方法——如习惯化法或视觉偏好法（Butterworth，1998b）——假设婴儿能够意识到多种刺激间的相似和不同之处。也就是说，如果他们反复看到一个物体，他们就会习惯并且对它失去兴趣。这就意味着他们以某种方式形成了关于这一物体的表征，并在看过它一定次数后能够认出它是相同的事物。

在婴儿期，概念相似性是归纳推理的基础。巴亚尔容（Baillargeon，1995）发现 10—11 个月大的婴儿可能会选择基于功能相似性而不是知觉相似性做出推理。他们给婴儿展示一个圆柱形容器，首先向容器中倒入盐，然后再倒出来。随后他们再向一个没有底部因而不能作为容器，但其他各方面都与第一个容器相同的物体中倒入盐，或是向另一个知觉上与第一个容器完全不同但有底部因而可以作为容器的物体中倒入盐。当感知相似但功能上不合适的物体看似装着盐时，婴儿会表现出惊讶，表明他们能够基于功能而不是感知属性来制定一个类别，并据此进行归纳推理。

与人们普遍认为的类比推理是较晚获得的能力相反，最近的研究表明非常小的婴儿就对类比关系很敏感。例如，有研究者（Wagner, Winner, Cicchetti, & Gardner, 1981）发现 9 个月大的婴儿在听到升调时更喜欢看向上的箭头，并且在听到降调时更喜欢看向下的箭头。也就是说他们似乎能够理解这个类比 [升调：↑：：降调：↓]。基于这个和其他类似的证据，戈斯瓦米（Goswami, 1992）提出"识别关系相似性的能力可能根本不会发展"（p.13），因为它"可能是人类推理的固有能力"（p.15）。

苏珊·格尔曼（Susan Gelman, 2003）和凯尔（Keil, 1989）的研究表明，在 3—4 岁，儿童就能将他们关于世界的知识进行细致的分类，并以此为基础进行强有力的推理。例如，格尔曼和科利（Gelman & Coley, 1990）向儿童展示了一种特定的鸟类，并告诉他们"它住在鸟巢里"。在这个年龄的儿童可以很容易地推理出，另一种几乎完全相同的鸟也住在鸟巢里；而对于在其他一些方面与目标鸟类不同的鸟，他们则不能确定；然后他们还可以做出总结，其他一些与目标鸟类完全不同的生物，例如剑龙，不生活在鸟巢里。此外其他实验表明，将一个物体与一个新奇的名字联系起来，例如"这是 dax"或"这是 diffle"，会让 3.5 岁的儿童认为其他形状相同的物体也是"dax"或"diffle"（Becker & Ward，1991；Landau，Smith，& Jones，1988）。

戈斯瓦米和布朗（Goswami & Brown，1989）表明一旦涉及熟悉的物体或转换，儿童就可以解决 [a：b：：c：d] 这类的经典类比。例如，给儿童呈现按照以下类比组织的图片：[巧克力：融化的巧克力：：雪人：？]。他们的任务是从 5 张图片中选出缺失的第 4 张图（即类比中的"d"）。许多 3 岁和几乎所有 4 岁和 5 岁的儿童能够完成这类任务，选择融化的雪。

这一研究表明随着知识和经验的增加，归纳推理越来越倾向于依赖概念相似性而不是知觉相似性，尽管知觉相似性永远是推理的基础。因此，随着专业知识的增加，推理倾向于更多地依赖表明成员类别关系的属性而不是简单的知觉相似性。同时，类比推理的过早出现很大程度上依赖于关系的表面或知觉相似性。如果没有非常明显的知觉相似性，即使是学龄儿童也容易在涉及非常常见的对象和功能关系的类比上失败。例如，凯斯（Case，1985）发现 10 岁左右的儿童可以理解 [墨水：钢笔：：颜料：画笔] 这个类比。而对于涉及抽象关系的二阶关系，例如 [食物：身体：：水：土地]，儿童直到青春期才能理解。最后，斯滕伯格和唐宁（Sternberg & Downing，1982）发现三阶类比需要理解两个抽象类比之间的关系，而这只有到了大学阶段才能够理解。例如，思考类比 [沙子：海滩：：星星：星系] 和类比 [水：海洋：：空气：天空] 之间的关系是什么。

二、演绎推理的发展

根据布雷恩（Braine，1990）的说法，演绎推理是从初级推理发展到形式推理或次级推理的结果。初级推理涉及基本的信息整合过程，使儿童能够在言语交互中自动推理并整合来自不同来源或不同时间的信息。在日常对话的理解过程中，儿童会使用所有可用的信息（即关于说话人的知识、关于世界的知识、说话的习惯、语言的语法和句法）来做出解释。这种理解的速度很快，因为它基于对话和阅读的速度进行（Braine & Rumain，1983，p. 267）。

然而，有些问题需要形式推理或次级推理。以下就是这些问题的一个例子：

鸟类可以飞。
大象属于鸟类。
_____
大象可以飞。

很显然，"大象可以飞"这一结论在逻辑上是成立的，尽管在事实上是错误的。也就是说，尽管我们知道大象不是鸟类，而且它们也不能飞，但我们不得不接受这个结论，因为它是从前提中得出的，具有必然性。换句话说，我们假设大象属于鸟类是真的，那么我们既然接受鸟类可以飞，我们也不得不接受大象可以飞。

注意，解决这类问题所需的方法与用初级推理解决问题相比有两个不同之处。首先，需要分析而不是普通的理解：人们必须专注于论点中给出的每个句子的意思，忽略任何其他与句子中单词相关的先前知识或信息。其次，推理者必须明白，一个论证涉及一个被系统安排的关系网络，可以用作解码关系的基础。因此，为了掌握一个逻辑论证所隐含的逻辑关系，人们必须能够将论证分解为所涉及的前提，并专注于它们独立于内容的逻辑或形式关系。论证中前提所隐含的形式关系通常由自然语言中的特定词语指出，如条件句"如果……那么……"、析取关系"不是……就是……"等。当采用这种方法时，原则上就可以完成形式推理或次级推理了。

莫什曼（Moshman，1990，1994，2011）提出演绎推理的发展从初级推理到形式推理一共经过四个阶段。在这一发展过程中的关键因素是对推理过程本身、其潜在的逻辑性质及其关系的意识的日益增强。此外，意识的增强通常伴随着控制和增进推理过程的意愿的增强。莫什曼（Moshman，1990，p. 208）将推理的发展描述为"元推理"，而不仅仅是简单的推理和逻辑：

元推理策略是一种推理策略，它超越了简单地将前提同化为无意识的推理图式（inference schemata）。它包括明确区分前提和结论，并有目的地使用推理从前者推断出后者。这种策略的使用通常是有意识的，或者至少是可以到达意识的。例如，它包括系统地产生与前提一致的多种可能性、积极地寻找潜在结论的反例或协调几个推理图式来构建一条论证线。

因此，莫什曼提出的推理发展阶段描述了从自动使用推理图式到外显的、自我引导的逻辑推理的过程。表 5.1 总结了这些阶段的一般特征。

表 5.1 演绎推理在不同阶段的一般特征

年龄	阶段	理解的外显客体	推理中隐含的知识（主体）	推理图式	理解	推理
2—5岁	外显内容-内隐推理	内容	推理：从前提推导出的结论，因而与前提不同	有一只猫，有一个苹果/有一只猫和一个苹果。有一串葡萄，还有一个柠檬或一个鸡蛋/有一串葡萄和一个柠檬，或一串葡萄和一个鸡蛋。	自动的；元语言意识是内隐的	初级

续表

年龄	阶段	理解的外显客体	推理中隐含的知识（主体）	推理图式	理解	推理
6—10岁	外显推理-内隐逻辑	推理：结论从前提推导出来，因而与前提有关	逻辑：不同于前提和结论的经验真理的论证形式（必然性）	有一只狗和一只老虎，没有一只狗也没有一只老虎/互斥的。如果有一头牛或一只羊，那么就有一只梨/有一头牛，有一只梨。有一个草莓或一颗蓝莓/没有一个草莓，有一颗蓝莓。	普通的；基本的元语言意识	初级
11—18岁	外显逻辑-内隐元逻辑	逻辑：论证形式与前提和结论的经验真理（有效性）的关系	元逻辑：有别于自然语言的形式逻辑系统	假设推理的图式。给出"假设p和q"这样的推理链，可以得出这样的结论：如果p存在，q也会存在。参与者也开始明白，当q出现时，并不意味着p就必须出现。	分析；复杂元语言意识	次级
19—24岁	外显元逻辑	元逻辑：逻辑系统和自然语言的交互关系	元-元逻辑：元逻辑的分化与重构	以上所有这些都是创建和形成逻辑系统的手段，这些逻辑系统将推理过程或关于心智的系统形式化。	反思的；元-元语言意识	元系统

阶段1：外显内容-内隐推理。这一阶段出现在学龄前，这时儿童只使用推理却不思考推理。这在儿童的日常理解和日常语言产生中都很明显。也就是说，当2—3岁的儿童说话时，他们能正确地使用推理图式中涉及的大多数连接词和条件句，如"和""但是""或""因为""如果"。此外，在这个年龄，儿童对命令做出反应时需要理解条件句所表达的关系："做A和B"（2岁）或"做A或B"（4岁）（Beilin & Lust, 1975; Johansson & Sjolin, 1975）。这一年龄段的儿童同样也能理解"如果"的含义（当它

嵌入许可图式时）："如果你想出去玩，你就必须穿上你的外套。"哈里斯和努涅斯（Harris & Núñez，1996）的研究表明，3 岁和 4 岁的儿童可以通过明确个体行为与允许的行为的不同来识别违反许可规则的行为。至少有一些条件句的微妙的、更严格的逻辑意义要稍晚一些才能被理解。一个例子是由"如果"表示的方向性，即理解由"如果"配对的事件必须按照特定的时间顺序进行排序。根据埃默松（Emerson，1980）的研究，儿童直到 5 岁才能分辨出下面四个句子中哪一个才是"愚蠢的"：如果开始下雨，我就打伞；如果开始下雨，我会打伞；如果我打伞，就开始下雨；如果我打伞就是开始下雨了。6 岁时，儿童能够纠正"愚蠢"的句子，使其变得合理。然而，这个阶段的儿童还没意识到是前提限制了结论。因此，他们无法解决需要这种意识来分析论证所涉及的内容的问题。

阶段 2：外显推理－内隐逻辑。这种意识大约在 5 岁或 6 岁时首次出现，标志着儿童向第二阶段的过渡。有了这种意识，第二阶段的儿童能意识到不能从下面的论点中得出结论：

sprognoids 是动物或植物或机械。
sprognoids 不是动物。

―――――――――――

因此，sprognoids 是植物。

他们意识到，因为第一个前提涉及三个选项，而第二个前提只抵消了其中一个，所以不确定剩下的两个选项中哪一个是有效的。根据莫什曼的说法，这种理解表明，这个阶段的儿童能够将前提和结论视为一个论点的不同部分，它们通过推理联系在一起。换句话说，这个阶段的儿童清楚地意识到将前提和结论连接成连贯的论点的推理过程，并且对逻辑必然性很敏感。然而，逻辑本身在他们的推理中仍然是内隐的，并不能作为一个框架来明确地指导推理。因此，他们在必须明确区分论证的逻辑形式与其内容的问题上失败了。前面关于大象会飞的论证是这个阶段的儿童无法解决的问题的一个例子，因为他们关注的是论证的内容，而没有意识到这个论证与他们在日常互动中自发使用的许多论证和推论在形式上是相同的。

阶段3：外显逻辑-内隐元逻辑。11—12岁青春期前的儿童能够解决这些问题，这表明他们理解了逻辑形式和经验真理之间的区别。换句话说，他们理解"如果一个论点有这样一个逻辑形式，那么不管它的前提和结论的经验真理如何，它都是有效的：如果前提为真，结论也必须为真"（Moshman，1990，p. 212）。因此，在这个阶段，儿童清楚地意识到逻辑是论点和结论之间的规则约束关系系统，这也表明了形式逻辑关系和表达它们的语言之间的区别。

奥舍松和马尔克曼（Osherson & Markman，1975）清楚地证明了这种差异。他们在研究中，要求儿童和成人评估诸如"我手中的芯片是白色的，并且它不是白色的"，或"我手中的芯片不是红色的，或它是红色的"等陈述的真实性。这些陈述是非经验的：它们的真实性不取决于外部世界，而是取决于陈述中所包含的断言之间的一致性。与提到的颜色无关。只有语句之间的句法和逻辑关系是相关的。当达到这种理解时，儿童能够将逻辑关系表征为与经验现实不同的东西。

即使在这个阶段，青少年仍然缺乏外显的元逻辑。外显的元逻辑将外显地明确逻辑系统，并定义它们的形式关系，对比它们的异同。因此，这一阶段的儿童仍然无法完成需要这种元逻辑的任务。肯定后件或否定前件的谬误就是需要这种元逻辑的很好的例子。因此，第一章中描述的沃森的"选择任务"在这个阶段是无法被解决的。

阶段4：外显元逻辑。当个体能够考虑不同类型的推理，甚至不同逻辑系统的特征，并明确它们的异同时，这些任务才能在外显元逻辑阶段被解决。这里涉及元系统推理的运用。根据康芒斯和罗德里格斯（Commons & Rodriguez，1990）的说法，元系统推理使思考者能够明确许多不同系统中每个系统的形式特征，然后确定这些系统之间的高阶相似点和不同点。我们的研究表明，根据在皮亚杰式的形式任务中的表现，只有一小部分——大约10%——的大学生是高级形式思考者，在任务中展示了元系统推理。此外，这些参与者表现出对自己心理过程的高水平意识（Demetriou，1990；Demetriou et al.，2017）。

三、推理的起源：先天的还是建构的？

推理从何而来，又如何从关于世界的内隐推理的状态提升到外显推理、逻辑必然和对推理及其规则的外显反思的状态？一些学者认为归纳（Goswami，1992）和演绎推理是人类组成的一部分（Fodor，1975；Macnamara，1986）。麦克纳马拉（Macnamara，1986）认为，儿童在很小的时候就能掌握真实和虚假的基本逻辑概念，这些概念是演绎推理的基础。在他看来，真理的概念隐含在儿童很早就做出的断言中，因为对某事做出断言意味着赋予它一个真理的价值。布雷思（Braine，1990）论证了与环境中发生的事件和事件的特定模式相对应的现成推理图式："联合迭代"，即动作、事件或物体的重复；"替代方案的迭代"，适用于一个事件或物体出现而另一个事件或物体可能出现或不出现的情况；"意外事件"，指与时间相关的序列，这些序列可能具备因果关系，也可能不具备因果关系（表5.1给出了这些图式的例子）。显然，这些研究者假定了一种思维语言，这一思维语言包含了条件推理下的基本逻辑关系，并且在儿童学习母语之前就可以使用。根据这些理论家的观点，学习口语就相当于学习思维语言的翻译。换句话说，学习与上述三种模式相对应的连接词"和""或""如果"，就相当于将它们映射到思维语言的相应连接词上。

根据这一理论，在推理发展的第一阶段，儿童能够进行与所有这些图式相匹配的内隐推理。当然，有人可能会反对，认为幼儿园的儿童已经足够大了，他们已经有了使用这些推理图式的经验和实践。无论如何，学龄前儿童推理的可能性表明，推理的支柱在生命的早期就存在了。在心理测量学中，g因素总是被视为一种对关系的加工。与意识和元表征可能性一起，g因素扩展到推理上，以支持越来越精细的关系加工。因此，假设归纳推理和演绎推理的基本操作是有效的，就意味着存在一个有关推理发展的特定假设。这些基本操作正在构建一个日益差异化的编码系统，这些编码明确每个推理模式的应用约束。具体来说，编码规定如果一个特定的肯定前件关系成立，那么相应的否定后件也成立；然而，否定后件或否定前件却不是这样。这些仍然是开放的，因为它们规定的影响可能来自肯定前件和否定后件关系中未明确的因素。这一编码系统的功能是构建一个主观的真值表，因此它对所有领域都有效。显然，掌握编码会改变所关注的表征类型。思考者在掌握编码之前，会关注前提中规定的内容知识；当他们完成编码时，他们改为关注由连接词所指定的前提之间的关系。在第一种情况下，建立心理模型就是记忆中的表征的联结加工。在第二种情况下，它变成了一种反向的表征工具，可以从关系编码中生成新的甚至是反直觉的表征。

语言学习和教育对从初级推理向中级推理的转变有很大的影响。法尔马涅（Falmagne，1990）提出，逻辑知识产生于对语言结构的理解，以及语言中命题的安排与事物的经验状态之间的对应：例如，条件连接词"如果……那么……"在语言上总是有序的，并与在时间上有序的事件相对应。研究者假设，注意到语言图式和事件的真实模式之间的对应关系可能是从初级推理或自动推理到更自我导向或形式推理的精细加工的起点。与这一假设一致，许可图式理论（permission schema theory；Cheng & Holyoak, 1985）假定这些归纳发生在许可规则的背景中，这些规则指定了给定事件可以或必须发生的条件（Harris & Núñez, 1996）。皮亚杰对这种方法不会很喜欢，但他也不会很反感。他认为，语言是在一个逻辑操作的背景上打磨出来的，以传递从童年中期开始处理的推理图式。

当然，分析性理解是建立这个主观真值表的主要力量：它使推理者能够区分言语陈述中隐含的各种意义，从而专注于逻辑上至关重要的东西。例如，它使儿童能够区分字面意义、隐含意义、事实意义和逻辑关系，并将后者优先于所有其他类型的意义。显然，教育对分析性理解的发展有广泛的贡献，因为它引导学生认识到可以对给定现实进行不同的解读。我们将在本书的第三部分详细阐述作为逻辑发展因素的分析理解的发展。

无论作为促进因素多么重要，语言学习和教育都不足以解释对什么是正确的"逻辑洞察力"的掌握，及其在推理发展中的加强。这是一个内在过程，由一个努力区分"噪音"（或无关紧要的东西）和"真实的现实"的专用思维完成。推理者自身对推理过程的意识是关键因素，它可以将内在注意力引导到适当的分析水平和适当的关系上。这在归纳推理和演绎推理中都很重要。有证据表明，在归纳推理中，从基于表面相似性的判断到掌握二阶类比，需要对类比本身的意识。显然，许多类比所涉及的术语可以通过几种替代性关系（如内容、隐喻意义等）关联起来。要把握适当的关系（如推导出斯皮尔曼术语中的相关），思考者必须意识到这个层次上的关系确实存在，并且必须寻找它们；这将允许他保留判断，以便他可以寻找替代性关系，直到找到一个可以连接两个一阶关系的关系（DeLoache et al., 1998）。

这种意识使推理者能够区分不同类型的推理，如归纳推理和演绎推理，并相应地调整推理过程。有证据表明，这种意识在 6 岁之前是不存在的；它一般出现在 7—8 岁，即小学早期，并持续到青春期。加洛蒂、小松和弗尔茨（Galotti, Komatsu, & Voelz, 1997）研究了从幼儿园到小学后期的儿童是否能够区分演绎推理三段论和归纳推理三段论。研究者要求儿童回答演绎推理问题（例如，"所有的 daxlets 都是黏糊糊的；所有黏糊糊的动物都喜欢叫；所有的 daxlets 都喜欢叫吗？"）和归纳推理问题（例如，"所有黏糊糊的动物都喜欢叫；所有的 daxlets 都喜欢叫；所有的 daxlets 都是黏糊糊的吗？"），评估他们对答案的信心，并解释他们的推理。任务在内容和逻辑关系上是相同的，只有推理类型不同。从幼儿园到 6 岁的儿童，都几乎没有意识到归纳推理和演绎推理之间的区别。二年级时，儿童开始认识到这两种推理方式的差异，他们开始对两种推理方式的结论表现出明显的信心差异；如果结论是必然的，且人们期待他们给出答案，他们更有信心得出演绎推理的结论。四年级和六年级的学生，即 9—11 岁的儿童，对这些差异表现出明显的敏感性；这表现在他们的信心评分、他们对差异的解释，以及他们对演绎推理三段论更快的反应上。

在演绎推理中区分前提和结论也需要这种意识，人们需要意识来确定能否从前提推导出结论。这种意识还使思考者能够区分推理图式，这使他能够制定一个框架，以表明在推理特定类型的关系时，什么是有效的，什么是无效的。雷韦尔贝里和他的同事们（Reverberi, Pischedda, Burigo, & Cherubini, 2012）进行了几项研究，以检验演绎推理是否可以自动和无意识地进行。他们发现，在年轻的大学生中，这种肯定前件确实是无意识的。例如，他们的研究表明学生已经准备好了一个模式结论，即使它的一部分是无意识地激活的。例如，学生们能看到并有意识地注意到主要前提（例如，"如果有 3"），但次要前提（"那么就有 8"）的呈现时间非常短，这使他们不可能有意识地看到或注意到它。令人惊讶的是，在随后的一系列估计任务中，如果未被注意的第二个前提与条件的先行词（"3"）相对应，参与者就会预激活数字"8"。研究人员认为这一发现表明存在一种原始的肯定前件图式，即使它的两个主要前提存在最低限度的联结，甚至是无意识的联结，它也会作为一个整体（p和q，p，q）被激活。值得注意的是，研究者还发现析取三段论和对结果谬误的肯定并不是自动的，上述启动效应并不适用于它们，这表明如果要应用它们，就需要外显意识和对关系的加工。当然，大学生已经足以自动完成条件推理的一些关键部分。在任何情况下，"肯定前件"都是条件推理的背景，其余的条件推理在此基础上进行其他操作，也利用了极少量的意识，使思考者能够将一个论点与前面提到的内在心理真值表相匹配。

四、推理和加工效率

推理的变化与加工效率指标（如执行控制和工作记忆）的变化之间的关系，是对前面几章中提出的假设（g因素或流体智力依赖于表征和操作信息的加工）的关键检验。在这个领域有大量的研究。研究结果清晰地表明，一方面，这些关系确实存在。例如，丘德尔斯卡和丘德斯基（Chuderska & Chuderski, 2009）的研究表明目标监控和反应抑制会影响工作记忆的刷新、转换和双任务的执行，而这反过来又会影响类比推理。巴鲁耶及其同事（Barrouillet, Gavens, Vergauwe, Gaillard, & Camos, 2009）在大量研究中表明，工作记忆在演绎推理心理模型的构建和评估中非常重要。

在巴鲁耶的模型中，条件推理的发展包括三个水平：连词阶段，允许加工"p 和 q"实例；双条件句阶段，允许加工"p 和 q"和"非 p 和非 q"实例；条件句阶段，允许加工"p 和 q""非 p 和非 q""p 和非 q"实例。显然，这三个阶段与上面讨论的推理发展的前三个阶段相对应。9 岁时，儿童在连词阶段和双条件句阶段的比例大致相同；11 岁时，双条件句阶段占主导地位；14 岁时，条件句阶段占主导地位。需要强调的是，有研究者（Taplin, Staudenmayer, & Taddonio, 1974）多年前发现，这三个层次的条件推理是在巴鲁耶模型中指定的年龄时达到的。三个年龄组的平均计数广度分别约为 3、4 和 5 个信息单位。在整个样本中，计数广度为 3 个信息单位或更少的儿童处于连词或双条件句阶段；那些计数广度为 3—5 个信息单位的中等广度的儿童主要处于双条件句阶段；那些计数广度大于 5 个信息单位的儿童处于条件句阶段。因此，"对条件规则的解释是儿童能够产生和协调的模型数量的函数。参与者年龄越大，能够生成的模型数量就越多，这些模型可以表征由'如果……那么……'规则描述的事实的状态"（Barrouillet & Lecas, 1999, pp. 297–298）。

五、总结

从本章的研究中可以得出三个结论。首先，推理总是存在的。在生命之初，婴儿就能够完成在不同表征之间传递意义的归纳推理。他们甚至能够将表征进行类比式的相互联系，这允许他们基于各部分之间的对应关系进行暂时的整合。早在语言出现时，人们就可以看到演绎推理的种子，它以连接表征的基本图式的形式出现，这样当一种表征出现时，另一种表征也可以被推导出来。

其次，在对推理过程有一定程度的意识之前，不存在高级的归纳推理、类比推理和演绎推理。这一意识将允许 8—10 岁的儿童将真值放在表征之间的特定关系上，寻找它们，且不管内容如何都接受它们。这一过程在青春期达到顶峰，这时儿童可能完全掌握了条件推理。总的来说，推理意识包括：（1）意识到推理需要搜索—匹配—选择—评估的过程（这可能是循环的，因此在试图解决一个任务时可能会重复几次）；（2）意识到存在一个可供选择的主观逻辑表（这个表明确了关于类比的规定和关于演绎推理方案的似真标准）；以及（3）在找到最佳解决方案之前，执行者的自我约束会让他们抵制看似合理的解决方案。

最后，建立心理模型在推理中是有用的，因为它加强了选择最佳结论的可能性。增强工作记忆也很有用，因为它为上述过程的实现提供了表征操作基础。然而，无论是心理模型还是工作记忆都无法给出解决方案。只有"逻辑洞察力"能给出结论，并且结束推理加工。我们将在后续章节中讨论这一洞察力的基础。

第六章 关于心智的意识和认识

一、关于心智儿童知道些什么？

心智①是心理学世界的基石。我们甚至可以说，我们所处的心理学世界正是因为人类的心智而存在。我们的行为与对他人的感受取决于我们如何记录和表达这个世界。我们对彼此的想法和观念指导着我们对彼此的行为。我们的个人经验、行为和人际关系取决于我们作为人类个体所创造的心理状态。在某种意义上，我们的生活是心智之间的对话。因此，一些学者认为对心智的认识是如此重要，以至于它"是我们社会本能的一部分"：这就是引导儿童学习看不见的、无形的、抽象的状态，如思想、信念和欲望的原因（Leslie，Friedman，& German，2004）。

有关人类心智的认识的研究可能涉及本书所讨论的一切。广义而言，它可能涉及对以下方面的认识：（1）心智的内容，如欲望、信念、自己持有的概念或知道（或认为）的他人所持有的概念，以及这些心智内容对行为的影响；（2）产生知识和理解的过程，如思考、推理、想象、学习和记忆；以及（3）指向个体自身心智的意识、反思和自我控制，以了解和在需要时改变自身心智。值得注意的是，关于儿童心智发展的研究目前非常

---

① "心智"一词原文为 mind。这一词汇所涉及的研究领域几乎覆盖了心理学研究的各个方面，在不同的情境、不同的研究方向中，对这一词汇的翻译不尽相同。在本章中，"心智"对应原文的 mind 一词（"心理理论"一词为固定翻译，当中的"心理"同样对应 mind）。——译者注

零散，甚至采用不同的名称术语。关于心智内容及其在人类行动中的作用的研究被称为心理理论（theory of mind）研究（Perner，1991；Wellman，2014）。对心理过程的研究被称为元认知（metacognition）研究（Efklides，2008；Flavell，1979）。对意识的研究也有各种名称，包括对各个领域如认知、情绪和人格等的自我意识（self-awareness）和自我表征（self-representation）的研究。下面我们总结这些领域的研究，以强调对心智的认识是如何发展的。研究者们提出了四个相互关联的问题：

（1）儿童是否理解心智是与现实不同的东西？也就是说，他们是否明白，他们对某一物体或人的想法或观念不能与这一物体或人等同？

（2）他们是否理解思想的表征性？也就是说，他们是否理解思想、观念和信念代表着物体、事件或精神状态，表达了人的某一方面或某一角度？

（3）他们是否理解心理活动及其产物的因果作用？也就是说，他们是否意识到，人们做什么以及如何做取决于他们的思想、观念、猜想、幻想、信念、欲望或愿望？

（4）他们是否了解心理活动是如何组织和运作的？也就是说，他们是否了解心智是一个复杂多样的系统，包括不同的功能，如注意、记忆和推理，并负责不同的心理工作？

简而言之，这四组问题分别对应了我们对心智了解的四个方面：心智的本体论地位、心智的表征本质、心智的因果作用、心智的性质和功能。我们将在下文总结关于心智的四个方面的发现。

二、了解心智（或一种心理理论）

对儿童心理理论的研究是过去30年来发展心理学中最活跃的研究

领域之一。在谷歌学术（Google Scholar）中搜索"心理理论"（theory of mind）一词，结果高达 558 万条，与此同时，"认知发展"（cognitive development）的搜索结果为 606 万条、"学习理论"（learning theory）的搜索结果为 555 万条、"精神分析理论"（psychoanalytic theory）的搜索结果为 136 万条、"心理测量理论"（psychometric theory）的搜索结果为 139 万条、"皮亚杰理论"（Piaget's theory）的搜索结果为 44.3 万条（截至 2024 年 4 月 6 日）。①

（一）对本体论心理状态的认识

有证据表明，3—4 岁的儿童明白，对一个物体的想象与物体本身是不同的。例如，4 岁的儿童明白，要求他们想象的兔子和怪物都不是真实存在的。然而，当他们被告知研究人员将离开房间时，许多儿童会害怕地想象出一个怪物。甚至许多 6 岁的孩子说他们害怕盒子里会有怪物（Harris，Brown，Marriott，Whittall，& Harmer，1991）。这些发现证实了我们的经验，即儿童在上学期间仍然会被他们的想法吓到。众所周知，一些精神病人，如精神分裂症患者，不能清晰地区分现实和想象（Lysaker，Dimaggio，& Brüne，2014）。这一证据表明，相当早的年龄阶段就能将想象与真实的东西区分开。然而，这种区分会持续发展很多年，在某些条件下，个体可能会在某个年龄段变得无法区分。

（二）对心智的表征和因果作用的认识

用来研究儿童对因果关系的理解的实验范式相对简单。在著名的萨利

---

① 英文原著中的搜索截至 2017 年 5 月 22 日，彼时搜索"心理理论"的结果为 447 万条，搜索"认知发展"的结果为 342 万条，搜索"学习理论"的结果为 325 万条，搜索"精神分析理论"的结果为 69.5 万条，搜索"心理测量理论"的结果为 62.2 万条，搜索"皮亚杰理论"的结果为 10.1 万条。——译者注

任务（Sally task）中，研究人员将一颗糖果放在儿童和助手（实验中的主角）面前的盒子 A 中。主角离开房间，研究人员趁他不在时将糖果从盒子 A 移到盒子 B。主角回来后，要求儿童指出他将在哪里寻找糖果：在盒子 A（对应于主角对糖果位置的表征）或盒子 B（对应于儿童对糖果目前位置的表征）。根据这一范式设计的任务被称为错误信念任务：这里的错误信念指的是主人公所认为的糖果在盒子 A 中。指出位置 A 的儿童显然能够理解对特定情况的表征（关于它的观念）取决于现有可用的信息，一个人的行为源于他的表征（按照观念寻找物体）。指出位置 B 的儿童显然无法将自己的表征与他人的表征区分开来，实际上是将自己的表征投射到了他人身上。许多研究表明，3 岁儿童不能解决这个任务，但 4 岁儿童可以。基于这一证据，研究者们得出结论：3 岁儿童没有心理理论，但 4 岁儿童有。此外，人们认为 3 岁儿童可能有表征缺陷，这使他们不能区分自己的思想和他人的思想，也不能认识到不同的人可能有不同的信念，从而导致不同的行为（Wellman，1990）。

标准的错误信念任务，如萨利任务，能测量什么？这些任务可能只是捕捉到了对心智的一种非常简单的非黑即白的理解：这个年龄段的儿童可以理解，别人可能不知道自己知道的东西，因此他们可能根据自己的知识采取不同的行动。无论这种理解多么超前，它都偏离了对心智作为一个完整的元表征（metarepresentational）的理解。这就需要一种对表征的看法的修正，表征应当引导人们寻找表征之间的意图关系：不同的人的行为是与其各自的观点相关联的（Rakoczy, Fizke, Bergfeld, & Schwarz, 2015）。在这些任务中，存在属性的重叠，例如同一个物体拥有两个属性（例如：一个物体既有铅笔属性又有能发出响声的属性，或者一个男孩既是彼得又是消防员）。在实验的设置中，被测试的儿童知道物体的一个属性与盒子 1 相关联，另一个属性与盒子 2 相关联。然而，儿童必须预测其行动的主角却不知道这种重叠：他知道盒子 1 里的第一个属性，盒子 2 里的第二个属性，但没有看到物体从第一个属性到第二个属性的转变。这些实验的逻辑如下，并在图 6.1 中演示。

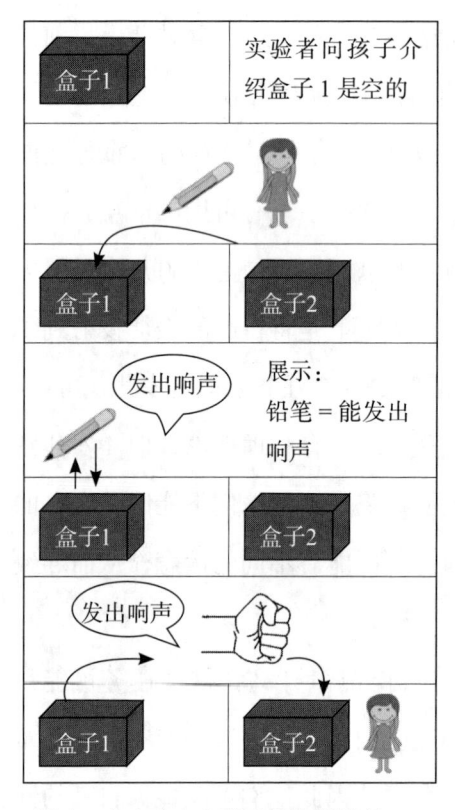

图 6.1 设计刺激物身份不变、外观转变的心理理论任务的例子（Rakoczy et al., 2015）

注：经许可转载。（1）盒子 1 中有物体 A。（2）盒子 2 中有物体 B。（3）盒子 2 中的物体 B 同时也是物体 A。（4）实验主人公知道（1）和（2），但是不知道（3）。

任务问题：主人公想要寻找物体 A。他会去哪里寻找物体 A？（正确答案：盒子 1）。

4—5 岁的儿童可以完成这些任务以及标准的错误信念任务，例如萨利任务。这一结果意味着这个年纪的孩子对修正看法及其可能的影响有一种统一的理解。也就是说，他们可以从特定视角看特定表征，从而能够准确地将行为同每个人的观点连接起来：我知道物体 A（外观 - 表征 1）和物体 B（外观 - 表征 2）是相同的（转换 - 表征 3），但是看起来不同，因为它们的外观在盒子 1 和盒子 2 中是不同的（如，一般服装和消防员服装，即身份 - 表征 4）。儿童拥有所有四个表征和元表征意识，即行动源自一个人所拥有的表征；因此，如果儿童知道主人公拥有 1 号、2 号和 4 号表征，但不知道与其他表征相互联系的 3 号表征，他们就会相应地预测主人公的行动。这一发展阶段的突破使推理能力和第五章讨论的执行可能性的建立成为可能。

哈尔福德、科万和安德鲁斯（Halford, Cowan, & Andrews, 2007）认为，这种表征突破在这个年龄段是可能的，因为错误信念任务涉及的关系复杂性程度相当于这个年龄段掌握的三元关系。具体来说，哈尔福德及其同事认为，错误信念任务需要（1）表征物体的位置和（2）物体的实际运动（i）被儿童看到，（ii）但不被主人公看到，以及（3）表征本身，即在儿童自己（2i）和主人公（2ii）的头脑中表征的东西。这些研究人员表明，错误信念任务的表现与其他各种需要三元关系的任务的表现有关，如掌握基数、动词的及物性、分类的包含性、外观与现实的区别以及执行控制。此外，他们还表明，心理理论任务中 80% 的年龄变化与处理越来越复杂的关系的能力有关（Andrews, Halford, Bunch, Bowden, & Jones, 2003）。

然而，这一成就只是从出生到青春期意识发展的漫长道路上的一步。一方面，有证据表明，即使是 15 个月大的婴儿也对感知 - 信念 - 行为的联系有一定的掌握。尾西和巴亚尔容（Onishi & Baillargeon, 2005）向 15 个月大的婴儿呈现了以下一系列的事件。首先，演员看到一个物体被放在一个绿盒子里；然后，演员的视线被遮挡，物体被移到一个黄盒子里；接着，演员再次出现，在黄盒子或绿盒子里寻找物体；当演员在黄盒子里寻找物体时，婴儿表现出惊讶，这与他的信念相反。这被解释为可能年幼的婴儿对心理理论的本质有直观的掌握。另一方面，也有证据表明，儿童会根据他们对所面对的人的知识状态的理解（例如，物体的放置是否发生在这个人面前）来调整他们的行为（例如，命名和指出物体之前放置的地方）（O'Neill，1996）。显然，这些发现表明，在语言出现之前，人们已经意识到心理状态及其在行为中的作用。

事实上，2 岁和 3 岁的儿童即使在错误信念任务中失败，他们也有相当大的能力进行欺骗。从认知的角度来看，欺骗意味着欺骗者认识到同一现实可能有其他的表征，而且有可能在对方的头脑中创造出与他自己持有的表征不同的表征。钱德勒、弗里茨和哈拉（Chandler, Fritz, & Hala, 1989）在他们的实验中表明，到 2 岁时，儿童明白隐瞒或破坏证据可以欺骗别人，到 3 岁时，他们就明白了撒谎的作用。事实上，有证据表明，3 岁的儿童如果被安排在一个欺骗的任务环境中，他们可以通过错误信念任务。

欺骗并不是儿童表现出对对方心理的理解的唯一情境。韦尔曼（Wellman，1990）进行了广泛的研究，表明 4 岁以下的儿童对欲望比信念更敏感，因为它们是可以产生反应的心理状态。他的实验表明 3 岁的儿童可以解决如下问题："山姆想找到他的小狗。它可能藏在车库里或门廊下。山姆将在哪里寻找他的小狗（车库或门廊）？"即使是在表征似乎发生变化的情况下，3 岁的儿童也能够正确预测山姆的行为，正如下面的故事所示："在山姆寻找他的小狗之前，山姆的妈妈从屋里出来了。山姆的妈妈说她看到他的小狗在车库里。山姆将在哪里寻找小狗？"据韦尔曼说，这些发现表明 3 岁儿童有心理理论，他进一步认为，随着儿童心理理论的发展，欲望作为行为原因的重要性会降低，而这有利于信念的发展。这似乎意味着，心理理论最初是针对与人们行为的动态方面有关的心理状态（即与情感和动机有关的状态），然后才扩展到包括那些与认知方面有关的状态（即表征）。

此外，高阶心理理论任务的掌握要比错误信念任务的掌握晚得多。在高阶心理理论任务中，关于知识和信念的表征是相互嵌套的，正如现实生活中经常发生的那样。比如说：{约翰认为[玛丽知道（迈克尔想）]吃冰激凌}。高阶心理理论任务的复杂程度可能从第一阶，如萨利任务，到第二阶、第三阶，如上面的例子，或更高阶。二阶心理理论任务在小学低年级就能被解决，但三阶或四阶任务则在小学毕业时才能被解决（Rakoczy et al.，2015；Liddle & Nettle，2006）。显然，掌握多阶心理理论任务反映了认知科学家理解中的思维语言的那种构成性、复现性和层次性整合。

卡彭代尔和钱德勒（Carpendale & Chandler，1996）也表明，对心智的解释性的理解是在7—8岁时获得的。例如，学龄前儿童不理解，但小学生却理解不同的角色可能会根据他们所掌握的信息，对"wait for a ring"（即等电话来电或钻石戒指）这句话做出不同的解释。显然，对解释的理解需要对心智的本质有一个更复杂的理解。这涉及理解初始前提在论证链中的作用（如在上面的例子中等待电话信息或等待求婚），还涉及将前提连接成导致结论的序列的推理过程。韦尔曼在一系列纵向和元分析研究中表明，上述序列反映了儿童的表征和概念能力的真正变化（Wellman, Cross, & Watson, 2001; Wellman, Fang, & Peterson, 2011）。值得注意的是，在不同年龄阶段获得的心理理论的各种状态是纵向相关的。布鲁克斯和梅尔佐夫（Brooks & Meltzoff, 2015）的研究表明，10.5个月时眼神追视能力较强的婴儿在2.5岁时拥有更多的心理状态词，2.5岁时知道更多心理状态词的儿童在4.5岁时处理心理理论任务时也更出色。这些结果表明，婴儿早期的眼神追视反映了一种更广泛的能力，即根据他人的目光所反映的心理约束行为来调整自己的行为的能力。这种能力为学习语言中丰富的心理层面的内容提供了框架，如心理动词（mental verbs）。反过来，心理动词提供了构建错误信念和其他心理理论任务所需的表征框架。接下来我们将总结有关儿童对不同心理功能的性质和功能的理解的研究。

（三）对心智的组织和功能的认识

关于儿童对心智的组织和功能的理解发展的研究，旨在强调不同的认知功能和过程，如果有的话，在不同的年龄段是如何被理解的。J. H. 弗拉维尔和他的同事们（Flavell, Green, & Flavell, 1995）进行了一系列关于儿童对思维知识的发展的巧妙研究，他们"广义并最低限度地将思维定义为在精神上关注某物"（p. v）。根据这些研究，即使是这种简单的理解的发展也是一个长期演变的过程。具体来说，学前儿童似乎"至少对思维的基本要素有了最基本的掌握：它是人们从事的某种内部的、涉及真实或想象的物体或事件的心理活动"（p. 78）。学龄前儿童还意识到，思维不同于感觉，也不同于其他认知过程，如认识。弗拉维尔及其同事的一个实验显示，3 岁的儿童理解一个被蒙住眼睛、堵上耳朵的人无法看到或听到物体，但他可以对这个物体进行思考。另一项实验表明 3 岁和 4 岁的儿童同等地理解，当一个人在一些可用的物体中选择一个时，或者当他试图理解一件奇怪的事情是如何发生的，比如一个大的梨子是如何装进一个窄颈瓶时，说明他正在思考。另一项研究表明，学龄前儿童能够理解一个人可以拥有目前不在思考范围内的物体的知识。

与这些发现一致，保卢斯、普罗斯特和索迪安（Paulus, Proust, & Sodian, 2013）表明，儿童在 3 岁左右就对自己的心理状态有一定的意识。这些学者训练 3.5 岁的儿童将个别动物与特定物体联系起来。他们向儿童展示动物做某事的简短视频（例如，一个喜欢看电视的大象）。一段时间后，他们展示了探测动物（例如，大象），并测试儿童是否记得与之相关联的物体（例如，一台电视）。他们还要求孩子们指出他们对自己的判断有多大信心。对正确记忆项目的信心评分比对错误指出项的评分高，这表明儿童对先前存储在记忆中的表征有意识。

然而，学龄前儿童对思维的某些重要方面并不了解。具体来说，有令人信服的证据表明，他们不理解威廉·詹姆斯（William James）所说的"意识流"，也就是说，他们没有意识到思考是一个在人们头脑中持续进行的过程，即使他们安静地坐在那里什么也不做思考也在发生。在弗拉维尔等人的一项研究中，学龄前儿童忽略了关于思维活动永远存在的线索，即使这些线索非常明确。例如，绝大多数学龄前儿童拒绝同意"人们的头脑中总是有事情发生，所以一定有事情发生"的说法。

学龄前儿童也没有意识到诸如看、听、读、说等认知活动必然包含思考。即使他们把心理活动赋予一个人，学龄前儿童似乎也无法具体说明这个人的思维内容，尽管有非常明确的指示性标志。弗拉维尔及其同事做了一个实验，证实了这一点：以一个学龄前儿童为实验对象，一个研究者（A）向另一个研究者（B）提出了一个关于房间里一个物体的发人深省的问题。B 对 A 说："这是个很难的问题。给我一分钟。"然后他转到一边，以非语言的方式暗示这个儿童他正在努力寻找问题的答案。学龄前儿童无法表明研究者 B 在思考问题中提到的物体，许多儿童一直对这个看似简单的问题感到困难，甚至当研究者 B 在思考问题时盯着物体看并触摸它时也是如此。事实上，学龄前儿童似乎很难明确他们自己的思想内容。例如，当被要求说出他们家里放牙刷的房间，并被问及他们所想的内容时，他们既没有提到牙刷也没有提到浴室。

因为他们不能确定自己的思想内容，所以他们不知道认知提示（cognitive cueing），即心智的联想性质。也就是说，他们没有意识到一个想法或思想会引发另一个想法或思想，而后者又会引发另一个想法或思想，以此类推。例如，当告诉他们一个儿童在海滩上想到了美丽的花朵的故事时，他们无法解释为什么这个儿童在后来看到一些美丽的花朵时想到了海滩。

最后，学龄前儿童似乎不明白思想有一部分是可控的，有一部分是不可控的，也就是说，只要你想你就可以开始思考，但你并不总是能够在想停下思考的时候就停止思考。所有这些困难在 7—8 岁时都会显著减少或消除。

以上所述的研究表明，学龄前儿童能将思想与其他认知（即感知）和非认知（如运动）活动区分开，但他们还不了解思维是如何被激活和运作的。法布里修斯和他的同事（Fabricius & Schwanenflugel, 1994）进行了一系列研究来补充回答这些问题，他们研究了儿童是否理解不同认知功能如记忆、推理和理解之间的相似性和差异，研究对象涉及成人以及 8 岁和 10 岁的儿童。他们给这些参与者提供一些关于下述内容的简单描述：清单记忆（例如，在商店里买到妈妈要求的所有东西）、前瞻记忆（例如，在正确的日子里对很久以前告诉你生日的朋友说生日快乐）、理解（例如，根据盒子上的说明学习一个新的桌面游戏）、注意（例如，在嘈杂的教室里听清楚你的朋友对你说的话），以及推理（例如，当你的朋友说"哇，那块曲奇看起来不错"时，弄清楚他想要什么）。要求参与者将每个句子与剩余其他句子进行对比，并指出每对句子中提到的过程的相似程度。研究发现，从 8 岁开始，儿童就能区分记忆和推理。对于成人和 10 岁的儿童，一个任务当中的记忆涉及程度被认为是判断过程之间相似程度的标志，但这一点不存在于 8 岁的儿童身上。然而，与成人不同的是，8 岁和 10 岁的儿童都不能区分理解和注意，也不能区分不同种类的记忆。因此，似乎直到儿童后期，儿童才开始区分不同的认知过程。然而，这种区分是全局的，只限于有明显经验性差异的过程。此外，6—8 岁的儿童不会为应对即将到来的任务做充足的准备，因为他们没有明确意识到不同的任务需要不同的准备。这一点大约在 10 岁的时候达到（Chevalier & Blaye, 2016）。这个阶段的儿童明白如果要成功储存和回忆，更难的项目需要更多的学习时间（Tsalas, Sodian, & Paulus, 2017）。

（四）认识你自己

上面讨论的关于心智的知识集中在具体的过程和状态上。然而，自从古希腊哲学家时代以来，认识自己一直是我们理解人类思想和行为的主要关注点。康德和其他哲学家指出，智力只作为认识自我的一部分而存在。在心理学中，詹姆斯（James，1890）将自我作为一个核心概念，认为自我会产生关于自身属性和特征的知识并赋予经验以意义。我们将在后面说明自我的建构在我们对智力发展和人格之间关系的理解中是至关重要的。

在詹姆斯（James，1890）的经典理论中，自我是一个核心的概念，它组织并赋予经验以意义。在这个理论中，自我包括两个方面："主我"（I-self）和"客我"（Me-self）。主我包括自我观察和自我记录的过程。客我包括由主我产生的关于心理、社会、人格和身体特征的知识。詹姆斯对认识主体（主我）和被认识的主体（客我）的区分同样存在于现代的自我理论中（Brown，1998；Hattie，1992；Markus & Wurf，1987）。例如，在马库斯（Markus & Wurf，1987）的模型中，实时活跃的自我概念与个人拥有的关于自我表征的集合是有区别的。实时活跃的自我概念包括所有目前可获得的自我表征，它直接参与了内部和人际层面的行为形成和控制。因此，在这个模型中，实时活跃的自我概念承担了詹姆斯理论中主我的功能，它产生了属于詹姆斯理论中客我的自我描述（self-description）。客我是一个层级系统，涉及各种子系统，如学术自我概念、社会自我概念等。同时，这些子系统中的每一个都涉及更多的局部成分，例如，数学、科学、语言等方面的自我概念。显然，主我当中的自我包括了我们理论中说明的觉知[①]。而客我，正如在各种理论中所定义的，包括关于自我的知识和信念系统。

---

① 即个体察觉到自己心理内容和认识过程的过程，后同。——译者注

主我和客我是一种整体构想，主要功能为产生和修改一个人的心理理论过程以及形成自我。主我可以被看作一种认识机制，产生了个体心智的组织和功能。如果这一点被应用到其他人身上，那么主我就成为这个人的心理理论的来源。客我则是基于上述定义的主我工作的固化结果。

（五）心理理论还是自我意识和正念？

上文总结的关于心理理论以及对心智组织和功能的理解的研究表明了一个相当激进的结论：人类对心智的理解产生于一个广泛的、非常全面的、以自我为中心和以心智为中心的监控系统，该系统注意、登记和储存关于心智功能和状态的信息，也关注行为和功能的其他方面。这个系统与一个人对自己行为的自我控制和自我调节以及与其他人的互动有关。因此，"心理理论"一词作为对儿童、对心智的认识所发生的变化的描述是非常有限的。即使是被广泛使用的错误信念任务也并没有真正挖掘儿童对心智的认识，而只展现了儿童对他人心智理解的一个方面（Bloom & German，2000；Stone & Gerrans，2006）。图 6.2 显示了一个一般的模型，它能描述对心理状态的理解和预测，而不假设有专门的心理理论模块。

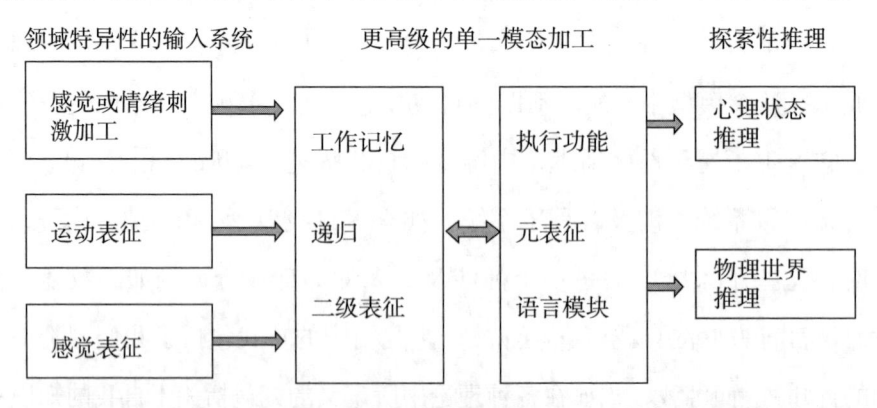

图 6.2 一个关于心理状态推理的模型（Stone & Gerrans，2006）

注：该模型不假设有心理理论模块。研究者假设了一种通用的元表征能力，它使用由低级机制提供的表征来产生关于世界的状态的推理，涉及社会（例如心理理论）、生物或物理状态。

这个系统的各个方面都是相互关联的。该系统的一个核心组成部分是注意和注意控制。莱斯莉等人（Leslie, Friedman, & German, 2004）提出，心理理论基于的是一种选择性的注意-抑制机制，这种机制在生命的早期就引导婴儿去关注诸如信念、欲望和假装等心理状态，并学习这些状态。例如，婴儿会被另一个人注视方向上的物体和位置，而不是自身对这些物体和位置的认识所吸引，因为这有助于他们预测对方的行为并与其有效地互动。还有人提出，这种机制也调用了其他一般机制，如递归和元表征，这些机制允许个体对心理状态进行推断，就像允许个体对世界的其他状态，如生物和物理世界进行推断一样（将在下一章讨论）。因此，针对他人的心智的机制践行了人类与他人互动的社会本能。经过多年的发展，它促使人们产生了关于自己和他人的心理状态及其在人类行为和互动中的作用的越来越精细的认识。事实上，涉及对人类存在的其他方面（如人格和情感）的精细表征和归因的心理理论，是这个机制运作的产物，而不是其原因。我们将在后面讨论这些关系。

人们还注意到，与反思有关的不同类型的内心体验的使用频率存在很大的个体差异，如内部言语、内心看到的视觉图像和无符号化思维，又如思考一个具体的想法，而没有意识到这个想法究竟是由文字、图像还是其他形式的符号传达的。有些人从不使用这些形式的"固定"心理活动，有些人则在大部分时间内使用（Heavey & Hurlburt, 2008）。尽管这些现象在智力发展中可能很重要，但关于这些现象的发展研究却很少。然而，有证据表明，人与人之间在自我反思能力方面的差异与自我意识和推断他人心理状态的能力有关（Frith & Happe, 1999）。

自我反思是让注意力提升为外显意识的必要条件。很明显，自我反思的意识从婴儿后期就开始存在了。随着年龄的增长，自我反思的意识在频率和准确性方面都有所提高。虽然最初是过于自信和乐观，但随着年龄的增长，它会变得更加现实，因为儿童逐渐变得能够更好地记录他们的经验和功能感受。在小学阶段，儿童越来越有能力评估他们是否学到了他们应该学到的东西，例如，认识到他们是否学到了所书写的汉字的含义。他们也可以越来越有能力判断是否能够在新的情境下使用现在所学的东西，或者他们对学习的自我评价（self-evaluation）相对于独立评价者来说是否是准确的，等等（Destan & Roebers，2015）。

另外，自我反思意识的提高也与控制思想和行为的能力有关（Lyons & Zelazo，2011）。具体来说，准确记录认知功能和认知功能产生的经验和感觉的能力的不断提高，使儿童能够越来越多地重新审视特定的认知过程，如学习符号的意义、单词或技能，以便修改、调整和协调它们以达到预先指定的心理目标。有研究表明，改变错误信念任务的表征要求或执行选择过程会影响大学生的表现，并解释了老年人在处理心理理论任务时的困难（German & Hehman，2006）。

这一研究思路认为，反思和意识会推动执行控制，而执行控制又会推动更复杂的过程的发展，如工作记忆、心理理论、认知灵活性和推理（Diamond，2013；Zelazo，2015）。根据泽拉佐（Zelazo，2015），执行控制的发展部分是通过提高反思性的再加工过程的效率来实现的，这使得可用于解决问题的规则的层次复杂性增加。具体来说，根据泽拉佐的意识水平（levels of consciousness，LOC）模型，认知的变化来自自我反思，它产生了越来越高的意识水平。这些"……是由一种反思或再加工处理带来的，它允许将一个层次的意识内容（即我们的表征）与同一层次的其他内容联系起来考虑，从而产生更复杂的意识体验"（Zelazo，2004，p. 13）。里昂和泽拉佐（Lyons & Zelazo，2011）认为，这些变化是执行控制和元认知变化的基础。然而，泽拉佐并没有具体说明他的意识水平模型与推理以及其他心理过程，如工作记忆和智力有什么关系。

最后，自我意识系统的变化也与自我概念有关。有研究表明自我评价和整体自我概念随着发展变得越来越准确和完善（Harter，2012）。最近的证据表明4岁和5岁的儿童已经拥有了对整体自我价值的表征，这种表征是由抽象的术语定义的，并与涉及具体特征的自我表征相区别，如特定的学校或体育相关活动。因此，特定活动中的失败可以根据情境变量来解释，而不影响个体的一般自我概念（Cimpian，Hammond，Mazza，& Corry，2017）。事实上，到了儿童中期，自我系统就已经与不同的经验领域有不同的关系了。

沿着同样的思路，最近的一项研究表明，自闭症儿童在共同注意和心理理论方面的困难与自我分类（self-categorization）的困难有关。具体来说，这项研究考察了儿童参照大五人格因素相关的人格特征（将在其他章中讨论）对自己进行分类的能力。他们发现，自闭特质强的儿童在自我分类和共同注意方面的准确性更低。准确的自我分类与更高的共同注意水平有关（Skoritch，Gash，Stalker，& Zheng，2017）。

最近一项涉及7—9岁儿童的研究表明，在二年级结束时，元认知控制与执行功能有关，元认知监控与自我概念有关。在这四个概念中，执行功能被发现与数学成绩有关，执行功能和元认知控制都被发现与语言成绩有关。此外，从一年级到二年级这一年间，儿童一年级的执行功能预测了二年级的元认知控制状态，一年级的自我概念预测了二年级的元认知监控状态（Roebers，Cimeli，Röthlisberger，& Neuenschwander，2012）。总而言之，一个中央自我系统产生了关于自我的意识，并通过所谓的心理理论与他人建立联系。

三、总结

上述研究表明本章开始时提出的问题有了一些明确的答案。儿童是否理解心智是不同于现实的？显然，他们从很小的时候就如此理解了，并且这种理解会随着年龄的增长而发展，变得更加完善。他们还理解心智是表征性的，可以根据不同的来源（如感知和向他人学习）产生对现实的表征。这些表征被解释为欲望、信念、行为和其他知识的起因。这种理解也会在整个婴儿期、儿童期和青少年期不断发展。最后，随着年龄的增长，个体对心智的构成和组织获得了越来越精细且不同的认识。

对心智的理解是如何发展的？为什么会如此发展？有几种假说解释了为什么随着年龄的增长，儿童对心智的认识会发生变化。这些假说是互补的，而不是不相容的。第一种假说将发展归因于个体自己心智的激活和功能的增加。也就是说，随着年龄的增长，儿童参与的活动和对问题的解决，需要他们激活不同的心理功能，但往往不成功。例如，当一个不愉快的想法突然出现在他们的脑海中，他们想要停止时，儿童可能会意识到这并不总是可能的，因为这个想法会反复出现。或者，当被要求向某人解释某事时，他们可能意识到他们没有所有必要的信息和技能来做这件事（Flavell et al.，1995）。

随后，在小学阶段，儿童会在不同领域里参与问题解决的活动。例如，他们阅读、做数学题、写故事等。这些活动促使儿童认识到每个领域都需要不同的心理操作，如阅读中需要注意、数学中需要计算、编故事需要记忆。可以这么说，在这些场合，儿童逐渐"看到"他们的实际心理过程是一个过程，而不仅仅是这些过程的运作产物。因此，他们对不同功能的存在变得敏感，并有目的地采取行动，使它们有效地运作。这意味着，关于世界其他领域的理论和问题解决的发展，有利于心理理论本身的发展。

第二个假说强调心智的社会维度。根据这一假说，人类的问题解决经常发生在群体中。因此，人们有机会观察他人试图解决同样的问题的过程。在学校的世界里尤其如此，儿童在那里看到每个人都在努力学习和解决各个领域的问题。当然，在另一个人的头脑中发生的事情是完全私人的。然而，在以解决问题为目标的环境，如学校中，儿童可以通过交流经验互相检查对方的表述和解决问题的程序。这些经验产生了信息、概念、假设和模型，它们逐渐变得更加精炼、集中、差异化和准确（Demetriou & Efklides，1985；Demetriou & Kyriakides，2006）。因此，对心智的认识逐渐建立在三个假设上：心智是（1）私人的，但可以随意表露或为了特定目的而表露；（2）复杂的，因此涉及许多不同的功能；以及（3）建设性的，因此是人们正在处理的现实的一部分。

第三个假设建立在上述两个假设的基础上并将其整合。这涉及意识在其他过程发展中的作用。具体而言，由于上述因素，对心智的组织和功能的认识不断增强，儿童能更加熟练地使用他们意识到的过程。例如，知道控制注意有助于他们更好地阅读、控制算术运算有助于他们不出错地计算、控制回忆有助于他们写出更好的故事，儿童就会有意地转向这些过程以获得它们所提供的益处。这构成一个自我发展的循环，推动了自我意识、自我调节和各种特定领域过程的发展。由此，根据定义，认识和控制心智成为一个无领域约束的过程，是智力发展、心理功能及智力个体差异的基础。我们将在后面的章节中回到这些问题。

第七章　核心领域

领域特异性（domain-specificity）既是认知和心理测量研究关注的重点，同样也是发展研究关注的重点。事实上，即使在强调一般认知机制的理论中，如皮亚杰的认知发展理论中，也存在领域（domain）。在皮亚杰的理论中，康德的所有理性范畴——如质（与类别有关）、量、空间、因果关系和时间，都是理解的重要领域。然而，皮亚杰假设，对相同的心理结构的推理贯穿所有领域，促使它们协同发展。新皮亚杰理论用表征和加工约束取代了推理结构，但保留了中心发展驱动机制（central developmental driving mechanism）的基本假设。

在对这些理论的评估过程中，我们注意到，研究表明个体内部和个体之间在不同领域的发展速度和最终状态存在相当大的差异。部分个体发展迅速，在某些领域能达到顶端水平，而在另一些领域则不然。事实上，有时某些领域的高成就可能与其他领域的发育障碍并存。例如，自闭症个体在社交领域极度滞后，但他们在其他领域可能相对正常，如记忆或数字推理（Rinaldi & Karmiloff-Smith, 2017）。此外，某个领域的学习并不总能迁移到其他领域。我们观察到，以提升智力为目的的干预研究均以失望告终：在干预结束后，学习效果很快消失，并不能迁移到其他领域（Protzko, 2015；Salomon & Perkins, 1989）。对此，一系列发展研究提出的解释是：对于不同领域的结构和功能的理解是相互独立的。这就意味着如果你期望对某个领域有更加深入的了解，就要去练习这个领域特有的心理加工过程，但不要期望效果能迁移到其他领域。这一假设在发展理论中引入了本书中讨论过的其他学科的假设。值得记住的是，实验认知的传统中的强模块化理论（strong modularity theory）假设模块是信息封闭的，彼此不可逾越。差异的传统中的"特殊能力"理论（"special ability" theory）假定存在独立的心理能力，即"多元智力"。

可能有不同的标准来区分领域。这些标准假设：（1）领域在生物上有基因组成和脑的物质基础；（2）领域是由环境强加的过程性学习系统。根据第一个假设，领域具备随着进化时间的推移而进化的生物适应性（biological adaptations），是对适应性压力的反应。也就是说，每个领域都进化到这样一个状态：能识别对一个物种来说在生物学上很重要的信息模式，并有效地处理它们，而不依赖于学习。然而，这种适应性并不总是存在的。在这个假设下讨论的领域与在更传统的学科中讨论的领域只有部分重叠。在当前的背景下，领域扩展到了世界上广泛的领域，例如有生命和无生命的实体。在这一假设下，思维领域涉及自动区分世界上相应的领域，并掌握其运作的基本原则。例如，自动识别生物实体与物理实体的差异，从其他实体中识别同一物种的成员，理解人类心理世界的基本原则以及其他对人类活动至关重要的动物。

这一研究取向假设输入信息中的特定模式，如动物的自发运动、人类面孔的眼－鼻－嘴模式、眼动等，足以触发脑中的相关加工机制，从而将其中的"意义"编写入脑中。例如，某个实体的自发运动表明它是一个生命体，特定的眼－鼻－嘴模式会使个体自动识别出这种生物是人类。在第六章中，我们认为婴儿的眼神追视表明了一种专注于关注点与解释他人行为意图的注意机制。这个假设是：鉴于动物的生存条件，为确保有效运行，领域进化出专门化的适应。

另一个研究取向认为，领域是在人类文明或不同文化中经过长期沉淀的知识（Na et al.，2010）。因此，文明和文化是作为个体发展或个体差异发生的一般框架发挥作用的。例如，与快速信息加工相反，沉思型风格通常会使个体相对缓慢地做出决策，这可能会被另一种文化引导成更优的问题处理方式。广泛的文化生产（如科学）也是广泛的知识领域的例证，它可以确定合乎逻辑的知识是如何在各个层次上产生的。例如，与他人的互动、数学、物理、生物等都是需要学习的复杂知识领域。理解每个领域的意义、推断和解决问题都需要掌握相关的语言、规则和约束。不同领域在上述各方面的差异解释了为什么它们之间的迁移会受限。

第三个研究取向跨越了这两个极端。这个取向将领域视为处理环境中特殊类型关系的特殊化的功能（Barrett & Kurzban，2006），并认为领域可能源于具有高生物进化起源特异性的核心识别加工机制。例如，对同种个体的识别、对小数的自动识别，以及基于颜色的分类感知都是核心加工过程的例证，这些过程可能涉及自动对环境中特定的信息模式做出反应的机制。后续发展的节奏和多样化则可能是学习的结果，因为这些核心机制根植于文化丰富的知识领域，个人需要掌握这些知识。例如，对同种个体的识别必须被嵌入一种文化中和与不同群体互动的社会规范中。自动化的数字识别必须发展成更精细的数学知识，如代数。自动的颜色感知必须被整合到一个文化中占主导地位的与颜色相关的类别中。在掌握一个领域的过程中，一般的认知机制可能与最初的核心机制一样重要，因为它们是复杂的、信息丰富的领域（如数学、科学等）的核心机制迁移的基础。现在，我们将概述这三个方向的研究。

作为功能特化的一个特殊版本，领域概念被称为对发展中的心智的"理论论"（theory-theory）解释。根据理论论解释，儿童的理解可能源于核心加工过程，但它像科学理论一样发展。在科学中，"理论"一词指的是关于世界某一特定方面的、有组织的知识和思想体系，其能够对感兴趣的现象进行连贯地描述和解释。然而，如果有系统的证据与科学理论的假设系统性地相互矛盾，科学理论就会被修改或放弃。根据这种观点，认知发展就像科学中的理论变化。因此，在这种方法中，领域被认为源于生物适应，并随着逐渐修改的科学理论而发展，其中包括有生命和无生命的区别，以及对生物、心理和自然世界的理解。在这种方法中，第六章所考察的心理理论是一种聚焦于人类心智的理论论的特例。显然，这些定义与传统的领域定义有很大的不同，传统的领域定义基于的是信息性质及其感知基础，如视觉空间信息和听觉语言信息。

无论如何，这些差异表明将领域作为分析智力功能和发展的基本单元，可能是科学的一个不稳定的基础，因为它使我们对人类心智的理解不稳定，并受制于领域之间的变化。一个更具建设性的方法是关注更具稳固性的心理过程，使得发展中的个体在处理周围信息的过程中，更具稳定性和连贯性。在这种方法下，无领域约束的机制（domain-free mechanisms）对于处理领域非常重要，而领域特异性机制（domain-specific mechanisms）则对于增强和改善无领域约束的机制非常重要。因此，在本章中，我们将介绍上述关于领域的研究，以帮助我们理解后续章节将要讨论的一般机制。

一、物理、生物和心理世界

物理、生物和心理世界在儿童心智中的本体论地位（ontological status）是什么？在很小的时候儿童就能正确区分这三个方面的世界吗？例如，幼儿是否能意识到一把椅子（一个物理的东西）与思考这把椅子（一个心理的东西）是不一样的？或者，他们是否能意识到"吃东西"（一种生理功能）和"不想变胖"（一种欲望，一种心理功能）不是一回事？他们是否明白，人或动物的雕像（一个物体）与人或动物本身（一个活物）是不一样的？（Gelman，2005）对这些问题的研究表明，到3岁的时候，有可能更早，儿童就能区分物理世界和心理世界了。在一项研究（Harris et al.，1991）中，告诉儿童男孩A养了一只狗，而男孩B正想着一只狗，然后，要求儿童判断哪只狗是可以看见、触碰和爱抚的。3岁儿童可以意识到只有对男孩A的狗能做这些事情。

格尔曼（Gelman，1990）研究了有生命体和无生命体的区别。具体来说，她要求儿童报告各种有生命体和无生命体的内部内容。她发现，即使是3岁儿童也会报告有生命体内有血液、骨头和肌肉，而无生命体内部有棉花、纸、头发或"硬东西"等材料。同样，马西和格尔曼（Massey & Gelman，1988）的研究显示，从3岁起儿童就能根据生命特有的特征（如自主运动和成长）来区分有生命体和无生命体。例如，他们让儿童对逼真的动物雕像与无生命体进行分类（如判定它们无法爬山），并将高度非典型的动物（如豪猪）与其他动物归为一类。然而，儿童对有生命体和无生命体某些方面分类的理解很晚才开始。例如，只有在10岁以后，儿童才能理解植物是"活的"（Carey，1985）。这可能表明早期的区别来自激活核心意义创造过程（core meaning-making process）的初级信息。例如，按照特定的模式移动的是有生命的生物。然而，更细微的差异（如繁殖或与环境的能量交换）需要通过学习获得，而在掌握抽象原理（能量是什么）之前，这是不可能的。

儿童从很小就能区分心理世界和生理世界。稻垣和波多野（Inagaki & Hatano，2002）让儿童预测一个想变胖但吃得少的女孩和一个想变瘦但吃得多的女孩谁会变胖。他们发现，4岁的儿童可以预测正确，这表明他们明白身体过程受生物学相关行为而不是心理意愿的影响。然而，同一项研究表明，尽管儿童能够区分，但他们并没有详细了解许多发生在体内的生理过程，如排汗和消化。

尽管儿童对世界上相当复杂的方面具有早熟的敏感性，但他们的表征缺乏像成人那样的稳定性，而且相当简单和僵化。有证据表明，儿童区分物理实体、生物实体和心理实体的能力本身并不能保证他们对物体和人的认识大概率不依赖于外在的表面变化。也就是说，区别所谓的表象和现实的研究有力地表明，物体或生物外观的变化会使幼儿相信它们的身份也会发生变化。例如，弗拉维尔和他的同事们把牛奶从一个普通的杯子里转移到一个红色的杯子里，然后问儿童两个问题："在你看来，现在牛奶看起来是什么样子？"以及"事实上它是什么颜色的？"。4岁以下儿童坚持说，倒在红色杯子里的牛奶"真的"是红色的。事实上，即使儿童接受了区分表象和现实的训练，他们仍然会犯这种现象主义错误（phenomenism error；Flavell, Green, Wahl, & Flavell, 1986）。儿童还容易犯另一种类型的错误，即智力现实主义错误（intellectual realism error），这是现象主义错误的补充。儿童错误地认为他们看到的物体看起来像是他们认识的物体（海绵），尽管这个物体实际看起来像其他东西（石头）。也就是说，他们把所知道的强加于所看到的。

二、因果关系的区别

我们所讨论的世界的三个方面（物理、生物和心理）是由某些相互排斥的特征来区分的。

物理因果关系。巴特沃思（Butterworth, 1998b）认为，非常年幼的婴儿对物体之间的相互作用模式非常敏感，能够掌握特定类型的因果关系，如运动的传递和方向、物理支撑或遮挡关系等。例如，如果一个特定的物体开始移动并撞击到另一个物体，它就被认为是第二个物体移动的原因。这一证据表明，我们的感知系统，特别是视觉，能够自动抽象出某些类型的因果关系。

对学步儿的研究表明，表征因果关系的能力大约在 3 岁时出现。根据舒尔茨（Shultz，1982）的研究，因果关系的第一种表现形式是动态的或生成的。也就是说，儿童认为，如果有能量或力量从一个物体传递到另一个物体，就有因果关系。有趣的是，这种将因果关系理解为生成关系（generative relationship）的观点，超越了将因果关系理解为共变关系、相似关系或由时间和空间连续性定义的关系的观点。在他的一个实验中，舒尔茨（Shultz，1982）使用了一根蜡烛，两个鼓风机，以及位于蜡烛和鼓风机之间的盾牌。研究人员在儿童面前点燃了蜡烛，打开了其中一个鼓风机，然后移开了护罩，蜡烛就灭了。2 岁大的儿童就能够分辨出是哪个鼓风机吹灭了蜡烛。他们还引用生成传输来解释发生了什么："白色的，因为它朝它吹风。绿色的没有，因为它没有吹风。"

尽管对因果关系有着早熟的敏感，但人们理解世界的因果结构却是一个缓慢而烦琐的过程。对世界常见方面的理解——如对力和运动以及昼夜循环的理解——的研究表明，误解可能会持续到成年。例如，许多成年人很难将牛顿定律（无因无动）融入他们的运动模型（Bliss & Ogborn，1994）。许多成年人还相信太阳和月亮在地球的两侧上下运动。误解常常与科学的世界模型并存。例如，为了调和他们基于经验的地球是平的直觉和地球是圆的科学模型，一些成年人相信地球是一个空心的球体，人们生活在它中间的平面上（Vosniadou，1994）。

生物因果关系。生物因果关系是指效应的转移，这些效应仅限于有生命体，并与它们的生存特性有关，与它们作为物体可能具有的其他特征不同。例如，生物经遗传获得结构或功能特征，这对无生命体来说是不成立的。施普林格（Springer）和凯尔（Keil，1989）的研究表明，学步儿相信，相对于父母的头发是正常颜色的宝宝，如果父母的头发是特殊的粉红色，那么宝宝的头发更有可能是粉红色的。然而，即使是受过教育的成年人也不完全了解遗传机制（Caravita & Hallden，1994）。

心理因果关系。心理因果关系包括理解人类行为的原因。显然，心理理论是一种心理因果关系的形式，因为它涉及人类行为和互动的心理原因。读者需要留意的是，心理理论在前一章中作为自我意识系统的一部分已被广泛讨论过。这里只强调一下心理理论中与其他形式的因果思想相同的方面，这些方面包括：（1）将因果序列中涉及的因素分离或隔离，例如知觉引起表象，表象引起信念，信念引起行动；（2）递归，例如嵌入在一个动作序列中的若干人的信念，该动作序列的类型为 {A 认为 [B 认为（C 认为）]}；（3）预测，像所有因果模型一样，心理理论是有用的，因为它允许基于已知事件预测未来事件（Schaafsma，Pfaff，Spunt，& Adolphs，2015）。

总之，上面总结的证据表明儿童对世界的表征是以一种尊重它所涉及的三个广泛领域的方式组织起来的。这表明，儿童能抽象出有关世界的物理、生物和心理方面的特定本体论和动态特征，并相应地组织他们的知识和行为。然而，与此同时，我们不应高估这些早期的成就，因为它们与长期存在的误解是共存的。

中心概念结构

凯斯（Case，1992；Case & Okamoto，1996）认为领域是存在的，但它们是映射不同知识和技能领域的语义结构，需要在发展过程中学习。具体来说，凯斯确定了几个与加德纳的智力理论大体上一致的中心概念结构：数量、空间、社会行为、叙事、音乐和运动行为。凯斯将中心概念结构定义为语义节点和关系网络，这些语义节点和关系是围绕一组核心过程和原则组织的，这些核心过程和原则贯穿于广泛的情境。例如，数量的"多与少"概念、空间的"邻接与包含"概念、社会行为的"行动与意图"概念分别是前三个中心概念结构的核心过程。

凯斯提出每个中心概念结构中的执行控制结构都是围绕与特定子域相关的表征和概念相关的结构的核心过程构建的专门的行动计划。例如，有解决算术问题、使用天平、根据街道地址表征住宅位置等等的执行控制结构。所有这些都涉及"多或少"的核心概念，它定义了一个定量维度，分别涉及算术子域、天平上的距离和表示道路两侧地址的奇数和偶数（Case, 1992; Case et al., 1996）。

把握一个中心概念结构的核心要素为在相关领域迅速获得广泛的执行控制结构开辟了道路。但是，特殊的知识结构是需要学习的。例如，使用奇数来表示街道一侧的家庭地址，使用偶数来表示街道另一侧的家庭地址，这是一种需要学习的特殊惯例，它不来自数字序列本身：数字序列本身是一个连续的维度，包括奇数和偶数，一个接一个地交替到无穷大。因此，一个概念结构中的学习并不一定能推广到其他概念结构，这表明在每个中心概念结构中构建的执行控制结构中，个体内部和个体之间都可能存在差异。这些变化取决于为每个结构提供的环境支持以及个人的特定偏好和参与。然而，不管每个中心概念结构的学习情况如何，在特定年龄可以构建的执行控制结构的复杂性有一个上限。这受限于总的操作空间和加工效率。因此，继皮亚杰之后，新皮亚杰学派用加工效率取代了贯穿领域的一般推理约束，实际上淡化了领域的功能自主性。

三、解释核心理论的发展

关于儿童心智发展的理论在三种情况下可能会发生变化。第一，越来越多的有关现象的经验表明：理论不足以描述或解释这些现象。例如，根据数量随着物理排列变化而改变的理论进行的预测与计数相矛盾，计数表明如果不增加或减少东西，无论物体的排列方式如何，都会得到相同的数字。因此，儿童的行动产生的信息表明理论必须朝着特定的方向改变。这种情况与科学中的理论变化非常相似，并可能是采用科学的概念变化模型作为心理发展模型的原因。

第二，心智应该拥有最低限度的表征能力，这是充分表征这些现象和相关理论的证据所必需的。例如，弗拉维尔及其同事（Flavell et al., 1986）将儿童难以理解外观与现实的区别归因于他们在 3—4 岁之前无法记住同一物体的双重编码（即同时以两种不同的方式表示一个物体）。他们的判断是基于他们所能得到的唯一表征的，这种表征通常是物体或情境的最明显特征。沿着这个思路，人们可以解释儿童处理心理理论任务的困难。根据定义，这些任务至少需要双重编码或表征来解决，正如心理理论所表明的那样：要拥有心理理论，必须认识到相同的现实可以由同一个人或两个不同的人用至少两种不同的表征来表示。在数学学习中，教师们非常清楚小学生在理解分数的四则运算原理方面的困难。这是因为它需要构建数字的互补表征（即整数和分数），理解数学运算在每种数字类别中的不同应用，并且在每种类别中恰当地应用它们（Braithwaite, Pyke, & Siegler, 2017）。无论这一条件对心理发展有多么重要，它在科学的理论变化中都基本上是无关紧要的。显然，在科学中，参与理论发展的每个人都具备处理相关结构的表征能力。

第三，元概念意识是必须的，也就是说，要理解理论只是对世界的复杂表征而不是世界本身的复杂表征，因此理论是可以被证伪和改进的。这种意识是在心理发展中建立起来的；事实上，它是发展的重要组成部分。此处与狄洛奇（DeLoache，2000）的研究相关。她的研究表明，对符号作用的元表征理解在2—4岁建立起来。此外，她和她的同事们还发现，2.5岁的儿童可以通过图片找到玩具藏在哪里。这表明他们理解了图片和它的指代物之间的关系。然而，这个年龄的儿童不能使用房间的比例模型从房间里检索物体。也就是说，尽管要求他们探索比例模型，以便在模型对应房间中找到物体的位置，但3岁以下的儿童无法使用这种看似真实的信息来检索物体。根据狄洛奇的说法，这种困难源于比例模型需要双重表征的事实。也就是说，需要理解比例模型有一个具体方面，它使其成为一个东西（即具有自己身份的物体）；比例模型还有一个抽象功能，它使其成为其他事物的符号。为了能够寻找比例模型和房间之间的对应关系，儿童必须能够区分具体方面和抽象功能，并专注于后者。3岁以下的儿童不能表征模型的抽象功能，因此他们将模型视为模型本身。

狄洛奇进行了一项巧妙的实验，表明当消除了对双重表征的需求时，2.5岁的儿童可以使用比例模型作为房间的信息来源。具体来说，她让儿童相信真正的房间被放进了一个"缩小机"，把房间缩小成比例模型。在这种情况下，模型不再是房间的符号，它就是房间本身。因此，在探索关于房间的信息时，不需要对模型的表征性质进行假设。双重表征的能力到4岁时才被建立。因此，儿童此后能够使用各种类型的符号系统（如地图）来指导他们在实际环境中的行动。

显然，元表征的发展与科学理论的变化无关。每个科学家都知道科学理论是世界某一方面的模型，在某些条件下，这些模型可以被证伪，从而被抛弃。总之，智力发展可能确实涉及发展中的个体心智中的概念和知识的修正，这与科学中结构和理论的修正有相似之处。然而，我们提请大家注意，个体心智的发展变化和科学领域中认识论的变化之间存在巨大差异：个体心智的发展变化受到基因、脑和社会-文化力量的制约，这些力量与个体对其年龄和环境的适应有关。科学理论中认识论的变化受到关于科学如何进行的正式指定规则和标准的制约，这些规则和标准与历史、社会和文化力量有关，这些力量作用于集体组织而非个人。个体的心智发展在时间尺度上也有很大差异。在个体发展过程中，心智的发展在某些情况下集中在从出生到成熟的时期，在另一些情况下则持续个体终生。在科学发展中，这是可能跨越几个世纪的历史时期。因此，毫不奇怪，无论特点如何，最终强领域特异性方法面临的问题与它所达成的解决方案一样重要。它不能解释发展中跨领域约束的操作，以及如果学习设计得当，最终会有跨领域的学习迁移这一事实。我们将在本书的最后几章再回到这些问题上讨论学习和教育。我们将呈现在个人发展过程中作为心理结构变化的"理论"如何不同于随着历史时间变化的科学理论。

四、总结

假设领域的操作不像假设一个普遍的无所不在的理解机制的操作那么简洁，比如差异的传统中的 g 因素或皮亚杰及新皮亚杰学派假设的中心结构。在建模和预测学习和发展方面，领域比中心机制更加复杂。然而，在所有研究传统中，领域都被假定为解决中心机制无法解决的问题的要点：这些问题体现着跨领域的表现的变化。在本章总结的发展的传统的研究中，一些理论家把婴儿连同洗澡水一起抛弃了，完全抛弃了中心机制的假设。

发展的传统的研究描绘出了那些从生命早期就开始运作的领域。这些领域反映了与世界的组织相关的知识类型,例如有生命体的和无生命体的领域,或者物理的、社会的和生物的世界。这里回顾的研究清晰地表明儿童可以区分这些领域,并在婴儿期和学龄前早期就拥有关于这些领域的概念。这种对理解的领域的早期表现意味着这些领域在功能上是先天的和主动的,不依赖于思维的一般中心机制。

当然,并无明确的证据能永远地证明领域的存在。有人可能会说,无论这些领域特异性的区分出现得多早,它们都不会早到足以排除对领域特异性的模式进行抽象并构建关于它们的概念的核心理解机制。有趣的是,最近的研究表明,这里研究的自然概念领域是基于概率学习的原始归纳机制的结果,它基于代表领域或特定关系类型(如因果关系)的对象中的主导的或反复出现的特征来抽象范畴(Hupp & Sloutsky,2011;Lake, Salakhutdinov, & Tenenbaum, 2015)。显然,这些发现表明,建立一个既能容纳中心发展驱动机制的运作又能容纳领域的运作的总括性理论的时机已经成熟。随后的章节将介绍这样一种理论。

第二部分
一个有关心智成长的理论

第八章　人类心智的组织形式

尽管三种传统各不相同，但这三种传统在关于人类心智结构的几个假设上是一致的。它们都认为人类心智是一个为实时解决问题而进行不同任务的由不同心理过程系统组成的复杂的体系。这些系统有如下特性。

- 所有传统都认为领域特定系统（domain-specific system）将心智与环境的不同方面连接起来，使人们能够意识到当前的自己同世界存在的关联。实验认知的传统中巴德利基于感知的视觉和听觉的短期存储空间，以及差异的传统中卡罗尔的一般能力和发展的传统中的本体论范畴，都是在很大程度上跨越了不同传统的领域特定系统的例子。从现在起，我们将使用术语特定能力系统（specialized capacity system，SCS）来指代这些系统。

- 它们都认为存在一个中央关联机制使思考者能够整合信息。三种传统中，各种表现形式的推理（归纳、演绎、类比等）都是这种机制的基本运行方式。这种机制整合了刺激和表征、检查了一致性、评估了解释的相关性，并构建了可能在未来被调用的概念，以帮助心智以经济和高效的方式理解和处理世界中的问题。

- 在实验认知和发展的传统而非差异的传统中，研究者发现了一种意识机制。它负责信息的外显表征或自我解释，并负责监控和调节在特定时刻激活的过程。实验认知的传统中的执行控制、意识和发展的传统中的执行控制、元认知、心理理论和反映抽象是同一自我意识和自我控制机制的变体。

- 最后，所有传统都认为存在一个表征能力，这种能力可以将目前在感官上不存在的信息延伸出来，以使其适用于上述所有机制。这就是三种传统中都存在的短期存储空间（包括在工作记忆中）。

这一体系结构如图 8.1 所示，本章将对该体系结构的研究进行总结。在第一部分，我们将总结证实四重结构模型的研究。该部分的目标是证实两个重要假设：首先，四种过程中的每一种都是作为一种潜在的认知表现的自主结构出现的；其次，来自其他三个方面的各种构念（即特定领域、推理、表征和加工效率）会被投射到意识上，使它们可用于管理和元表征。

第二部分将聚焦于探索领域特定系统的研究，而第三部分将聚焦于一般能力（g 因素）。这里的目的是要表明，人类心智的结构与物理学中物质的结构是一致的。在德谟克利特时代，"原子"（在古希腊语中是"不可分割的东西"）被分解成质子和电子等基本粒子，这些基本粒子又被分解成夸克等。以这种方式，每个分析层次上的结构可以被分解为更基本的单元。故而找出将这些单元连接在一起的因素对于理解人类心智的功能和有效解决问题的个体差异是至关重要的。

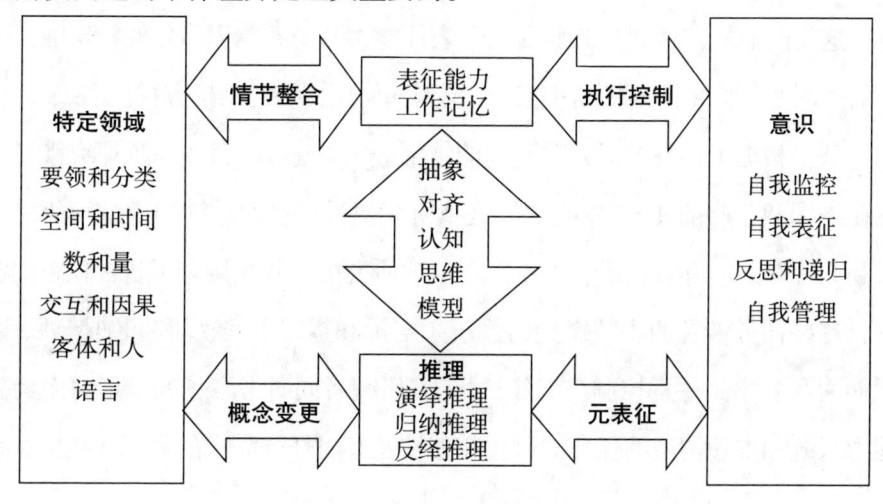

图 8.1　心智的四重结构模型

一、对四重结构模型的经验性映射

从经验上讲，要证实四重结构模型是非常困难的。它要求使用针对该体系结构中涉及的所有系统的任务来对大量个体进行测查。参与者必须接受针对几个特定能力系统中的若干个具体过程的测查，以便将领域特定系统确认为独立的实体。该模型假定这些系统被投射在意识系统上，否则意识是无法在重建当前表征和完善对表征的加工中执行评估和指引功能的。因此，参与者还必须接受特定加工过程的多个意识方面的测查。对这些功能进行适当测试的例子包括：直接考察他们对各种特定能力系统任务异同的把握，让他们评估自己在各种任务上的表现，以及评估任务的认知需求。该模型假定，从自我意识测量中独立出来的特定能力系统可以通过不同个体实际行为中的差异表现来考察。此外，表征能力和效率也必须被独立测查。将工作记忆、注意控制和认知灵活性纳入测量将展示表征能力是否可以作为一个独立的实体。将执行控制纳入测量也可以考察表征能力如何与意识相互作用。最后，推理本身也必须得到独立的测查。也就是说，参与者必须解决直接涉及演绎和归纳推理的问题，以便将这些过程与它们在各种特定能力系统中的使用分开。这将凸显整合过程是如何受限于表征能力和受到意识指导的特定能力系统的。图 8.2 表明了一般的四重结构模型如何用传统的结构方程模型表示。

我们根据上述规范对几项研究的结果进行了建模。其中一项研究涉及居住在中国和希腊的 4—7 岁儿童。这项研究使得考察四重结构模型跨年龄阶段和文化背景的有效性成为可能。在这项研究中，儿童接受了各种任务的测查，这些任务涉及两个特定能力系统（定量和空间）、演绎和归纳推理、表征能力和效率（注意控制、工作记忆）。研究者同时考察了儿童对每个特定能力系统和推理类型的任务的过程相似性及其对任务需求的意识。我们将该研究的测试模型和主要结果归纳于图 8.2 中。该研究发现四重结构模型在不同文化背景和年龄阶段都很有效。4—5 岁儿童的 g 因素和特定能力系统间的关系同 6—7 岁儿童的存在一些差异，这些差异将在聚焦于发展的下一章进行深入讨论（Kazi, Demetriou, Spanoudis, Zhang, & Wang, 2012）。

第二项研究涵盖的年龄范围是 9—15 岁。以同样的方式，研究者对这些儿童进行了三个特定能力系统（定量、空间和因果）、归纳和演绎推理、注意控制以及工作记忆和认知灵活性的测试，并且评估了进行特定能力系统相关任务和推理任务时的成功率和需求。通过上述方式，研究者在 9—11 岁和 12—15 岁的两组儿童中检验了四重结构模型。同上个研究相同，四重结构模型同样在这两个年龄阶段都非常有效。这两个年龄段的一些差异表明，从一个发展周期到过程之间关系的过渡以及它们对 g 因素的形成的贡献，根据每个阶段的表征需求而有所不同（Makris et al., 2017）。

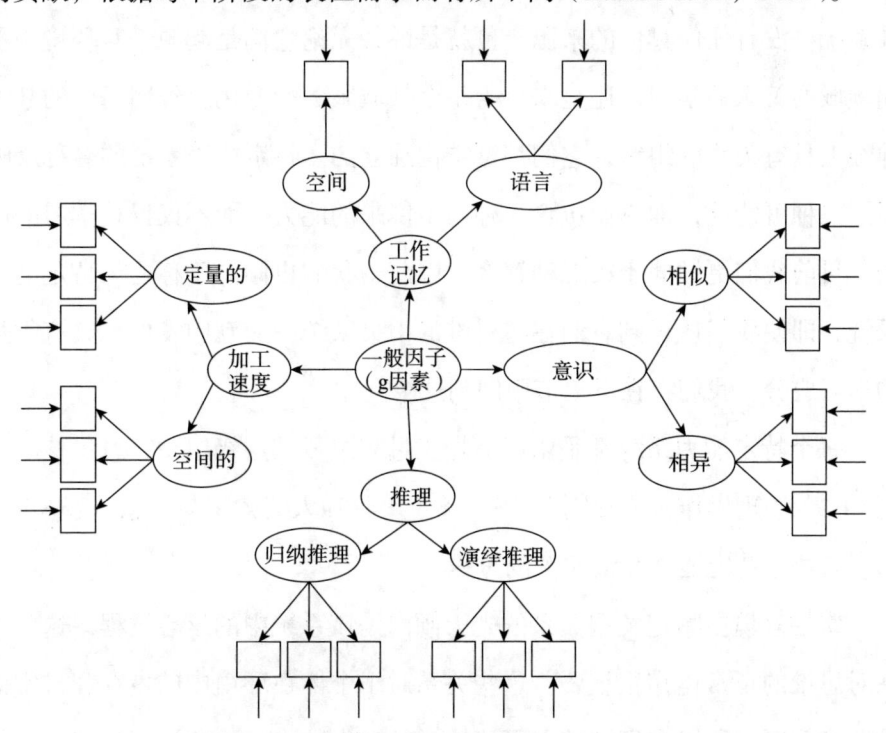

图 8.2　验证性因子分析模型（推理领域，在觉知中的自我表征、加工效率与能力，以及在认知加工过程中的自我表征）

二、思维的特定领域

思维领域是一个专门用于表征和加工环境中特定类型的对象和关系的心理加工系统。因此，这些领域在处理每个领域关系的心理过程和代表这些关系的表征方面彼此不同。我们将在下面详细说明这些差异。我们的研究确定了六个思维领域，分别是空间、分类、定量、因果、社会和语言。多年来，我们使用多个名称来定义这些领域，如："特定结构系统"（specialized structural systems，SSS；Demetriou & Efklides，1981）或"特定能力系统"（Demetriou et al.，2002）。这些术语反映了我们对领域性质的看法的变化。特定结构系统的名称表明，这些领域被认为是结构独立的思维系统，没有任何具体的来源，也就是说，无论它们是起源于对环境中不同领域的关系的学习，还是来自为每个领域服务的专用神经网络中的某种神经上具有关联的组织，它们都是结构独立的。特定能力系统的名称反映了第二种可能性，即它们包含一种与生俱来的能力，而不仅仅是学习的产物。目前我们更倾向于第二种解释。因此，我们更倾向于称之为特定能力系统，即便我们认识到它们在与思维的中央系统的交互中发展，具有很强的学习成分。我们将在下一节中回到这个问题。

每个特定能力系统都是由三类加工过程组成的层级组织：（1）核心过程，（2）心理操作（或规则），（3）关于事物和人的知识与信念。表 8.1 总结了与每个特定能力系统相关的过程。

掌握环境中特定类型关系的先天倾向是该系统中的核心过程，这些关系对思维的正常运作很重要。这些关系对于个体在环境中的生存和日常活动非常重要，所以它们被植入了感知系统和人脑中。这些过程显然是我们作为一个物种进化的结果（Cosmides & Tooby，1994）。视觉中的颜色知觉就是其中一个例子：我们的视觉感知器官对不同波长的光做出反应，这种反应与我们所认识的颜色相对应。别的物种则可能看到光谱内其他部分的波，并因此看到人类所看不到的"颜色"。无论如何，颜色知觉有一个明确的生物学背景，该生物学背景是分类思维之下的相似-相异关系的基础。

表 8.1 每个特定能力系统的三个层级组织

领域	核心过程	心理操作	知识和信念
空间	对大小、深度和定位的知觉，思维图像的生成	心理旋转、图像整合、图像重建、位置和方向的跟踪与推算	储存在脑中的关于物体、位置、场景或布局的心理图像、心理地图和脚本
分类	根据可觉察到的相似性进行知觉，根据相似-相异的关系进行推断	说明属性之间的语义和逻辑关系，分类；将属性向思维对象转化；构建概念系统	对世界的观念和误解
定量	数字直觉，计数、指出、代入、移出、共享	监测、重构、执行和控制定量变换，四种算术运算	关于世界定量方面的事实知识，代数和统计推理规则
因果	知觉公开的和秘密的因果关系	试错，组合运算，形成假设，系统实验（分离变量），模型建设	对物理和社会事件背后的原因以及世界的动态方面的知识、归因和理解
社会	识别同种特征，识别具有情绪的面部表情	理解他人的精神和情感状态与意图，组织相应的行动，模仿，去中心化和考虑他人的观点	关于他人、他们的文化和社会的社会归因系统
语言	使用语言的语法和句法结构	识别信息的真实性，以与目标相关的方式提取信息，语境要素与形式要素的区分，从推理过程中消除偏差，确保推理的有效性	语法、句法和逻辑推理知识，关于逻辑推理本质和合理性的本体论知识、元认知意识，以及对推理过程的控制

即便不是在出生时就存在，核心过程也在生命的最初几周就开始显现（Cosmides & Tooby，1994；Gelman，2003）。它们的作用是，即便有最小量的环境出现在输入信息中，也可对其赋予现成的意义。例如，所有视力正常的人都以基本相同的方式看到颜色或深度，并以此为基础进行分类。分类可能是受文化影响的，例如与国家颜色、足球队颜色、政党颜色等有关的类别，显然，这些类别是核心过程与后面将要讨论的特定能力系统组织中其他层次交互作用的结果。核心过程是最为基础的，因为它将每个领域纳入各自的环境领域，它是随着时间推移发展心理操作、知识和信念的基础（Demetriou & Efklides，1981，1985；Demetriou et al.，1993）。

操作产生于核心过程、环境的信息结构以及下面将要讨论的中央推理和控制过程之间的动态相互作用。也就是说，核心过程会逐渐带来与每个领域提出的问题相对应的心理行为方案，这些方案根据所涉及的关系不断进行自我指导。例如，颜色感知形成了基于颜色的分类基础，然后通过排序和分类操作进行扩展。当编码外显时，人们就可以理解不同层次或多个分类的类别之间的关系，如前面讨论的瑞文渐进矩阵等测试所测查的那样。

最后，每个系统都包含与各自领域相互作用多年积累的知识和信念。也就是说，我们储存的关于世界的知识是特定领域运作的产物。有关物理、生物、心理和社会世界的概念和信仰系统都是在各种系统的组织的这一层次上发现的。每个特定能力系统中的知识和信念系统都被认为是可以以科学理论的方式进行修正的理论，正如前面详细介绍的理论论方法所讨论的那样。我们将在下面描述每个特定能力系统所涉及的核心过程、心理操作以及知识和信念。

(一) 六个领域

空间思维处理空间中的定位信息和环境中的符号表征。空间排列是空间认知的基础："远近""前后""左右""上下""内外"等关系反映在核心过程中，个体从出生时就开始记录和识别这些关系。例如，深度知觉编码了"远近"和"前后"信息，其在生命的最初几天就出现了（Hermer & Spelke，1996）。环境中这些关联的变化被整合到了空间特定能力系统的加工之中，例如视觉图像的心理扫描、心理表象中物体的心理旋转、看心理表象时视角的变化等。存储在记忆中的心理表象、心理地图、位置、场景或布局等都来自这个空间系统的功能。

分类思维处理相似－相异关系，物理上的相似性（如颜色、形状、功能和用途等的相似性）是这些关系的基础。此处的核心过程以对相似性的感知识别和加工为基础，这就为建立概念类别提供了最基础的材料。如前所述，颜色知觉是一个非常强大的初级分类过程（Carey，2009）。在形状、大小、声音和材质等方面的相似性是在需要时进行相似性判断的最为基本的维度。分类的心理操作包括实际的或心理的行动，这些行动扩展了上述核心过程。例如，根据各种标准进行排序和分类是从婴儿时期就开始运作的基本分类操作。这些是整合类别关系的思维操作的表征，如皮亚杰理论中的类包含和进行瑞文渐进矩阵推理时的加工过程都包含了分类思维。人类掌握的关于世界的概念系统，如有生命体和无生命体的自然种类、使用的物品类型、好人坏人的区分等，都是在分类核心和操作过程的相互作用中产生的，形成了指导人们与世界关联的知识和信念系统。

定量思维处理环境中的定量变化和定量关系。环境中物体的聚集和分布（如大小、多少）及其增减（即加、减）构成了定量数学认知的基础。数字直觉可以自动识别最多3—4个对象的数量，这是定量思维的基本核心操作。事实上有证据表明，出生几天后的数字直觉的加减运算的极限形成了个体数学思维的基础。值得注意的是，数字直觉和数字直觉中的加减运算能力也出现在了其他动物之中（Dehaene，2011）。这些核心过程与计数行为（如指出、代入、移出和共享）一起构成了四则运算的基础，这也是该特定能力系统的基础。这些运算的扩展涵盖了数量运算的各种规则，例如代数和几何运算中的规则，以及它们在测量中的应用。关于世界定量方面的事实知识，如阅读时间、货币价值、街道地址和日常交易规则等，都源于定量系统的运作。

因果思维处理因果关系。有效的交互作用（例如，一个物体或事件的变化与空间或时间上另一个物体或事件的变化相关联）是因果思维的基础。其核心操作使我们能够首先掌握这种交互作用。例如：婴儿在出生后的最初几周就知道固态物体不能相互穿透；他们认识到，当一个移动的物体撞击一个静止的物体时，会使这个静止的物体在移动物体的运动方向上移动（Carey，2009；Saxe & Carey，2006）。试错行为旨在明确一个对象的因果效果（如玩电灯开关）是发展因果思维的基础。这些行为导致了因果特定能力系统的心理运作：系统的组合思维允许指定对象之间所有可能的组合，基于组合思维的系统实验可以分离变量，基于实验和关于因果关系的初始假设使预测和假设检验相结合。在不同的科学领域，如物理学、生物学或心理学领域，更精细的规则使得发现因果关系成为可能，这是每个学科中这些操作和知识之间相互作用的结果。我们对物体和人的行为的因果归因位于这个领域的第三个层面。

社会思维用以理解社会关系和社会互动。对物种特有的重要信息的识别，如识别同类面孔，或喜悦、愤怒等基本情绪，或意图和欲望等心理状态，是社会特定能力系统中核心操作的基础（Rumbaugh & Washburn，2003；Simion, Macchi Cassia, Turati, & Valenza，2001）。监测非语言和语言交流的机制或操纵社会互动的技能属于这个系统，并为该系统中操作技能的发展提供了基础。例如，有人认为推理最初是作为一种用以检测欺骗行为的系统出现的，使人类能够评估信息的交换（Cosmides & Tooby, 1994）。即便是心理理论也被一些研究者视为已经进化为一种基本操作，该操作使人类之间的互动或理解其他动物的行为成为可能，因为心理状态会诱发行为。该系统还包括理解基本的道德准则，明确人际关系中什么是可以接受的，什么是不可接受的（Kohlberg, Levine, & Nucci, 1983）。

语言能力和语言思维用于处理语言信息。考察语言能力这一庞大领域已超出了本书的目的。为了完整起见，我们在此说明，该能力包括为了社会交往和心理加工而掌握和使用语言规则的基本过程。显然，它与各种其他领域，特别是社会思维和推理密切相关。

（二）特定能力系统的实证证据

我们进行了大量的研究来考察特定能力系统的操作和过程状态。这些研究涵盖了4—70岁的参与者。我们通过大量的任务对个体进行测查，这些任务涉及上述大部分或所有的特定能力系统。这些任务被设计成不同的难度，以便不同年龄的儿童和青少年能够解决。这些测试的一个例子可参见德米特里和基里亚基德斯（Demetriou & Kyriakides, 2006）的研究。实验的参与者满足人群抽样和测验条目抽样的各项心理测量学标准，对群体和加工过程有较好的代表性。

心理测量领域的一个共识是，因子可以反映个体差异。也就是说，如果每个领域都涵盖了足够的任务，我们就可以通过个体在进行大量围绕一个领域的任务时表现出的个体差异而发现这些因子。基于此，同一领域的任务之间的相关性高于针对不同领域的任务之间的相关性，这就使得领域代表了不同的能力维度。在验证性研究中，设计的任务代表不同的认知过程，如果统计上每个领域相关的过程组可以形成稳定的聚类，就可以假设个体差异的维度也代表不同的认知过程。这种聚类的认知基础是心理操作是不能在不同特定能力系统内互换的。也就是说，每个领域中的操作都是在相关领域的对象和关系上进行的，因此它们与其他领域无关。因此，与每个特定能力系统相关的认知过程的功能特异性可以反映在它们的心理测量结构中。例如，比较定量特定能力系统中的算术运算和空间特定能力系统中的心理旋转或者因果特定能力系统中对变量的分离。算术运算与数量的关联和转换相关。心理旋转同物体的空间位置转移相关，同定量关系无关。假设检验将可能的原因与其结果联系起来。数字和旋转都与实验本身无关，除非它们与分离变量的过程有相关关系。

值得一提的是，我们在多个不同的国家进行了大量的研究，如澳大利亚、中国、塞浦路斯、希腊和印度（Demetriou et al., 1993；Demetriou et al., 2005；Demetriou et al., 2013；Shayer et al., 1998）。我们发现特定能力系统总是作为行为表现的独立因子出现。这里我们介绍其中一项研究，它包括了一系列具有广泛代表性的任务，这些任务来自不同的研究传统。这项研究是我们与凯斯一起设计的（Case, Demetriou, Platsidou, & Kazi, 2001），考察以下特定能力系统：分类、定量、空间、因果和社会推理。类比和演绎推理的任务也包含在内。值得注意的是，每个领域都由三类任务组成：我们早期研究所使用的任务、凯斯的研究所使用的任务和著名的智力测验——韦氏智力量表第三版（WISC-Ⅲ）的任务。因此，每个领域都由一系列与之相关的不同加工过程的任务代表。验证性因素分析研究发现，无论任务的来源如何，每个特定能力系统都是与所有特定能力系统的任务相关的独立一阶因子。还存在一个二阶一般因子（即g因素）与所有五个特定能力系统高度相关。该一般模型见图8.3。事实上，即便将年龄对特定能力系统之间关系的影响去除，模型的拟合同样非常好。这强烈地表明该结构在任何年龄都会存在。很多其他研究也发现了类似的结果（Case et al.，2001；Demetriou & Bakracevic，2009；Demetriou et al.，1993；Demetriou & Kazi，2001，2006；Shayer et al.，1988）。

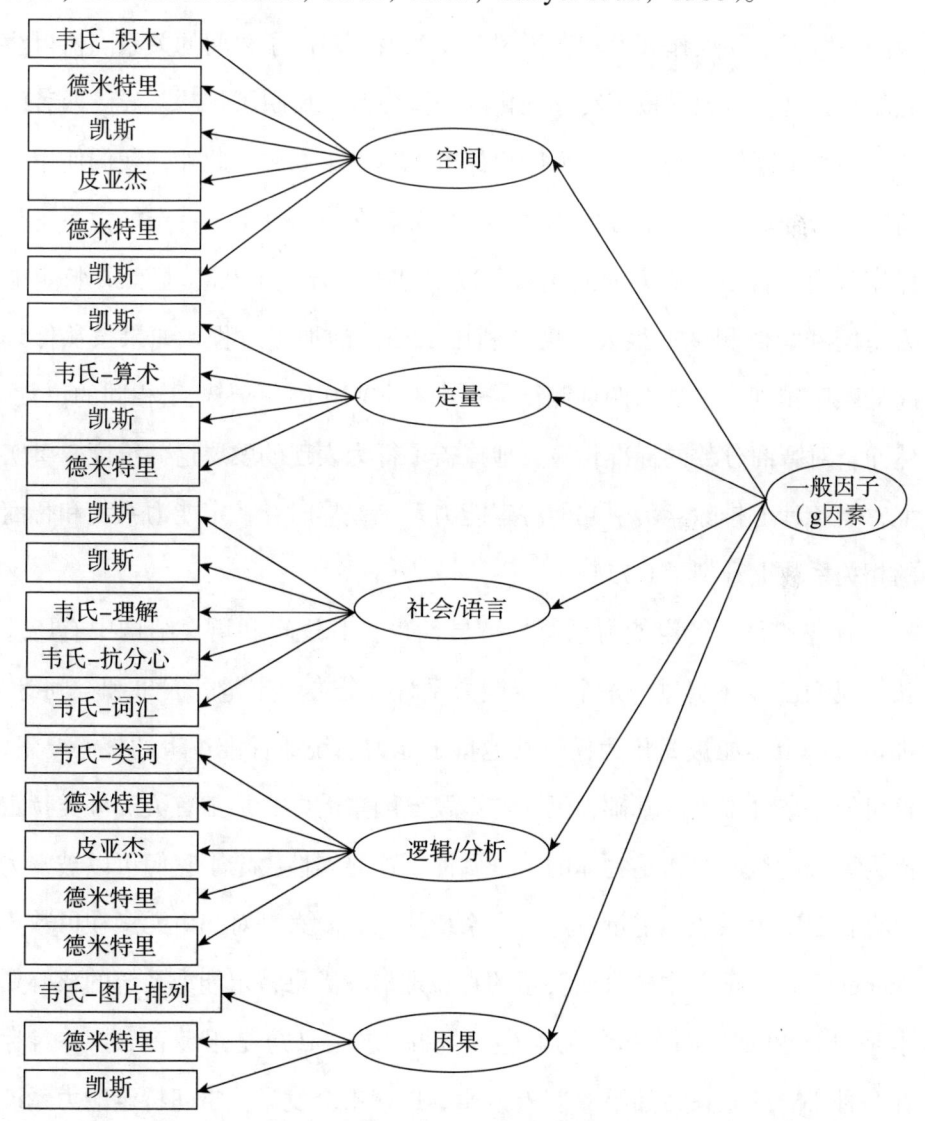

图 8.3　特定能力系统特定因素和一般因素的结构模型（Case et al.，2001）

注：图中矩形表示任务来源，分别为韦氏智力量表第三版、凯斯等人的工作以及我们的工作。

读者可能对特定能力系统和韦氏智力测验间的关联感兴趣。这种关联可以说明特定能力系统在多大程度上利用了经典智商测试的加工过程。我们采取了两种方式考察这种关系。首先，我们考察了五种特定能力系统反映的一般因子同操作智商和言语智商反映的一般因子之间的关系。值得注意的是，这些分数是按年龄标准化的，因此测试反映了年龄差异。两者的相关系数很高但不是特别令人印象深刻，达到了0.52。此外，我们使用智商的原始分数而非标准分数考察这种相关。在该条件下，特定能力系统与操作智商和言语智商方面的相关系数都显著上升到了0.8。显然，特定能力系统和智商测试在很大程度上利用了相同的加工过程，如果按从低到高的顺序排列，参加这两项测试的人中有60%以上的人处于相同的位置。然而，对智商分数的标准化极大地掩盖了行为表现的发展这一维度。事实上，当统计上排除年龄引起的特定能力系统差异时，特定能力系统和智商的相关系数上升到了0.75。

有趣的是，特定能力系统的特异性也在其逻辑和语义结构中有所反映。我们已经介绍过，每个特定能力系统（分类、定量、因果和空间等）都包含一个不能被简化为任何其他特定能力系统或标准逻辑的核心要素，这可能是条件推理的基础，因此与涉及g因素的中央加工有关。分类特定能力系统的核心要素是物体的基本属性，这些属性决定了它们可以被归为哪类特定能力系统。定量特定能力系统的核心要素是对一个元素在可数集（denumerable set）中的隶属关系的直观理解。因果特定能力系统的核心要素是对A和B这两个事件的顺序的把握，如：B总是跟随着A，并且存在一种必要的联系，如果A没有发生，B就不会发生。空间特定能力系统的独特性在于心理表象的特性：它们是直接的，是图像结构的每个部分的表征，且其所表征的图片与物理上的图像具有高度相似性。与之形成鲜明对比的是，至少是在特定的发展阶段之后，符号和表征才会在其他特定能力系统的核心元素中被表征（Kargopoulos & Demetriou，1998）。

不同特定能力系统的基础和操作元素的差异与这样一个事实有关，即每个特定能力系统在符号上都偏向于有利于表征其自身元素、属性和关系的符号系统（Demetriou & Efklides，1988；Demetriou & Raftopoulos，1999）。例如，数学符号比图像或文字更适合于定量系统的操作，因为它们明确地表征了定量的性质和关系；心理表象比数字或文字更适合表征物体的特征和空间上的关系，因为它们直接描绘了这些关系；单词比数字更适合用来表征句法关系，因为它们是为表征这些关系而进化的。当然，符号系统可以相互转换，但是当从一个系统转换到另一个系统时，一些信息可能会以获取其他信息为代价而丢失。例如，我们发现来自定量特定能力系统的比例关系和来自因果特定能力系统的因果关系可以在数字和视觉－图像信息中表征。在这种情况下，两个特定能力系统和两个符号系统会作为相互作用的独立因素出现，他们共同决定每个特定能力系统特定心理操作和符号表征组合的表现（Demetriou et al.，1993）。当我们之后集中讨论发展及其与四重结构模型中的一般因素的关系时，我们将回到特定能力系统之间的交互作用。这些差异解释了为什么专注于每个领域内核心操作的学习不能被迁移到其他领域（Demetriou, Efklides, & Gustafsson，1992；Demetriou et al.，1993；Efklides, Demetriou, & Gustafsson，1992）。

（三）特定能力系统心理测量、认知和逻辑维度的整合

读者可能已经注意到，凯斯（Case，1992）所定义的中心概念结构大体上与我们的特定能力系统类似。事实上，我们的三个特定能力系统（空间、定量和社会）与凯斯的三个中心概念结构和加德纳的多元智力理论是相同的。令人印象深刻的是，其中一些领域在很久以前就已经提出了。在康德的《纯粹理性批判》中，空间和时间的概念存在于经验之前的心智

中，影响了经验的发生。在这种背景下，康德的一些理性（判断）范畴与这些领域极其相似。康德讲述了四个类别，每个类别有三个范畴。康德的质（quality）与分类思维的领域非常相似，包括实在性、否定性和限制性。事实上，实在性代表着对某一性质所规定的对象之间的相似性的认知，而否定性则是对其差异性的认知。这两个属性可以在概念层次结构中划分（或否定）对象的位置。康德的量（quantity）包括统一性、多元性和整体性。它代表了独特元素的表征、它们所处的集合，以及它们在集合中所处位置的区别。关系（relation）指因果思维，它涉及实体与偶然、因果关系与依赖，以及施事和受事之间的互惠关系，并受对必要性和因果顺序的把握所支配。最后，模态（modality）是指推理过程，包括可能性 - 不可能性、存在 - 不存在、必然 - 偶然性（Kant，1902）。

我们注意到，康德的分析和我们对每个特定能力系统的逻辑核心的阐述之间具有相似之处。具体地说，我们在分类特定能力系统时对本质特征的表征同康德的实在性相似，并将其用于界定（或否认）对象在概念层次中的位置。我们对同类别中成员关系的理解跨越了康德的所有三个量的范畴。我们的因果特定能力系统中对必然性和因果顺序的把握是康德"关系"的基础。模态对应于推理过程（Kant，1902）。

不管怎样，所有传统都承认所有这些领域都是心理过程的独立集合。皮亚杰自己系统地研究了所有领域。他使用的那些著名的任务，例如守恒、分类、表象、形式思维和道德推理任务，都与这些领域的特定加工过程有关。然而，他对一般潜在逻辑机制的探索使他忽视了领域之间的过程性和发展性差异。后来的发展研究在很大程度上恢复了这些领域。在认知心理学中，所有这些领域都是独立的研究领域。对心理表象和空间思维（Kosslyn，1980）、数学思维（Dehaene，2011；Siegler，2016）、言语推理和三段论推理（Johnson-Laird，2012；Moshman，2011；Rips，1994）、分类思维（Gelman，2005；Mandler，1992）、因果思维（Kuhn，2005；Moshman & Tarricone，2016）和社会思维（Kohlberg et al.，1983）的研究分属不同的研究领域。诚然，在心理测量学研究中，分类思维和因果思维的领域没有被直接提及。然而，有趣的是，它们被认为是流体智力的一部分，被称为"皮亚杰推理"（Carroll，1993）。

三、推理：基于推断、规则还是模式？

四重结构模型认为推理是独立于特定能力系统的。近期的证据表明，当和其他智力任务一起考察时，演绎推理表现为一个独特的因素（Kaufman，DeYoung，Reis，& Gray，2011）。

在本研究中，有一个抽象的演绎推理因素，它代表了基于沃森选择任务的大量任务中的表现，我们在第一章中提过这个因素。这个因素与言语推理、心理旋转（空间推理）、联想学习和工作记忆等因素是分离的。与其他因素一样，这个推理因素与 g 因素有关，但它与在任何推理任务中推出结果的速度无关。这项研究有力地支持了四重结构模型的假设，即推理是一种独立的心智维度，它与特定领域的推理、问题解决、加工和表征能力无关。

对于我们的模型来说，详细描述思维中推理的状态并明确其与其他系统（尤其是特定能力系统）的关系是很重要的。毕竟，在问题解决和发展的相关文献中，它们之间的界限并不是很清楚。读者们需要注意的是，在认知传统中，推理是否确实被组织成两种主要类型的推理过程——归纳推理和演绎推理——仍然存在争议（Rips，2001）。推理过程是基于逻辑规则，在给定的前提下做出有效的推理，还是基于使用视觉图像或其他类型的符号表征的心理模型，使思考者能够将所涉及的逻辑关系可视化，也存在争议。我们进行了几项研究，以获得与这些争议有关的证据。在其中一项研究中，我们构建了 24 个推理论据的测试包。这些论据以 6 个为一组，涉及四种逻辑方案：否定后件、构造性二难推理（constructive dilemma，CD）、肯定后件和否定前件。同时，这些论据涉及了三个特定能力系统的内容：因果（例如 A 造成 B）、定量（例如数字 x 大于数字 y）和空间关系（例如对象 A 位于对象 B 中）。两个特定于特定能力系统的论据中的一个是抽象的，以上述示例的方式陈述，另一个则涉及具体内容，A 和 B 或 x 和 y 会被替换为真实物体。这些论据包括两个前提和从四个选项中选择的结论。从逻辑的观点来看，否定后件和构造性二难推理是演绎推论，因为它们的结论在给定前提下是必然的。肯定后件和否定前件是归纳推论，因为它们的结论只是一种可能性。上述四种逻辑方案的任务示例见专栏 8.1。

专栏 8.1　推理任务的示例

否定后件

如果 A 导致 B，那么 A 在 B 之前出现

A 在 B 之后出现

——————————

A 不可能导致 B（计 3 分）

A 导致 B（计 0 分）

A 可能导致 B（计 1 分）

A 不太可能导致 B（计 2 分）

两难事件

如果 A 是有效的，那么 B 也同样有效

如果 A 是无效的，那么 C 是有效的

——————————————

如果 B 是有效的，那么 C 也同样有效（计 1 分）

如果 C 是有效的，那么 B 是无效的（计 1 分）

B 或 C 是有效的（计 3 分）

B 和 C 均不是有效的（计 0 分）

否定前件

如果 A 是有效的，那么 B 是有效的

A 不是有效的

——————————————

B 确定不是有效的（计 1 分）

B 不太可能是有效的（计 2 分）

B 可能不是有效的（计 3 分）

B 确定是有效的（计 0 分）

在有具体内容的任务中，用具体内容代替 A 和 B（例如，如果科斯塔患有肺炎，那么他会发高烧；科斯塔不会发高烧）。空间任务指向的是空间关系（例如，如果 X 在 Y 中，那么它也在 Z 中；X 不在 Z 中）。定量任务如：如果一个数除以另一个数，则它更小；X 不小于 Y。

为了明确应用于不同类型关系的推理与专注于这些相同类型关系的问题解决之间的关系，我们在三个特定能力系统，即因果、定量和空间特定能力系统中使用了同样的问题解决任务。在每个特定能力系统中，我们测查了不同发育水平的不同成分。在因果特定能力系统中，我们测查了组合能力、分类变量和对因果关系的把握。在定量特定能力系统中，我们测查了算术运算、代数运算和基于比例关系进行的推理。在空间特定能力系统中，我们测查的是观察视角的协调性和心理旋转的能力，具体任务见专栏8.2。

专栏8.2 不同特定能力系统的测查任务示例

因果特定能力系统

组合思维：你可以从盒子里抽取若干个球，以下是一些可能序列：

1. 红球、红球、绿球

2. 红球、红球、绿球、绿球

3. 红球、红球、绿球、蓝球

4. 红球、红球、红球、绿球、绿球

假设检验 - 分离变量：设计一个实验来检验增加灌溉是否能提高植物生产力，使用每月可灌溉2次或4次的植物A和植物B。

1. 假设：增加灌溉可以提高植物生产力。使用植物A和植物B，分别对它们进行2种灌溉，每月2次或4次。

2. 假设：灌溉提高了植物A的生产力，但对植物B没有影响。使用植物A和植物B，每月分别灌溉2次和4次。

3. 假设：灌溉提高了区域1植物的生产力，但没有提高区域2植物的生产力。它不会增加区域1中植物B的生产力，但会增加区域2中植物B的生产力。

指定因果关系：给出一系列实验结果，参与者被要求选择符合下列因果关系的结果模式。

1. 充要条件。

2. 必要不充分。

3. 充分不必要。

4. 既不充分也不必要。

5. 和结果互斥。

定量特定能力系统

1. 采用简单数学表达式的特定数学运算。一次运算（如：5*3=8），二次运算（如：{4 # 2} *2 = 6），三次运算（如：{3*2 # 4} @5 = 7），四次运算（如：{5 @ 2} o 4 = {12 $ 1} * 2），每种运算都在某个项目上有缺失。

2. 掌握代数关系。在方程中识别一个或多个未知数[例如：a + 5 = 8，识别 a；U = f + 3，f= 1，识别 U；如果（r = s + t）且（r + s + t = 30），识别 r；在什么情况下 {L + M + N} = {L + P + N} 成立？]。

3. 指定比例关系。掌握以下关系所需的四个层次：（1）完全对称和等效的比例（例如：1/2 与 3/6）；（2）等效但不明显对称的比例（例如：2/6 与 3/9）；（3）两个对应项互为倍数的有序对（例如，2/1 与 4/3）；（4）没有对应项的对（例如，5/12 与 3/8）。

空间特定能力系统

视角的坐标

1. 在半满的瓶子里，画出倾斜角度不同的水线（例如，75度和35度）。

2. 心理旋转。选择一个适当折叠的纸张立方体，完成一个需要不同程度旋转的拼图。

我们运行了几个模型来测试推理的组织及其与特定能力系统的关系（见

图 8.3）。在推理方面，24 项任务的最佳表现模型涉及以下结构：每个逻辑图式（logical scheme；否定后件，构造性二难推理，肯定后件和否定前件）各一个，两种类型的推理（演绎和归纳）各一个，g 因素。在模型中，不论是特定领域的关系还是任务的抽象 - 具体方面都不是很重要。这些发现表明，推理主要是基于规则和推断的，而不基于模式。具体地说，当对关系进行推理时，推理过程依赖于逻辑关系本身，而不是它们的类型（例如，因果关系、定量关系或空间关系）。然而，推理与在特定能力系统上的表现密切相关。具体来说，我们发现推理解释了特定能力系统方差的 63%。尽管这种关系非常强，但这种关系为与每个系统相关的专业技能都留下了空间，这些技能需要建立在用于探索和说明特定能力系统关系的推理过程之上。

个体会在不同的年龄掌握这四种图式。从图 8.4A 可以看出，个体在 12—13 岁时就完全掌握了否定后件。实际上，如果用具体的方式来表述的话，所有人都能在 12 岁之前掌握这个图式。事实上，正如第五章已经讨论过的那样，如果陈述得当，在 9—10 岁内个体就可以掌握否定后件。如果以抽象的方式呈现，12 岁的青少年可能仍然无法解决该问题，该问题的掌握年龄是在 13 岁。构造性二难推理在 13—14 岁时被掌握（见图 8.4B），尽管推理的表现受到涉及的关系类型和抽象程度的影响。人们在 13—14 岁时掌握了因果和空间领域中的这种逻辑图式，特别是在有具体的信息支撑的时候。然而，如果以抽象的方式表述，人们在 16—17 岁时才能掌握。在所有抽象级别的所有关系领域中，这些谬误都很难被理解（见图 8.4C）。不到三分之一的人甚至到 19—20 岁在大学阶段才掌握它们。事实上，在某些情况下，具体的信息会产生消极的干扰，从而使得表现水平降低，然后再提高。显然，这些谬误要求人们明确地关注这样一个原则，该原则可用于评估所判断关系的替代实现的逻辑性；具体的内容可能会欺骗思考者，并通过将已有的知识强加于所涉及的逻辑关系来实现。这意味着，当思维可以把握不确定的关系时，推理规则就不需要基于模式的辅助来实现了。

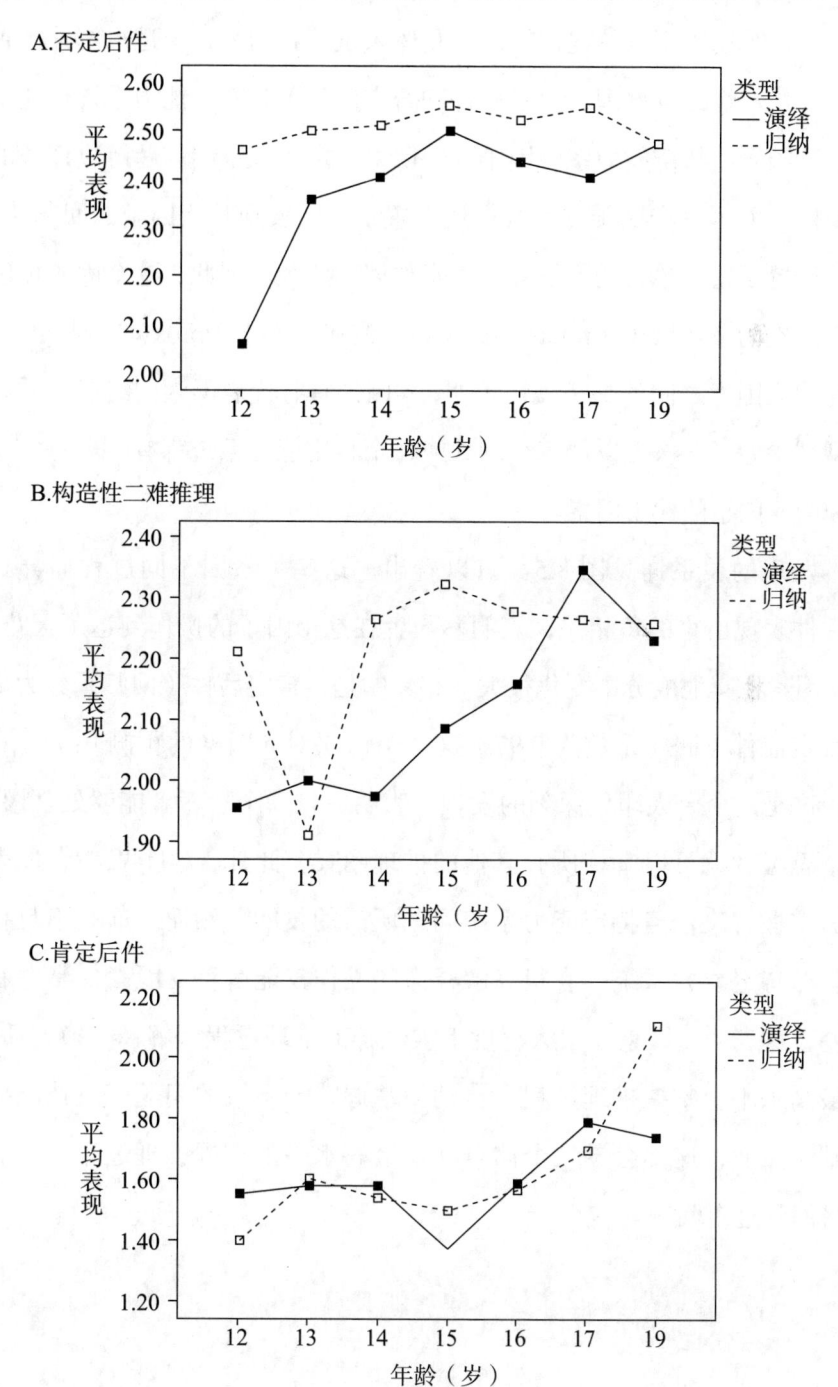

图 8.4 不同逻辑图式的抽象表现（具体 vs 抽象）同年龄变化的关系

为了明确每个逻辑图式或特定能力系统的特定因子与 g 因素之间的关系，我们采用了不同的建模方法。具体来说，我们为每个逻辑图式（否定后件、构造性二难推理、肯定后件和否定前件）和特定能力系统构建了一个一阶因子。特定能力系统因子基于因果、定量和空间问题解决任务的表现设定。除了一个因子外，我们还设置了 g 因素到其余因子的回归路径，同时设置了这个单独的因子对 g 因素的回归路径。因此，这个因子可以说是 g 因素的参照因子（reference factor）或代表因子（proxy）。显然，g 因素与代表因素之间的高相关性表明，g 因素具有代表因素的组成性质。该模型被检验了 7 次，以便每个图式或每个特定能力系统都有一个特定因素可作为 g 因素的代表因素。

发现的关系详见图 8.5。可以看出，这些关系因不同过程而异。否定后件表现出小的负相关，表明参与者在这个因子的操作到达了天花板，而 g 因素在其他成分中变化很大。有趣的是，肯定后件（回归系数为 1.0）和否定前件（回归系数为 0.97）这两个谬误对 g 因素的预测几乎是一致的。这是一个令人印象深刻的发现，表明一旦一个思考者能够处理谬误，这个思考者就可以掌控所有其他的推理图式，此外，这个思考者还完全能够掌握解决任何特定能力系统问题所需的技能。然而，这并不是相互的。在特定能力系统中有很高解释力的操作仅能解释 g 因素一半左右的方差，这表明 g 因素在很大程度上被纯粹的推理过程所解释。换句话说，在最高水平上掌握推理过程将自动为掌握特定领域的问题解决技能提供基础。然而，这不会导致个体自动在最高水平上掌握推理过程。我们稍后将回到这个问题。

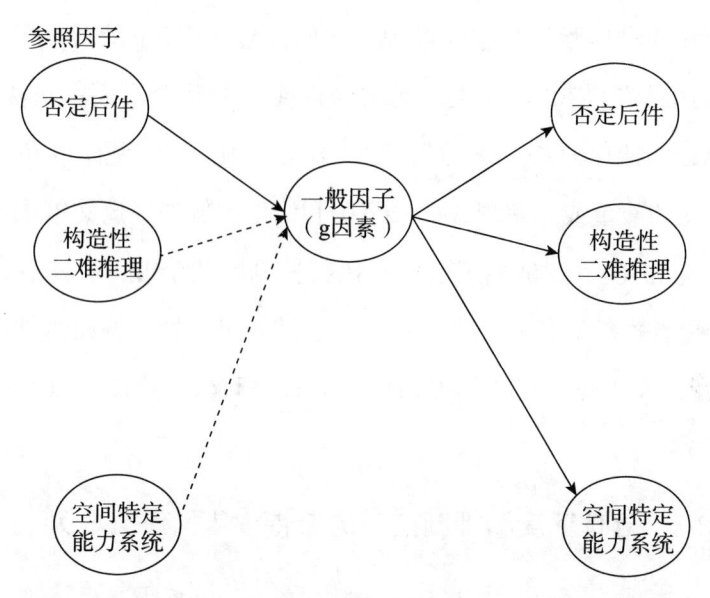

图 8.5　推理和特定能力系统的参照因子与 g 因素之间的关系

四、一般因子的经验映射

为了获取 g 因素的成分，一项研究必须满足三个条件：（1）心理测量 g 因素必须能从一系列广泛的心理能力中抽象出来，比如 CHC 模型第二层级所涉及的一般能力；（2）g 因素与这些一般能力中的每一个之间的关系必须被单独加以说明；（3）每一个广泛能力与一般信息加工或表征过程（即注意控制、转移、工作记忆）之间的关系也要加以说明，这些过程被认为是广泛加工过程所共有的。

我们根据这些要求进行了几项研究。其中一项研究涉及 9—15 岁的儿童和青少年，他们接受了四种能力的测试。首先，测试推理的几个方面：演绎推理（例如，专栏 8.1 所示的传递性和条件推理）、归纳推理（例如，语言类比）、定量推理（例如，代数推理和数值类比）、因果推理（例如，组合推理和假设检验）和空间推理（例如，心理旋转的各个方面）。这些任务的示例见专栏8.2。其次，测试语言能力的几个方面：句法（例如，用乱序单词构造出语法正确的句子）、语义（例如，将乱序的句子排列成一个有意义的故事或理解现成的故事）和词汇（例如，定义单词或说明单词的含义）。再次，测试加工效率和执行控制的几个方面：注意控制（例如，斯特鲁普类抑制任务，见专栏8.3）、转移灵活性（例如，维度变化排序任务），以及工作记忆（例如，顺背的言语和数字广度，以及视觉空间工作记忆）。

专栏 8.3　处理速度和抑制控制的斯特鲁普类任务示例

RED

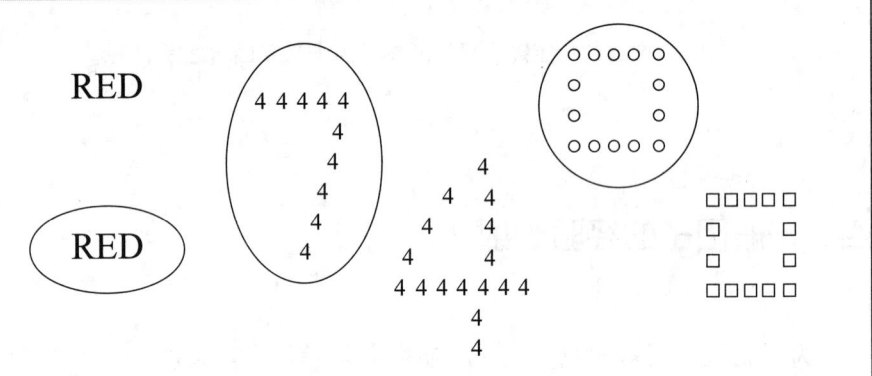

RED

4 4 4 4 4
4
4
4
4
4

4　　4
4　　4
4　　4
4 4 4 4 4 4 4
4
4

○ ○ ○ ○ ○
○　　○
○　　○
○　　○
○ ○ ○ ○ ○

□ □ □ □
□　　□
□　　□
□ □ □ □

兼容的刺激表示加工速度，不兼容的（环绕的）刺激表示知觉控制。对于速度，人们对处于主导地位维度的兼容刺激做出反应。例如，阅读用红色书写的红色或识别由三角形组成的三角形。对于抑制，人们对不相容刺激的弱维度有反应。例如，识别表示不同颜色的单词（例如，单词"红色"）的墨水颜色（在现实中是绿色），或者识别组成正方形的圆圈。

最后，这项研究涉及了几个与上述每个推理领域的表现相关的自我意识和自我评价的测试。在完成每个推理任务后，参与者评估自己在每个任务中的通过率和难度。为了使这些评估与行为得分相比较，这些得分被转换为评估准确性的分数，反映评估与各自任务的实际表现的一致性（Makris et al., 2017）。在自我评估中的表现同实际任务的表现越接近，自我评价的准确性得分就越高。这种操作使研究人员能够考察认知能力的差异与自我意识的差异之间的关联。我们采用一系列结构方程模型来建模这些行为测试的表现。

我们建立了满足上面指定要求的几个模型。具体来说，我们为上面列出的每个领域创建了一个一阶因子。为了满足第一个要求，我们建立了一个二阶因子，除了一个领域之外，这个二阶因子与所有特定领域的语言和推理因素有关；该因子代表一般因子 g 因素。为了满足第二个要求，我们在一系列模型中设置了之前被排除在外的这个特定领域的因子对 g 因素的回归路径。因此，按照上面已经解释过的方式，这个特定领域的因子被设置为 g 因素的代表，可以被视作公共因子。最后，为了满足第三个要求，我们设置了注意控制、认知灵活性和工作记忆对这个参照因子的回归路径。这种操作可以显示出这个参照因子是否可以作为 g 因素和假定的共有过程之间的中介因子。

以上总结的每一种理论都对预期的关系模式做出了不同的预测。假设某些特定的加工过程会比其他过程更多地参与 g 因素的理论会预测：代表这些过程的参照因子会同 g 因素有更高的相关。例如，心理测量理论预测通过归纳和演绎推理所获得的流体智力将比其他过程更能代表 g 因素（Gustafsson, 1984; Spearman, 1904）。另一方面，认知科学理论——假设语言的语法有助于语言思维的形成，因为语言的组合性、递归性和层次性会迁移到思维操作上——预测语言最能代表 g 因素（Carruthers, 2002, 2009）。交互或互惠模型对 g 因素和参照因子之间关系的预测随着每个参照因子所涉及的交互作用的复杂性而变化：一个因子的复杂程度越高，其与 g 因素的相关也会越强。例如，在这项研究中，一些涉及的领域是高度具体的，而另一些则非常广泛。在语言系统中，语法相较语义而言更具体一些：前者依赖于语言特定加工模块，后者涉及理解隐含意义所需的推理过程。在推理过程中，空间推理相较于因果推理而言更加简单，前者依赖于高度特定的过程如心理旋转，后者同时需要推理过程和领域特定的假设信息以及检验过程。最后，假设有一个普遍存在的共同核心（不管这个核心是什么）的理论会预测：g因素和参照因子之间的关系在各个加工过程中是相似的，因为每个加工过程都涉及相同的核心。

这些模型的结果被总结在了图8.6中。可以看出，各参照因子与g因素的相关一直很高（回归系数均大于0.8）。同特殊过程理论不同的是，其中没有特殊代表因子。与互惠模型相反，代表因子和g因素之间非常小（且不显著）的差异不能区分关于复杂性的任何因子。然而，这些结果与共同核心理论一致，因为它们间的关联都非常紧密，且彼此非常接近。代表因子与三个执行过程之间的关系是一致的。他们都在相同的范围内（回归系数0.4—0.6），而且在参照因子中非常相似。

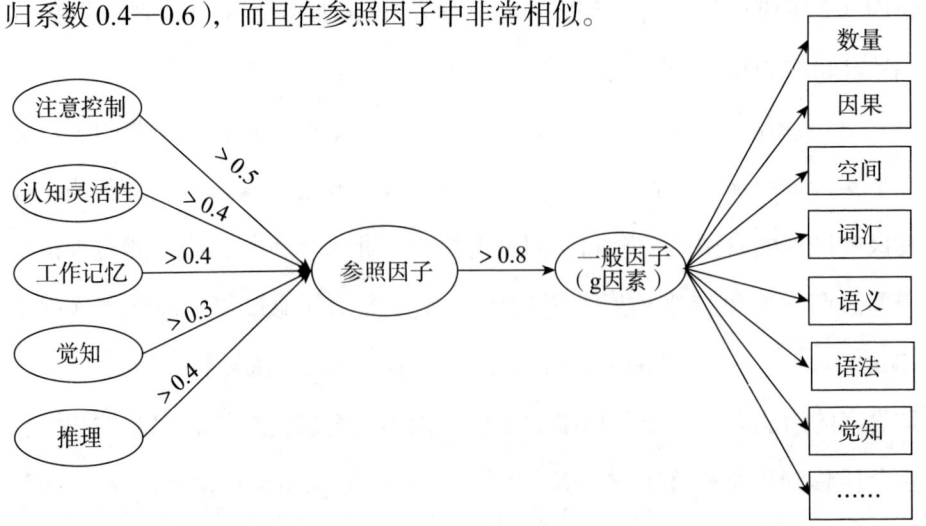

图8.6 一般因子和注意控制、认知灵活性、工作记忆及觉知的参照因子之间的理想的结构模型[1]

---

[1] 图中数字为回归系数。——译者注

为了考察 g 因素的加工过程，我们检验了一个旨在将 g 因素分解为各种执行、觉知和推理成分的模型。具体来说，所有推理和语言因子都被 g 因素进行回归预测，同时 g 因素也被三个执行过程、觉知和推理进行回归预测。该操作使考察每个加工过程对 g 因素的贡献的差异成为可能。五个因子解释 g 因素的方差的贡献分别为：注意控制 27%、认识灵活性 18%、工作记忆 27%、觉知 7%、推理 19%。这些贡献共计 98%，达到了非常高的程度。换言之，注意控制、认知灵活性、工作记忆、觉知和推理（如演绎推理和归纳推理）都是非常强且彼此区分的 g 因素的共同核心模块。值得注意的是，g 因素的这种分解完全解释了思维和语言中所有领域特定因素的变异。这一发现表明，测量这五个核心过程可以充分预测一个人在不同思维领域的表现，如数学、科学推理、空间推理和语言的各个方面。

这里需要注意的是，这五个过程中的每一个对 g 因素的相对贡献尽管始终存在，但会随着发展而产生变化。具体来说，我们发现位于级联较低端的过程（年龄、注意控制、认知灵活性和工作记忆）之间的关系随年龄阶段系统地下降，而位于级联较高端的过程（工作记忆、推理、语言和觉知）之间的关系保持稳定或增加。图 8.7 说明了发展过程中相对重要性的这种转变。这些模式表明，学前时期与控制注意和注意集中有关的执行加工过程的贡献，已经转变为小学时期与推理和外显意识直接相关的加工过程的贡献。这种变化在青春期就已经完全确立了，那时注意控制和认知灵活性的贡献几乎完全消失，自我引导的推理和意识成为影响解决问题和进行理解的主要因素。因此，加工过程之间的关系随着发展阶段的变化而变化，反映了 g 因素在连续发展阶段的表征性和程序性组成的差异。

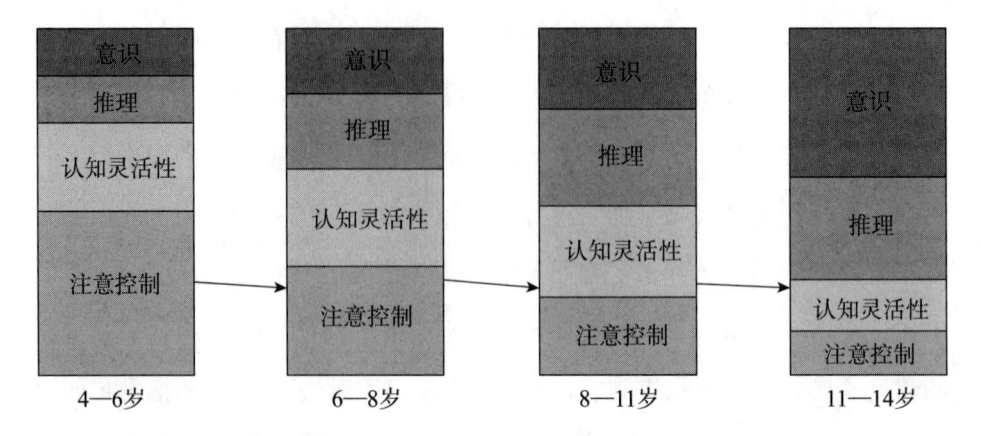

图 8.7　4—6 岁、6—8 岁、8—11 岁、11—14 岁四个年龄阶段的级联模型

我们的发现解释了为什么作为一个以牺牲其他过程为代价，优先考虑这些过程中的任何一个作为 g 因素的特殊维度的还原论模型无法达到预期：g 因素不是加工速度或者工作记忆，因为它们都仅仅反映了其他能力而不是智力本身；g 因素也不仅仅是执行控制，因为理解信息还需要更多能力；g 因素也不仅仅是意识，因为智力需要应用领域相关的特定加工过程；g 因素也不仅仅是推理，因为单独的推理对于理解和解决问题是不够的。回到皮亚杰的理论上，同化、顺应和平衡的宏大过程是无法被解释的，因为它们本身就是一切。

是什么将这些过程结合在一起？为了整合实验认知、差异和发展的传统，我们需要一种机制，能够同时公正地对待理解的过程、表征和生成三个方面。这一机制将捕捉组成 g 因素的五个过程的交互作用。我们认为该机制涵盖三个相互依赖的加工过程（Demetriou et al., 2013）：(1) 抽象（abstraction），(2) 表征对齐（representational alignment），(3) 觉知（cognizance）——AACog 机制。抽象发现或引出信息模式之间的相似性。尽管抽象始终存在，但根据生物体的当前状态，它在发展过程中可能有所不同。例如，在发展（或学习）早期，根据概率推理机制进行抽样可能占主导地位（Tenenbaum, Kemp, Griffiths, & Goodman, 2011）。之后，个体可以系统地寻找相似点，并通过推理在概念上构建相似点。表征对齐是一种"搜索、变化和比较"机制，根据当前的理解或学习目标将刺激和/或表征联系在一起，感知的当前相似性和语义相关性为表征对齐提供了方向和标准。因此，表征对齐是一种表征整合的执行机制。它涉及几个传统上与执行控制相关的过程，例如在表征之间进行转换或在表征与反应之间转换（Miyake & Friedman，2012；von Bastian & Druey，2017）。它为推理过程提供原材料，根据特定时刻激活的特定绑定和评估规则进行归纳和推理（Demetriou et al.，2013）。觉知是察觉到心理内容（例如，"我知道我在思考数字"）和认知过程（例如，"我知道我在寻找一个序列中更大的数字""我知道这个信息"等等）的过程。抽象和表征对齐在很大程度上可能受到刺激的驱动，然而，在这个过程中，它们迟早会产生内容或激活被记录下来的心理过程，并为进一步的行动或未来的使用而引起注意。佐尔坦·迪耶纳（Zoltan Dienes）的实验表明，即使对规则的搜索和抽象是无意识的，它们也会产生被记录下来的经验，并对进一步的加工和推理产生元认知影响（Mealor & Dienes，2013；Scott et al.，2014）。

觉知在抽象和表征对齐的操作中具有特殊的作用。认知是一种统一的力量。它可能是觉知过程在抽象和表征对齐失败或摸索过程中产生的副产品。个体需要在刺激或可能的行动之间做出选择，将"心灵之眼"转向它们，从而将它们带入意识的焦点。据此定义，觉知为反馈循环提供了可能，其中抽象和表征对齐的循环可以成为进一步抽象和表征对齐的对象。因此，发展和认知文献中广泛讨论的执行控制、自我监控、反思和元表征（Demetriou，2000；Piaget，1976，2001；Schneider & Lockl，2007；Zelazo，2004），在这些反馈循环的各个阶段表达觉知。执行控制允许个体在对刺激做出反应和对反应做出响应之间做出选择。自我监控是一种内省的过程，允许心理上的自我观察。反思是对抽象和表征对齐的另一种可能性的自我导向性检查。元表征将抽象和表征对齐的产物编码为新的表征（Demetriou & Raftopoulos，1999；Demetriou，Spanoudis，& Mouyi，2011）。有证据表明这些功能所需的意识在12—15个月时就存在了（Perner & Dienes，2003）。

总之，AACog机制整合了斯皮尔曼（Spearman，1927）在g因素基础上对关系（抽象）和关联（表征对齐）的推断，皮亚杰的反思性抽象和平衡，以及后皮亚杰发展研究中占主导地位的推理和意识。这一机制必须在婴儿生命的第一年结束时形成（Demetriou & Raftopoulos，1999；Demetriou et al.，2011；Leslie et al.，2004；Perner & Dienes，2003；Stone & Gerrans，2006）。

五、总结

本章总结了几项通过连接三种传统来考察心智组织的研究。所有的研究都涉及从实验认知的传统（涉及注意控制、工作记忆、推理甚至语言任务）、差异的传统（涉及类瑞文推理任务和许多其他包括在经典智力测试中的任务，如韦氏智力量表）、发展的传统（涉及心理理论、意识以及特定能力系统特定任务）中抽取的任务。其中许多任务，尤其是那些涉及推理的任务，都满足了心理测量学的要求，比如难度的变化。此外，这些任务针对的是许多不同年龄的个体，他们是总体的代表性样本。我们通过几种现代验证性建模方法分析了样本在这些测试包上的行为表现，从而对心理结构的各个方面进行了精确预测。研究结果可总结如下。

首先，心智拥有一个四重结构，包括领域特定系统、允许信息表征和心理加工的表征系统、允许信息和解释的整合与评估的推理系统，以及允许自我监控、自我表征、自我调节和自我修改的觉知系统。

其次，所有三种传统都假设四重结构模型中的一个维度（即推理系统）是需要理解的主要维度。在差异的传统中，推理系统实际上代表智力，在很大程度上与流体智力或 g 因素等同。同样，在发展的传统中，解释推理系统的变化是主要目标。在所有的传统中，推理系统都被认为与某种类型的推理相对应，主要是归纳推理和演绎推理。

然而，各种类型的推理，表现为具体的推理图式（如条件推理图式）的推理，或在不同的领域（如因果或数学领域，甚至语言语法）应用的推理，都可以作为 g 因素的代表因子或参照因子与 g 因素互换。因此，我们提出了一个更高阶的系统来捕获 g 因素的加工组成，其包括三个非常普遍的过程：抽象、表征对齐和觉知。这可能是思维的背景。根据构成思维语言的组合性、递归性、生成性和层级性，AACog 机制将按照以下方式运行：抽象确保了组合性，表征对齐确保了递归性和层级性，觉知确保了生成性。每个特定能力系统中的特定类型的推理或特定技能都需要学习和练习特定领域的限定词，进而掌握该特定领域的语言。这在很大程度上发生在发展过程中，当然受到特殊学习机会的影响，例如教育提供的学习机会。即使是看起来非常普遍的推理类型，如演绎推理，也会以将中心 AACog 机制的核心过程转换为环境中一组特定关系的表征集合的专门化的形式出现，这些关系可以用语言中的合适语法表示。这就是为什么即使是非常高级的推理者在没有明确规则的情况下进行演绎推理也会犯错误的原因。显然，发展和学习机会的差异解释了个人成就的差异。

最后，我们对被作为可能的基本解释因子的其他系统进行了验证，以探究特殊的核心维度是否可以简化为一个可能的基本解释因子。本文总结的研究清楚地表明，推理系统确实可以简化为表征系统和觉知系统，但它们都不是特殊因子，所有这些都是必需的。事实上，在一般层面上，每个因子的贡献或多或少是相同的。然而，从发展的角度来看，它们的相对贡献随着年龄的不同而有很大差异。它们在发展过程中的相对贡献和相互作用将在以下章节中进一步探讨。总之，这种模式跨越并整合了三种传统。下面将介绍的研究将充分利用这一模式。

第九章　发展的周期与阶段

严格来说，心理测量中的 g 因素不属于发展结构，也不包含在任何发展理论中。此外，作为衡量个体差异的指标之一，它从儿童早期到中年期几乎是稳定的。也就是说，某年龄阶段得分较高的人在后续年龄阶段中的得分都会较高；若某人得分低于同龄人，其此后得分将继续位于低位（Jensen，1998）。经典的发展理论认为智力在发展过程中发生了质的变化，从而使得处于连续认知发展阶段的个体能够建立对世界的不同概念，解决不同的问题。然而，发展理论中也有一个中心机制。这一机制是各个发展阶段中理解力产生的基础机制，也是造成不同阶段转化的原因。这一机制即上一章中讨论过的 AACog 机制。AACog 机制是中央协调枢纽，将与四重结构模型中四个主要维度相关联的系统联系在一起。

在本章中，我们将根据已有的研究描绘出心智成长的轮廓框架。具体来说，我们将先描述表征能力和效率、觉知、推理和特定能力系统的发展趋势，以此展示不同过程如何整合在一起从而形成各个发展阶段特有且在现象学上具有质的差异的理解力，它包含一个客观维度（儿童在不同阶段如何解决特定问题）及一个主观维度（各个阶段的儿童都意识到了什么，以及这种意识如何支撑他们对当前局限性的洞察，从而驱使他们进行反思并迈向下一发展阶段）。在本章的最后，我们将讨论这一发展阶段理论与其他发展阶段理论（如皮亚杰发展阶段或新皮亚杰发展阶段）之间的异同。在接下来的两章中，我们将详细论述每个发展阶段中四重结构模型各个过程之间的关系。

一、g 因素的发展周期

前文介绍的研究表明在 AACog 机制中，觉知、推理以及不同方面的执行控制相互作用。推理需要意识到信息缺口（产生推理目标）、待整合的表征以及评估结论所需的标准。执行控制需要了解目标、实现目标所需的步骤以及对目标实现进行评估的基于推理的决策系统。觉知是一种背景依赖的操作机制，可将执行控制和推理结合在一起。此外，这些过程之间的关系还会随着发展而产生变化。从发展的角度来看，中心假设是：对行动的控制提供了个体意识的潜在素材。当某人意识到自己的行动时，他便会考虑行动的目标、计划以及为谋求成功和效率而产生的其他行动。推理是为实现这一目的的一种手段。它对概率、真实性以及有效性进行评估，以便采取有效的行动。在任一周期中，控制经验的意识都会转化为思维模型，可在推理过程中得到调用。因此，周期开始时的控制变化在周期中期表示为明确的执行控制计划，而在周期结束时表示为复杂的推理 – 参照系统。当新的推理图式形成，个体也就进入了下一发展周期。图 9.1 概述了各个过程在发展中的相互作用。

研究表明这些过程间的关系在四个主要的发展周期中发生转变，每个周期有两个阶段。每个周期的早期都会出现新的表征形式，在周期后期表征之间的一致性占据了主导地位。四个周期依次出现，分别为：从出生到 2 岁的情景表征（对行动和经历的记忆保留了它们的空间和时间属性）、2—6 岁的现实表征（减少了空间和时间属性后的情景表征的蓝图，与符号相关，如文字和心理表象）、6—11 岁概念/行动系统中的基于一般规则

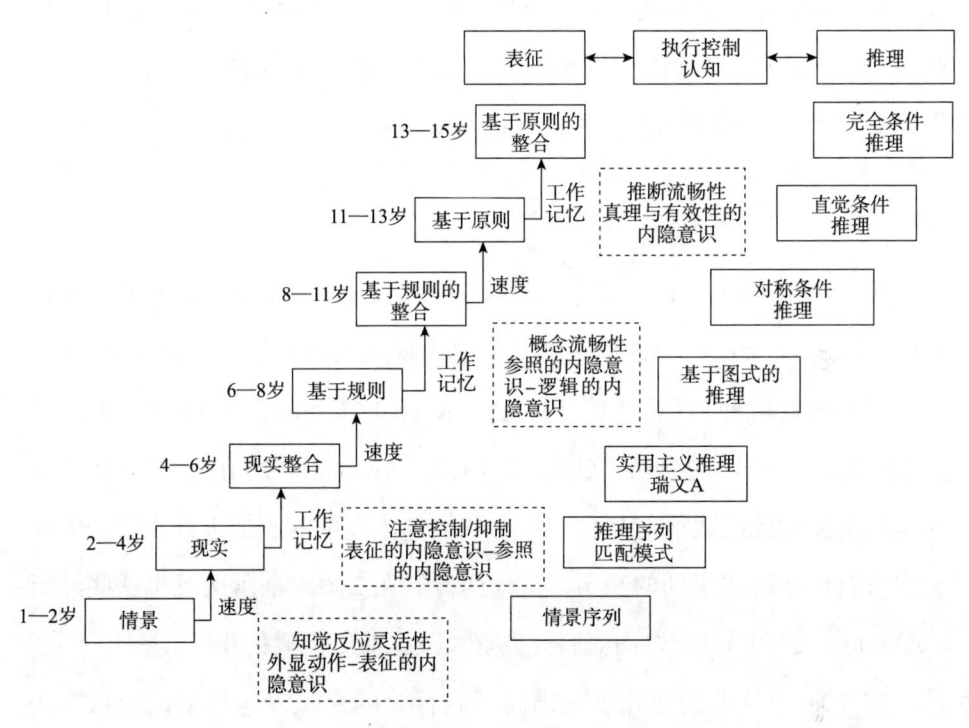

图 9.1 跨周期和阶段变化的一般模型

的组织表征（如事物类别的概念、因果关系），以及 11—18 岁的真理及关系评估系统中的基于规则整合的对首要原则的表征（如规定整合规则的原则）。周期发生变化的时间大约是 4 岁、8 岁及 14 岁。当可以明确识别出某一类型的表征时，便可明确周期之间的关系，逐渐形成下一周期的表征（Demetriou & Spanoudis，2017；Papageorgiou，Christou，Spanoudis，& Demetriou，2016）。

很明显，我们能够看出这四个发展周期类似于以皮亚杰发展理论（Piaget，1970）为首的其他认知发展理论（Case，1985；Fischer，1980；Halford et al.，1998；Halford；Wilson，Andrews，& Phillips，2014；Pascual-Leone，1970）。我们将在后面详细说明它与其他理论之间的关系，并全面介绍这四个周期。在本章中，我们将总结强调这四个周期的研究。在接下来的章节中，我们将聚焦于阐明不同阶段之间的转变、觉知如何在执行控制和推理之间起到中介作用，以及这些过程之间的关系如何在每个周期中重新工作以形成新的 g 因素（AACog 机制）。

（一）情景思维

婴儿是唯心主义的生物（Baillargeon, Scott, & Bian, 2016; Carey, 2009; Pillow, 2008），他们将自己和他人视为具象的存在。婴儿在 5—6 个月大的时候就能从物体中辨别自己（Rochat, 1998），在 15 个月大的时候就能认出镜子中的自己（Gallup, 1982; Povinelli, 2001）。这些现象表明他们会将看到的表征与自己无法看到的身体部位的表征进行比较。婴儿会自言自语地讲述早期的经历，这证明他们在 2 岁之前就会反思这些经历（Vallotton, 2008）。例如：他们会重复大人之前给他们的指示。

15—18 个月大的婴儿表现出对一组行为的意识，这种意识包括过去的行为与对其的感知和当前行为交织在一起的执行序列：当遇到一组熟悉的对象时，他们会有意识地恢复脑中存储的序列，包括对过去经历的再现（例如，将不同形状的物体通过对应的孔插入玩具乌龟中）以及行动计划的产生（例如，抓住物体并寻找相同形状的孔，如果没有通过，再通过试验和错误进行测试）。这是知觉、记忆表征和反映出来的行动交织在一起的预先分类的情景表征。婴儿还会产生如下推断：人在看到某物藏在特定位置后会在同一位置寻找它（Onishi & Baillargeon, 2005）。这表明婴儿对心理状态和行为之间的关系有一些直观的认识。这种能力存在于形成心理意识的一系列能力之中。

婴儿对语言模式中的统计信息很敏感。例如，8 个月的婴儿能够区分句子中单词之间的过渡概率。当他们依次听到"这个男孩喜欢苹果，这个男孩喜欢橙子"时，婴儿能识别出"这个"和"男孩"之间的过渡概率为

1，而"喜欢"和"苹果"之间的过渡概率为0.5（Saffran，Aslin，& Newport，1996）。值得注意的是，这一例子也表明婴儿还能够抽象出控制不服从任何统计规律的刺激模式的代数规则。马库斯等人（Marcus，Vijayan，Bandi Rao，& Vishton，1999）的研究发现：7个月大的婴儿可以学习控制语言语法序列的代数规则。例如，他们学习 ABA（如 ta li ta）或 ABB（如 ta li li）类型的规则，并系统地应用它们从不符合规则的序列（如 ko ko fe）中区分出新的基于规则的序列（如 ko fe ko 或 ko fe fe）。值得注意的是，如果其他类型的模式，如音调、动物声音和变化的音色，在语音序列中被实例化，这种抽象代数规则的能力也同样适用（Marcus，Fernandes，& Johnson，2007）。这一年龄阶段的语言似乎促进了婴儿规则－归纳系统的激活，从而使婴儿形成了推理发展的框架。也许可以认为，这两种早期学习形式——统计规律的抽象和基本代数规则的掌握——为归纳推理和演绎推理提供了背景。

这在儿童2岁时很明显，尤其是当情景推理涉及对情景表征进行排序并明确陈述潜在关系（例如，"我放这个，这个，这个，它们全部"，准备连接为，全部＝这个＋这个＋这个）、前向解读情景表征（例如，"爸爸来了，妈妈也来了"，准备暗示为，如果 A 发生，B 将紧随其后）或抽象贯穿情景表征的内容时。当情景涉及与某人相关的行为序列时（例如，"爸爸要上楼了，他要去穿衣服了"），可能表现为一种信念理解，然而，这种信念实际上是对关于另一人的情景的前向解读的投射，而不是对这个人心理状态的外显表征。这也是第五章所讨论的推理发展中的心理逻辑的基本图式。

（二）现实思维

2—3岁儿童心理表征的特点是具有内隐意识成分且情景表征减少。

近年来，越来越多的证据表明：儿童大约从 3 岁起就对自己的精神状态有一定的意识。保卢斯等人（Paulus et al.，2013）给 3.5 岁的儿童观看动物做某事的短视频（如喜欢看电视的大象），一段时间后，他们向儿童呈现某个动物（如大象）并测试儿童是否记得这个动物与什么物体相联系（电视）。此外，他们还要求儿童报告对自己答案的自信程度。结果发现儿童对正确记忆项目的信心评分要高于对错误记录项目的信心评分。这表明儿童能够意识到存储于记忆中的表征。这一年龄阶段的儿童还能意识到人们知道自己看到或听到某物，这意味着对知识的感性起源的意识（即我知道是因为我看到、听到等）（Flavell et al.，1995）。这使得心理理论在 4 岁时成为可能，使学龄前儿童能够理解一个人的行为与他的表征有关（Wellman，2014）。第六章讨论的心理理论的研究表明这个年纪的儿童能够理解不同的人可能对现实有不同的表征，这取决于他们获取信息的方式（如他们看到某一情景的不同部分）。对表征的本质的理解最终使得儿童能够对不同表征进行比较与对齐。

在这一年龄，执行控制由"扫描－选择－聚焦－反应"的程序指导，使得学龄前儿童能够根据目标制订行动计划，包括依次执行不同步骤，并在刺激和反应之间转换（例如：看到月亮时说"白天"，看到太阳时说"夜晚"）（Vendetti, Kamawar, Podjarny, & Astle，2015）。与婴儿根据物体形状和孔洞形状的匹配来对物体进行分类的任务相比，这一任务涉及人们对可能关注和选择的表征的先验意识，这一意识预先组织了人们的行动。

在这一早期阶段，表征与对象或事件之间有一个明确的关系，以集合的形式作为推理的来源。因此，在发展的早期阶段，关系可以直观地从表征集合中得出。当感知模式足够清晰时，两岁的儿童能够根据物体间特征的相似性或外延进行归纳推理，从而整合缺失的成分（Gelman，1988，

2003）。例如，幼儿能够根据形状、颜色或其他图案的相似性与互补性来匹配或整合形状，从而组合出简单的拼图。如第五章所述，这在语言学习中也很明显。可以说，推论也是从表征集合中直观地"读出来"的（"下雨了，所以我们需要雨伞"）。

演绎推理在这个阶段还不存在。作为一个组块，由关联函数激活的表征产生了基于事件情景流的推断：一个单一的感知状态（例如：猫站在边上）足以生成"貌似合理的归纳"。这种归纳通常是矛盾的（例如："猫会摔倒"或"猫会跳"），取决于激活的组块（例如："我站在边上的时候就会摔倒"或"猫站在边上的时候就会跳"）。若已激活的经验与情景不匹配，归纳的结果之间将无法相互约束。因此，在这一阶段，类别之间的界限是灵活的，取决于当前的主要归纳。即使是"男孩"和"女孩"这样的自然分类，也可能没有固定的界限：本书第一作者34个月大的孙女阿西娜（Athina）就非常想知道31个月大的表弟尼古拉斯（Nicolas）何时能长大，何时能成为像她一样的女孩。

大约在3岁的时候，儿童开始能够区分不同的表征或者放大表征的组成部分。因此，他们可以有意地对表征进行搜索、扫描及匹配。例如，他们可以求解简单的随单一维度变化的瑞文类矩阵。然而，他们仍然在两个维度的匹配上存在困难。伯诺伊特等人（Benoit, Lehalle, Molina, Tijus, & Jouen, 2013）在3—5岁的儿童中针对数量表征之间的匹配进行了一项有趣的研究（在1—6的数字名称和数字点阵列之间进行匹配）。结果发现：3岁的儿童最多只能匹配3个点，无法在4—6个点的数组上匹配数字单词。显然，他们有一个关于数量的全局表征，量值的极限与作为整体的对应数字词相关联。来自三个表征空间的表征可以作为不同的心理实体在儿童4岁时得到匹配。4岁的儿童可以用最多6个点的数组匹配数字词和数字，但他们不会在数字上匹配相应的单词。5岁时，儿童就能相互匹配出所有大小的表征。

此后，儿童开始构建不同领域的概念：必须至少有两个表征才能构成类（例如："猫是一种动物"）、数量关系（例如："安娜有3个，我有2个，她的比我的多"）、因果关系（例如："玛丽打翻了牛奶"）、空间关系（例如："玩具车在书的上方"）或者做出一个推断。在这一阶段，表征对齐优化了归纳选择，使得儿童能够实现基于实用主义的推理："大家都同意如果我吃完饭，我就可以在外面玩。现在我已经吃完饭了，所以我可以去外面玩。"（Kazi et al.，2012）我们会在后面关于演绎推理的内容中对此进行讨论。这个序列模仿了假定推理（如果 p，那么 q；因为 p 满足，所以 q），基本上是一种将两个表征（"A 发生"和"B 发生"）绑定在同一归纳规则内的归纳（即"当 A 发生时，B 也发生"）。儿童也许会考虑归纳选项（例如，"不吃 - 不玩"及"吃 - 玩"），因为他们的执行控制程序允许他们设想其他选择。

第五章中关于推理的研究表明大学生会自动且无意识地进行假定推理（Reverberi et al.，2012）。显然，这是很自然的。至少 15 年的时间和经验足以巩固和自动化演绎推理的基本图式，使其可以作为发展其他更高要求的图式的参考，如否定后件和谬误。即使在训练有素的思考者的头脑中，这些图式也从未完全自动化。

（三）基于规则的思维

6—8 岁的儿童能够明确地意识到心理表征与他们自己行为的关系。例如，他们能够区分简单和困难的记忆任务，这表明他们意识到了表征的复杂性和学习之间的关系。在这个阶段，儿童也会认识到知识可以通过外推法构建（例如，我知道是因为我能通过我的所见所闻进行推理和投射）。因此，在这一阶段，对知识的推理方面的觉知在注意控制和工作记忆之间起着中介作用（Spanoudis, Demetriou, Kazi, Giorgala, & Zenonos, 2015）。然而，这个年龄段的儿童还不能明确区分不同的心理功能，比如记忆和推理，也不能明确地将心理功能与特定的过程（如预演及推理）联系起来。到8—10岁时，这些过程成为可能（Paulus, Tsalas, Proust, & Sodian, 2014），儿童的心理意识会爆发。这个阶段的儿童能够区分语言陈述中的隐喻及其字面意义（例如，"你跑得像闪电一样快"；Olson & Astington, 2013），掌握二级心理理论（例如，"我知道乔治知道玛丽知道某件事"；Wellman, 2014），并认识到知识的不足可以通过推理来弥补（例如，"他是按照颜色分类的，所以蓝色的物体应该在蓝框里"；Spanoudis et al., 2015）。

6—8岁的儿童还没有充分准备好应对即将到来的任务，因为他们还没有明确地意识到不同的任务需要不同的准备（Chevalier & Blaye, 2016）。然而，到8—9岁时，对不同心理过程的意识允许儿童在任务之间灵活转换（例如，要记忆你就需要仔细观察和复述，要排序你就需要遵循排序规则；Demetriou, Spanoudis, Shayer et al., 2014; Kazali, 2016）。有趣的是，在这个阶段，注意力的控制和转移是预测推理能力的有力因素。这表现为执行控制的焦点从抑制控制升级为概念流畅性，允许儿童在心理过程（如记忆与推理）和概念域（例如，回忆属于不同类别的单词——水果、动物、家具；Brydges, Reid, Fox, & Anderson, 2012）之间进行转换。与之前的"聚焦-再认-反应"执行程序相比，目前的程序涉及概念空间的分析表征以及不同概念空间之间的灵活性。有人可能会说，皮亚杰（Piaget, 1970）论述的可逆性是这一执行程序的一个指标。然而，这里强调的是起源（对表征及其关系的意识），而不是心理灵活性的产物（可逆性）。

事实上，在这一周期的早期，也就是6—7岁的时候，"心灵之眼"所能看到的"现实的"表征已经转变为相互关联的推论线索。一开始，这些表征可能只是定义一般概念的语义块，如对象分类、数字、因果属性。与数字相关的各种概念空间，如对象数组、数字词、计数、数字等，整合成一个常见的心理数轴，这是定量推理领域潜在心理构造的一个很好的例子（Dehaene，2011）。因此，在这个阶段，儿童可以求解二维的需要对两个熟悉而明显的维度（如形状、大小、背景等）进行整合的瑞文类矩阵。各个方面（如类别、数量、长度、重量、面积、数字等）的皮亚杰具体运算及其相互关系是思维从表征向其内在关系转变的强烈标志。

在下一阶段，即8—10岁时，规定不同类型的推理间相互关联方式的规则开始被内隐使用。因此，这个阶段的儿童可以通过系统搜索和转换相关矩阵的一个或多个特征来解密一个关键维度并以此解决瑞文矩阵问题（例如瑞文标准测试中的序列C测试）。儿童需要对这个维度的实例进行泛化，并简化出一个通用规则（例如，"它是最后一个数字的两倍""它又多了一个"等）。正确的演绎推理要求人们根据规定的条件间的关联规则来评估一系列陈述。例如，评估一种论证方法的有效性（例如，"鸟会飞，tagi是一种鸟，因此tagi会飞"），要求人们将其解释为贯穿其中的关系的实现，寻找它，并检查它是否一致："所有的鸟都会飞→任何鸟都会飞"。这在这个周期的早期，即6—7岁时是可能的。在下一个阶段，儿童可以进行规则对齐，从而解决更复杂的争论，如否定后件推理。这需要个体能够反转论证结构（例如，"鸟会飞，tagi不会飞，tagi不是鸟"），并将其与标准的肯定前件结构进行对比，以检查它们是否一致。因此，在这一时期，关系定义在特定表征或情景关系中越来越占主导地位，产生了取代早期全局表征的一般概念，如自然类型（例如，有生命的与无生命的等）。

就形式而言，如果接受"A意味着B"，那么两种可能性必须是正确的：当A发生时，B也会发生，当B不发生时，A也不会发生（Christoforides，Spanoudis，& Demetriou，2016）。因此，儿童掌握了肯定前件和否定后件之间的关系（如果 p 则 q；q → p；q 不满足 → p 不满足）。对潜在关系的意识使得个体能在概念空间和规则之间移动，然后指导执行控制和推理。在这里我们可以看到在第五章中讨论的演绎推理发展的第二阶段。

在这个阶段，定义语义的维度或规则可以系统地进行表征对齐。在分类思维中，个体可以操作两个独立的维度（生命——生命体与非生命体，运动，在地面移动与飞行），进而掌握所有可能的交叉分类及其逻辑关系。在定量推理中，儿童开始处理比例关系（如 2/4 和 4/8）以及类比和隐喻（例如，"教师之于学校，犹如父母之于家庭"，或瑞文测试中包含的矩阵）。

这个阶段的逻辑必要性的出现是这种意识的明显标志（例如："盒子里所有的球都是红色的，所以下一个被抽出的球肯定是红色的"；Miller，Custer，& Nassau，2000）。也就是说，个体初步认识到将特定的表征视为理所当然意味着会有具体的（实际的或心理的）后果，这表明了一种将表征关系客观化为逻辑推理的来源的立场。然而，我们注意到，在这个周期中，这些关系的逻辑必然性仍然是脆弱的。即使拥有这些概念的儿童也可能会屈服于相反的观点，这表明只有当这些规则被嵌入下一个周期的原则系统中时，规则之间关系的逻辑必要性才会完全建立起来（Lourenço，2016）。这个发现为发展提供了一个维度，使推理过程之间的关系在其习得周期内仍然不完整和不稳定，只在接下来的周期中它们才能获得相对完整性和封闭性（Piaget，1970）。因此，当这些关系被明确地元表征时，基于原则的思维就出现了。

（四）基于原则的思维

在 11—13 岁时，青少年形成了精确的心理功能和自身长处与弱点的图谱（Papageorgiou et al., 2016; Demetriou & Efklides, 1989; Demetriou & Kazi, 2006; Makris et al., 2017）。因此，他们对自己在认知任务中的表现的评估越来越准确。他们还认识到了不同推理过程的约束条件，并能将推理建立在真实性和有效性规则的基础上。个体关注的焦点从表征和规则转移到连接心理空间的基本规则之间的关系，并将它们编码为通用原则。例如，最困难的瑞文矩阵任务需要通过掌握数字的几个转换背后的主线，并将它们整合到互补的一般原则来解密多个维度。这一阶段的青少年已经可以解决这一问题。因此，新出现的原则与规则的相互连接使青少年能够认识到不同推理过程的约束。例如：他们清楚地理解，接受某些条件（例如：鸟会飞，大象是鸟）会对推理（大象会飞）施加限制，即使这一陈述是错误的（大象不是鸟）。从形式上讲，这些约束表示为真实且有效性的规则，以保持推理的一致性。这也是第五章所提到的第三阶段的演绎推理。

这在所有领域中都是显而易见的。在定量思维领域，青少年将心理数轴的各种实例化简化为一个代数概念，将数作为一个可以取任何值的变量（例如，他们可以理解当 $M = P$ 时，$L + M + N = L + P + N$）（Demetriou, Pachaury, Metallidou, & Kazi, 1996; Demetriou & Kyriakides, 2006）。因此，青少年可以对数字进行探索，以其他方式定义数字（例如，自然数、实数、虚数等），还可以比较它们的一致性（Dehaene, 2011）。在这一阶段，儿童可以参照一个或多个可选原则来探讨概念空间。青少年的假设－演绎立场反映了这种可能性。

到了 13—14 岁，"推理者有了可以用来告知自己逻辑推理的准确性的元表征，至少在对抽象材料进行推理时是这样的"（Markovits et al., 2015, p. 691）。青少年开始意识到不同类型的关系背后的逻辑约束。这表现在他们能够辨别出什么时候一个论点在逻辑上是不可能的，比如所谓的肯定后件或否定前件谬误。例如：他们明白即使肯定前件式中的第二个命题得到肯定，也不能从该论证中得出结论；也认识到如果"鸟会飞"且"tagi 会飞"，并不意味着"tagi 是鸟"。这是因为青少年可以按照有效性原则将互补表征串起来，并评估其一致性：（1）肯定前件结构，（2）信息缺失（并未明确 tagi 是否是鸟），以及（3）除了鸟之外，其他实体也可能会飞。随后，原则性思想最终形成了一个系统方法，能将多个原则（例如真理－有效性－道德）进行匹配，并将它们简化为特定框架，如一个包罗万象的生活导向（Demetriou & Bakracevic，2009；Demetriou et al.，2011）。青少年能够理解：接受"如果 A 那么 B"不能让他们在只知道 B 发生的情况下得出关于 A 的任何结论，也不能让他们在只知道 A 没有发生的情况下得出关于 B 的任何结论，因为 B 可能是由 A 以外的东西引起的。值得注意的是，基于原则的思考者不会从记忆中回忆所有的情况，他们可以激活一般的原则，然后从原则中推导出含义，而不是对实例进行逐个回忆。这可能发生在基于规则的思维中，其中规则和它们的实例是相互独立激活的。

在这一阶段，个体可能会对不同的系统进行表征对齐（尽管很少在一般人群中出现）。为了解决问题而在其他科学中使用数学是对系统进行表征对齐的一个例子。对心理过程的意识发展成为对心理功能（如注意、记忆和推理）及其与相关过程（如选择和抑制、回忆和联想、归纳和演绎推理）的关联的详细区分。青少年也能准确地评估自己在不同领域和不同复杂程度任务中的表现（Demetriou & Bakracevic，2009；Demetriou & Efklides，1989；Demetriou et al.，1993；Demetriou & Kazi，2006）。这一周期的表现模型反映了这种区分。

觉知的不同方面之间的关系越来越紧密，这证明了觉知的准确性和聚合力的加强。事实上，青少年越来越能将问题与相关的心理过程联系起来。例如：如果人们需要检验一个假设，分离变量是必要的过程；如果人们需要固定汽车后备厢里的物体，心理旋转是必要的过程（Papageorgiou et al.，2016；Makris et al.，2017）。因此，在这一阶段占主导地位的推理相关性模式将前一个周期中的心理灵活性整合到一个评估系统中，从而评估心理空间与各种标准之间的关系。从皮亚杰的观点来看，这是形式思维（Lourenço，2016）。然而，这里的重点是形式思维的起源，而不是形式思维的产物（即以符号逻辑为基础的假设-演绎推理）。另一个此周期与之前的周期所具有的非常大的差异是控制。它基于使用上述原则的系统激活概念空间，如关于学习或专业选择的信念和知识，并对它们进行相互评估，以形成长期的生活计划（Demetriou & Bakracevic，2009；King & Kitchener，2002）。因此，这一阶段的自我评价在反映一般有效性和真实性标准的出现方面变得非常准确，这些标准可能被用于判断与目标相关的心理输出。

二、发展周期如何与智商相关联？

在心理学中，智力总是与认知发展联系在一起。事实上，比奈（Alfred Binet）是第一个提出心理年龄的人。心理年龄指在时间尺度上个体的典型的认知表现水平。在比奈的理论中，心理年龄是根据在特定年龄解决的问题来定义的，个体的智商（IQ）被指定为基于解决的问题所获得的心理年龄与个体实际年龄之间的关系。也就是说，比奈将智力定义为这样一个商数（即智商）：（心理年龄/实际年龄）×100。如今智商被定义为（Z×15）+100，其中Z是个体在测试中的Z分数，15是群体的标准差。

将上述推理发展周期与智商的心理测量概念联系起来会得到很有趣的发现。我们将推理能力的发展转化为类似智商的分数，可以得到图9.2。

从某种意义上说，这种转化使心理年龄与上面讨论的与发展周期相关的水平保持一致。值得注意的是，这些测量推理的任务涉及上述推理的所有领域（即分类、因果、空间、类比和演绎）。这些任务在难度上进行了系统调整以适应 3—18 岁中的所有发展周期。我们还注意到，这些任务与韦氏智力量表中的表现之间的相关非常高（相关系数约为 0.8）（Case et al., 2001）。测试的总分数被转换成类似智商的分数，就像韦氏智力量表上的原始分数被转换成个人智商一样。也就是说，原始分数被转换成 Z 分数，然后输入到智商方程中：$(Z \times 15) + 100$。因此，这一转化显示了不同水平的智商是如何与这里概述的智力发展周期相对应的。从图 9.2 可以看出，智商 100，即三分之二人口的智力，相当于儿童 9—10 岁时所达到的基于规则的表征的水平。智商高于 120 分的人则能够进入原则性思维的周期。值得注意的是，这一转变也适用于克罗地亚 8—17 岁参与者在瑞文标准测试中取得的成绩（Žebec, Demetriou, & Kotrla-Topić, 2015）。二者之间的结果非常相似。

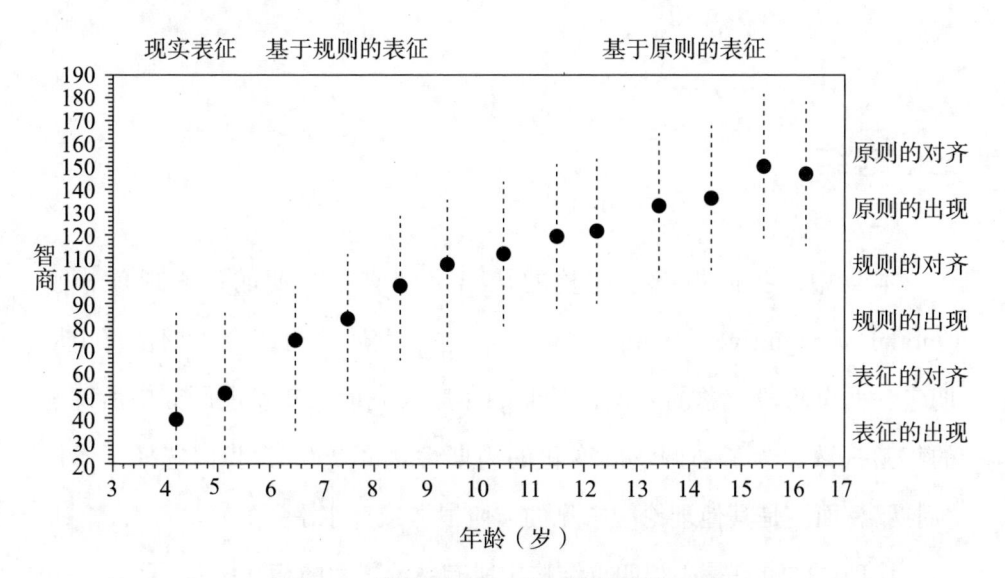

图 9.2 推理发展与一般智商量表的对应

有趣的是，卡罗尔（Carroll，1997）提出了智商和心理年龄与实际年龄之间类似的关系。如图 9.3 所示，若个体在生理年龄为 10 岁时达到了 100 的智商，其心理年龄也是 10 岁。同样的生理年龄下，智商为 120，个体心理年龄约为 12 岁；智商为 80，个体心理年龄约为 8 岁。

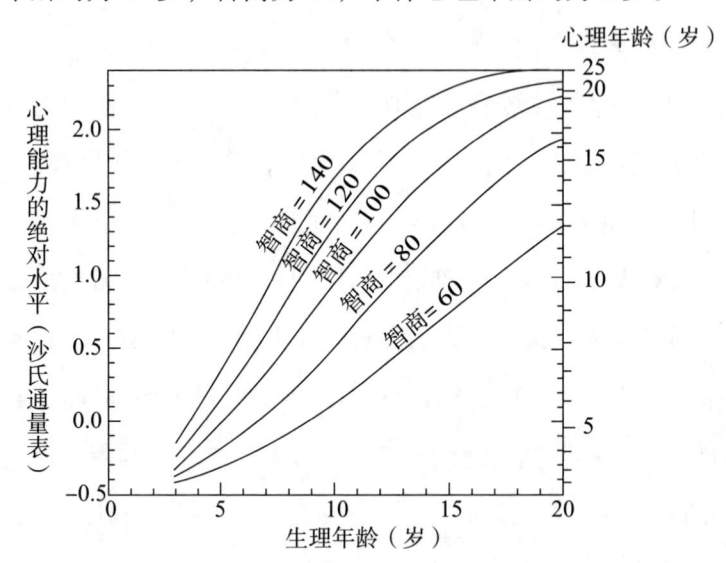

图 9.3 不同智商儿童心理年龄得分预期趋势的理论曲线

三、总结

本章中，我们提出了完整的从出生到成年时期的认知成就模型（model of cognitive accomplishment）。这一发展分为四个周期，每个周期包含两个阶段。总的来说，过渡的年龄与先前认知发展研究中所确定的年龄一致。为了强调发展变化的周期性（重复性），我们选择了术语"周期"，而不是其他理论中常见的"阶段"或"水平"。

该理论的重点是心智四重结构中所有系统之间的相互关系，而不是其中任何突出或优先的方面，例如推理（如皮亚杰）或加工效率（如新皮亚杰）。这些过程之间关系的变化引发了表征和推理可能性的深刻变化，从而使得理解和解决问题在不同的周期中呈现出质的差异。

　　发展过程的整体组织和顺序具有几位伟大的研究人类心智的学者所确定的特性。我们明确指出了理论中与每位学者相关的属性，以突出理论的综合性。下面，我们将介绍关于跨周期的各种过程之间的关系的实证研究。

第十章　觉知的循环与中介

经过四个周期的发展，可以清楚地看到执行控制、觉知①和推理之间的关系随发展阶段而变化。每种新的表征和推理形式主要是在每个周期的第一阶段获得的，表征与更复杂的推理和理解系统的相互联系主要是在第二阶段出现的。对新的表征形式的认识在每个周期的第一阶段是隐性的，在第二阶段成为显性的；显性的认识产生对潜在关系的洞察力，并为下一个周期的表征的构建开辟道路。似乎有三种类型的发展现象是通过周期进行的。首先，心理效率的指标（如加工速度、工作记忆、推理等）之间的关系会随着阶段的变化而变化，以反映个体在掌握表征及其关系方面的发展差异。其次，觉知是这个发展过程中的一个核心因素，因为它在所有过程之间起着中介作用。一方面，认识一个心理过程需要思考者关注、监测、记录并与其他过程进行比较；另一方面，关注其他每一个过程的过程本身就会完善觉知，然后可能会反映出他们自己功能的改善。最后，这些变化将改变 g 因素（或 AACog 机制）的本质，为其注入新的表述和推理的可能性。因此，它们改变了每个单独的过程和 g 因素（或 AACog 机制）之间的关系，以反映每个周期所规定的心理功能和理解的整体的转变。

本章将对前两类发展现象的研究进行总结。具体来说，我们将首先总结加工速度、工作记忆和推理之间的关系如何随发育阶段而变化的研究。

---

① "觉知"英文单词为"cognizant"，是察觉到心理内容和认知过程的一个心理过程。——译者注

然后，我们将介绍一系列强调觉知在执行、有效加工和推理之间的中介作用的研究。在下一章中，我们将对探索个体过程和一般能力之间的关系如何随阶段变化的研究进行总结。因此，本章将回答有关发展心理学和差异心理学中长期存在的争议问题：特殊过程与成长中的 g 因素相分化还是相整合？

一、加工速度、工作记忆和推理之间的结构关系

几年前，我们研究了速度和工作记忆与推理之间的关系，这种关系存在于除第一个周期外的所有发展周期中的每个发展阶段。具体来说，我们明确了加工速度和工作记忆这两个感兴趣的因素，以及年龄可以在多大程度上解释推理的变异。为了达到这一目的，我们将儿童在推理综合测试中的表现，包括在空间、分类和数学思维等不同领域的大量归纳和演绎推理任务中的表现，与代表不同领域的加工速度和工作记忆的分数进行回归分析。很明显，推理得分基本上代表了心理测量学的 g 因素（或我们所说的 AACog 机制）。这种建模方法的创新之处在于，我们为每个发展阶段分别指定了这些关系：晚期基于现实的表征、早期和晚期基于规则的思维以及早期和晚期基于原则的思维。这种方法可以显示每个阶段的推理成就在多大程度上可以由加工速度和工作记忆来预测。在模型中使用年龄可以将两个预测因素和每个阶段的推理之间的共同点分开，而不考虑儿童在这个特定时期的可能的年龄差异。显然，这种方法可以显示各阶段推理中可能存在的功能和表征差异，这些差异可能与加工和表征效率的两个衡量标准，即速度和工作记忆，有不同的关系（Demetriou et al., 2013；Demetriou, Spanoudis, Shayer et al., 2014）。

我们的研究表明，在周期开始时，推理与加工速度、注意控制的关系

比与工作记忆的关系更密切；在每个周期结束时，这种关系减弱，而与工作记忆的关系加强。图 10.1 说明了这种模式。可以看出，在每个周期的早期阶段，加工速度与推理的关系很密切，而工作记忆与推理的关系很弱。这种模式在每个周期的第二阶段则颠倒过来，此时加工速度－推理的相关性下降，而工作记忆－推理的相关性急剧上升（Demetriou et al.，2013）。

需要强调的是，这些关系也是通过对大量已发表的研究结果进行建模来检验的，这些研究对上述各年龄阶段的加工速度、工作记忆和一般智力进行了测量。这个元分析的目的是检验我们的研究所得到的模式是否也存在于世界不同地区的其他实验室所独立考察的儿童的表现中。我们注意到，有来自澳大利亚、加拿大、美国和荷兰的数据集。需要强调的是，数据的周期模式在这些地区完全一致，说明该周期具有相当的稳定性（Demetriou，Spanoudis，Shayer et al.，2014）。

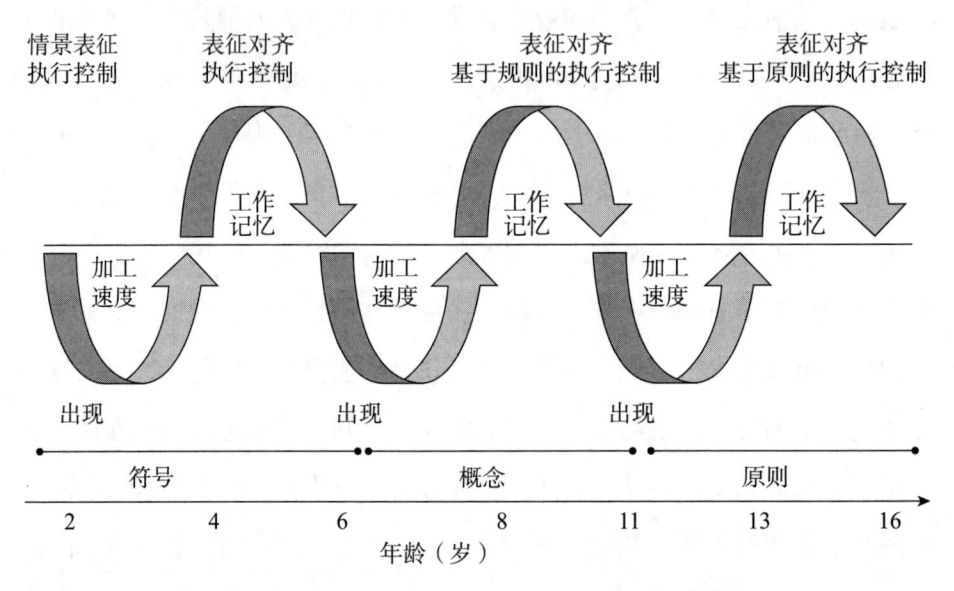

图 10.1　加工速度、工作记忆与推理的关系循环

很明显，这种周期模式反映了所涉及的推理过程在控制上的差异。在周期开始时，针对需要注意的任务的加工速度可能因为不同的原因而增

加。例如，随着技能水平越来越高，个体掌握了新的执行程序。在基于现实的表征的第一阶段，儿童越来越有能力专注于表征，选择那些相关的表征，并抑制不相关的表征。在基于规则的表征的开始阶段，儿童变得越来越能够专注于潜在的关系，并将其编码为规则。在基于原则的表征开始时，青少年变得越来越能够处理抽象或多维的概念。简而言之，对新的控制程序和相关表征单元的掌握在周期开始时迅速提高，以它为基础的思维扩散到新的内容中。

在周期的后期，当控制程序被转化到不同的概念领域，并形成了表征之间的关系网络时，由于表征的对齐和相互联系既需要也促进了工作记忆，因此工作记忆是一个更好的观测指标。需要注意的是，在每个周期的第二阶段，表征对齐都占主导地位。我们提出，表征对齐是一个表征整合的执行过程，涉及表征之间的转换。值得注意的是，如此定义的表征对齐实际上是每个周期中执行控制的表达，它适应于每个周期中占主导地位的表征的性质。因此，鉴于执行控制和工作记忆之间的密切关系，在每个周期的表征对齐阶段，工作记忆作为推理的预测因素占主导地位，这并非偶然。这是因为，工作记忆比任何其他过程都能更好地表达一个周期中可用的执行可能性，反映了个体在结合和关联表征与概念方面日益增长的专业知识。

二、明确觉知的中介作用

上述研究表明，各过程之间的关系随发展阶段而变化。在本节中，我们将探讨觉知是如何在执行控制和推理之间起中介作用的，从而为每个阶段的发展特征及其跨阶段的转变做出贡献。在对各阶段发展的描述中，我们展示了推理和执行控制与觉知的相互作用。为了认识一个心理过程，思考者必须关注、监测、记录，并将其与其他过程进行比较。实际上，对心理对象的反思需要切实地改变它们，并对产生的变化和它们的关系进行推理。在发展时期，觉知是执行控制形成的背景过程，因为它产生了对当前问题的判断，可能指导进一步的工作。这些判断随后可能合并产生新的概念和心理操作。执行控制的每一个层次都反映了表征的主导模式和可用的意识水平之间的互动。

在基于现实的表征的周期中，表征本身，连同其知觉起源的意识和其所产生的信念，可能在实用性推理序列中被连接起来。然而，在这个阶段，个体没有掌握表征间可能的相互制约或基于知识的制约。因此，人们可能会严重违反基本的共同假设，给人缺乏逻辑的印象。例如，本书第一作者的孙女阿西娜（Athina）就想知道"尼古拉斯（Nicholas，她的表弟，31个月大，比她小三个月）什么时候才能长大，成为一个女孩？我已经长大了，我是个女孩"。显然，这里并不缺乏逻辑。推理是合理的，服从肯定前件的结构。我长大了，我是个女孩；当一个人长大了，这个人就会变成一个女孩；尼古拉斯长大了也会变成一个女孩。错误不在于推理顺序，而在于对现实约束的认识，这个认识源于知识：性别不随年龄变化。在基于规则的表征周期中，对规则的表征和对其潜在推理联系及相关概念的认识可能会带来系统的论证和必要的结论，但不允许个体设想产生的结论的替代方案。最后，在基于原则的思维周期中，对有效性和真理原则的外显表征以及对知识状态（基于感知的、基于信息的、基于逻辑的等）之间的差异的认识，可以产生"替代世界"，并根据每个世界的认识状态为其附加真实和有效价值。简而言之，推理将主要的执行可能性落实到具体的信息整合及评估过程中，并在需要时调用觉知。

已有一系列的研究集中于推理、执行控制和觉知之间的关系，目的是明确觉知如何在已经讨论过的执行过程和推理之间起中介作用。我们接下来将为您展示三项研究。

（一）4—7岁儿童的觉知的中介作用

第一项研究涉及4—7岁的儿童（Kazi et al.，2012）。推理任务针对以下推理类型：简单的算术推理（对3—9个物体计数和将小于10的数字相加），空间推理（图片组装和心理旋转），演绎（实用性）推理（假言推理、合取和析取），以及类比推理（即数字、空间和语言类比）。对任务实例的描述见第十七章中的专栏17.1。觉知是通过与任务相关的心理过程意识和心理需求意识来考察的。研究者在不同的图片中描绘出前文总结的六个认知任务（每个领域有两个，难度明显不同）。例如，对于定量思维，一张图片描绘了这样一个场景：有一个儿童在做3个立方体的加法，还有一个儿童在做5个立方体的加法（见专栏10.1）。首先，研究者要求儿童描述每张图片，以便将注意力集中于相关的活动。然后，研究者要求他们判断这两个儿童是否采用了相同的思维方式，并指出哪个儿童的任务更容易。"这个儿童的任务和那个儿童的任务一样吗？""谁在进行更容易的任务？"这样就得到了12个分数（6个相似度估计和6个难度估计）。前3对为同一领域的任务的比较（分别是数量、演绎推理和空间推理），其余为不同领域的任务的比较（分别是数量-演绎推理、数量-空间推理和演绎-空间推理）。因此，在这些任务上得分的增加反映了意识从表面的知觉特征向心理过程的转变。例如，对感知特征的关注包括如下答案："这两幅图中有相同的立方体"，以及"这幅图中的立方体与这幅图中的正方形相似"。注重心理过程的答案包括以下内容："他们都在数数""一个在数数，另一个在分类""数小方块比数大方块容易""数数比理解一个故事容易"。

专栏 10.1　用于检验觉知的中介作用的任务

加工效率

　　加工速度：指出屏幕左边或右边的简单几何图形的位置，并决定并排出现的两个字母（拉丁文、阿拉伯文和表意文字中文）是相似的还是不同的。

　　执行控制：这些任务包括一个学习阶段和一个控制阶段。在学习阶段，儿童会建立一个反应序列。例如，训练儿童在刺激-反应盒上按下一个与屏幕上显示的图形相匹配的图形按键，并尽可能快地完成。在控制阶段，研究人员会要求儿童按下没有在屏幕上显示的项目的按键。因此，测试考察的是抑制选择与刺激物相匹配的选项的优势反应的能力，以执行劣势但相关的反应。

　　工作记忆通过针对空间工作记忆的柯西（Coris）任务和涉及常规词和假词的语音任务来考察。

推理

　　简单算术推理：对3—9个物体进行计数；计算1+2、2+3和3+4的总和。

　　空间推理：图片组装和心理旋转，例如，将一个正方形、一个三角形和一个圆形组装成一个房子。

　　演绎（实用性）推理：假言推理、合取和析取，例如，指着代表"如果莎莉（Sally）想在外面玩，她必须穿上外套"的图片。

　　类比推理：数字、空间和言语类比。

对心理过程的认识

定量思维：一个儿童做3个立方体的加法，另一个儿童做5个立方体的加法。

演绎推理：一个儿童听到一个要求他遵守1条规则的故事，另一个儿童听到一个要求他遵守2条规则的故事。

空间思维：一个儿童再现一个由3个部分组成的图形，另一个儿童再现一个由5个部分组成的图形。

向儿童展示六对图片。

（1）2个加法任务（图片1和图片2）。

（2）2个听故事的任务（图片3和图片4）。

（3）2个图形再现任务（图片5和图片6）。

（4）简单的加法任务和简单的听故事任务（图片1和图片3）。

（5）简单的加法任务和简单的图形再现任务（图片1和图片5）。

（6）简单的听故事任务和简单的图形再现任务（图片3和图片5）。

儿童描述图片，然后回答两个问题。

（1）这2个儿童的任务一样吗？你为什么这么认为？

（2）这2个儿童中谁的任务更容易做？你为什么这样认为？

加工效率和执行控制由几项任务来考察。加工速度任务要求对简单的几何图形的位置（即屏幕的左边或右边）做出反应，或决定并排出现的两个字母是相似的还是不同的（拉丁文、阿拉伯文和表意文字中文）。执行控制是通过一项针对抑制和转换的任务来考察的。具体来说，研究者会建立一个反应集，要求儿童必须抑制对相关刺激的主导反应，并表现出不同的反应（见第八章的专栏 8.3）。工作记忆是通过针对空间工作记忆的柯西任务和两个语音任务来考察的，其中一个涉及常规词，另一个涉及假词。

我们检验了几个结构方程模型，旨在研究觉知是否在执行和推理过程之间起中介作用，以及中介作用是自下而上、从执行到推理的过程，还是自上而下、从推理到执行的过程。这些模型包含以下一般过程因素：简单加工速度（即加工速度任务中的速度）、字母识别速度、注意控制和工作记忆；觉知，与对心理过程的相似性和差异性及其相对难度的认识有关；推理，代表流体智力（或 AACog 机制），与空间推理、演绎推理和归纳推理有关。

我们在自下而上的模型中建立了以下关系：首先，四个执行控制因素（即简单加工速度、字母识别速度、注意控制和工作记忆）被作为背景因素，与年龄直接相关；其次，代表各种意识任务表现的觉知因素与所有四个执行因素相关联，因此，这个模型规定了四个执行过程中的每一个是如何影响觉知因素所反映的意识状态的；最后，将觉知加入一般推理因素的回归路径，因此，觉知被设置为一个中介因素，中介了执行因素对推理因素的影响。

在自上而下的模型中，效应与之相反。具体来说，三个推理因素（即归纳推理、演绎推理和空间推理）被视为与年龄直接相关的背景因素。四个执行因素（简单加工速度、字母识别速度、注意控制和工作记忆）与一个代表执行控制的共同因素有关。此外，我们将觉知加入这个执行控制因素的回归路径。因此，这个模型设定了每个推理因素对觉知的贡献程度，然后把觉知作为一个中介因素，认为觉知中介了推理对执行控制因素的影响。我们在图 10.2 中对这两个模型进行了描述。

这两个模型首先在两组分析中得到了检验，第一组涉及 4—5 岁的儿童，第二组涉及 6—7 岁的儿童。因此，我们可以对比在基于现实的表征的第二阶段中占主导地位的关系和在基于规则的表征的第一阶段中占主导地位的关系。在自下而上的模型中，觉知与推理的关联在年幼的（回归系数为 0.76）和年长的（回归系数为 0.66）年龄组中都是非常高且显著的。在自上而下的模型中，觉知和执行控制之间的关联很低，而且明显弱于自下而上的模型（年幼组和年长组的回归系数分别为 0.27 和 0.10）。因此，各种执行功能（主要是工作记忆和注意控制）在这两个年龄组中确实有助于意识的出现，然后被用于加工推理。推理，主要是演绎推理，也有助于意识的出现。然而，在 4—7 岁期间，意识在处理执行过程中的应用很弱。各种箭头的宽度象征着这些差异。

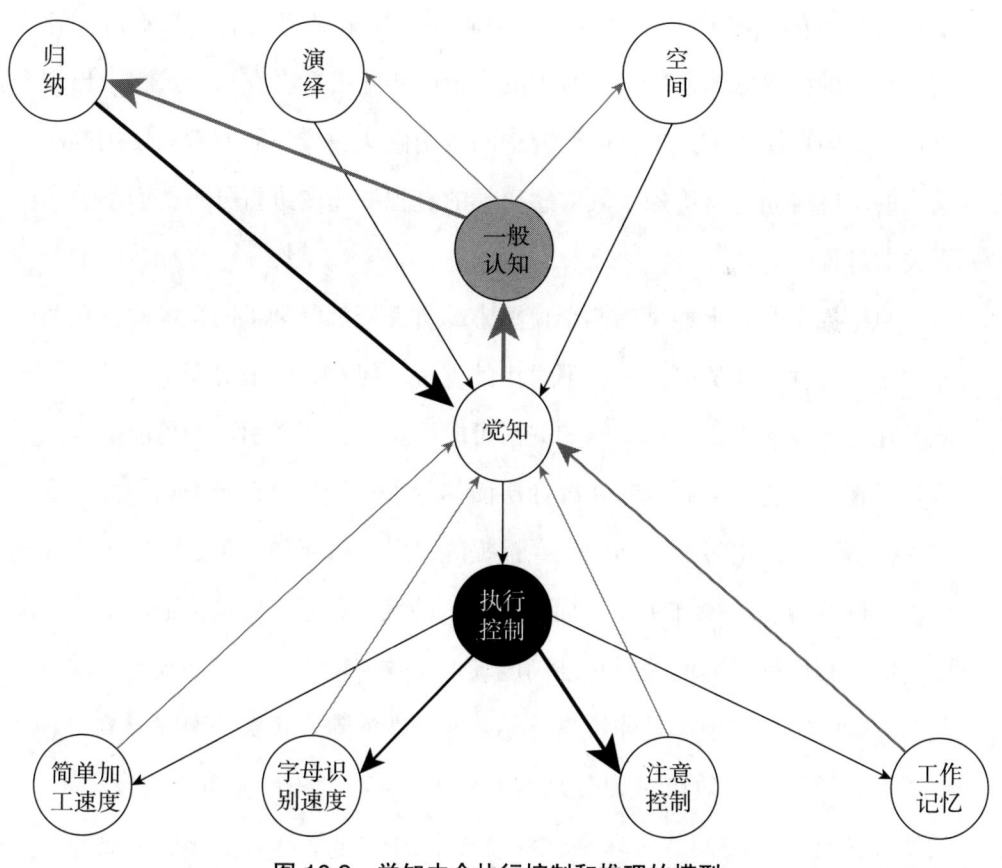

图 10.2　觉知中介执行控制和推理的模型

注：黑色箭头代表自上而下模型中的关系，反映推理对执行控制的影响；灰色箭头代表自下而上模型中的关系，反映执行控制对推理的影响。

为了进一步探索注意控制在意识出现和使用中的参与情况，我们在各组儿童中检验了上述模型，这些儿童在加速表现任务中集中注意和做出相应反应的能力明显不同。具体来说，我们根据各种加速表现任务的反应的准确性，将全部样本分成两组：在反应时间任务中至少成功80%的儿童被分配到高注意控制组；其余的被分配到低注意控制组。这些任务中提出的刺激物的简单性表明，反应的准确性反映了对注意力焦点的控制和匹配，而不是对更复杂信息的处理。准确度高的人显然能够有效地将注意集中在所显示的刺激物上，对其进行编码并按要求做出反应，而不考虑速度。在准确度较低的人中，注意力的集中或匹配可能会在这个过程中出现差错。如同在使用加速反应的研究中的常用做法一样，研究者只使用准确反应的反应时间。这确保了其对感兴趣的过程的速度进行分析，而不分析无关的过程。

自下而上和自上而下的两个模型中的每一个都受到了两轮检验。在第一轮中，过程之间的关系是在不对年龄进行任何控制的情况下指定的。因此，在这些模型中，过程之间的关系可能反映了由年龄引起的可能的全面变化。在第二轮中，研究者在统计层面移除了年龄的潜在影响。因此，在这些模型中，两组过程之间的关系被提纯，以对抗年龄的可能影响，进而反映它们的功能－操作关系，而不是它们的发展关系。在自下而上的模型中，觉知和推理之间的关联在准确度较低（效应量为0.78）和较高（效应量为0.98）的群体中都是非常高且显著的。即使除去年龄的潜在影响，这些关联仍然较强（效应量为分别为0.53和0.47）。在自上而下的模型中，觉知和执行控制之间的关联在低注意控制组中非常低且不显著（效应量为0.15），但在高注意控制组中则相当显著（效应量为－0.42）。有趣的是，当去除年龄的潜在影响后，两组之间的这种差异消失了。

这项研究揭示了一些有趣的发现，即在从基于现实的思维过渡到基于规则的思维期间，觉知在执行控制和推理之间起到了中介作用。首先，执行控制系统地促进了对心理过程的认识的出现。其次，这种意识一旦获得，就会得到提升，使儿童能够将他们的加工资源（即专注、灵活和在工作记忆中的表现）投入到信息整合和推理的任务中。人们可能会问，觉知的自下而上的中介效应在三个推理领域中是如何分布的？在两组中，它对归纳推理的效应（效应量分别为 0.75 和 0.87）大于演绎推理（效应量分别为 0.48 和 0.29）和空间推理（效应量分别为 0.52 和 0.44）。此外，这种效应主要来自工作记忆（低注意组从工作记忆到归纳推理、演绎推理和空间推理的效应量分别为 0.54、0.34、0.38，高注意组的效应量分别为 0.42、0.14、0.21）。所有其他的间接效应都很低且不显著。

  最后，自上而下的模型表明，推理的经验也有助于意识的出现。然而，将这种意识向下带到执行过程的运作中，比将其从执行过程带到推理中更难。事实上，只有那些已经很好地掌握了注意控制的人才能够利用他们基于推理的意识来有效地引导他们的执行过程。具体来说，在这些模型中，觉知对高注意组的所有过程都有显著效应（对工作记忆、加工速度和注意控制的效应量分别为 0.40、−0.34 和 −0.36），但对低注意组的则没有影响（效应量分别为 0.06、0.12 和 0.14）。这些效应来自演绎推理（效应量分别为 0.15，−0.13 和 −0.14），而不是来自其他两个推理领域的任何一个（效应量都在 0.05 左右）。需要提醒的是，归纳推理比演绎推理更容易实施，演绎推理要求更高、更费力。在归纳推理中，结论往往是自动得出的。在演绎推理中，必须有明确前提，这使得工作记忆的负荷加重，而且，对替代模型的考虑也使得推理过程负荷加重。因此，演绎推理比归纳推理更能产生对心理过程的认识，因为它需要执行控制和对表象和关系的思考。同样值得注意的是，注意控制能力强的儿童更能够利用这种演绎推理的经验，利用自上而下获得的意识来有效地引导执行控制。显然，这些儿童比低注意控制的同龄人更具反思能力。接下来，我们看看这些关系在生命后期是如何变化的。

（二）从儿童早期到儿童晚期的觉知

第二项研究通过放大觉知的过程来探索觉知的中介作用（Spanoudis et al., 2015）。这项研究涉及 344 名儿童，这些儿童在 4—10 岁的每个年龄段平均分布。这项研究通过与上述研究类似的任务来考察儿童在加工速度、注意控制、概念控制和工作记忆上的表现。在推理方面，本研究包含一个专门为本研究目的设计的类似瑞文测试的测试。这个测试涉及三个复杂程度的矩阵：第一层的矩阵涉及一个单一的维度，考察的是发现定义这个维度的模式的能力（例如，相同的颜色－相同的尺寸，增加的尺寸，相同的尺寸－不同的颜色）；第二层的矩阵考察的是感知两个维度之间的组合的能力（例如，动物和颜色，动物和大小，颜色和大小）；而第三层的矩阵则考察了感知三个维度（颜色、形状和大小，动物、颜色和大小，以及活动、颜色和大小）之间的交集的能力。因此，这三个层次涉及的是后期基于现实的思维、早期基于规则的思维和后期基于规则的思维，分别在 4—6 岁、7—8 岁和 9—10 岁获得。

有几项任务涉及对感知的认识和对作为知识来源的推理的认识。在感知任务中，儿童看到老师把两辆玩具车放在相同颜色的盒子里（红色的汽车放在红色的盒子里，绿色的汽车放在绿色的盒子里），并摆在约翰面前。老师也描述了对第一辆玩具车的操作（如"我把红色的汽车放在红色的盒子里"），但没有描述对第二辆玩具车的操作。然后约翰就走了。这样，约翰看到并听到了红色的汽车的放置位置，看到但没有听到绿色的汽车的放置位置，既没有看到也没有听到蓝色的汽车的放置位置。然后研究者邀请他回来并要求他找到每一辆汽车。"红色（绿色、蓝色）的汽车在哪里？

约翰知道汽车在哪里吗？""他是怎么知道的？"在找到蓝色的汽车后，参与者被问及老师将蓝色的汽车放在蓝色的盒子里的原因："她为什么把蓝色的汽车放在蓝色的盒子里？"

在推理意识任务中，研究者使用了同样的汽车和盒子。然而，在这段视频中，主角儿童安（Ann）坐在老师的桌子对面，而不是旁边。在对所有物体进行上述命名后，老师在他们之间竖起了一个木质的隔离物，这样儿童就看不到他在做什么。老师只在把红色的汽车放进红色的盒子的时候描述自己的行为（例如："我现在把红色的汽车放进红色的盒子里"）。老师没有提到绿色或蓝色的汽车。安离开约1小时后又回来，老师要求她找到每辆汽车的位置并解释原因。

因此，在约翰的任务中，关于红色和绿色汽车的答案反映了知觉意识，因为约翰对汽车位置的了解来自看到或听到它们被放在哪里；关于蓝色汽车的答案反映了推理意识，因为约翰从未看到一辆蓝色汽车被放在一个蓝色盒子里。这只能通过感知来推断：汽车被放置在相同颜色的盒子里，所以蓝色汽车被放在蓝色盒子里。在安的任务中，关于红色汽车的答案反映了知觉意识；关于绿色和蓝色汽车的答案反映了推理意识。这些任务可以与经典的萨利任务一起使用，涉及心理理论。因此，除了描绘知识的知觉和推理基础的发展，这项研究可能会强调这两种形式的意识与心理理论的关系（Kazali，2016；Spanoudis et al，2015）。

我们按照上述方式对4—6岁和7—10岁儿童的觉知在加工效率和推理之间的自下而上和自上而下的中介进行了建模。具体来说，为了测试自下而上的中介作用，研究者设置了年龄到速度、注意控制、概念控制和工作记忆的回归路径，所有执行过程到两种形式的意识和心理理论的回归路径，以及所有形式的意识到推理能力的回归路径。在较年幼的年龄组中，推理与包括心理理论在内的知觉意识存在显著关联（效应量为0.22），但与推理意识无关。在这个群体中，知觉意识对推理有着显著但微弱的预测作用，从注意控制到推理的效应量为 0.12。在年长组中，推理与包括心理理论在内的知觉意识存在负向关联（效应量为 −0.81），这显然反映了知觉意识在这一年龄组已接近上限。然而，推理与推理意识呈显著正相关（效应量为 0.29）。在这个群体中，推理意识中介了速度（效应量为 0.30）和注意控制（效应量为 0.40）对推理的效应。

在年幼组的自上而下模型中，研究者设置了代表瑞文测试成绩的因素到意识因素的回归路径，以及意识因素到执行因素的回归路径。值得注意的是，推理对知觉意识（效应量为 0.82）和推理意识（效应量为 0.73）的自上而下的效应非常强烈。知觉意识对一般执行控制因素的效应（效应量为 0.51）强烈且显著，推理意识对一般执行控制因素的影响较低且不显著。因此，推理通过知觉意识对加工速度（效应量为 0.28）、注意控制（效应量为 0.48）、灵活性（效应量为 0.28）和工作记忆（效应量为 0.41）都有明显的间接效应。推理通过推理意识对这四个过程的间接效应很低且不显著。在年长组中，知觉意识对执行控制效应不显著，推理意识对执行控制的效应也不显著（效应量为 0.18）。因此，所有的间接效应都可以忽略不计。这显然是由推理对知觉意识（效应量为 −0.10）和推理意识（效应量为 0.23，显著）的自上而下的效应很弱导致的。

为了明确 9—15 岁儿童中觉知的中介作用，我们使用了最近的一项研究，该研究涉及考察执行过程和推理之间中介作用所需的所有过程的测量（Makris et al.，2017）。我们在三个年龄组的儿童中针对上面应用的中介模型对该中介作用进行了检验：9—11 岁、11—13 岁和 13—15 岁。在自下而上的模型中，研究者设置了年龄到三个一阶执行控制因子（注意控制、灵活性和工作记忆）的回归路径、三个执行控制因子到觉知因子的回归路径，以及觉知因子到 g 因素（与本研究中考察的四个推理领域的语言和推理有关）的回归路径。在这个模型中，觉知和 g 因素的关联在所有三个年龄组中都很高（效应量分别为 0.53、0.78、0.70）。在自上而下的模型中，研究者设置了年龄到语言和推理因素的回归路径、一般的执行控制因子到三个执行控制因子的回归路径，以及觉知对这个一般的执行控制因子的回归路径，以反映觉知在 g 因素和执行控制之间自上而下的中介作用。这两个因素之间的关联在所有三个年龄组中也都是显著的，而且很高（效应量分别为 0.52、0.93、−0.54）。这里需要指出的是，这种关系的强度从 9—11 岁到 11—13 岁明显增加，但随后下降并转为负值，反映出注意控制和转换的各个方面在 13 岁时达到上限，而觉知则继续发展。

三、总结

本章介绍的研究抓住了关于觉知作用的三个主要趋势。第一，觉知在执行和推理过程之间的中介作用是周期性的。也就是说，它是通过每个周期中受控于表征的基础过程来发挥作用的：在表征周期中基于表征的感知，在基于规则的周期中基于规则的推理过程，以及在基于原则的周期中抽象的语义过程。这显然意味着觉知是一个高阶的监测过程，它决定了可用的表征和知识来源。当新的高阶表征进入时，觉知就会转向它们，这常常使得早期的表征不被注意，因为早期表征是自动化的，不需要监督。

第二，自下而上的中介比自上而下的中介更强。这意味着，在儿童早期和中期，较低层次的执行过程——注意控制和工作记忆，都是自下而上的，特别是产生意识的过程多于推理过程。一方面，这种类型的中介在青春期很难发现，因为注意控制和灵活性的各个方面都在青春期达到了上限。另一方面，在基于规则的思维的第二阶段之前，自上而下的中介是达不到的。此外，自上而下的中介在儿童早期更有可能由那些精通注意控制的人达到，而在儿童晚期，更有可能由那些熟练掌握需要反思的推理过程（如演绎推理）的人达到。

第三，对不同模式（如视觉和听觉）和广泛的心理功能（如感知和推理）及其在产生知识方面的作用的认识，比对具体心理过程（如分类、心理加法、心理旋转等）的分析性认识更容易、更早。事实上，对模式的认识在学前时期就开始了，分析性认识在儿童后期开始，在青春期达到顶峰。我们将在下一章重点讨论这一发展过程。在此我们只需了解这种较晚的觉知形式在区分自下而上和自上而下的中介方面更为敏感，因为它在那些反思和自我监控能力强的人中更为突出。显然，每个具体过程与g因素的关系都是不同的，都既取决于g因素在各个过程中的表征状态，也取决于每个过程在每个阶段的特殊作用。我们将在下一章中进一步探讨这些关系，下一章将介绍一系列研究，以期明确每个特殊过程在每个发展阶段与g因素的关系。

第十一章　发展周期中心理过程的
　　　　　　分化与整合

很显然，发展模式的变化随不同的心理过程和发展阶段而改变。这可能反映了两种相关但类型不同的过程。一方面，这可能表明特殊能力和一般能力之间的关系强度随发展阶段而变化，这取决于每个阶段中一般能力建构的发展重点。这种变化与心理测量学和发展心理学几十年来一直争论的一个问题有关：随着能力的增长或发育，心理过程是相互整合还是相互分化？另一方面，发展模式的变化可能会提示我们什么时候会出现一种新能力，什么时候能达到相对稳定的水平。反过来，这些模式的变化可能表明这种能力何时与相关阶段的 g 因素形成紧密联系。例如，在 g 因素达到一个特定的水平（部分与年龄有关）后，某个特定的心理过程 M 的变化可能会通过加速来匹配这一水平，随后在它接近这一水平时减速。

心理测量理论和发展理论一致认为，心理可能性（mental possibilities）随着发育而变化。心理测量理论中的心理年龄和发展理论中的发展阶段都反映出心理能力随年龄的增长而增强。它们都表明，个体随着成长能处理越来越抽象和复杂的概念和问题。发展理论认为阶段是与连续年龄段相对应的理想的认识状态（epistemic states）。在当前的理论中，到目前为止的研究表明，由各种表征、执行、觉知和推理过程所表现出的能力在各个阶段都会发生变化。

可以通过几个机制来解释发展的进程和随之而来的心理能力的随年龄重塑。心理过程的整合－分化双重机制是发展的一个主要机制。认知发展理论认为，能力的提高来自心理过程的不断整合（Case，1985；Fischer，1980；Piaget，1970）。皮亚杰理论中的平衡（equilibration）就是一种整合的发展机制，其产生的心理结构在与环境交互的过程中变得越来越精细。根据环境进行调整也表明存在一定的分化，因为能力可以根据特定情况的特点有效分化，并进行相应的操作。在心理测量理论中，分化是指实际能力随着一般智力的提高而变化。具体来说，心理测量理论假设，g因素的发展使得认知能力日益分化，因为增强的心理能力可以根据兴趣和优先级投入特定领域的学习中，从而导致领域的分化。这就是斯皮尔曼的年龄收益递减法则（Spearman's Law of Diminishing Returns for Age，SLODRage；Jensen，1998；Spearman，1927）。斯皮尔曼分化假说中的"发展适应"假设，由于g因素的发展，能力也随着生长而分化。

有人可能会认为心理测量理论中的能力分化比整合更接近于发展中的适应的概念。这是因为人们认识到，能力的提高可以使人们在选择的领域中进行越来越精细的学习。事实上，整合的概念作为一种变化机制，对心理测量理论来说是相当陌生的。首先，我们已经表明，g因素是一种在不同任务中的约束力量，而非一种发展平衡模式下整合机制的体现。另外，心理测量理论基本上不关注发展变化。即使是反映发展维度的心理年龄，对心理测量理论来说也是一个统计上的概念，反映了不同年龄的人在一系列任务中的相对成功和失败，而不是真正的发展差异。在本章中，我们希望能够强调，这个概念可以与认知发展过程联系起来，从而产生心理测量g因素（作为功能限制的上限的指标）与发展g因素（作为特定年龄阶段表征和理解可能性的质量的指标）的整合。

一、因素结构随生长的变化

从技术上讲，能力之间的相关性随着 g 因素水平的增加而降低被认为是分化的证据。从因素分析方面来说，这就相当于与具有较低 g 因素水平的个体相比，解释具有较高 g 因素水平的个体的表现所需的因子数量增加了。根据德特曼（Detterman，1987）的智力迟缓理论，低智力个体的中枢机制功能失调，导致其不同能力的表现一致较差，因此相关度较高，g 因素较强势。最近的研究提供的证据相当薄弱且并不一致，这可能是因为能力和年龄的增长在一定程度上是同时发生的，从而相互混淆。具体来说，一些研究确实发现了预期的模式，即随着年龄的增长，不同能力的相关性降低或涉及因素数量增加（例如 Deary et al.，1996；Demetriou et al.，2013；Reynolds，2013；Tideman & Gustafsson，2004），但其他研究则没有发现（Carroll，1993）。

在一项研究中，我们对 4—16 岁的参与者进行了加工速度和注意控制、执行、语音和视觉工作记忆、两个特定能力系统（定量和空间），以及演绎和归纳推理等几个方面的测试（Demetriou et al.，2013）。我们使用验证性因素分析来探索解释三个年龄段（4—7 岁、6—11 岁和 10—16 岁）儿童的行为表现所需的最佳因子数量。显然，这些阶段对应着表征思维、基于规则的思维和基于原则的思维。我们选择让这三个阶段在年龄上有所重叠，以便相邻的阶段中任何可能的变化都能更清楚地显现出来。从图 11.1 中可以看出，在表征思维周期中，一个单一的因子足以解释工作记忆和推理任务的表现。这个因子与能够表示加工效率的过程有关，如加工速度和注意控制。这是非常有趣的，因为在这一周期中，儿童还不能区分不同的表征和推理功能。在下一周期，需要两个相互关联的因子（工作记忆和推理）

来解释行为表现。这两个因子都与加工效率有关。需要指出，意识中心理功能的分化大约在 8 岁时出现，此时儿童表现出对连接表征（如语言中的语法或推理中的推断）的潜在心理过程的意识。有趣的是，在本研究中，表征过程与推理过程在解释行为表现的因子水平上是分离的。这是对意识的测量和对实际认知表现的测量之间的信息聚合。最后，我们用一个三层的分层模型来说明第三周期的行为表现。在这个模型中，出现了三个因子：加工效率、工作记忆和推理。加工效率位于最下层，对位于中间层的工作记忆产生影响，继而对位于顶层的推理产生影响。与我们的研究结果一致，法孔（Facon, 2006）发现能力分化与年龄有关，在儿童后期出现。

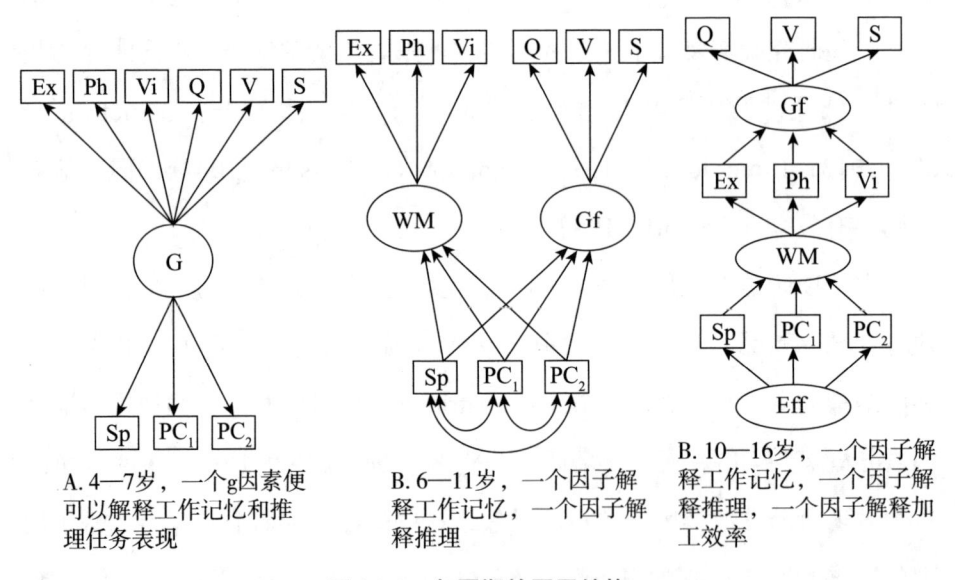

A. 4—7岁，一个g因素便可以解释工作记忆和推理任务表现

B. 6—11岁，一个因子解释工作记忆，一个因子解释推理

B. 10—16岁，一个因子解释工作记忆，一个因子解释推理，一个因子解释加工效率

图 11.1　各周期的因子结构

注：Ex、Ph 和 Vi 分别代表执行能力、语音工作记忆和视觉工作记忆，Q、V 和 S 分别代表定量推理、言语推理和空间推理，Sp、PC（PC_1、PC_2）和 Eff 分别代表加工速度、知觉控制和加工效率，G 代表 g 因素，WM 代表工作记忆，Gf 代表推理（Demetriou et al., 2013, 图 3）。

然而，其他研究者并没有发现因子的数量随着发展而增加（Hartman, 2006）。有趣的是，卡罗尔（Carroll, 1993）分析了几个数据库来寻找分化的证据。他的结论是:"这是一个难以证明的现象。除了在年幼的时候,年龄分化的问题可能没有什么科学意义。如果存在什么科学意义的话,那就是在整个生命期都发现了相同的因子。"(p. 681)虽然听起来很现实,但这种解释回避了系统性变化和心理年龄差异背后的机制问题。我们的理论为这种状况提供了一个解释。具体来说,这个理论认为,分化可能根据发展阶段和 g 因素的主要表征特征而变化。也就是说,特定心理过程和 g 因素之间关系的分化与强化都是可能的。然而,g 因素和特定心理过程之间关系的这些变化取决于每个阶段形成 g 因素的发展性重点。下面介绍的研究证实了特定心理过程与 g 因素之间的关系随发展阶段而分化或强化的变化模式。

二、绘制结构关系和发展模式的变化图

我们采用了两种互补的方法来探索这些现象。第一种方法最近由塔克-德罗布(Tucker-Drob, 2009; Cheung, Harden, & Tucker-Drob, 2015)提出,适合于捕捉特定心理过程和一般能力之间结构关系的变化;第二种方法侧重于发展模式作为年龄相关能力的函数的可能变化。将这两种方法结合起来可以说明特殊能力发展模式的变化如何反映一般能力的变化。我们在下文将首先详细介绍这两种方法,然后介绍它们在几个跨毕生发展的数据集上的应用。

(一)塔克-德罗布分化模型

这个结构方程模型能够检验随着 g 因素水平的提升和年龄的增长可能出现的能力分化。如图 11.2 所示,这个模型详细说明了每个特殊能力与以

下因子的关系：年龄、一个代表随着g因素水平的提升能力产生分化的因子、g因素，以及一个代表随着年龄增长能力产生分化的因子。从技术上讲，研究者设置了以下因子到每一种能力的回归路径。

（1）年龄：以区分年龄对能力之间关系的任何可能影响。

（2）共同因子g因素：将那些不受能力水平影响的，不同能力之间的共性所造成的任何可能影响区分出来。

（3）g^2（即g因素的平方）：显然，g因素的平方放大了不同程度的能力之间可能存在的差异，并能够在g因素水平较高时捕捉特殊能力与g因素之间关系的任何可能变化，这是能力分化指数。

（4）年龄与g因素的乘积：这个因子代表发展性g因素，随年龄的增长，它可以捕捉不同水平的能力之间的关系随着年龄的增长而可能发生的变化，这是年龄分化指数。

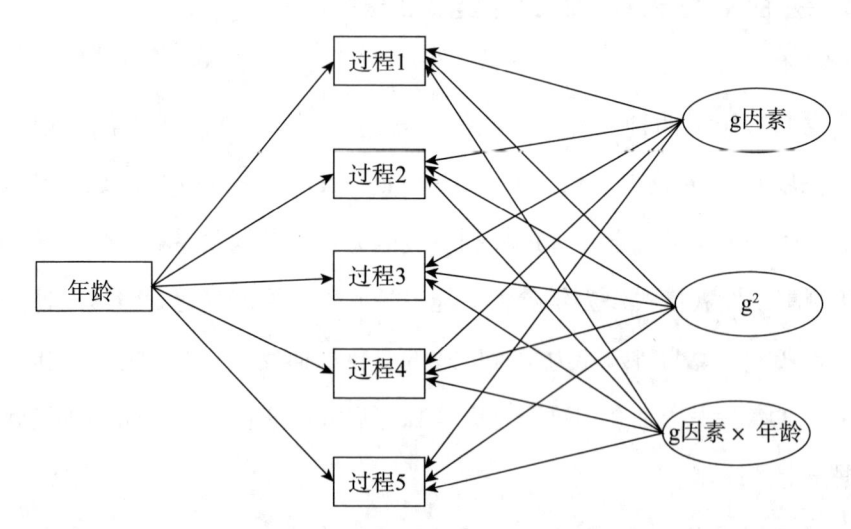

图11.2　检验心理过程与一般能力（g因素）分化的一般模型（Demetriou et al., 2017）

注：设置了年龄、共同因子（g因素）、g^2（代表能力分化指数）、g×年龄（代表年龄分化指数）到每个心理过程的回归路径。

我们不在这里赘述建模的技术细节，感兴趣的读者可以查阅本书作者一篇论文，其中介绍了全部细节（Demetriou et al., 2017）。可以说，该模型说明了每个特殊能力与 g 因素以及发展性 g 因素之间的关系，并说明了它们在每个发展阶段是与 g 因素分化还是整合。总的来说，分化可以用这样一种关系模式表示，即在较高水平的 g 因素或发展性 g 因素上，特殊能力要低于这一高水平的一般因子所预期的水平。如果特殊能力的提升与一般因子的提升成正比，表明这种能力逐渐与一般因子相整合。

（二）逻辑增长

当心理过程 M 的变化率发生改变时，如果这一变化率与其他心理过程不再相同，那么它与其他心理过程的关系就会改变。也就是说，这将反映在这个特定心理过程 M 和 g 因素之间关系的变化上，因为 g 因素是许多其他能力的综合指标。值得注意的是，非线性逻辑增长模型被认为适合描述大多数心理能力的发展。该模型假设，当一种能力出现的时候，其变化是缓慢的，随后加速，在变化的中期达到最大的变化率，之后随着能力接近其最终水平而减缓，新的周期也将开始（Grimm, Ram, & Hamagani, 2011; McArdle & Nesselroade, 2003; van Geert, 1998, 2000）。专栏 11.1 和图 11.3 说明了这一关系。我们可以假设，在每个阶段中，一个特定的心理过程与 g 因素之间的关系在该阶段的中期得到加强，从而反映这种能力被纳入 g 因素，受其支配。

> **专栏 11.1　逻辑增长曲线方程**
>
> $$f(x) = \frac{l}{1+e^{-a(t-t_0)}}$$
>
> 在这个方程中，l 代表能力发展的峰值或在发育突增结束时能力的最终水平；a 是延长或缩短发育时间的参数，量化发育突增期间的变化率；t 和 t_0 分别为发育突增开始和达到中点的时间点。曲线随着 t 和 t_0 之间的距离接近 0 变得越来越陡峭，反映了增长速度的增加。这里预测，只有结合基本的非线性逻辑增长模型，才能理解上述分化模型所揭示的特定心理过程和 g 因素之间关系的变化。具体来说，心理过程 M 和 g 因素之间的关系随着 t 和 t_0 之间距离的减少而增强。在关键的峰值点之后发育减速时，心理过程 M 和 g 因素的关系减弱，从而产生分化。图 11.3 说明了心理过程 M 和 g 因素的关系在不同发育阶段的交替变化情况。

为了捕捉这些变化，我们使用了一种特殊的方法：分段线性回归。这种方法可以说明，特定心理过程的变化率是否在一般能力变化的特定范围内变化。为了获得每项研究的一般能力的发展指数，我们使用了研究中每个人所有任务表现的加权分数（每个人在第一主成分上的因子分数），并用这个分数乘以每个人的年龄。显然，这个指数与上述发展性 g 因素是相同的。

在检验的各种模型中，我们总是将这个发展性 g 因素作为解释变量，而将每个特定心理过程的分数作为与发展性 g 因素相对的变量。在每一种情况下，我们都用假设中感兴趣的特殊能力的增加与发展性 g 因素的增加成正比的线性模型与各种分段模型进行比较。分段模型假设特殊能力的变化程度在发展性 g 因素的不同水平是不一样的。例如，特殊能力的变化在发展性 g 因素处于较低水平时较快，而在发展性 g 因素处于较高水平时较慢。这表现为具有不同斜率的连续回归线。因此，这些模型提供了根据一般发展能力做出的特殊能力发展变化的方向和速率的估计，显示了特定心理过程在一般能力的不同水平的变化。

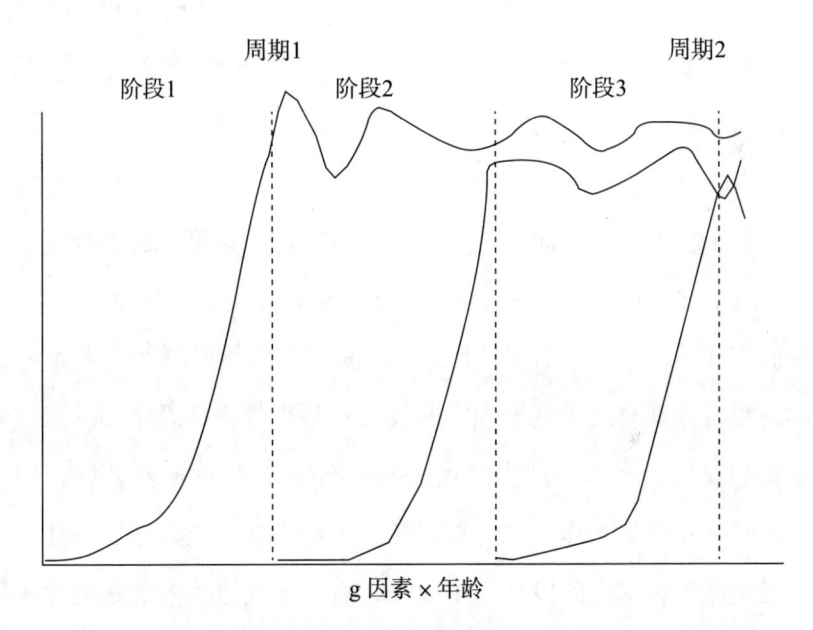

图 11.3　整合–分化逻辑增长模型的理想曲线（Demetriou et al., 2017, 图 2）

这些模型可以让人们看到发展中是否存在与逻辑增长模型相匹配的拐点，及其是否可以被视为与上一章讨论的周期和阶段相对应的发展中的质变。显然，这些发展模型强调了在跨发展周期中特定心理过程与一般能力之间关系的发展机制（Crawley，2007）。

三、绘制结构和发展的整合–分化模式图

我们在几项研究中检验了这两个模型，以强调各种特定心理过程如何

与一般发展能力相互作用,从而产生如图 11.2 所示的模式（Demetriou et al.，2017）。

（一）基于现实的表征周期中发展性 g 因素的标志物

上文显示,掌握注意控制和心理表征是基于现实的表征思维周期中的主要发展任务。这可能表现为几种形式:控制注意力的集中、控制刺激或反应之间的转换,以及将动作序列与特定的计划联系起来,如完成拼图等。为了本章的目标,我们在前文介绍的涉及 4—16 岁参与者的研究中检验了上述两个模型。这个研究评估了参与者的加工速度、注意控制、语言和视觉空间工作记忆以及推理能力（见 Demetriou et al.，2013）。

我们在 4—6 岁、7—11 岁和 12—17 岁三个年龄段测试了塔克－德罗布分化模型,分别对应于基于现实的表征、基于规则的思维和基于原则的思维。我们发现,在基于现实的表征的周期中,从 4—6 岁开始,加工速度、注意控制和视觉工作记忆与发展性 g 因素密切相关,这表明注意和视觉工作记忆过程在这个阶段建立了起来,有力地促进了 g 因素的形成。为了充分反映这个阶段 g 因素的形成,塔克－德罗布模型还被应用于研究 4—10 岁儿童觉知各方面的发展。这一分析表明,在 4—6 岁,包括心理理论在内的知觉意识也与 g 因素密切相关。然而,在所有研究中,推理本身不是这一阶段 g 因素形成的因素。显然,执行控制和知觉意识是这一阶段一般认知能力形成的主要标志。然而,推理本身并不是这个过程的一个标志。图 11.4 通过分段建模说明了这里讨论的所有心理过程的变化模式。观察 4—20 岁个体注意控制的变化可以发现,注意控制的变化发生在 5—7 岁时,随着发展性 g 因素的变化而大大加快,然后开始减慢,直到 9 岁后基本趋于稳定。而认知转换的灵活性似乎在两个类似的阶段中发展:第一个阶段是在 4—6 岁时,年龄与注意力集中有关,它使人们能够根据目标在外部刺激中转移注意力；第二个阶段发生在下一个周期，8—10 岁的时候。

心理过程的发展历程

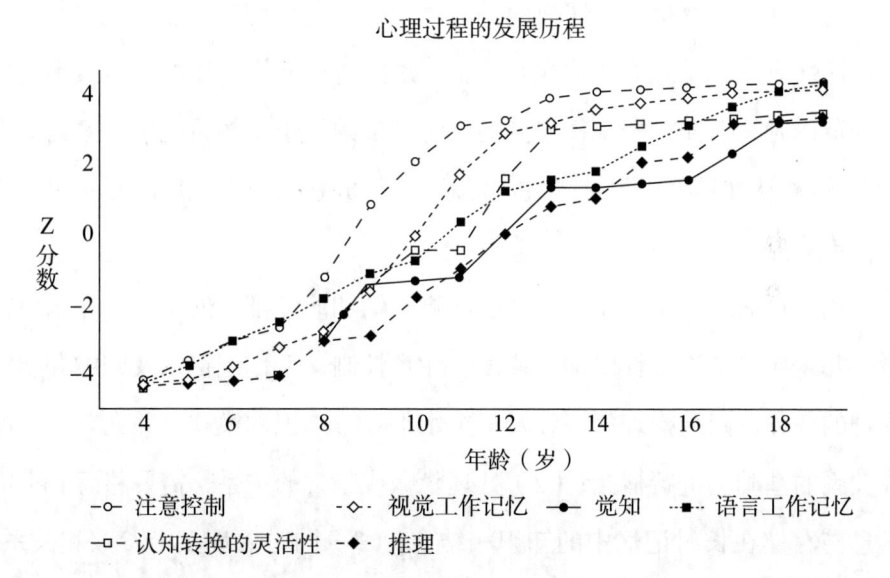

[图：Z 分数与年龄（岁）的关系曲线，包含注意控制、视觉工作记忆、觉知、语言工作记忆、认知转换的灵活性、推理六条曲线]

图 11.4　4—20 岁心理过程作为发展性 g 因素（g 因素 × 年龄）的函数的理想发展

注：该图整合了德米特里等人（Demetriou et al., 2017）文章中的图 3—图 9。所有图都是通过分段建模生成的，设置了发展性 g 因素（g 因素 × 年龄）到每个心理过程的回归路径，因为它传达了发展的信息。

（二）基于规则的思维周期中发展性 g 因素的标志物

下一个基于规则的思维周期的主要发展任务聚焦于推理控制，也就是说，能够系统地填补推理过程中的信息缺口。这主要表现为对推理过程的意识的变化，也表现为类比和类瑞文任务中涉及的推理过程的改进。因此，在这一周期中，归纳推理和推理意识必定是发展性 g 因素的主要标志。我们在几项研究中检验了这个假设，其中一项是上文中探讨的 4—10 岁儿童意识发展的研究。我们发现，在这一年龄段，归纳推理和对认知过程的觉知与 g 因素强烈整合，在 8—10 岁达到峰值。分段建模显示（见图

11.4），在这个时期，归纳推理的发展有两个转折点。一个在4—5岁，另一个在9岁。意识的发展也有两个转折点，一个是5岁，另一个是9岁。可以看到9—11岁是认知转换的灵活性的第二次突增期。这一变化与语义的灵活性有关，它允许个体在心理空间之间进行转换，比如在搜索不同概念的范例时（例如，先说你想到的所有水果的例子，然后说所有家具的例子）。虽然认知转换的灵活性在10岁时已经成熟，但在此后的几年里，它仍在不断提升。

第二项研究的重点是7—12岁儿童归纳和演绎推理的发展。在该研究中，儿童接受了许多针对加工速度、注意控制、工作记忆以及归纳和演绎推理的任务。归纳推理任务涉及三个水平：（1）识别模式，并在单一维度或关系的基础上进行概括；（2）处理隐藏或隐含的关系，需要将感官上的信息与存储在长时记忆中的知识相结合；（3）同时处理多个参数和关系。这三个水平分别涉及晚期基于现实的思维、早期基于规则的思维以及晚期基于规则的思维。演绎推理任务涉及以下三个水平：（1）处理肯定前件推理，（2）处理否定后件和肯定前件推理相结合的任务，（3）处理谬误。这三个水平需要早期和晚期基于规则的思维以及早期基于原则的思维。

这项研究的结果非常有趣。一方面，加工速度、注意控制和工作记忆在7—12岁这一年龄段往往与一般能力有所区别，这反映了它们的相对自动化。有趣的是，归纳推理的第一和第二水平以及演绎推理的第一水平也倾向于与g因素分化，然而，归纳推理的第三水平和演绎推理的第二水平与g因素和发展性g因素整合。因此，在7—12岁这一阶段，高级的归纳推理和扎实但不太理想的演绎推理被整合到g因素中。图11.4显示了归纳推理的第三水平是如何在7—8岁开始迅速发展的。

（三）基于原则的思维周期中发展性 g 因素的标志物

基于原则的思维周期的首要发展任务是掌握觉知和相关规则，从而确保推理的真实性和有效性。这主要体现为自我表征和自我评价的准确性，以及特定心理过程与特定问题的明确匹配。

有几项研究侧重于从青少年早期到成年早期的发展（Demetriou et al., 2018，研究 5—研究 8）。其中一项研究涉及七年级到十二年级的青少年（平均年龄为 11.5—17.4 岁）、大学生和中学教师。这些参与者接受了针对数学比例、演绎、因果实验和空间推理四个领域中每一领域的一对任务的考察。每对任务中的第一个任务涉及第一水平（对称比率、否定后件推理、变量分离、协调两个图形的心理旋转）和第二水平的基于原则的思维（掌握非对称比率、匹配 2×2 实验的假设、掌握谬误、匹配反向变化的几何图形投影等）。

研究者要求参与者以 4 分制（从完全不满意到非常满意）评估他们在每项任务上的表现，并将这些分数与每项任务的相应表现分数相结合，得出他们在每项任务上的自我评估准确度分数。研究者还要求参与者判断 22 对任务的处理过程的相似性，这些任务属于不同领域和水平的组合（例如，属于同一领域和水平、属于同一领域但不同水平、属于不同领域和不同水平等）。研究者要求参与者对每对任务的相似性进行评分："根据你在解决问题时所采用的思维方式选择……""你在解决每一项任务时的思维方式……"（不相似、略微相似、相当相似、非常相似）。然后，要求他们解释三组任务的相似性判断（两个因果任务、两个空间任务以及一个因果任务和一个定量任务的配对）。这些相似性判断的评分标准为 4 分：从完全没有意识到所涉及的过程、意识到内容的相似性（例如，这两个任务涉及对棍子的思考），到完全意识到心理上的相似性和差异性（例如，这些任务是相似的，因为它们都需要估计比例关系；这些任务是不同的，因为前者需要估计数量关系，后者需要分离变量）。

表现评估和相似性判断的准确性可以体现觉知的两个互补方面：一个方面反映了一个标准体系，使人能够监控、评估并相应地调整对问题的解决；另一个方面反映了对所涉及的心理过程的明确意识。显然，当思考者既拥有自我评价标准，又明确意识到为了提高行为表现他们可能需要调节的心理过程时，心理监控和调节会更容易。在这些条件下，思考者可能能够同时做到这两点：（1）注意到所产生的解决方案与标准的最佳解决方案之间可能存在的偏差，（2）明确地选择有利于产生最佳解决方案的过程。

塔克-德罗布模型涉及四个特定领域的平均表现分数，四个平均自我评价准确性分数，以及平均相似性评估分数。正如预期的那样，因果思维和定量思维的表现和自我评价的变化与发展性 g 因素呈线性关系；空间思维方面的表现和自我评价的变化在青春期中期达到上限，并倾向于与发展性 g 因素相分化。然而，演绎推理的表现和自我评价与 g 因素呈正相关。另外，对心理过程之间相似性的意识的变化与 g 因素和发展性 g 因素进一步整合。因此，很明显，在基于原则的思维的形成过程中，g 因素的形成是基于对演绎推理中推理的约束条件的把握和意识，以及对这些心理过程的意识的。同时，其他心理过程可能随着 g 因素的增加而线性提高（如因果关系和数学）或与之分化（如空间推理）。

各种能力的变化模式很好地反映了这些关系。具体来说，分段建模（见图 11.4）显示，推理能力在这一周期中从 12 岁开始快速发展，到 16 岁时趋于平稳，这符合基于原则的推理发展的预期。自我评价在这一时期的中间阶段，即 13 岁左右达到顶峰，对相似性的意识在一年后，即 14.5 岁时达到顶峰。因此，在这个周期结束之前，对基于原则的思维的初步掌握似乎与对它的意识相整合，从而得到巩固。

另一项研究（Makris，1995）关注青少年时期的认知变化、青少年对不同特定能力系统所涉及的心理过程的意识，以及青少年对理解问题和制定解决方案所需的心理努力的意识之间的关系。按照上述研究的方式，这些参与者（12—16岁的青少年）在三个特定能力系统中解决一个早期和一个晚期的基于原则的思维问题：因果特定能力系统（假设检验和变量分离）、定量特定能力系统（类比和比例推理）和空间特定能力系统（视觉投影和心理旋转）。为了考察认知意识，研究者要求参与者在解决上述每个问题时，对一般领域和特定领域的心理过程进行需要程度的评估。测量如下一般认知过程：工作记忆（如必须同时记住许多信息才能解决这个问题）、长时记忆（如必须记起许多已经知道的事情）、注意（如必须把注意集中在这个问题上，这样就不会想到其他事情）、理解（如必须很好地理解所有相关的信息，并对问题进行理解），以及推理（如必须结合信息并从中得出问题中没有给出的结论）。测量如下特定的心理过程：因果特定能力系统中变量的分离、组合能力以及假设的形成（如必须在保持其他条件不变的情况下，逐个检查这些因素），定量特定能力系统中的定量表征、数量估计和数学类比关系（如必须掌握两个数量是如何一起变化的），空间特定能力系统中的心理旋转、视角协调和视觉整合（如必须想象一个物体在空间旋转时从不同的角度看它会是什么样子）。具体而言，研究者对每个任务的每个过程都有1—2句描述，要求参与者在完成每个任务时，对一般领域和特定领域的心理过程进行应用程度的评估。

塔克-德罗布模型显示，早期基于原则的思维在13岁左右就趋于稳定。可想而知，晚期基于原则的思维在研究的整个年龄阶段都在发展。有趣的是，对特定能力系统和特定能力系统的特定过程之间联系的意识的发展模式与晚期基于原则的思维的发展非常相似。值得注意的是，发展性g因素和对心理努力的意识之间的L形关联表明，在基于原则的思维周期开始时，青少年在处理认知问题时开始能够轻松地思考。也就是说，基于原则的发展性 g 因素的水平越高，青少年在解决基于原则的任务时就越会觉得容易。显然，这意味着认知自信与基于原则的思维的出现以及对其出现的意识有关。

青少年特定能力系统的分化是否基于其对一般认知功能的需求？如图 11.5 所示，显然如此。可以看出，在所有的认知功能中，空间特定能力系统被认为对认知功能的需求最低，而定量特定能力系统对认知功能的需求最高。这清楚地表明，视觉-空间思维在很大程度上被青少年视为一种自动化的思维。与此相反，数学思维被认为是需要高度努力的。至于心理过程，注意和理解被认为是最需要认知功能参与的。有趣的是，工作记忆对定量思维的贡献要远大于其对因果或空间思维的贡献。

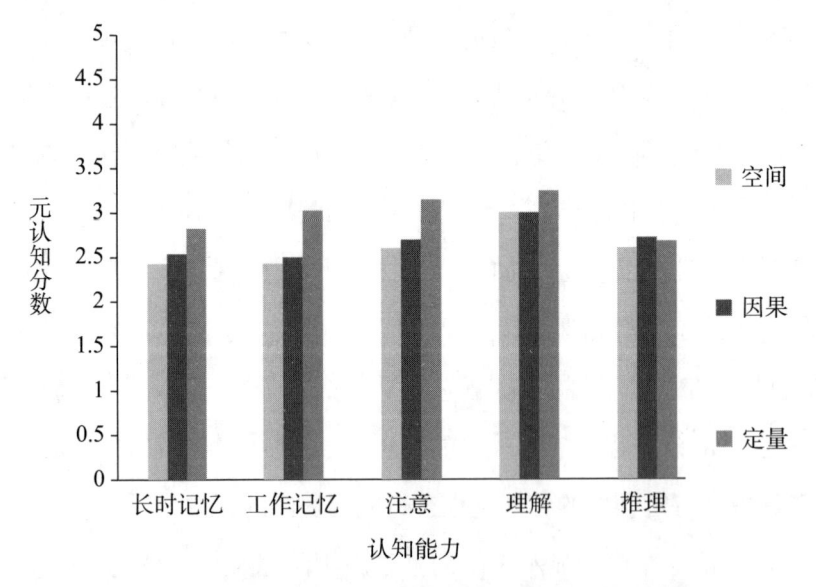

图 11.5　特定能力系统与一般认知功能之间的关联

该研究还探讨了认知风格和认知能力之间的关系。认知风格在冲动-反思的维度上有所不同。冲动型的人是指那些急于做出反应，而疏于系统地研究问题和考虑其他解决方案的人；那些不急于做出反应，而是研究问题和反思现有知识及解决方案的人被认为是反思型的人。很有启发的是，认知风格与认知表现高度相关。反思型的人在所有三种能力测验中的表现都更好（见图 11.6）。

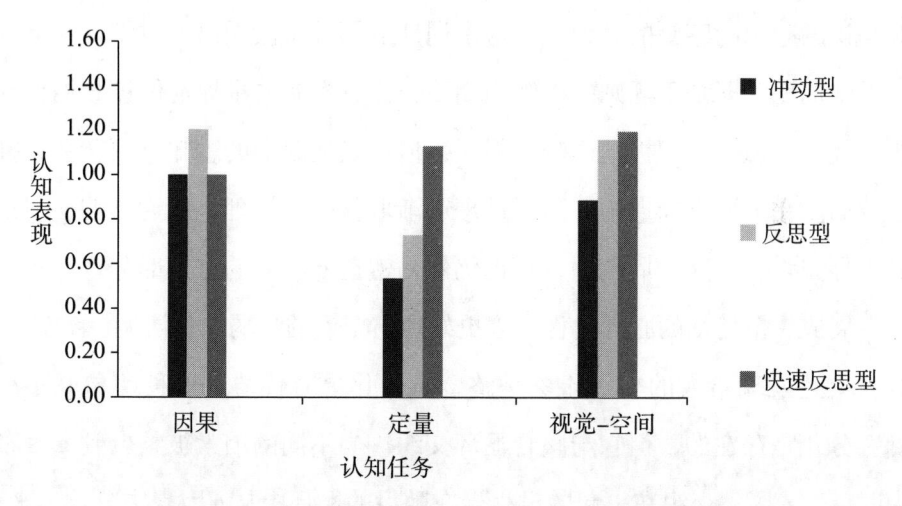

图 11.6　三种特定能力系统的认知风格和认知能力之间的关系（Makris，1995）

为了完整起见，这里顺便提及两项侧重于从成年早期（22岁）到老年（85岁）变化的研究。具体来说，第一项研究表明，在 11—30 岁期间，基于原则的思维与 g 因素整合。而这一关系在 31—85 岁不复存在，取而代之的是基于规则的思维与 g 因素的整合。第二项研究考察了 16—45 岁的人，发现从青春期到中年，所有形式的推理表现都与 g 因素分化，但认知自我表征与 g 因素整合。

四、总结

本章所介绍的研究表明：特定心理过程与 g 因素的分化/整合是发展的体现而非个体差异。因此，特定心理过程与 g 因素之间的关系随发展周期和阶段而变化。在各个周期，新获得的能力会越来越多地被整合到 g 因素中，并在这种整合中，赋予 g 因素它们的特征。

在基于现实的表征周期中，对注意的控制是 g 因素的主要影响因素。对知识的起源的感知的意识也为这个周期的第二阶段做出了贡献。在下一个思维周期，即基于规则的思维周期中，注意控制的主导地位被归纳推理所取代。意识仍然积极地影响 g 因素，但重点从表征的感知方面转变为推理方面。在下一个周期中，演绎推理逐渐取代归纳推理，成为影响 g 因素的主导因素。在这一周期中，意识仍然是塑造 g 因素的重要部分，但它已经发展成一个精细的心理过程，以更好地与个人的强弱项相协调。

上述发现给人的一种印象是整合比分化更有优势。这种印象并不准确：分化是存在的，但它与整合循环交织。当不同的因素被整合到 g 因素中时，与 g 因素交织在一起的过程会在随后的循环中从 g 因素中分化出来，这时它们与 g 因素的关系变得松散，因为它们已经处于控制中。计算因子的数量则是另一回事。的确，随着儿童发展，需要更多的因素来解释行为表现，然而这是因为在 g 因素中占主导地位的因子的相对力量降低了。在基于现实的表征周期中，注意控制是一股强大的力量，它的减弱会导致所有其他领域的功能减弱。之后，在基于规则的周期中，表征过程与推理过程从 g 因素中分化出来。因此，一个心理过程的功能减弱可以通过另一个心理过程的贡献来补偿。这使得决策更加灵活，因为有一个系统可以让人们做出随意的选择。在下一个基于原则的思维周期中，个人的价值观和偏好将进一步分化。总而言之，心理测量学的分化是一个 g 因素向着其各种成分进行转变的发展过程的结果，这些成分的相对贡献各不相同。

第十二章 人格与情绪

到目前为止，本书只讨论了心理过程。然而，对事物的理解和行为常常受制于心理过程以外的力量。人格和情绪当然包括在内。不同的人可能有相同的心智能力，但他们的行为可能有所不同，这是因为他们倾向于接受和重视不同的信息；他们的反应风格也可能大有不同，因为他们中的一些人可能是外向的，容易兴奋，而另一些人可能是保守的、克制的。关于人格及其与智力的关系有大量的文献，详细讨论这方面的文献超出了本书的范围。我们将关注与本书目标相关的三个主题：首先，我们将总结从婴儿期到成年期的人格的组织和发展研究；其次，我们将介绍人格与智力之间关系的研究；最后，我们将介绍人格和智力对现实生活成就（如学业成就）的相对贡献的研究。我们的目的是展示心理过程如何与人格和情绪过程交织在一起，从而在现实世界中塑造个体的行为和成就。

一、人格的结构：概念与模型

韦克斯勒（Wechsler，1950，p. 83）指出："一般智力不能等同于智力能力，而必须被视作整体人格的表现。"詹森（Jensen，1998）在总结他关于一般智力的巨著《g因素》时，敦促人们研究智力与人格的关系。奥尔波特（Allport，1937）将人格定义为"个体内部的心理生理系统的动态组织，这些系统决定了他对环境的特异性调整"（p. 48）。在个体差异的心理学中，人格是区分个体的特质系统（Eysenck，1997）。特质是相对稳定的特征，可用来描述主导个人行为的品质及个人与世界关联的整体风格。目前有两种主要的人格研究方法，一种专注于从婴儿到童年的生命早期，另一种专注于成年期。

现代人格研究始于弗洛伊德的精神分析理论，尽管人格理论可以追溯到古希腊（Eysenck，1997）。在弗洛伊德看来，人格是一种心理动力系统，这些心理动力系统定义了个人如何理解世界并与之关联。这些力量来自遗传带来的本能动机与社会化规则及实践之间的相互作用。一方面，人格有强烈的遗传倾向，以满足自己生存、繁衍和优势保持的需要。它们与快乐和自我满足有关，通常是无意识的。用弗洛伊德的术语来说，这些倾向形成了本我（id）。另一方面，人格也受人类社会化的普遍道德原则以及个体成长的文化和社会群体的规则的影响，它们规定了哪些是社会所能认可的。这些规则引导个体控制本我的力量，使之与社会法律和期望协调一致。这就是弗洛伊德的超我（superego）。这些原则最初体现在社会化实践和广泛的教育中。根据定义，这些原则会越来越被人们所意识：它们是外部的知识和技能体系，必须被个体内化和吸收，以便有意、有效地实践。随着发展，本我和超我交织在一起形成个体的原则系统，指导个体以社会可接受的方式与世界互动。这就是弗洛伊德的自我（ego）。在弗洛伊德的理论中，自我的形成是一个不断增强意识和控制行为的发展过程。弗洛伊德的自我防御机制实际上是导向或过滤机制，隐藏在选择性注意、信息同化和行为执行控制之下（Freud，1927；Freud，1966）。我们将在后面进一步讨论防御机制。

（一）婴儿期和儿童期的气质

聚焦于生命早期的现代研究者更喜欢使用气质而非人格这一术语（Buss & Plomin, 1984; Rothbart, 2011）。气质反映了源于先天的、儿童对外界刺激的反应和自我调节能力的个体差异。反应性（reactivity）指的是面对某种特定的刺激模式，儿童的唤起或兴奋水平。例如，身处新环境时，第一类儿童会变得兴奋和新奇，第二类儿童会不安和恐惧，第三类儿童则倾向于保持冷静和不在意。自我调节（self-regulation）是指与调节反应性有关的神经和行为过程。例如，第一类孩子倾向于接近和探索新的物体，而第二类孩子倾向于远离新环境中的照顾者。先天差异源于每个人的生物构成。特定时间的任一生物构成都受到遗传和个人当前成熟状况的影响，这取决于其发展和经验（Rothbart, 2011; Rothbart, Ahadi, & Evans, 2000）。

这两个维度上的不同特征组合在婴儿期到儿童期表现出来。外向性（surgency 或 extraversion）是指个体的活跃倾向，表现为无拘束的方式和积极情绪，在这方面表现突出的儿童能在社交中寻找快乐和获得兴奋。消极情绪性（negative emotionality）体现了儿童的悲伤、恐惧、易怒和沮丧的倾向，并且，这类儿童在高度唤醒之后不易平复。努力控制（effortful control）包括目标定位、对目标保持专注并据此组织行动、抑制竞争的或无关的行为、享受低强度环境的能力。定向敏感性（orienting sensitivity）是指对刺激的感知和注意，包括对感官接收的外部刺激或影响情绪或心理过程的内部刺激（如愤怒的感觉或思想间的关联）的敏感性。亲和性（affiliativeness）描述了青少年时期出现的指向他人的行为（Rothbart & Bates, 1998）。

（二）成人的大五人格因素

成人人格的主导理论是大五人格因素模型（Costa & McCrae，1997；McCrae & Costa，1999）。上述气质维度与大五人格因素密切相关。大五人格因素是：外向性、宜人性、责任心、神经质和对经验/知识的开放性。每个维度都是一个连续体，每个个体都可以被放置其中。因此，对特定个体的完整描述需要指明他在每一个维度上的位置。外向性强的人喜欢和他人在一起，并积极寻求他人陪伴，内向的人与他人疏远、孤僻、害羞、自我克制。宜人性强的人以他人为导向、信任他人、热情并能积极提供对他人有益的帮助，宜人性弱的人多疑、任性、精明、急躁、好辩、好斗。责任心强的人有目标、有组织、有决心、有计划，责任心弱的人粗心、容易分心、懒惰。高神经质的人会因为环境的变化而在情绪上受到干扰，因此，他们紧张、焦虑、喜怒无常；低神经质的人自信、思维清晰、机警、知足。最后，开放性强的个体好奇心强，兴趣广泛，富有创造力、独创性和想象力；开放性弱的个体保守、谨慎、温和。专栏 12.1 列出了大五人格因素中每一个的相关特征。值得注意的是，大五人格因素模型整合了早期人格模型的维度和结构，例如艾森克（Eysenck，1997）和卡特尔（Cattell，1965）的模型。

专栏 12.1 大五人格因素的特点

外向性
外向者积极、活泼、善于交际、健谈、乐观、享乐、自信、热情、不羁。

神经质
高神经质的人紧张、焦虑、喜怒无常、紧绷、以自我为中心、容易被冒犯和自怜。

宜人性

宜人性强的人体贴他人、为他人着想、乐于助人、乐于合作、心肠软、慷慨、善良、宽容、富有同情心、热情、信任他人。

责任心

责任心强的人有目标、有组织、有决心、有计划、雄心勃勃、精力充沛、高效、坚定、精确、勤奋、执着、可靠和负责任。

开放性

对经验开放的人在发起活动时足智多谋、有好奇心和善于探索，对新体验开放，能够积极参与他们所做的事情，在感知、思想、工作或娱乐方面具有创造性。

（三）情绪智力

最近，研究者提出了情绪智力的概念以结合传统的智力和人格理论，进而解释二者是如何在现实世界中有效发挥作用的。"情绪智力是一种社交智力，它包括监控并区分自我和他人情绪的能力，并利用这些信息来指导自己的思想和行为。情绪智力包括对情绪的语言和非语言评估和表达，对自我和他人情绪的调节，以及在解决问题时利用情绪内容。"（Mayer & Salovey，1993）因此，情绪智力应该包括三种过程：（1）理解自己和他人的情绪；（2）根据当前社会交往的需要和要求控制自己的情绪；以及（3）根据他人的情绪特征和需求来计划和组织自己的行为。因此，情绪智力整合了一般智力理论中的认知机制，适用于与人格理论中神经质、外向性和宜人性因素相关的情绪和特质的监控和调节。当然，因为情绪智力涵盖了智力和人格研究领域的几个构念，质疑情绪智力是否符合独立智力的地位是有意义的问题。我们将在下面回到这个问题。

总而言之，心智、人格和情绪显然是同一生命体的互补方面：一个人利用自己的优势、性格和个人经历，竭尽全力去有效地、愉快地、可接受地理解、计划和行动。在上述所有理论中，有四个反复出现的主题：反应性和激活模式，情绪作为驱动行为的动机，控制和自我调节，社会关系。反应性和激活模式在生命早期气质研究中占主导地位，并通过外向性和定向敏感性的构念来表现。在大五人格因素模型中，情绪是通过神经质的构念来表现的。在心理动力学理论中，它们表现为本我。在情绪智力理论中，情绪是社会行为的组织力量。控制和调节在气质发展研究中表现为努力控制，在大五人格因素模型中表现为责任心，在艾森克模型中表现为精神质，在心理动力学理论中表现为自我，在情绪智力中表现为情绪自我调节。社会关系在气质研究中表现为外向性和亲和性的构念，在大五人格因素模型中表现为宜人性和外向性，在心理动力学理论中表现为超我，在情绪智力理论中表现为对他人情绪的理解和有效管理。因此，理解人格、情绪和智力过程如何在本书中提出的心智结构中相互作用是很重要的。在本章中，我们将总结关于这些相互作用的研究。

二、人格、情绪和认知之间的关系

人格的结构在很大程度上类似于心智的结构。在根本上，尽管人格维度和认知过程并不完全匹配，但心智的四重结构在人格结构中也是可见的。具体而言，大五人格因素中的某些维度明显与环境关联，例如外向性和宜人性。当然，由于这些因素与社会环境更相关，因此它们可能主要与特定能力系统的社会思维相互作用。生命早期的努力控制和后来的责任心涉及根据目标指导行为所需的反思和意识。因此，从定义上讲，它们就像觉知作用于认知一样，以自我认识为导向：它们都允许执行控制。人格结构并不直接涉及可以被分解为存储成分和效率成分的表征能力因素。然而，它涉及一些明显适用于表征能力的因素。除了努力控制和责任心，情绪性、定向性和神经质也为表征能力的运作设定了框架，因为它们塑造了个体刺激或刺激模式的价值权重。同样，人格也不直接涉及推理因素。然而，责任心和智力都涉及人格的信息整合功能。

同样值得注意的是，在人格的构念中有一个类似于心智结构的层级结构。具体而言，在这两种构念中都有与环境中刺激的组织相关的核心过程，从该核心过程与其初始应用领域的相互作用中产生的组织化行动或操作系统，以及更高级别的系统特有的概念知识和信念。具体而言，婴幼儿时期的气质因素相当于特定能力系统的核心操作因素。这些因素反映了由脑活动的特定模式所产生的倾向性，而脑活动的特定模式又反映了个体的遗传背景。它们使个体倾向于以特定的方式接收信息、行动和与世界联系，从而形成有关社会互动的行为倾向和偏好。在认知方面，它们影响信息的初始自发情绪权重，并指导选择性注意和信息过滤，以便进一步加工。例如，在认知中，一组物体的特定排列模式使我们能够认识它们的数量或掌握它们之间的因果关系；在人格方面，外向性或情绪稳定性程度决定了个体对情绪方面的特定模式（如声音或面部表情）的回避或接近，以及愉悦或压力的倾向性。需要提醒的是，最初的接近或回避与反应性有关。这些个体差异逐渐被交织成对新体验的开放或回避。根据这一假设，麦金太尔和格拉齐亚诺（McIntyre & Graziano, 2016）最近表明人格差异会影响对刺激的选择性注意。具体而言，以他人为导向的个体倾向于选择性地关注社会刺激；以无生命事物为导向的个体倾向于选择性地关注物体。沿着同样的思路，安蒂诺里等人（Antinori, Carter, & Smillie,

2017）研究了开放的个体对低水平刺激的感知是否与低开放个体存在差异。他们使用经典的双眼竞争范式向参与者呈现刺激。在双眼竞争范式中，研究者向两只眼睛呈现的图片刺激不同，这导致参与者主观上交替地知觉到这两张图片，但偶尔也会知觉到包含两张图片刺激的混合信息。该研究表明，开放性强的个体"看到"更多的可能性，他们会以创造性的方式灵活地结合双眼信息，尤其是在积极的情绪下。因此，人格差异与注意和动机过程直接相关。这种方法得出的结论与艾森克（Eysenck, 1997）的假设相一致，即外向者和内向者之间的差异源自他们脑激活水平的差异。内向的人，脑的兴奋度很高，这促使他们回避社交活动以免刺激过度。因此，他们往往会自我抑制和远离他人。外向者的脑激活水平相对较低，因此他们会寻求刺激以提升脑的激活水平。

在更高的层面上，大五人格因素是类似特定能力系统中操作的中层结构。根据格拉齐亚诺等人的研究（Graziano, Jensen-Campbell, & Finch, 1997），大五人格因素有助于人们形成自我系统，如整体自尊、社会自尊和学业自尊。这些系统包括一般的自我表现、价值系统和将个人与外界联系起来的一般行动策略。在更具体的层面上，这些一般的自我系统与对特定任务或环境下的适应有关，如学业适应、同伴关系、课堂行为等。例如，外向者拥有与他人互动时快乐的记忆，他们有可用来吸引他人兴趣的现成"社会脚本"，他们知道这可以提升他们在群体中作为"好伙伴"的个人价值。内向的人可能有社交聚会中尴尬的记忆，他们觉得自己在发起或维持社交互动时显得很笨拙，因此他们选择避免社交。总之，与大五人格因素相关的一般自我系统的运作类似于第二章中讨论的CHC模型中第二水平的广义因素。

强有力的证据表明，大五人格因素中的三个因素与一个二阶因素有关，其余因素与另一个二阶因素有关（见图12.1）。具体而言，第一个因

素被称为 α 因素（α-factor），与责任心、情绪稳定性（神经质）和宜人性有关。这个因素代表了稳定的一般特征：有效地组织自己的生活，处理压力，使自己被接纳。第二个因素被称为 β 因素（β-factor），与开放性和外向性有关。这一因素代表了个体看待世界的方式和人与世界关联的可塑性。从广义上讲，稳定性（α 因素）涉及晶体智力的多种特性，因为它们适用于社会环境和自我管理；可塑性（β 因素）可被视为流体智力在人格中的表现。从某种意义上说，这两个更高层次的人格因素反映了心智能力的动态方面，即利用现有知识与环境进行有效互动（晶体知识）或应对新知识并超越它（流体智力）。这两个因素与第三阶因素——一般人格因素密切相关。"一般人格因素类似于 g 因素，以 g 因素预测认知效率的方式预测社会效率。"（Rushton & Irwing，2009，p. 564）。许多其他研究也发现了这种结构，它与实际生活指标相关，例如雇主评定的工作表现（van der Linden，te Nijenhuis，& Bakker，2010）。

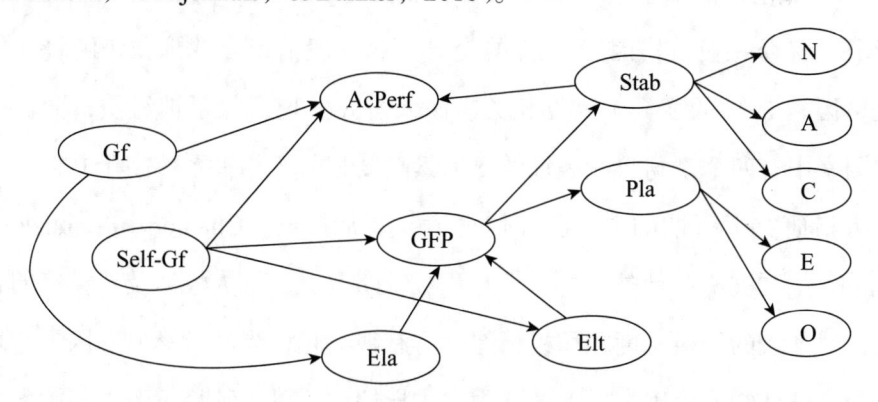

图 12.1　一般人格因素、流体智力和学业表现之间关系的一般模型

注：AcPerf= 学业表现，Gf= 流体智力，Stab= 稳定性，Pla= 可塑性，GFP= 一般人格因素，EIt= 特质情绪智力，EIa= 能力情绪智力，Self-Gf= 自我表征的流体智力，N= 神经质，A= 宜人性，C= 责任心，E= 外向性，O= 开放性。

一般人格因素的特征是什么？一般人格因素是高度自我表征的，反映了一个人的自我概念和自我价值。证据很清楚：一般人格因素和自尊之间的关联非常高（解释自尊 67% 的变异），甚至高于它与代表稳定性的 α 因素（解释 α 因素 52% 的变异），以及代表可塑性的 β 因素（解释 β 因素 58% 的变异）的关联（Erdle, Irwing, Rushton, & Park, 2010）。然而，在一般人格因素中也有很强的认知和情绪成分。我们在一系列研究中表明，自我表征的认知 g 因素，来自关于加工速度、注意控制、所有五个特定能力系统以及自我监控和自我调节（即四重结构模型中涉及的所有过程）的自我评定，在一般人格因素中解释 80% 的变异（Andreou, 2009; Demetriou, Kyriakides, & Avraamidou, 2003; Demetriou et al., 2018）。但这实际上是一般自我表征的一部分，包括认知和情绪的自我表征。具体而言，我们对 10—16 岁的儿童和青少年进行了认知发展、大五人格因素、一系列情绪智力能力（包括理解情绪的意义和含义的认知能力，以及自我表征情绪智力的）的测试。我们发现，一般人格因素与一般认知自我形象（解释一般人格因素 38% 的变异）和一般情绪自我形象（解释一般人格因素 29% 的变异）高度相关。深入研究发现，除了神经质，大五人格因素中有四个都与自我表征的 g 因素高度相关（相关系数高于 0.5）。这与人格研究中所谓的"自我评估智力"非常接近（Chamorro-Premuzic & Furnham, 2006）。此外，外向性与积极情绪有关，宜人性涉及对情绪的管理、对他人的积极态度和积极情绪性。有趣的是，当涉及经典 g 因素和理解情绪的认知能力时，后者的能力占主导地位，可以解释一般人格因素微弱但显著的变异（变异的 3%）。因此，一般人格因素具有很强的自我价值成分。显然，社会和认知效益反映在个体如何看待自己上：越稳定、灵活和聪明的人越具有高自尊（Demetriou et al., 2018）。

一般人格因素与智力的 g 因素和情绪智力有什么关系？需要强调的是，尽管一般人格因素与自我评估的认知能力关系密切，但它是最低限度的认知。我们仅在青春期群体中发现一般人格因素与认知 g 因素的弱相关。具体而言，这种关系在 11 岁之前非常弱且不显著（解释一般人格因素小于 1% 的变异），在青春期变得显著但仍然相对较弱（约解释一般人格因素 10% 的变异）。

一般人格因素与情绪智力的关系同样复杂。具体而言，"特质情绪智力"，即自我表征的情绪智力，解释了一般人格因素的很大一部分变异（28%）；"能力情绪智力"，即在解决关于情绪的问题的背景下理解情绪的能力，可以解释其微弱但显著的变异（3%）。显然，这些关系扩展了上述内容。一般人格因素在经典的认知 g 因素和情绪信息加工中都包含最大限度的自我表征和最小限度的认知（Andreou，2009；Demetriou et al.，2018）。

深入探究 g 因素或自我表征 g 因素、每一个大五人格因素与情绪智力不同侧面之间的关系是很有趣的。总体上，人格的某些因素与认知或情绪智力的某些方面有特异性的关系。具体而言，大五人格因素中只有两个与 g 因素显著相关，但方向相反：开放性与认知 g 因素呈正相关（解释一般人格因素 5% 的变异），而责任心与 g 因素呈负相关（解释一般人格因素 2% 的变异）（Demetriou & Kazi，2001）。显然，一方面，那些认知能力强的人对经验更开放；而另一方面，那些认知能力没有那么强的人则非常尽责。这可能反映了平均智力的个体倾向于通过自我组织和自律的策略进行补偿（Chamorro-Premuzic & Furnham，2006）。沿此趋势，在高阶的人格两因素中，只有 β 因素（可塑性）与认知 g 因素相关。有趣的是，这种关系来自注意控制而非推理。因此，似乎建立在执行控制而非推理上的实际的认知效率，被投射到了认知效率的自我表征中。这就解释了为什么高外向性和开放性的个体表现出对环境变化的高容忍度，并容易受到环境变化的激发（Demetriou et al.，2018）。

就情绪智力而言，"特质情绪智力"高度依赖于一般自我表征 g 因素：特质情绪智力的变异中，有 53% 是由一般自我表征 g 因素解释的。然而，当我们转向人格时，一个单一因素，宜人性，似乎就影响情绪智力的三个重要组成部分：情绪管理、积极管理他人、积极情绪性。同时，积极情绪性影响外向性（Andreou，2009）。这些发现带来了越来越多的证据，这些证据表明，最近对情绪智力概念的兴趣激增注定不会持续下去，这是因为，几乎所有预测个体成功处理情绪生活以及维系社会情感关系的所需的信息，都可以通过更经典和更成熟的测试认知能力和人格的方法来获得（Waterhouse，2006）。

因此，人格与认知能力之间的关系是间接的而非直接的，受到自我调节和自我意识过程的中介。事实上，自我表征关联的认知能力与人格关系密切，这足以证明以下说法：在很大程度上，通过自陈量表测得的人格是一般自我表征系统的一部分。因此，个体会保持一种对认知情感的观点，这种观点是可以被意识所理解的（McCrae & Costa，1999），并保留了我们的人格特征。

总之，人格和智力在多方面都有联系。觉知是这种联系的关键通路。开放性/智力直接反映了认知能力。可以说，开放性/智力将个体对心理力量的感觉付诸行动当中。这条道路上的一座主要桥梁是执行功能。它令觉知和心理能力适用于人格领域。在这个领域，责任心是觉知和执行功能的原动力，并将它们转化为长期调控行为的计划和策略。根据这一分析，有证据表明，执行控制是责任心用来制订行动计划并组织实施的机制（Hall & Fong，2013；Hall，Fong，& Epp，2014）。有趣的是，在儿童执行控制的各个方面（即注意集中、心理转换和抑制）中，与责任心有关的只有转换（Fleming，Heintzelman，& Bartholow，2016）。其中，外向性和宜人性主要与社会特定能力系统有关。高感知的 g 因素和高 g 因素水平往往与更高的外向性和更高的宜人性有关，这可能既反映了个体与他人交往的自信，也反映了其成功地与他人交往的能力。

g因素和一般人格因素呈中等水平相关意味着许多人对自身特征和能力的自我表征并不总是准确的。事实上，艾森克在他的人格测试中加入了一个说谎量表，以评估个体的自我宽大倾向，它描绘了一幅更积极但可能不那么公正的人格画像。我们发现，这个说谎量表的分数随着年龄的增长而下降，这表明随着年龄的增长，个体倾向于更加准确地自我表征。我们将在下一节讨论这些关系的发展问题。

三、人格的发展变化与人格－智力关联

大五人格因素从儿童早期，大约在4岁时就可被辨别，它们在整个儿童和青少年时期都是稳定的。阿森多普和范阿肯（Asendorph & van Aken, 2003）利用一项涵盖4—12岁儿童的9年纵向研究发现，在整个童年和青春期早期，大五人格因素的表现方式截然不同。此外，他们发现每个大五人格因素都与家长和老师指定的相关行为指标呈系统相关。具体而言，他们发现神经质和低外向性与社交抑制相关；低宜人性、低责任心与攻击性相关；责任心和/或文化、智力、开放性与学业成就密切相关。我们将在聚焦于认知、人格和学习成绩之间关系的章节中进一步探讨这些关系。根据一项跨度更长的纵向研究（Lamb, Chuang, Wessles, Broberg, & Hwang, 2002），该研究覆盖了2—15岁的年龄跨度，研究者发现各种因素的稳定性和可靠性，包括大五人格因素以及积极活动（positive activity）和易怒，随着年龄的增长而增加。总体而言，责任心、易怒和积极活动自儿童早期起就存在并相对稳定；外向性和神经质在8岁后趋于稳定；开放

性一直都不稳定，这表明在青春期之前，它可能不是一个有意义的人格维度。这项研究还发现，大五人格因素在很长时间内都是变化的。随着年龄的增长，儿童外向性降低，宜人性、责任心提升，神经质程度降低；开放性在儿童和青少年早期提升，随后降低（Roberts，Walton，& Viechtbauer，2006）。也有研究者在青少年中期（14—17岁）到中年（50岁以上）观察到同样的趋势。在许多不同的国家，随着年龄的增长，责任心和宜人性提升，外向性和神经质程度降低（McCrae et al.，2000）。

（一）自我和自我防御

可以看出，人们有一个强大的一般自我表征实体，它包含了自我表征的所有方面，包括人格的一般因素、自尊、认知和情绪自我表征。这个实体组织了人们如何看待自身的心理、社会和情绪特征与能力。他们的想法可能并不总是准确的，但确实会影响他们的行为。根据学界的传统，这个实体在心理学中以几个不同的专业术语呈现。这里，我们聚焦于其中两个，它们旨在解释人作为一个整体的功能：self（自我）和ego（自我）。这里需要提醒大家，self作为理性的原动力可以追溯到康德，ego作为整合经验的原动力可以追溯到弗洛伊德。我们在专门讨论自我意识和理解心智的组织和功能的章节中概述了self的结构。下面我们将关注ego，这是本章关注的中心。

（二）自我（ego）

自我的现代概念由弗洛伊德（Freud，1949）提出。在现代心理学中，洛文杰（Loevinger，1976）提出了自我发展理论，克拉梅尔（Cramer，2006，2007，2008，2015a）研究了自我防御机制的使用的变化。我们注意到，在弗洛伊德的理论中，自我逐渐将内驱力与社会准则和规范整合为一个自我意识和自我驱动的（相对）适应系统。因此，冲动控制是自我的一个重要功能。冲动控制常常带来压力，因为驱动个人优势反应与偏好的冲动常和社会规范和道德准则相冲突。这种属性的冲突可能会造成挫折和痛苦。因此，一方面，当个体协调考虑自身愿望和外在规范与优先事项时，自我发展拓展了自我意识。在此过程中，自我发展使得个体能够理解经验。另一方面，自我发展拓展了自我调节。用现代术语来说，自我发展是执行控制和自我控制成熟的框架。

在洛文杰（Loevinger，1976）的理论中，自我的发展分为九个阶段。这里，我们只关注每个阶段可用的意识类型，因为这与我们的关注点相关。第一个阶段是亲社会阶段，婴儿不能区分自我与外界，专注于满足当前的需求。第二个阶段是冲动阶段，伴随着语言的发展，这个阶段幼儿的自我意识充分地显现出来，并通过抗拒投射到他人身上。他们沉浸于此时此地，把世界分为满足需求和欲望与拒绝需求和欲望。第三个阶段是自我保护阶段，在学前时期占主导地位，此时儿童迈出了自我控制的第一步。这个阶段的儿童可以抵御当前的诱惑，他们知道规则，可以为了自身利益而灵活运用规则，他们遵循机会主义和享乐主义。在第四个阶段，也就是童年中期，儿童逐渐变得顺从，认为自己和他人都在按照公认的准则和规范行事。这是一种以二分法看待世界的有组织但相当简单的方法；儿童意识到自己的特征（如性别）并且认同自己的群体。然而，他们的行为是由外部而非自己的意图来决定的。第五个阶段是自我觉察阶段，主要出现在童年晚期或青少年早期。此时，个体能区分"我是谁"和"我应该成为什么"，因此，他们审视自我，并将内心生活概念化，这种同一性就与行动和感受联系在一起。个体意识到自身的自我认同，并与群体进行对比，因此也意识到行动可有多种选择。在第六个阶段，公正阶段，可能在青春期，控制是内在的，基于良心和自我约束的原则，而不是规则。认同（identification）是原则内化的基本机制。认真的人善于反思。在下一个阶段，个人主义阶段，个体开始认识到人与人之间的差异，他们也意识到自我内在与外表的差异。这显然是成年后的一个阶段。后两个阶段非常罕见。自主阶段的中心特征是对自主的需要。因此，人们能意识到真实的人和真实情况的复杂性和多面性。最后是整合阶段，自我实现是其基本属性。

几项研究考察了上述发展顺序所体现的自我发展与智力之间的关系。科恩和韦斯滕贝格（Cohn & Westenberg，2004）对自我水平分数和智力分数之间的 52 个相关性研究进行了系统的元分析。这些得分的加权平均值在 0.20 到 0.34 之间。这些数值表明，一方面，自我发展和智力有中等水平相关，说明它们彼此是独立的；另一方面，我们必须能够说明这种关系的根源。在将自我和智力推向更高的功能水平方面，觉知和自我调节是非常有力的因素。相关研究者还发现，当排除智力的影响之后，自我发展明显可以预测其他因素，如攻击性。因此，上述自我发展系统确实具有超越智力的预测效度。

（三）防御机制

防御机制是自我发展的有力工具，有情绪和认知成分。情绪成分与防御机制的功能有关：可以减轻由冲动或个人优先事项与社会规范或实践之间的冲突所诱发的压力和焦虑。认知成分与防御机制的操作有关：它们将信息或状况转化为威胁或压力。要强调的是，防御机制的运作是无意识的。事实上，当个体意识到防御机制的运作时，他们将会减少防御机制的使用。也就是说，"缺乏意识是防御成功的原因之一，即我们通常没有意识到自己在'欺骗'自己。在思考为什么儿童放弃某些防御，用其他防御取而代之时，意识似乎是至关重要的"（Cramer，2015a，p. 117）。因此，在发展的不同阶段，起主导作用的防御机制也不同。意识的把握是防御机制发展的关键。根据詹姆斯的自我理论，防御机制是主体我（I-self）的工具。它们美化或扭曲了主体我在环境或自我身上所看到的东西，解释了为什么客体我（Me-self）的内容并不总是准确的。这一假设与上述假设一致，即觉知是智力、ego 和 self 之间的桥梁。

有研究者系统地研究了发育中的三种机制：否认（denial）、投射（projection）和认同（identification）（Cramer，2006，2007，2015a）。否认指拒绝某种刺激或情况；当使用否认机制时，个体无法看到、识别或理解内部或外部刺激的存在或意义。投射机制否认思想、感情或意图是自己产生的，并将其归因于他人。认同机制则相反，它使个体把另一个人的思想、信仰、价值观或行为纳入自我。这三种机制的使用有明显的发展趋势。在生命早期，如学龄前，否认是主导性的防御手段。随着意识的发展，儿童在 5—6 岁时可以将事件和刺激相互映射，并意识到表征。在这个年龄段，否认的使用减少了。在小学时代，投射开始占主导地位。有趣的是，当儿童意识到思维和推理的潜在认知机制时，投射机制的使用就开始下降。认同在青少年时期占主导地位。认同在这个阶段是一个重要的机制，因为它允许青少年根据他们信奉的价值观和认为的最优选项来塑造他们的身份。需要注意的是，这是洛文杰认为与"公正阶段"相关联的机制。

克拉梅尔（Cramer，2008，2015b）的研究表明防御机制的使用与成年期智力有关，但与儿童或青少年期智力无关。高智商的个体更经常使用认同机制，低智商的个体更经常使用投射和否认机制，即聪明的个体似乎倾向于使用认知上更复杂的防御。总体上，自我的发展既与智力的发展有关，也与防御机制使用的变化有关。然而，这种关系是复杂的。一方面，自我发展水平越高，智力水平越高。另一方面，自我发展与防御机制使用之间呈 U 形关系。内在冲动控制水平较低的自我阶段更常使用防御机制；有外在冲动控制的自我阶段很少使用防御机制；有内在控制的自我阶段更经常使用防御机制。事实上，低智商但自我成熟水平高的个体比高智商且自我成熟水平高的个体更倾向于使用防御机制（Cramer，2006）。

四、总结

上述研究得出了几个结论。首先，很显然智力、人格、ego 和 self 是相关的，但它们彼此不同，因为它们代表了现实生活中心理功能和行为的不同方面。智力能够理解、计划和解决问题；人格塑造和影响理解，限制计划和解决方案，以适应个体的特质、偏好和价值观；ego 和 self 确保了个体的生活和经验与世界的意义的一致性。

其次，有一座重要的桥梁连接着这些领域：觉知及其所产生的意识。一个合理的假设是，自我表征系统逐渐建立了指向不同组合的指针：（1）解决问题的技能和过程，（2）继续或放弃某种特定活动模式的特质，以及（3）关于成功和失败的反馈以及随之而来的满足感和不满足感。人们使用这些组合进行自我调节和自我表征。也就是说，该系统指导人们选择适当的、对其有利的行为模式和环境。因此，行为模式和自我表征是一组包含能力、特质、风格和兴趣的组合。当这些组合正在形成时，其中的认知和人格组成部分之间的关系是很强的，因为此时可能经常需要回顾或反思。当这些组合建立起来时，这些关系就会减弱，因为行为倾向变得自动化了。因此，当个体成熟后，性格与智力的联系似乎不那么紧密了。

沙莫罗－普雷姆兹克和法纳姆（Chamorro-Premuzic & Furnham，2006）提出了一个关于智力和人格对实际生活任务的相对影响的有趣类比：

　　打个比方，我们可以把智力定义为引擎，把责任心定义为加速器，把开放性定义为地图。与此同时，神经质和外向性可以被认为是衡量驾驶员紧张、乐观、自信和精力水平的指标，而宜人性（仅是智力能力的边缘指标）可以衡量驾驶员的果断性和好胜心。至关重要的是，所有的人格特征在某种程度上都与智力能力的个体差异有关。（p. 260）

　　最后，伴随着发展，各个过程之间的关系被细化并投射到个体的自我系统中。在这个过程中，自我的机制，如自我防御，确保这种改进和融合会顺利且与环境相适应。这些机制的运作反映了个体在连续的发展阶段可能达到的觉知水平。5—6岁的儿童使用否认这一防御机制是因为他们对其知之甚少。值得一提的是，直到这个年龄，儿童才开始意识到知识的表征性。然而，由于表征方式不稳定，表征很容易被忽略。因此，充满压力或危险的表征可能会被否认机制取代，因为它们并不稳定。当儿童意识到表征，但不知道它们潜在的相关联系时，他们就会把它们投射到其他人身上。有趣的是，11岁的儿童在理解投射时有困难。当儿童意识到表征的推理参照时，他们就会明白一个人不可能有未经推理的想法。因此，投射在儿童中期占主导地位。最后，在青少年期，对心理过程的意识允许儿童认同他人所相信的观点和信仰。当儿童在青少年中期获得了对特征、优点和缺点的准确自我表征时，投射机制就不需要了。这样看来，儿童在意识到一种防御机制及其功能时，就会放弃使用它，转而选择一种更复杂的、不好理解的防御机制。在感受到压力或自我受到威胁的情况下，防御机制的使用会增加。过度依赖与年龄不相符的防御可能与精神疾病有关（Cramer, 2008）。

本章所总结的研究对心智和自我的旧哲学理论有一些明确的启示。具体而言，这些证据更支持理性主义哲学家，如康德和笛卡尔，而非经验主义哲学家，如大卫·休谟。很明显，围绕觉知这个核心，存在全面的、内隐的和外显的自我概念，这为个体的独特性和主体性以及投射给他人的形象提供了凝聚性。显然康德会在此看到他提出的意识概念，威廉·詹姆斯会同时看到他提出的主体我和客体我。休谟则会很失望，因为这违背了他关于心智的捆束理论，该理论认为心智是"一束知觉"，没有任何统一性或凝聚性（Flage，1990）。凝聚性是逐渐建立起来的，个体在发展过程中努力组建一个运转良好的自我，使其能够为他们的生活赋予意义和方向，并在必要时纠正和修复伤害的经历。

第十三章　心智的遗传、心理和文化研究

到目前为止，我们可以总结出一些关于发展的心智和智力的结论。简言之，（1）g因素是一个由控制、表征、意识和推理过程定义的多维心理结构；（2）尽管这些因素中，每一种的贡献都总是存在的，但它们也在随着年龄的增长而变化；（3）因此，g因素在发展中被重塑，一些过程与它交织在一起，而另一些则根据发展阶段与之分化；（4）这使得g因素在不同阶段出现质的不同（表征和经验上）；（5）促使个体随着成长过程变得更加聪明。

有人可能会说，这本书中描述的心智结构和发展是西方文化所特有的，因为这些研究是在西方文化背景下进行的。例如，西方的学校教育和习惯中传递的技能和知识需要人们克制享乐的欲望（执行控制），在苛刻的环境中处理信息（注意和灵活性），处理各种观点中的关系（工作记忆），在特定的时刻做出决策和选择同时防止被欺骗以做出最佳的解释（推理），以及从过去的经验中学习（意识和反思）。建立这些技能需要时间（发展周期和阶段）。因此，文化中特定环境的变化，如社会群体、家庭、营养等的变化，导致了我们所发现的个体差异。情况是这样的吗？本章将回答这两个问题：

- 我们讨论的各种心理过程的遗传基础是什么？是否有明确的证据可以将这些结构和发展的具体方面与特定的遗传影响联系起来？
- 我们提到的心智模型的普遍性是什么？具体来说，周期的结构和发展

178 顺序的普遍性如何？这种结构和发展的某些方面是否比其他方面更容易受到文化的影响？

一、为心理过程起源的争论定下框架

关于不同文化之间智力差异的争论已经持续了很长时间。在20世纪，这些争论存在两种不同的认识论立场的两极分化。第一种观点认为，智力是人类的主要特征，因此，其在不同文化之间是相同的。这种观点又继续假设西方开发的智力测试确实可以测量这种普遍的人类特征。因此，成就上的差异，如不同种族或文化群体达到的平均智商的差异，反映了每个群体拥有的这一特征的程度差异。从这个角度出发开展的研究有一个普遍的发现：西方国家人们的平均智商约为100；东方国家，如中国，人们的平均智商约为105；非洲国家人们的平均智商约为85（Lynn，2008）。这些差异被认为等同于心理测量学中g因素所涉及的差异（Jensen，1998）。

一些学者认为，这些差异是由基因决定的，反映了环境许多年来对不同的人类种群施加的选择压力。其核心观点是较冷的欧亚环境导致自然选择了较大的脑、更多的前瞻性计划、稳定的家庭、长寿和比较慢的个体成熟度，这些适应性与上述平均智商的差异有关（Lynn，2008）。这场辩论自然是激烈的、政治化的，结果并不是很有建设性。关于智力群体差异的研究受到了政治的影响和对手的打压。

赫恩斯坦和默里（Herrnstein & Murray，1994）的一本著作《钟形曲线》（*The Bell Curve*）进一步激起了争论。这两位作者在六个命题的基础上提出了他们的论点：g因素是存在的；智商测试能准确地测量它，而且对任何群体都没有偏差；智商就是人们所说的智力；智商分数在时间尺度上是稳定的，而且可以遗传。基于这些主张，他们提出了几个具有强烈社会和政治意义的论点：智商几乎不受环境或教育的影响；社会阶层和社会流动性与智力有关。根据批评者的说法，他们把社会阶层的差异与基因，也就是遗传的差异联系起来。人们对这本书既有批评（Devlin，Fienberg，Resnick，& Roeder，1997），也有赞扬。例如，包括智力的研究者在内的52位教授于1994年12月在《华尔街日报》上发表了一篇文章，为这本书中表达的许多有争议的观点进行辩护。卡罗尔（Carroll，1997）自己回顾了该书所依据的六个基本假设的证据之后得出结论，一方面，所有这些假设在心理测量学和行为遗传学研究中都得到了充分的支持，然而，另一方面，这并没有说明赫恩斯坦和默里得出的关于智力变化结论的有效性（p. 47）。

　　第二种观点持相反的立场，认为智力是一种文化所采用的世界观的表达。根据这一立场，在具有不同世界观的文化之间，甚至不可能有一个共同的智力衡量标准。因此，用一个捕捉特定世界观的测量系统，如西方的智商测试，来比较不同的文化是错误的，这将错过所有其他文化中发展和使用的智力的本质。尼斯比特（Nisbett，2003）认为，不同的文化在一些重要的维度上存在差异，比如对个人的取向与对社会群体的取向、对问题的整体的或分析的方法的取向、对知识的现实世界功能组织的取向与抽象的规则组织的取向。文化之间的差异反映了历史的差异，而历史的差异又反映了长久以来环境的差异所造成的需求和活动的差异。例如，西方的个人主义立场是从古希腊人在地理位置上分割的世界和他们随后的地方化行政和政治结构中开始的。争论、挑衅和评价以试图说服对方并综合不同观点的欲望——所有这些都构成了民主国家的基础——源于古希腊的基本单位"城邦"，它小到足以让公民能定期相互了解和交流。例如，这与中国环境中的大型开放空间和大量人口形成鲜明对比，在这样的环境中人与人无法做到完全熟识。维持大规模的农作物生产需要一种集体意识。一个有数百万人参与的国家的正常运转需要公民服从中央的法律，尊重立法者。因此，这些国家的中央行政和政治结构，与希腊城邦的民主组织形成了对比。根据这一立场，如上所述的智商差异并没有传达任何有意义的信息，只是说智商测试捕捉到的智力表达接近于西方社会，适合于东方社会，但不适合于南方社会（Nisbett，2003）。

美国心理学会成立了一个特别工作组，成员包括一些最杰出的智力研究者，来评估关于智力我们已知和未知内容，包括智力个体差异的起源。他们的目的是为智力的本质以及引发上述辩论的遗传和环境因素的影响提供一个坚实的证据框架（Neisser et al.，1996）。最近又有了新的研究，更新了结论（Nisbett et al.，2012）。例如，在最初的报告中，关于脑组织、功能、发育与智力之间关系或基因、遗传与智力之间关系的研究并不像近几年那样发展迅速，但有几个结论仍然很稳定，并且随着时间的推移得到了很好的证据支持。在下面的讨论中，我们将利用这两份报告，并借鉴最近的研究，特别是与本书主要内容有关的研究。

二、基因、智力和智力发展

人们普遍认为，基因的作用总是发生在生化环境和生态环境中。因此，基因通过它与智力相关的脑结构基础的关联来影响智力。然而，基因对智力功能发展的影响是受环境影响的（Neisser et al.，1996），并随年龄和特定的社会或文化环境而变化。具体来说，关于智力的遗传基础的研究表明，智力成就相似性会随着遗传相似性而增加。也就是说，基因相同的同卵双胞胎在智力上比共享一半基因的异卵双胞胎更相似；由于环境更相似，这些双胞胎的智力又比不是双胞胎的兄弟姐妹和没有血缘关系的人更相似。总的来说，大约 50% 的智力变异是由遗传引起的。然而这种情况随着年龄的变化而变化，儿童期约为 40%，青少年期约为 55%，成年早期约为 60%，成年后期约为 80%（Bouchard，2004；Bouchard & McGue，2003；Hunt，2011）。由此看来，随着年龄的增长，人们对环境的选择越来越挑剔，他们甚至会根据自己的遗传倾向积极地塑造环境，从而使那些让他们觉得不合适和难以掌控的影响因素几乎没有发挥作用的余地。因此，智力的个体差异有很大一部分确实是由遗传造成的，但环境的影响也非常重要，特别是在儿童早期。

需要注意的是，特殊能力的遗传力与一般智商的遗传力非常相似。布沙尔和麦奎（Bouchard & McGue，2003）根据对多种资料的元分析得出以下关于遗传力的数值：言语能力为 48%，空间能力为 60%，知觉速度和准确性为 64%，记忆为 48%。值得注意的是，大五人格因素的遗传力也在同一范围内：外向性为 54%，宜人性为 42%，责任心为 49%，神经质为 48%，开放性为 57%（Bouchard，2004）。

遗传是通过基因组来表达的。基因是由编码了动物身体（包括脑）结构蓝图的 DNA 组成的。有大量证据表明，在基本认知过程的指标中反映出了遗传 g 因素的存在。这种 g 因素反映了物理测量（如神经元的质量和数量）、生理测量（如连接神经元形成新的连接的突触可塑性，由此产生神经网络实现对新知识的学习）以及遗传测量（如上文提到的脑结构和功能各个方面的基因表达）的信息。这种遗传 g 因素与心理测量 g 因素有关，心理测量 g 因素反映了诸如加工速度、工作记忆、瑞文测试的表现等测量因素（见图 13.1）。最近有关双胞胎的研究表明，一些脑区的灰质密度（与遗传 g 因素有关）具有高度遗传性，它们在绝大部分脑区之间有相关，并与心理测量 g 因素适度相关（Plomin & Spinath，2002，p. 175）。根据这一模型，基维特等人（Kievit et al., 2016）最近的研究表明，脑的不同部分直接影响着加工速度和工作记忆的各个方面，从而影响流体智力（见图 13.2）。总的来说，基因直接或在与环境的互动中，塑造了脑各方面的功能，促使其产生和实现，这些功能是心智能力的基础。在功能层面上，对这些功能（如加工速度和工作记忆）的非常全面的测量反映出脑在构建整个一系列心理功能方面的效率，这些功能具有与环境相关或与行动有关的意义。我们将在下一章中详细说明这些关系，讲述操作在不同水平之间的转换是如何在脑中发生的。

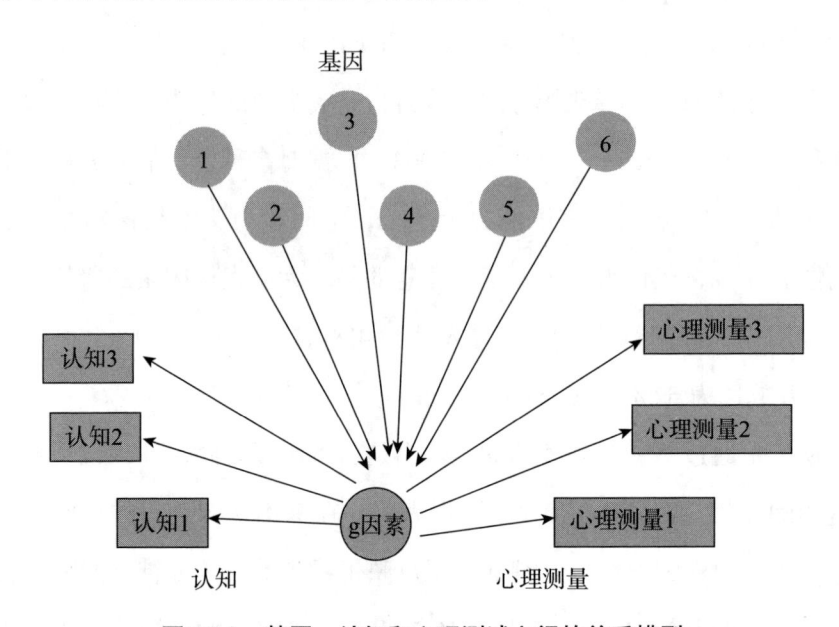

图 13.1　基因、认知和心理测试之间的关系模型

注：模型假定基因决定心理测量 g 因素，而心理测量 g 因素决定认知和测试的表现（Plomin & Spinath，2002）。

遗传差异和脑性质的差异之间是否存在联系？是否有与 g 因素相关的特定基因？布沙尔和麦奎（Bouchard & McGue, 2003）几年前表明还没有发现这样的基因。但从那时起情况已经开始变化了。由于研究遗传对心

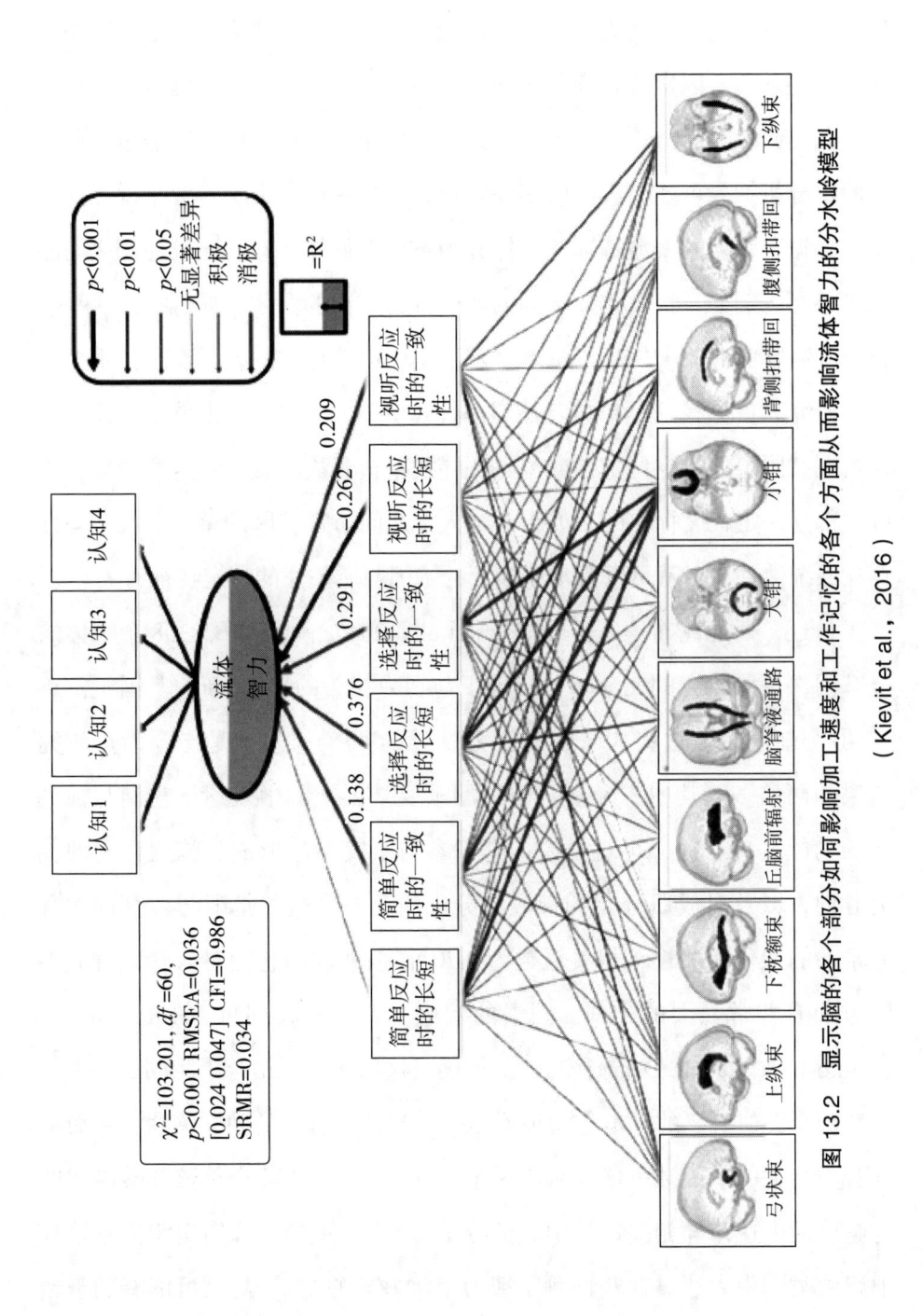

第十三章 心智的遗传、心理和文化研究 225

图 13.2 显示脑的各个部分如何影响加工速度和工作记忆的各个方面从而影响流体智力的分水岭模型（Kievit et al., 2016）

理特征和行为的影响的方法取得了进步，越来越多的研究探索了基因组和智力（特别是 g 因素或智商）之间的关系。这些大多是全基因组关联研究（genome-wide association studies，GWAS）。全基因组关联研究通过进行全基因组分析找寻可能与人群中某一特定特征相关的基因。一般来说，这些研究根据感兴趣的表型特征把个体分为不同的群体，然后比较他们之间的遗传差异。例如，将个体按不同的智商分为不同的群体，如低智商、平均智商和高智商群体，然后测量整个基因组中可能存在的差异。从技术上来说，研究人员寻找的是单核苷酸多态性（SNP）的差异，也就是说，研究人员在基因组的特定位置（或位点）寻找单核苷酸的变异，这些变异在人群中都是一定程度存在的。如果各组人群之间特定基因的单核苷酸多态性存在系统性差异，就可以假定所涉及的基因与所关注的特定特征有关。

最近，斯尼克斯等人（Sniekers et al., 2017）基于对 78308 个个体的全基因组关联研究的元分析，发现了与智力相关的 15 个新的基因组位点和 40 个新基因。这些能够解释智力变异的 4.8%，几乎是迄今为止研究结果的两倍多。其中三个全基因组的重要基因在脑中表达，它们与神经元的功能实现有关，也就是说，它们参与了突触的形成、脑发育中的轴突导向，以及对成肌分化和神经元分化的调节。这些基因与教育程度有非常高的遗传相关性（相关系数为 0.70），强烈表明它们对认知成就的不同方面有非常强大的类似 g 因素的效应。希尔及其同事（Hill, Davirs, McIntosh, Gale, & Deary, 2017）扩展了这项研究，结合了相同的样本与其他两个类似研究的样本，发现了 107 个与智力有关的独立关联，从而将与智力有关的基因数量增加到 338 个。具体来说，104 个单核苷酸多态性与脑中的表达差异相关，其中大部分（100 个）主要在皮质组织而不是其他组织类型中表达。这些预测了智力个体差异的 7%，甚至可能有助于预测个体的智力水平。有趣的是，扎巴奈等人（Zabaneh et al., 2017）的研究表明，极高的智力（即平均智商为 170，占人口的 0.0003）是一种多基因的特征，并且具有高度遗传性。值得注意的是，他们发现这种关系与丛蛋白基因家族有关。丛蛋白与中枢神经系统的轴突导向、神经连接和轴突再生有关，这些过程与几种神经发育障碍有关。以上这些发现表明，极高的智力与正常范围的智力在遗传上是连续的。

一些研究也在寻找与特定认知能力相关的特定基因。汉塞尔等人（Hansel et al., 2015）研究了本书第四章介绍的哈尔福德理论中指出的关系复杂性的遗传性。他们发现，关系复杂性具有高度的遗传性：基因造成的关系复杂性的变异占到了 67%。此外，他们还发现了 DGKB 基因和 NPS 基因中（或与之临近）的 4 个变体似乎与关系加工有关的初步证据。这些基因与胰岛素分泌有关，而胰岛素分泌的下降与认知能力的下降有关。因此，有一些证据表明特定的基因和 g 因素的一个强有力的方面（即关系加工）之间存在直接关系。同样，本雅明等人（Benyamin et al., 2014）发现，尽管具有高度多元性，但儿童智力与 FNBP1L（formin binding protein 1-like）基因有关。FNBP1L 基因参与了将细胞表面信号与脑细胞的结构方面（与信息加工和抑制有关）联系起来的通路，例如肌动蛋白细胞骨架。

也有证据表明了特定领域能力的遗传基础。研究发现一组单核苷酸多态性（10 个）可以解释数学表现的显著变异（2.7%）（Asbury, Wachs, & Plomin, 2005）。还有研究发现，多巴胺 D4 受体基因（DRD4）的多态性与心理理论和执行控制任务的表现有关。具体来说，拥有较短等位基因的学龄前儿童的表现优于有较长等位基因的儿童的表现（Lackner, Sabbagh, Hallinan, Liu, & Holden, 2012）。这可能是因为这些受体影响了额叶的发育和功能，而额叶对一般元表征能力的发展施加了一般的神经解剖学约束。这一假设与通用基因假说相一致，该假说认为一组共同的基因制约着不同认知能力的操作。与此假说一致，科瓦什等人（Kovas et al.，2007）发现阅读障碍和数学障碍在很大程度上受到相同的遗传因素的影响。

这一领域的发展研究正处于起步阶段。有趣的是，有研究表明一些基因在不同年龄段的表达是稳定的。然而，也有证据表明一些与智力有关的基因表达随着发展而变化。拉纳尔德（Ronald，2011）通过回顾以往的研究表示"在某种程度上，相同的基因影响着早期和后期的认知和行为特征（从婴儿期到成年期）"（p. 1476）。然而也有"一些证据表明遗传影响是变化的，而且并非所有的候选基因关联都能在跨年龄段复制"（p. 1476）。因此，可能有基因激活了和上述各种周期有关的变化。我们将在关注脑发育的章节中再次讨论这个问题。

三、动物是否存在 g 因素？

基因存在的时间比人类早 40 亿年（Fortey，1997），它们的作用一直是一样的：指导动物成形、生长、生存和繁殖，使其能繁衍下去。这一过程的产物沿着许多路线演变，并出现了许多重要的转折和形式，其中一条路线是产生了智人这个物种——即使这条进化线的历史也比人类长几百万年（Boyd & Silk，2014）。因此，我们很自然地认为，智力形成的基因基础不止局限于人类，也存在于其他动物中。无论如何，最近有证据证实了这一预期，与人类一般认知能力有关的基因在过去的 6500 年确实发生了变化。具体来说，与处理新奇事物和抽象事物有关的基因在全新世（11700 年前）逐渐占主导地位，彼时定居和农业生活占主导地位（Woodley of Menie, Younuskunja, Balan, & Piffer, 2017）。如果这个假设是正确的，就有理由期待其他动物也有类似 g 因素的能力。这也就表明智力是沿着基因 - 脑发展的一个共同维度进化的，尽管在某些物种中，智力在某些时间点上出现了突飞猛进的变化。

事实上，最近对动物智力的研究抽象出了与人类 g 因素相对应的一个与学习和解决问题有关的一般因素。这个动物 g 因素与我们提到的注意控制、工作记忆和其他执行功能有关。人类和动物 g 因素之间的相似性意味着这种结构的出现有一个进化的过程（Burkart, Schubinger, & van Schaik, 2017; Matzel & Kolata, 2010）。也许人类 g 因素和动物 g 因素之间的这种相似性表明，有关研究应该在动物身上寻找与人类的觉知类似的能力。

有强有力的证据表明，一些动物（如海豚、猴子和猿）确实有一些元认知的能力。这是否意味着这些动物能有意识地注意到自己的知识状态和心理过程？现有的证据表明："有些动物知道它们不知道，但是它们是否知道'我知道''我记得''我相信'或其他非语言上的对等词？它们是把自己的知识表现为信念状态或记忆状态，还是它们有一些更原始的方式来监控自己的思想？"（Couchman, Beran, Coutinho, Boomer, & Smith, 2012, p. 86）这些问题并没有确切的答案。显然，回答这些问题将阐明几千年来人类意识是如何进化的，这个进化过程又是如何与人脑的大小、结构和功能组织的变化相关联的。将不同动物的脑沿着一些明确的元认知相关维度与它们所拥有的意识和认识的程度及性质关联起来，将是回答这些问题的重要一步。

四、文化、智力和智力发展

很久以前我们就知道，环境因素对智力的发展有很大的贡献，但不清楚这些因素是如何发挥作用的。人们认为接受教育很重要，但不知道学校教育的哪些方面起关键作用（Neisser et al., 1996, p. 97）。现在我们知道，领养会使本来没有血缘关系的儿童的智商增加 12—18 分，而这些儿童通常出生于社会经济地位较低的家庭中。因此，相当一部分智商优势是由环境造成的，独立于与之相关的基因而起作用（Nisbett et al., 2012, p. 136）。

在群体层面，一些实现工业化的国家的民众智商有了很大的提高，也就是所谓的弗林效应（Flynn effect; Flynn, 2009）。具体来说，弗林发现从 20 世纪初到现在，西方国家人们的流体智力提高了 18 分、晶体智力提高了 10 分。这一趋势在西方国家已经趋于平缓，转而在积极工业化的东方和非洲国家开始出现。尼斯比特等人（Nisbett et al., 2012）认为，最终的原因是工业革命，"它产生了现代社会对智力技能的需求"（p. 141）。这是通过采用科学的推理方法实现的，并强调了分类和逻辑分析的作用。这在学校里是通过教学内容从基本的机械技能（如计数）转向模式分析和涉及数字与其他概念之间关系的加工来实现的。我们将在后面关注学习和促进智力发展的章节中再次讨论弗林效应。

值得注意的是，对种族差异的解释已经明显转向了对环境/文化影响的讨论。在奈瑟尔（Neisser et al., 1996, p. 95）提出他的观点的年代，人们认识到没有太多关于黑人/白人在心理测量智力方面差异的直接证据，仅有的一点也未能支持遗传假说。目前，人们认为这种差异可能完全由黑人家庭的教育环境来解释。例如，在高加索中产阶级家庭的环境中成长的具有欧洲基因的非裔美国人，其智商超过具有类似基因背景的非裔美国人约 13 分。亚裔美国人和白人美国人之间的成就差异也可以从文化的角度来解释：东亚人信奉儒家思想，这就涉及一个强烈的信念——智力主要和努力工作有关，因此，他们很努力，也很出色。

文化确实赋予了人们一种对待现实和问题的心理态度。鲁利亚（Luria，1976）的研究表明，有的亚洲农民会拒绝采用分析和推理来解决一个简单的三段论推理问题："树林里的熊都是黑色的；米沙（Mischa）今天遇到了一只熊，这只熊是什么颜色的？"这些农民回答说，他们不知道，因为他们自己没有见过这只熊。许多其他研究表明，不同文化背景下的个体可能能够非常熟练地解决与现实相关的问题，但在处理类似于学校或测验的标准化问题时却很无力。科尔等人（Cole，Gay，Glick，& Sharp，1971）发现非洲格贝列部落的儿童使用当地的现实和功能标准进行分类（知更鸟在飞），而不是生物类别标准（知更鸟是一种鸟），生物类别标准的使用随着受到的学校教育的增加而增加。格拉德温（Gladwin，1970）发现南太平洋的普鲁瓦特人开发了一个复杂的导航系统，整合了关于天气、风、洋流和星星的信息。这个系统使他们能够在岛屿之间有效地导航。卡拉海尔及其同事的研究（Carraher，Carraher，& Schliemann，1985）表明，巴西的街头儿童以在街头出售各种商品为生，他们在与自己的生意相关的环境下进行算术计算比在标准的学校环境下更加熟练。此外，他们在街头计算中使用的策略涉及对数量的心理操作（例如，他们先计算总体数量，然后将其合并），而不是像学校里通常教的那样，使用四则运算的符号进行操作。

不同的文化中可能有长期存在的制度帮助促进智力的关键成分的关联和使用，使这些文化环境中的人群在整体智力表现上比其他文化更出色。我们注意到，学校教育可能是这些制度中对开发智力最有影响的。然而，可能还有其他更具体的文化制度与不同文化的整体智力成就有关。一个很好的例子是东方（例如中国或日本）文化中语标系统的学习。学习这个系统对加工效率和工作记忆的要求极高，儿童从生命的早期开始，就必须能够识别和产生成千上万的复杂视觉模式。在两项研究中，我们对4—14岁的希腊和中国儿童的心理结构所涉及的所有维度进行了分析（Demetriou et al., 2005；Kazi et al., 2012），具体来说，我们对儿童的加工效率的各个方面进行了测量，这些方面涉及简单的加工速度、注意控制和转移，我们还对与常见的熟悉物体和阅读有关的任务（拉丁文、阿拉伯文和汉字）的速度表现进行了测量。这些儿童还接受了工作记忆（空间和语言）、推理（归纳、演绎和空间）和觉知（对各种推理任务的程序性异同的意识）等各个方面的测量。我们通过上述测量，研究学习汉语语标系统对这些民族之间可能存在的智力发展差异的影响。

我们发现，两个民族的认知过程的整体结构是相同的，并且与四重结构一致。然而，我们也发现过程之间的关系强度以及它们与 g 因素的关系在两个民族之间存在差异。具体来说，在中国人中，加工效率与阅读的关系比与工作记忆的关系更密切；在这种文化中，工作记忆与推理的关系更密切。值得注意的是，在希腊人中，对认知过程的意识与工作记忆的关系更密切，而在中国人中则与推理的关系更密切。似乎希腊人比中国人更需要意识中的自我监测来处理工作记忆任务。然而，中国人从早期开始就对认知过程有了更多的意识，这可能是因为他们被迫监控和反思认知过程来掌握语标系统，这对自我监测和自我调节都提出了很高的要求。

在成就方面，中国人从早期开始就在语标系统任务的反应速度上超过了希腊人。后来，这种优势扩散到一般的字母识别上。再后来，7岁时希腊人在他们所学系统中通过实践赶上了中国人。有趣的是，希腊人在测试纯粹的加工速度的简单反应时任务上比中国人更胜一筹，而这些任务与早期的语标书写的学习经验关系不大。也就是说，中国人因为有特定语标的经验，可能已经发展出一种更谨慎的一般刺激搜索策略，因此在处理复杂任务时更加具有优势；然而，这种经验在非常简单的任务中并没有表现出任何优势，因为这些任务需要的是简单的刺激识别。同样，中国人在视觉/空间和假词工作记忆任务中的表现优于希腊人——这是他们的优势，但在常规的言语记忆任务中，他们似乎没有任何优势。在4—14岁的年龄段中，中国人的空间推理能力也超过了希腊人；然而，希腊人在演绎推理任务上的表现超过了中国人。总而言之，中国人在加工效率、表征上表现出色，而在推理方面，只有在他们有文化优势的地方即处理空间信息上表现出色。

我们的发现显示儿童的发展水平沿着相同的顺序展开，但速度不同，这与特定文化的经验有关，这一发现与大量关于认知发展的跨文化研究是一致的。在皮亚杰理论的鼎盛时期，数以千计的研究检验了皮亚杰的认知发展阶段是否存在于非常不同的文化中，包括澳大利亚原住民和非洲的某些文化中。皮埃尔·达森（Pierre Dasen）对这项工作进行了中肯的综述和评价，他本人也积极参与了这项工作。这项工作有一个非常明确的发现：一方面，阶段和子阶段的顺序具有普遍性——来自所有文化背景的儿童在任一任务中的表现都可以被恰当地归入皮亚杰的某个子阶段；另一方面，在相对发展速度方面存在着巨大的文化差异——在许多情况下，儿童从未达到具体运算阶段的终点，更不用说形式运算阶段了（Dasen，1994）。这些文化间智力发展速度的差异与上述相同文化间的智商差异是一致的，这表明在某些文化中不需要高度多维和抽象的问题解决能力，因此这些文化也不培养这种能力。

显然，这些相似之处表明不同的文化在心智的发展和组织方面有一个共同的基础。总的来说，心智的结构在不同文化中是相同的，同样，发展的周期和顺序在不同文化中也是一样的。然而，心智是一个对环境变化做出反应和应对的系统，因此只要文化之间存在系统地影响心理功能和学习的差异，文化之间的差异就可能表现在心理过程与其发展之间的关系上。训练有素的心理过程与其他心理过程或与g因素的关系不同于训练不足的心理过程；在提供大量练习机会的文化中，这些心理过程的发展也会更快。这些模式类似于同一文化中心理过程的交织和分化的变化模式，取决于其发展状态。我们在许多不同的文化中反复验证了这些模式，如印度（Demetriou et al., 1996）和巴基斯坦（Shayer et al., 1988）的文化。

当然，上面的讨论主要是针对智力的，然而需要强调的是，在人格方面也有类似的发现。大量关于人格的跨文化研究清楚地表明：大五人格因素在地球上任何地方都是可靠的存在。施米特等人（Schmitt, Allik, McCrae, & Benet-Martinez, 2007）通过一项专门设计的研究，在使用28种语言的56个国家中探讨了这种结构的普遍性。他们发现，尽管大五人格因素结构在所有国家都很稳定，但在不同国家每个维度的主导程度存在系统性的差异。例如，一些国家在开放性方面的得分比其他国家高；一些国家在责任心或神经质方面的得分高。显然，国家之间的社会实践和优先事项的差异与它们在五个维度上每个维度的相对地位相关，就像上文描述的心理功能的方式一样。

一个有趣的问题可能会对解释心理功能和人格的跨文化差异有帮助，这与自我意识和自我调节在每种文化中的作用有关。尼斯比特等人（Nisbett et al., 2012）提出不同群体在智力方面的差异可能反映了自我调节方式的不同，这些方式促进了智力的发展，并反映出可能源于人格的共同的影响。因此，我们认为这种方法很有前景，进一步的研究进展可能来自对认知、心理测量、发展和人格研究的整合，这也是本书的一个主要目标。

五、总结

总之,越来越多的证据表明,特定的基因与脑的组织和功能的特定方面有系统的联系,从而又与脑的认知成就和个体差异有系统的联系。我们认为,这种遗传对智力的影响与我们的假设一致,即 g 因素涉及一些非常普遍和无处不在的过程(如 AACog 机制),它们可能在与 g 因素有关的任一特定过程中被激活——无论是执行、表征还是推理过程。然而,尽管取得了进展,基因与智力或智力发展之间的关联仍然是难以捉摸的,我们对其的认识也有限。到目前为止,只有一小部分 g 因素的变异可以由与之相关的基因来解释。尽管这也与 g 因素的一些通过测试得出的加工过程有关,例如瑞文测试或总智商。如果把四重结构模型作为探寻基因与心智关联的基础,那么关于基因与各种特定能力系统或觉知的各个方面的关系,人们的发现还很少。用尼斯比特和他的同事的话说:"这可能只是因为像智力这样复杂的结果所涉及的基因数量非常多,由于基因数量太大,任何一组基因的贡献都太小,因此它们在没有大量样本的情况下就很难被发现。"(Nisbett et al., 2012, p. 135)

我们需要牢记,基因组、脑和心智是三个层次非常不同的现实(和分析),每个都由不同的结构成分组成:基因组只涉及核苷酸,本身由蛋白质组成,在脑中表达,制约和指导脑的构造、功能和发展;脑涉及神经元,由轴突和突触连接组织起来(本书第十四章讨论的内容);心智涉及本书所介绍的结构,例如四重结构。还应牢记的是,在基因组或脑中没有思维或心理过程:脑活动表现为电化学事件,可以通过各种手段来测量,如记录电活动或绘制不同脑区的激活图(将在下一章讨论);心理过程只存在于认知层面。基因与脑、脑与心理功能和智力之间可能存在直接的因果关系，例如：某个基因带来某种细胞结构、大脑皮层的厚度、起始连接、神经递质功能，某种特定的脑结构、起始连接等进而会导致个体表现出某种加工速度、工作记忆、推理能力等（如第九章中图9.1的说明）。

研究者对文化的影响也有类似的考虑。人们普遍认为，基因组被装配在一个特定的身体里，由脑引导，脑与特定的环境发生作用和互动。因此，在不同社会群体中观察到的遗传效应模式强烈地表明，基因、遗传和环境之间的关系要比原先假设的复杂得多。例如，有资料显示，来自较低社会阶层的儿童在智力上的个体差异更多地与环境差异有关，来自较高社会阶层的儿童在智力上的个体差异更多地与遗传差异有关。这可能只是意味着来自较低社会阶层的儿童没有充分发展他们的遗传潜力，表明他们更需要社会和教育的支持。无论如何，目前仍然没有办法知道在优越环境中的儿童的智商优势有多少是由环境本身造成的，有多少是由创造这些环境的父母遗传给他们的基因造成的。此外，生活在优越环境中的儿童的一些智商优势可能是由于儿童的优越基因禀赋产生了一种表型，奖励父母为智力发展创造了优良的环境（Nisbett，2012，p. 136）。

关于智力结构和发展的跨文化研究得出了一个强有力的结论：一个基因组，一种智力；一种人类，一种心智；许多文化，许多心智。也就是说，人类的智力在不同的人类文化中是相同的，因为它是由相同基因组塑造的。甚至人类心智的整体概念在不同的文化中似乎也有许多相似之处，因为就在各文化中对它的观察和明确描述而言，人们看到了这些相似之处。例如，值得注意的是，儒家思想对人类智力的定义涉及第二章中讨论的卡罗尔三层模型中的许多特征。根据孔子的说法，人类智力包括"（1）识别他人智力领域的能力，（2）自我认识的能力，（3）知道如何和何时解决问题的能力，（4）言语能力，（5）积极和灵活思考的能力，以及（6）

做出有益个人决定的能力"（Pang，Esping，& Plucker，2017，p. 167）。需要注意的是，除了自我认识的能力之外，所有的能力都在心理测量模型中有所体现，同时，这种能力在认知和发展理论中都得到了充分的体现，对于这一点本书也有着充分的讨论。这一理论被人们视为一种普遍的生活取向，而不是具体的教育理论，指导着中国文化中的教育和学习实践。因此，我们有理由认为，与西方教育相比，它可能是研究者观察到的有利于他们的差异的基础，在西方教育中，行为主义占主导地位后，自我认识的教育就被放弃了。

值得注意的是，对一般过程，如执行控制和推理的掌握，反映了一个群体达到的抽象水平。例如，分析的取向在发展中是次要的，人们需要系统地培养和练习才能自发地使用它们。同时，高级知识和专业技能反映了一般的认知过程和能力如何在特定文化背景下与某个认知领域相互作用。巴西街头儿童在他们需要的数学能力上的成功并不表明这些儿童与他们在学校的中产阶级同龄人有不同的心智，只是反映出他们的交易方式以足以应付其任务需求的方式促进其一般推理和定量推理的发展，当然，这还不足以帮助他们获得在学校学习的处理抽象算术任务所需的正式计算技能。同样，普鲁瓦特复杂的导航系统表明，一般的推理机制、空间思维和其他领域被整合在了一起，产生出具有较高价值的与文化相关的专业知识。显然，这个系统与用于驾驶飞机的抽象电子导航系统相差甚远。但是，它们都是根据需要长时间的训练和实践才能掌握的复杂的规则和知识系统来组织空间和时间的。也许，上文提到的东方国家在一般智商方面的优势就与此有关。

第十四章　绘制脑智发育图谱

191　　通常认为，脑是心智的潜在生物机制，因为心智的所有表现形式都来自脑的结构和功能。在此，我们探索了心智功能的心理和生物两个层面之间是如何相互关联的。因此，我们是在寻找脑产生心智能力和心理结构组织的基本原理。本章讨论的框架是在本书第八章中提出的心智的四重结构模型和在本书第九章至第十一章中讨论的发展周期模型。本章分为两部分，第一部分关注脑的结构，第二部分关注脑的发展。在每一部分中，我们都将首先介绍关于心智的基本假设和发现，然后提出其潜在的脑结构和机制性证据及理论。希望这种行文方式能使两个层面上的假设以及研究发现中的异同变得清晰。

　　本章旨在回答以下三个问题：

- 心理学研究提出的心智结构是否会反映在脑的组织和功能上？
- 执行心理过程和机制的神经元过程是什么？例如，脑是如何进行抽象和推理的？
- 脑整体参数的变化（如神经元体积的增加、髓鞘形成、神经元网络和神经元修剪）如何反映在认知过程的阶段和周期变化中？

192　　回答这些问题并不容易。一方面，在心理学研究中：（1）可观察的情感和认知行为是通过不同尺度的任务来衡量的；（2）主观体验以多种方式表达，如自我描述、自我评价、确定性评价等。另一方面，对脑的研究涉及生物实体（如神经物质的性质、体积和组织）及其通过各种模式表达的

（如被激活的脑区和电化学活动的血液供应与葡萄糖消耗）与功能相关的指标。从结构上讲，人脑由许多细胞结构上离散的区域组成（Brodmann，1909；Glasser et al.，2016），它们的功能既有相似之处，也存在差异。然而，脑作为"在一个高度受限的、遗传组织的但不断变化的环境中运作的一系列复杂的动态和适应性过程的产物"，以一种整合的方式发展和运作（Stiles & Jernigan，2010，p. 327）。这些维度（心智和脑）的测量尺度和精度在结构和功能这两个描述层次内和层次间都有所不同，如何将不同层次的分析相互映射还不得而知。因此，当我们绘制它们时，精度还达不到最佳水平。

一个试图将心智发展的结构和功能与脑发育联系起来的理论模型必须考虑以下假设。首先，人脑的结构和组织受到基因组的限制。人类基因驱动着脑发育的漫长过程，从怀孕第三周开始，持续数十年。我们在前一章中已经指出，有一种遗传 g 因素与心理测量 g 因素相关，它们的关系由基本的、不依赖于场景的认知功能直接表达，这些功能一方面反映了脑在表征和加工信息时的质量，另一方面反映了心智将它们组合成涉及不同类型信息的理解序列或推理序列的功能效率，这些信息包含视觉、语言、数字等类型（见图 13.1、图 13.2）。这一过程受到基因和环境在各个层面上不断相互作用的影响（Gottlieb，2007）。

其次，基因或环境的输入并不能直接决定心智发展的结果。尽管脑的结构和功能是心智的结构和功能的物理基础，但它们随时间的发展是一个双向的、复杂的、适应性的和动态的过程。前一章中总结的研究表明，我们的生理结构并没有被预设在基因中，基因在环境中表达，受环境影响。因此，尽管脑的总体结构及其生理机能受到严格的遗传限制，基因与环境的相互作用仍为每个人设定了独特的发育过程，这确保了心智本身独特的发展过程。利用或然渐成论框架（Gottlieb，2007），我们可以将本书所讨论的三个研究传统的发现联系起来。

一、结构

⑲ 脑的结构可以用不同的技术在不同的尺度上进行分析（例如，在全脑、皮层或皮层下结构、突触连接以及神经元本身的水平上）。脑形态测量学从不同角度绘制脑结构。事实上，脑结构组织的多样性是其功能的一个重要属性，它的微观和宏观性质一直是数年来脑科学研究的焦点。大多数关于脑结构与心智之间的发展关系的研究和理论都集中在宏观解剖层面。

二、在脑中定位认知功能

这里，我们认为人的心智是一个复杂的网络世界，在理解或解决问题的过程中被组织成执行不同任务的系统。根据心智的四重结构模型，存在四个加工系统：领域特定系统、表征系统、整合系统和觉知系统。领域特定系统与环境直接相关，将心智根植于现实世界。其他三个系统与环境逐渐脱离，在不同的抽象层次上组织特定环境下的信息和心理结构，如概念和规则。发展认知神经科学的最新进展勾勒出了基于网络结构和机制的脑与心智功能的综合理论的雏形。

（一）领域特定的脑网络

最近对脑的研究表明，每一种特定能力系统或它们的认知方面都可能被映射到一个或多个专门的脑结构或网络上（见图14.1）。与分类相关的物体属性，如颜色、形状和大小，是由视觉皮层的不同部分处理的。口语表达的分类信息的处理与整个颞上回有关。颞上回与语言理解有关，因此它对听觉信号的"对象"属性进行分析（Galaburda，2002）。然而，在应用已经获得的物体分类知识时，无论其是何种属性，这种应用均会涉及位于纹状体下部外视觉皮层的梭状回（Gauthier et al.，2000）。视觉空间信息的不同方面，如颜色、深度、运动和形式，是由枕叶视觉皮层的不同区域处理的（Livingstone & Hubel，1988）。心理旋转则会激活位于顶内沟中央的右侧后顶叶（Harris et al.，2000）。有趣的是，高智力群体在进行心理旋转时除了激活这个区域外，还会激活额叶和前扣带回皮层（O'Boyle et al.，2005）。定量信息，如单独的数字和数字关系（如增加），是在下顶叶皮层处理的，特别是在被称为角回的后褶和顶叶内沟处，此外额叶皮层也参与其中（Dehaene，2011；Nieder & Dehaene，2009）。对因果关系的感知是由视觉皮层提供的，而对物体之间因果相互作用的理解是由前额皮层的内侧和背侧区域处理的（Fonlupt，2003）。社会理解涉及多个区域。面孔编码涉及右侧海马体和左侧前额皮层；而面孔识别涉及梭状回。不可否认，目前还没有可以覆盖每个领域在三个组织水平（如不同年龄阶段的核心过程、心理操作以及信仰系统）的完整脑网络图谱。

需要注意的是，每个领域都可能对应不同网络汇聚的核心网络或中枢网络。这些中枢网络作为语义统一的系统运作，允许思考者根据每个领域的背景对不同的刺激进行解释。这些中枢可以被认为等同于承载意义的符号单位。例如，颞前叶可能是分类系统的中枢（Patterson, Nestor, & Rogers, 2007）。顶叶的角回区域可能是数值系统的中枢（Dehaene, 2011），而视空间系统的屏状核则可能是视空间系统的中枢（Crick & Koch, 2005）。表14.1列出了与心理过程相关的脑区，图14.1展示了这些过程在脑中的定位。

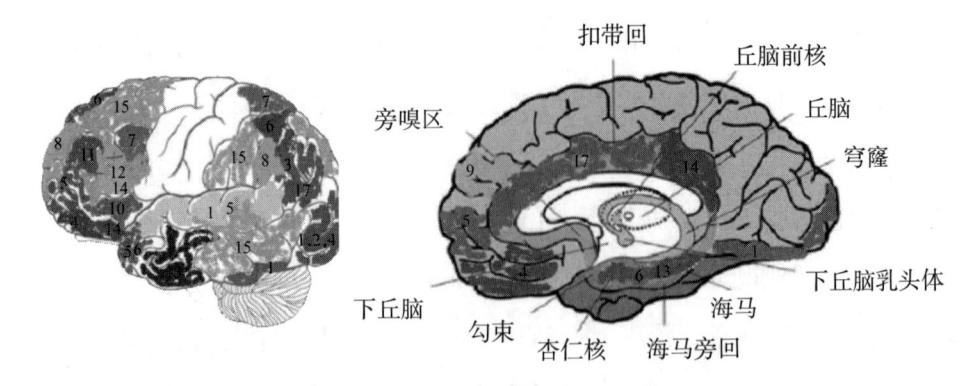

图 14.1　表 14.1 中所示的与心理过程相关的脑区

表 14.1　心理功能在脑中的定位

图 14.1 中的序号	心理功能	脑区
领域特定		
1	分类	枕叶、颞上回
2	空间	枕叶
3	定量	顶下区域 [角回，BA 39（各脑区的偏码见图 14.2，后同）[①]]
4	因果	枕叶、额上（内侧和背侧）
5	社会（面孔识别）	内侧前额叶、颞上沟、颞极
短期存储		
6	视觉	额上沟后区、顶间沟、杏仁核、海马
7	语言，复述	左侧顶叶运动前区
8	语言，维持	前额前区、顶下
9	情景	右侧额中回、感觉运动前区

① BA 为布罗德曼分区（Brodmann area）的缩写，布罗德曼分区是一个根据细胞结构将大脑皮层划分为一系列解剖区域的系统。——译者注

续表

图 14.1 中的序号	心理功能	脑区
执行控制		
10	抑制	腹侧和背侧前额叶
11	选择	前额内侧、颞顶联合区
12	转换	额下联合、前运动 – 顶内网络
推理		
13	约束	海马、颞叶内侧及下侧、背侧及前侧前额叶
14	归纳	额下回、右侧岛叶皮层
15	演绎	颞叶（BA 21、22）、枕叶（BA 18、19）、左侧顶叶（BA 40）、双边背侧额叶（BA 6）、左侧额叶（BA 44、8、9、10）、右侧额叶（BA 46）、右侧上顶叶、丘脑、右侧前扣带回
意识		
16	视觉	屏状核①
17	心理理论	右侧和左侧颞顶联合、内侧顶叶（后扣带回、楔前叶）、内侧前额叶、腹侧和背侧注意网络

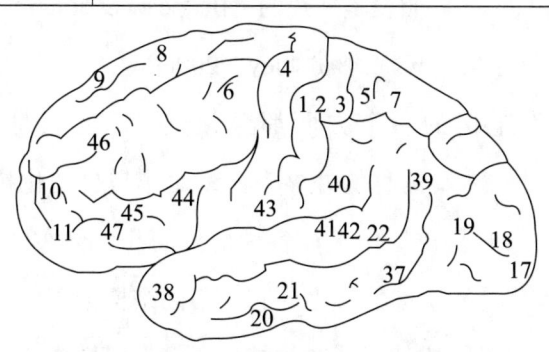

图 14.2 左侧大脑半球的视图

① 屏状核位于岛叶皮层外侧和壳核内侧之间，在图中不可见。——译者注

（二）表征能力的脑网络

内在的相互依赖分析聚焦于独立于任务加工需求的大尺度脑组织（Bressler & Menon，2010）。通过对参与者的静息态（即参与者不执行任何任务时脑的代谢活动）功能性磁共振成像（fMRI）数据进行分析，可以获得不偏向于特定任务的脑内在连接网络（intrinsic connectivity networks，ICNs）图像。脑内在连接网络表明，人脑本质上被组织成不同的功能网络，这些网络已被发现参与执行控制、情景记忆、自传体记忆和与自我有关的处理（Vincent et al.，2006）。很明显，有多种结构和网络与工作记忆有关。乔耐德等人（Jonides，Lacey，& Nee，2005）提出，工作记忆的短期存储功能是由与处理感知信息相同的脑区调控的；而执行部分，如复述，是由参与注意控制的脑网络调控的。语音记忆由与语言知觉相关的双侧前额/顶下网络负责。视空间记忆依赖于不同的双侧系统，包括额上沟的后部和整个顶内沟。一些脑区在语言复述和视空间转换（如空间排序和旋转）过程中被激活，包括右侧额中回和感觉运动前区，以及双侧额深盖皮层和沿顶内沟前部和中部的皮层。这与可能存在中央执行过程（如转移和情景整合过程）这一假设是一致的（Baddeley & Hitch，2000；Gruber & von Cramon，2003；Repovš & Baddeley，2006）。

海马对工作记忆的多个方面都至关重要，尤其是空间工作记忆（Squire，1992）。它涉及信息的外显表征，而非与自动化技能及习惯相关的内隐表征。它暂时将皮层中表征各种信息的几个分布区域结合在一起。事实上，海马本身是异质性的，因此它的不同结构与工作记忆的不同方面有关，例如：（1）保留从基于感知的结构（例如，视觉或语音皮层）接收到的信息；（2）指定排列信息，如物体位置和顺序（Lisman，2005），以及（3）将信息传递到额叶皮层进行进一步处理，如关系整合（Friedman

& Goldman-Rakic，1988）。

由此可见，工作记忆功能在脑中分布广泛：海马表征新信息，内侧颞叶和颞下区域表征视觉和多模态物体信息，背侧和前侧前额叶捕捉物体之间的关系，腹侧和后侧前额叶维持与当下相关的内容（Raganath & D'Esposito，2005）。额下联合区（inferior frontal junction，IFJ）位于中央前沟和额下沟的交界处，参与任务转换功能，由于它一次只能保留一条规则，所以它也带来了注意力瓶颈（Vergauwe，Hartstra，Barrouillet，& Bras，2015）。最后，反应选择由内侧和腹外侧前额叶区域负责（Cowey，1996；Gruber & Goschke，2004；Yoon，Okada，Jung，& Kim，2008）。因此，工作记忆的执行功能是在额叶皮层，而不是在海马中完成的。这些参与工作记忆的执行过程的网络也参与了后文所述的整合和意识加工过程。

（三）整合推理过程的脑网络

脑中有几个与上述整合过程相关的结构和网络。基于贝叶斯概率共变的简单推断发现了左侧小脑和相邻的视觉皮层网络，该网络可能整合了运动和视觉信息之间的关系（Ide，Shenoy，Yu，& Li，2013；Zheng & Rajapakse，2006）。除了这个网络，事件间功能共变的贝叶斯抽象还发现了前扣带回和与关系思维有关的前额皮层网络（Ide et al.，2013；Wendelken，Ferrer，Whitaker，& Bunge，2015）。归纳推理激活额回（与整合有关）和右侧岛叶皮层（与显著性检测和大规模网络之间的切换有关），以调控注意力和工作记忆，并与突显表征的选择有关（Menon & Uddin，2010）。演绎推理在推理过程中激活了一系列网络，参与不同阶段的不同任务。具体来说，基于内容（背景）的命题激活颞叶区域（BA 21、22，与语言加工有关）和额叶区域（BA 44、8、9，与整合有关）；形式命题激活枕叶区域（BA 18、19，意味着构建了由形式命题所隐含的关系的视觉心理模型)、左侧顶叶区域(BA 40，建立联系)、双边背侧额叶区域(BA 6)、左侧额叶区域(BA 44、8、10)和右侧额叶区域(BA 46)，与整合、评估和选择有关(Goel，2007；Goel，Buchel，Frith，& Dolan，2000；Goel & Dolan，2000，2001)。同样地，其他研究表明演绎推理涉及右侧上顶叶(与概念之间的联系有关)、丘脑(在系统之间传递信息)和右侧前扣带回(与竞争反应的选择有关)(Osherson et al.，1998)。

文代蒂和邦奇(Vendetti & Bunge，2014)提出，在高阶推理(例如类比推理或演绎推理)中，有三个核心区域。第一个区域位于顶下小叶(inferior parietal lobule，IPL，BA 39、40)，表征特定关系而非一般关系，且受关系的数量影响。该区域与第二区域，即左侧前额叶喙外侧皮层(left rostrolateral prefrontal cortex，rlPFC，BA 10)建立一级关系。这个区域抽象了二级关系，比较和整合贯穿其常见关系的心理表征。第三个区域，右背外侧前额叶皮层(dorsolateral prefrontal cortex，dlPFC，BA 9)，提供支持作用，实现工作记忆中的表现监控、干扰抑制、反应选择和项目操作。第二个区域不随任务的难度扩展，但第三个区域可以。随着年龄的增长，左侧前额叶喙外侧皮层–顶下小叶束髓鞘化增加，与之对应的右侧束则没有。这是预测推理能力变化的一个强有力的因素。

舒伯特等人(Schubert，Hagemann，& Frischkorn，2017)最近的一项研究尤其值得一提。这项研究考察了加工速度和 g 因素之间的关系从何而来。他们对比了传统的观点，即速度的影响反映了信息加工的脑属性的质量，如髓鞘形成、神经振荡的速度、白质束完整性或网络间交流的特定方面(如从额叶注意和工作记忆过程到颞叶–顶叶过程的自上而下的信息传递)。通过对 g 因素和加工速度的测量以及脑电图的记录，他们发现智力越高的人在这种自上而下的信息传递中效率越高。这一发现与本书提出的理论一致，即自上而下的选择需激活的网络对高智力至关重要。

（四）知觉和意识的脑网络

意识的脑机制还缺乏共识。一些学者认为意识与特定的脑结构有关，而另一些学者则认为意识是一种反映多个网络的共同激活的动态状态。然而，某些脑区和网络始终参与意识过程。

注意在意识中起着至关重要的作用，因为它是无意识和有意识心理功能之间的大门。彼得森和波斯纳（Petersen & Posner，2012）提出，注意系统包括三个基本组成部分，每个组成部分与脑中不同的网络有关。警觉系统控制唤醒和警觉，它以脑干系统和丘脑为基础，基本由去甲肾上腺素调节。这是一个自下而上的网络，将信息投射到额叶和顶叶皮层。这个网络的激活使个体做好意识的准备，但它本身并不能产生意识。定向系统通过选择模态或位置来确定输入的优先级。该系统与眶额区域、顶叶区域和额叶区域有关。此外，该系统似乎包含两个不同的功能，一个与自上而下的视觉空间选择有关（顶内沟/顶上小叶和眶额区域），一个与自下而上的重新定向有关[左右双侧颞顶联合区（顶下小叶/颞上回）以及腹侧额叶皮层（额下回/额中回）]。这个系统基本受控于乙酰胆碱，可能是意识的大门。最后，还有第三个自上而下的处理冲突的系统，它与执行控制有关。该系统还包括两个网络，一个是额顶网络（楔前叶网络、中扣带回网络、右背外侧前额叶网络、背侧额叶网络、顶内沟网络和顶下小叶网络），用于实时任务监测，另一个是带状盖网络（背侧前扣带回/内侧额上皮层，前额叶前部皮层，前脑岛/岛盖部），负责任务维持。维默尔等人（Wimmer et al.，2015）的研究表明前额叶皮层倾向于视觉丘脑网状核，以控制丘脑感觉增益，选择适当的输入进行进一步处理。换句话说，丘脑网状核的功能就像一个探照灯，将注意力焦点引导到处理正在进行的行为的丘脑皮层回路上。这一过程主要由多巴胺和血清素调节，是意识的核心。

除了与注意有关，意识还涉及其他因素。具体而言，探索心理理论的脑机制的研究者想要寻找与心理状态意识有关的心理化网络（mentalizing network）。已有研究发现，这个网络包括左右双侧颞顶联合区、内侧顶叶皮层（包括后扣带回和楔前叶）和内侧前额叶皮层（Frith & Frith, 2003; Siegal & Varley, 2002）。此外，心理化网络激活腹侧和背侧注意系统，以此调节对自我和他人心理状态的加工（Abu-Akel & Shamay-Tsoory, 2011; Mahy, Moses, & Pfeifer, 2014）。显然，心理理论、注意力、执行控制、工作记忆和关系加工是由处理序列事件并产生意识的相同的神经系统调控的（Petersen & Posner, 2012）。

意识是如何产生的？通常而言，意识来自同一网络的反复激活或互补网络的协调激活（Edelman & Tononi, 2000; Lamme, 2006），而非任何特定区域的功能。根据巴尔斯（Baars, 1989）提出的全局工作空间模型，许多模块化网络在任何时候都是并行运行的，经常无意识地处理信息。当相应的神经群被自上而下的注意放大，进入一个分布在脑各处的神经元群体进行的自我维持的连贯活动状态时，处理的内容就会到达意识，成为外显意识的对象。就好像在一段时间中，这个特定的内容占据了整个大脑。因此，通过自上而下放大的"工作空间神经元"的远距离连接，这些特定的内容可用于各种过程，如分类、定量估计和长时存储（Sergent & Naccache, 2012, p.102）。最近的证据表明，内侧前额叶皮层和内侧顶叶皮层的楔前叶在这一过程中起着关键作用。当它们因麻醉而不活跃时，个体就会失去意识（Boly et al., 2013）。

值得注意的是，克里克和科克（Crick & Koch, 2005）提出了一种视觉意识模型，其中涉及一个特设的专门网络。根据这个模型，视觉注意和意识的焦点位于端脑基底外侧的皮层下结构——屏状核。克里克和科克（Crick & Koch, 2005）认为屏状核与所有感觉和运动皮层以及与情绪相关的杏仁核有着丰富的联系。它接收在特定时刻激活的所有区域的输入，并将这些输入绑定在一起，产生对所涉及的心理内容的意识。

（五）顶叶-额叶整合理论：智力的脑功能整合模型

荣格和海尔（Jung & Haier，2007）提出了一个脑功能的整合模型，即顶叶-额叶整合理论（parieto-frontal integration theory，P-FIT），并认为这是对流体智力的脑模拟。在此，我们将顶叶-额叶整合理论的模型映射到本书提出的四重结构模型上。根据顶叶-额叶整合理论，信息首先在专门处理不同类型感觉信息的皮层区域登记和处理，如视觉皮层（BA 18、19）和听觉皮层（BA 22）。因此，顶叶-额叶整合理论的模型所涉及的感觉区域可能更多地与本模型所代表的领域特定过程相关，如上文所述的分类、空间或定量核心操作。此后，信息被传递到顶叶皮层的几个区域（BA 7、39、40），这些区域主要进行精细化、与过去的知识或行为联系以及抽象化活动。因此，在顶叶-额叶整合理论的模型中，顶叶区域可能与AACog机制涉及的抽象和表征对齐过程有关。然后，这些区域与额叶区域（BA 6、9、10、45、46、47）相互作用，以寻找手头问题的替代解决方案。最后，前扣带回（BA 32）通过抑制替代反应来约束反应选择。当每一个网络都要在脑事件序列中发挥作用时，前扣带回作为指挥者进行指挥，以达成最终决策。当相同的神经网络被不同的信息块激活而引发干扰时，前扣带回被调用（Gruber & von Cramon，2003；Klingberg，1998）。因此，顶叶-额叶整合理论中，额叶区域与工作记忆、注意和执行控制有关；前扣带回与需要觉知及元表征参与的有意识的计划、抑制和选择有关。

三、脑网络间的交流

到目前为止，我们已经讨论了与认知过程相关的脑网络间的相互作用，但我们还没有明确这些相互作用的编码。很明显，脑通过电动力学活动的变化来对环境的变化或脑优先事项的变化做出反应。例如，脑对预期刺激的反应的准备（例如：准备识别当前刺激的颜色）在脑电图中表现为负偏移，这被称为伴随负电位（contingent negative variation，CNV），它出现在双侧前扣带回及其相邻结构中。这种反应意味着当刺激出现时，执行控制网络会参与设定预期刺激相关网络的响应（Petersen & Posner，2012）。

因此，脑网络间的相互作用以脑活动的各种节律为基础。脑节律是脑电活动中反映的神经元集群兴奋性的周期性波动。节律的频率范围从非常低（如 0.05 Hz）到非常高（200—600 Hz）不等。知觉和认知活动主要表现为 θ 节律（4—10 Hz）、β 节律（10—30 Hz）和 γ 节律（30—80 Hz）。刺激的组成部分，如工作记忆实验中出现的连续字母或数字，似乎是由高频节律（如 γ 波）编码的。这些字母根据特定的规则（如它们的呈现顺序）组合成"神经单词"和"神经句子"，并由较低频率的节律（如 θ 波）编码。根据布扎萨基和布伦登（Buzsaki & Brendon，2012）的说法，这些节律构成了脑语言的基本组成部分和句法规则。

有趣的是，海马中服务于工作记忆功能（如物体的排列顺序）的区域和前额叶皮层中服务于执行功能的区域之间的交流是通过海马中的 γ 波和前额叶皮层中的 θ 波进行的。θ 波将海马 γ 波组织成合适的序列。有观点认为，工作记忆容量等于一个 θ 波周期内的 γ 波周期（代表要存储的单个刺激）的数量。因此，γ 波周期或 θ 波周期代表了在工作记忆中存储多个条目的脑代码（Jensen & Lisman，2005）。有研究者提出，θ 波是脑的整合机制的基础，它协调不同类型的信息并将其编码进其他脑节律（Sauseng, Griesmayer, Freunberger, & Klimesch, 2010）。因此，脑节律之间的协调性增强可能是思维表征和推理图式之间协调的基础。

这些发现与最近的非侵入性脑成像研究结果一致。这些研究探索了不同类型认知活动中不同节律可能的因果作用。图特和米纽西（Thut & Miniussi, 2009）在回顾大量研究的基础上得出结论：视觉皮层 V1/V2 中的 α 波（7—13Hz）和 β 波振荡（10—30Hz）与视觉知觉有关，使脑适应即将进行的知觉；然而，在运动皮层的环状区域，这些节律则参与了将知觉转化为动作的过程。有趣的是，背外侧前额叶皮层主要对 δ 波（1.5—4Hz）和 θ 波（4—10Hz）波段的信号较为敏感。因此，节律活动的类型和脑区之间可能存在关联。

脑的抽象化与其节律相关。信息在加工过程的每个阶段中（或在网络的每个部分中）在物理上是相同的（即不同波段的神经波动）。当信息传输到另一个网络时，它可能会在某些物理维度（如频段）上发生变化，以区分所涉及的网络的阶段或成分。因此，每个阶段编码一些不同方面的刺激间的关系（例如一阶或二阶）。它们之间真正的区别在于，在实际过程中，二阶关系中保留了一些一阶关系。

四、发展

这一节将考察脑发育的总体模式是否与前面讨论过的心智发展的总体模式相似。人脑发育受限于基因，在发育过程生长为一个能够进行信息处理的独特器官，逐渐能够管理大量的认知和情感信息。皮层的交互所产生的功能特化是一个与智力发展同步并行的发展过程（Casey, Tottenham,

Liston, & Durston, 2005）。随着脑各区域在发育过程中的相互作用，它们会"微调"彼此的功能（从一般功能到越来越具体的功能）。以类似和同步的方式，随着不同的领域特定智力技能的发展，人类的心智在功能和结构上转变为一个日益模块化的系统（Barrett & Kurzban, 2006）。从无差别的结构和全局的、通用的功能，到分开的结构和特定的功能，这一过程定义了从婴幼儿期的可塑性关键期到固定神经回路时期的转变（Bardin, 2012）。在这个时期，中央协调过程变得越来越强大。

接下来，我们会提出一个将出生后人脑功能的发展与特定认知领域的大量数据联系起来的一般性框架。新皮亚杰学派根据脑特定区域（如额叶皮层）的成熟来解释新出现的认知功能，或将脑发育过程解释为髓鞘化的过程（Case, 1992; Fuster, 2002）。与新皮亚杰学派不同，我们支持一种交互的特化观点。这种观点有两个关键思想。第一个思想认为，脑区之间活动的相互作用在发展，并且，这种发展决定了这些区域的功能。因此各区域的活动越来越局限于一组有限的事件。例如：一个能对多种声音进行反应的脑区对人的声音的反应越来越灵敏。第二个思想认为，脑的计算能力主要取决于分子、细胞和系统尺度上的单个处理单元是如何连接在一起的（Sporns, 2012）。换句话说，每个特定皮层区域的运作部分取决于该区域与其他区域的连接模式以及这些其他区域的活动模式（Johnson, 2011）。

五、心智相关脑网络的变化

众所周知，脑在发育过程中经历了结构和功能的变化。在神经元层面上，出生后的脑发育既包括进行性的，也包括退行性的。具体而言，神经元在各个方面都有扩展，比如它们的数量、传递信息的轴突的质量，以及神经元突触上的相互连接。退行性表现在神经元的减少或连接不可用等方面。随着时间的推移，这些变化是非线性的，且不同脑区也有所差异。脑发育过程中最显著的结构变化发生在灰质和白质的相对比例上：在青少年早期，灰质体积和皮层厚度达到峰值后下降，但在青春期和青年期，白质相对持续增加。这些变化是异时性的（发生在不同的年龄阶段），并遵循从后到前、从下到上的一般成熟趋势。因此，控制知觉和运动的体感区域比控制思维的联合皮层，尤其是额叶区域更早成熟（Colby, O'Hare, Bramen, & Sowell, 2013）。

具体而言，尽管 6 岁时脑的大小已达到成年时期的约 90%，但在整个青春期和成年早期，脑会继续经历动态变化。神经元之间的连接也会在发育过程中发生系统性变化。例如，突触密度（即单位面积上突触的数量）在出生第一年呈指数变化（妊娠第 5 个月约为 0.5×10^8 每立方毫米，出生时为 2.5×10^8 每立方毫米，出生一年后为 5.8×10^8 每立方毫米），然后放缓（10 岁时为 3.5×10^8 每立方毫米，70 岁时为 3×10^8 每立方毫米）。此外，突触生成和突触修剪在不同的脑区是不同的。这些变化在出生后的第二个月在感觉运动皮层达到峰值，出生一年后在顶叶和颞叶联合皮层达到峰值，在 4—6 岁时在前额叶皮层达到峰值（Tau & Peterson, 2010）。

关于脑发育的一个明显的事实是，脑网络的结构连接和功能连接是相互关联的。一些最新的方法可用来系统地探索认知和神经元层次上的结构及网络的相互联系。探索性图形分析是一种很有潜力的方法。该分析通过指定特定单元之间的连接来探索网络模型。这些模型可在不同分析层面上进行度量。比如，认知层面涉及特定认知过程的测量，如各种类型的注意控制、工作记忆过程、算术、比例、代数推理、瑞文矩阵等任务。而脑的层面包括对不同脑区（例如：额叶、海马、顶叶、枕叶等）在处理不同类型的认知问题时的激活状况的测量。探索性图形分析估计单元之间的关系，以检查它们是否形成聚类。此外，它还指定了集群之间的关系。

图 14.3A 说明了网络是如何在图形分析中进行表征的。可以看到，节点间相互连接从而形成一个集群。这些集群服从小世界网络关系。小世界网络包括相互连接的节点，因此任何节点都可以通过少量路径到达任何其他节点。这些节点可以是任何东西：在认知研究中，它们可以是不同类型的注意控制、工作记忆等的测量；在脑研究中，它们可能是一组神经元的共同激活以发挥某种功能。集群是一组相互连接的节点，不用考虑该集群与其他集群之间的关系。从技术上讲，一个小世界网络，用认知或脑的术语来说，代表着一个模块。集群之间的关系有很多种，包括将一个集群中的每个单元连接到另一个集群中的几个单元的分布式关系集，以及每个集群中特定单元之间形成的跨集群扩展连接的节点或中枢的特殊关系。在图 14.3A 中，枢纽由点表示，这些点被线所连接，进而使三个局部网络连接在一起。强连接集群通过其代表性枢纽之间的连接形成了"富人俱乐部"系统。在认知方面，可能有一个用于视觉短期存储的集群，一个用于口语短期存储的集群，还有一个将所有工作记忆相连的执行处理的集群。该方法类似于各种因子分析方法，如验证性因素分析，图形分析中的聚类可类比为因素分析中的因子或潜在维度。这种方法的优点是，它允许指定不同层次的单元之间的直接关系，以及每个单元在其他集群的功能中的作用。

这种方法在认知发展研究和脑研究中都有所应用。在认知发展研究中，我们将这种方法应用于本书（第八章和第十一章）中已经介绍的许多研究中，以说明各种认知过程的组织形式。例如，图 14.3B 展示了该分析方法应用于第八章图 8.3 所示的结构模型中所示数据的结果。图 14.3B 表明，该分析抽象了四个聚类：包括空间思维、定量思维、社会思维以及基于逻辑分析的流体智力。需要注意的是，集群内部和集群之间都有许多连接。然而，每个集群中都有某些节点比其他节点有更强的连接，这表明这些节点在集群的组织中起着核心作用。每个集群中也有某些节点与其他集

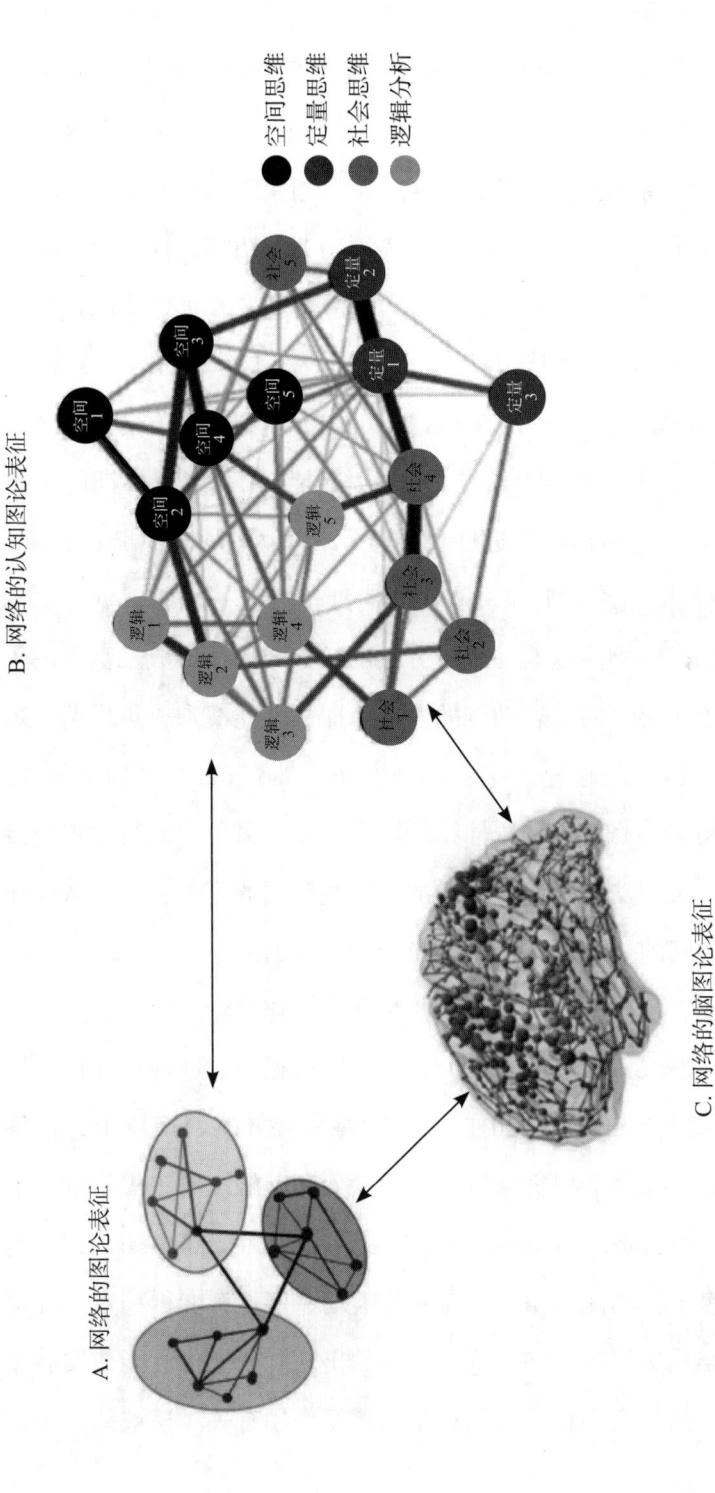

第十四章 绘制脑智发育图谱 255

图 14.3 根据图论的认知与脑网络表征（Vértes & Bullmore，2015）

注：图 A 展示了模块和模块系统的抽象表征，图 B 展示了认知模块和代表 g 因素的一般模块系统，图 C 展示了表明不同脑区中的模块和模块之间关系的脑连接组。

群中的一些节点有更强的连接，这表明这些节点在作为中枢运行时，允许集群间进行交互（参见图 14.3B 中的粗线）。显然，在验证性因素分析和结构方程模型中，各阶因子大致代表了单元（一阶因子）、节点及其关系（二阶因子）、中枢及其关系（三阶因子，如 g 因素）之间的关系网络。

图 14.3C 展示了模块如何在不同脑区表征为节点集群，这些节点集群彼此连接成更广泛的系统（"富人俱乐部"）。越来越多的研究使用这些方法来从结构和功能上探索脑连接组学（Cao et al., 2014；Sporns & Betzel, 2016；Vértes & Bullmore, 2015；Zuo et al., 2017）。目前该方向研究的总体思想可以概括为：出生时网络具有复杂的拓扑结构；发育早期的聚类以所涉及的神经元系统的物理接近性和神经元相似性为基础（Zuo et al., 2017），然而，它们的组织在儿童和青少年时期逐渐从一个以感觉和感觉运动区域为主的局部结构演变为一个更分散的拓扑结构，形成"富人俱乐部"网络，促进更高层次的综合功能的发展。即从婴儿期到成年早期，短距离连接的比例下降，长距离连接的比例增加（Cao et al., 2014）。这些网络变化一方面与突触修剪和灰质体积的减少有关，另一方面与远程连接的渐进式髓鞘化有关。功能连通性的增加与这些后期的变化有关，从而加强了结构和功能之间的关系（Vértes & Bullmore, 2015）。

这些研究表明，不同脑区的大规模网络协同工作可能表明了脑是如何产生心智的（Bressler & Menon, 2010）。在发展过程中，这种相互作用发生在多个时间尺度上（Sporns, 2012）。在缓慢发展的时间尺度上，这种动态交互通过活动依赖性的树突发育、突触发生和突触修剪等机制重塑了脑的解剖结构（Rubinov, Sporns, van Leeuwen, & Breakspear, 2009）。在更快的时间尺度上，功能网络的连接发生波动，但逐渐变得稳定，并可能受到新生成的结构中枢的限制。这些中枢的出现和激活也可能与发展过程中功能特化加工的分离和整合之间精细的相互作用有关。这被认为是脑连接和功能特化的标志（Anderson，Kinnison，& Pescoa，2014）。

理解发育过程中的脑连接是如何形成的，是理解脑发育复杂性的途径。根据传统模型，脑发育包括两个阶段：早期基因决定的阶段确定神经网络的总体连接；在后来的阶段中，由于脑与环境的相互作用，现有的连接被调整。如今，这种传统模型被修改为一种交互式模型，该模型假设神经网络的组织和功能是由遗传信息和发展各个阶段的经验之间持续的相互作用形成的。

脑从出生前就表现出了特定的活动模式。大量研究表明，自发神经活动对发育中的脑形成连接模式起着重要作用（Sporns，2012）。例如，莫雷诺-胡安等人（Moreno-Juan et al.，2017）的研究表明，产前丘脑自发钙波是婴儿感觉皮层面积的关键调节因子，产前丘脑间感觉核团的交流的变化可能引起婴儿皮层区域的尺寸适应。这一变化与静息态网络的基础在出生前就已经存在，在怀孕的最后三个月内神经细胞快速生长（Hoff, van den Heuvel, Benders, Kersbergen, & de Vries, 2013）。这些网络包括双侧初级运动网络、初级视觉和纹外视觉网络、顶叶-额叶和额叶网络（执行控制网络）、脑岛-颞叶/前扣带回网络（突显和转换网络）。值得注意的是，这些网络在不同的年龄阶段达到成熟水平，这与工作记忆每个周期中主导的符号单元的变化相对应。在婴儿期早期，基础听觉、视觉和运动网络是活跃的，为情景心理单元提供了基础（Franson, Aden, Blenow, & Lagercrantz, 2011）。这些区域与功能上更加整合的顶叶皮层有微弱的连接。这些连接在儿童时期（从3岁到7岁）得到加强，这可能解释了视觉工作记忆的增强和相关心理活动的激增。然而，这些连接仍然比成年时期弱，并在青春期中期达到成熟。有趣的是，在青少年时期，前额叶中枢和小脑之间建立了远距离连接，这可能与通过发现网络（和表征）不一致来进行微调和错误检测有关（Hwang, Hallquist, & Luna,

2013）。如此看来，情景（主要是感觉运动）、现实心理（主要是视觉）和基于规则的（主要是言语）心理表征等功能的脑结构在各自周期的起始时就已经建立了。

脑网络的拓扑结构在人的一生中发生了巨大的变化。这些变化表现在脑结构节点的数量、排列和相互依赖性上，影响着它们在所有尺度上动态交互的有效性和空间格局。值得强调的是，网络发展和可塑性是认知发展最重要的驱动力之一。许多探索不同年龄阶段的脑网络的神经影像研究已经开始揭示认知发展的神经机制（Johnson，2011）。

脑发育的周期

汤普森等人（Thompson et al.，2000）的研究表明两个半球内部以及半球间的连接变化与本书描述的智力发展周期非常相似。具体来说，定向网络在6—7个月时是活跃的。然而，直到18—20个月时，执行注意才成为一种控制机制，使情景执行控制成为可能。在3—6岁，胼胝体-额叶回路发生了剧烈变化（连接纤维增加了60%—80%），该回路负责维持警惕并调节行动计划。在这一时期的早期，从2—4岁开始，葡萄糖代谢率翻倍（Chugani，Phelps，& Mazziotta，1987）。这与3—4岁时抑制网络开始有效运作的发现相吻合，使得"聚焦-选择-反应"程序成为可能。之后，到6—7岁时，支持顶内联合和语言功能的胼胝体峡部发生了巨大变化。此外，在7—11岁，前扣带回从定向网络中分化出来，并连接到执行和联合顶下网络（Rothbart & Posner，2015），使概念流畅性程序成为可能。

显然，我们距离理解不同的脑节律如何以布扎萨基和布伦登（Buzsaki & Brendon，2012）提出的方式相互协调，以创建与每个阶段和周期的表征单元相对应的脑单元还有很长的路要走。然而，有趣的是，上述变化

在 α 波所属频率脑电能量的激增中是可控的。具体来说，撒切尔（Thatcher，1992，1994）发现，反映脑区内部和脑区之间连接的变化的脑电一致性在生长激增时期发展，这一发展与上述发育周期的时间框架几乎相同：这些皮层连接发展的周期大约为 4 年，在一个周期内，脑电图相干性（皮层连接的一种测量指标）会出现持续 6—12 个月的快速增长（Somsen，van't Klooster，van der Molen，van Leeuwen，& Licht，1997）。从儿童早期开始存在三个周期，它们大约发生在 1.5—5 岁、5—10 岁和 10—14 岁，而激增大概发生在 6 岁、10 岁和 14 岁。同样，爱泼斯坦（Epstein，1986）的研究表明，在大多数情况下，脑电波活动的激增与此处所示周期的第一阶段一致：发生在 2—4 岁、6—8 岁、10—12 岁以及 14—16 岁。此外，赫兹佩思和普里布拉姆（Hudspeth & Pribram，1992）报告了脑中相对功率指数的变化，这些变化几乎完全符合撒切尔提出的阶段和本文提出的周期（1—6 岁、6—10.5 岁、10.5—13 岁和 13—17 岁）。因此，跨周期的转换可能与脑网络的建立有关（基于脑电图的一致性和功率），个体将早期周期的表征对齐投射到更抽象的网络中，以捕捉从这些对齐中出现的新单元。每个脑周期后半段的变化与区域内连接的扩展和巩固有关。

在周期开始时，可能由于服务于新的心理单位的网络既没有完全建立起来，也没有相互协调良好，所以评估信息所花费的时间较长。这表现在两种证据中。在 4 岁儿童中，在对相同刺激的评估中前扣带回网络的激活要慢得多。相应的 P300 反应在成人中仅为 50 毫秒，而在儿童中为 400 毫秒。"4 岁儿童和成人之间的另一个重要区别是各种效应在皮层上的分布。在成人中，额叶效应似乎集中在中线，而在儿童中，这种效应主要发生在前额叶部位和更广泛的通道中，包括中线和外侧区域。此外，在成人数据中，各种效应对 P3 的影响似乎是左侧化的，但在儿童中则是右侧化的。与儿童相比，成人的信号焦点与年龄较大的儿童一致。在执行类似任务时，儿童似乎激活了与成人相同的网络。但与成人相比，儿童的平均激活量似乎明显更大。"（Rueda，Posner，& Rothbart，2005，p. 586）

有趣的是，文德尔肯等人（Wendelken, Ferrer, Whitaker, & Bunge, 2015）发现，与一阶和二阶推理相关的网络在几年内发生了系统性的变化，与基于规则和基于原则的概念周期相吻合。具体来说，在7—10岁的周期内，顶下小叶-左侧前额叶喙外侧皮层网络被激活，但却同时处理一阶和二阶关系，这些关系没有得到很好的区分。这种分化发生在两个阶段，与上面描述的循环阶段相一致。也就是说，在6—8岁阶段，推理发展伴随着背外侧前额叶皮层和腹外侧前额叶皮层之间连接的减弱。有趣的是，在这一时期，速度的变化介导了推理能力的变化，这表明进入基于规则的推理周期与背外侧前额叶皮层和腹外侧前额叶皮层的分化有关，以实现更快速的加工。下一阶段为9—11岁，外侧前额叶皮层成为主导，同时伴随着左侧和右侧外侧前额叶皮层的参与。值得注意的是，在这个年龄阶段，工作记忆的变化介导了推理的变化，这表明基于规则的推理的巩固与工作记忆扩展相关的脑网络的巩固有关。在11—14岁阶段，双侧右背外侧前额叶皮层以及背内侧前额叶皮层更多参与处理二阶关系而不是一阶关系。也就是说，在这个阶段，第二极在处理二阶关系中起主要作用。在15—18岁阶段，左侧前额叶喙外侧皮层和双边顶下小叶处理的是二阶关系，而不是一阶关系。似乎顶下小叶中的皮层重组可以提高一阶关系的加工效率，从而减少左侧前额叶喙外侧皮层中关系处理的需求。值得注意的是，麦基等人（Mackey, Miller Singley, & Bunge, 2013）发现，推理训练加强了左侧前额叶喙外侧皮层和下顶叶皮层之间的联系，也加强了顶下小叶和纹状体之间的联系。因此，这些网络的建立似乎与推理关联性掌握程序的获得有关。在最后一个阶段，推理速度和工作记忆间的关系消失，表明高阶推理实现了巩固和自动化。结构方程模型的纵向行为数据也发现了同样的趋势（Žebec et al., 2015）。

总之，脑发育的一般模式似乎遵循一个循环过程。人脑在遗传上具有以下特点：（1）能够探测外界的感官规律；（2）能够将这些规律存储在皮层网络中；（3）能够将这些规律转化为概念性知识，使它们能够表征产生它们的现实。这种脑-环境相互作用的模式似乎遵循一个循环过程，与第九章中提出的心智发展周期相匹配。因此，我们认为概念的发展始于概念任务中不相连的感觉和运动系统的形成，并在随后的阶段进入模态概念表征系统的构建，最终，它以特定于模式的概念特征整合到连贯的系统中结束。本书总结的证据证明了感觉和运动系统以及概念系统之间的密切联系（Kiefer & Pulvermüller, 2012; Machery, 2016）。神经再利用假说（neuronal recycling hypothesis）是由迪昂（Dehaene, 2009）提出的，用来解释阅读背后的神经过程。这个假设类似于我们的循环概念。在本书中，我们使用神经循环这个术语来表示不连接的感觉或知觉系统向高度网络化的概念系统的逐渐转变。

六、不利生活条件下的脑发育

有明确的证据表明恶劣的生活条件会直接影响脑的发育。这些条件包括贫穷和随之而来的营养剥夺和恶劣的卫生条件，以及寄养和随之而来的心理剥夺，相应的环境包括婴儿可以正常与实物互动的丰富感官环境和婴儿可以与其他人建立健康的社会互动模式的社会及父母环境。具体来说，在许多发展中国家，在贫困环境中成长，可能会对多达30%—40%的婴儿产生非常不利的影响。汉森等人（Hanson et al., 2013）的研究表明在贫困条件下成长会对脑各方面的发育产生负面影响。他们的研究考察了5—37

个月儿童不同脑区灰质和白质的发育情况，图 14.4 展示了高、中、低社会经济地位儿童在这一时期额叶灰质体积的增长情况。随着年龄的增长，不同社会经济地位的三个组之间存在明显的差异。

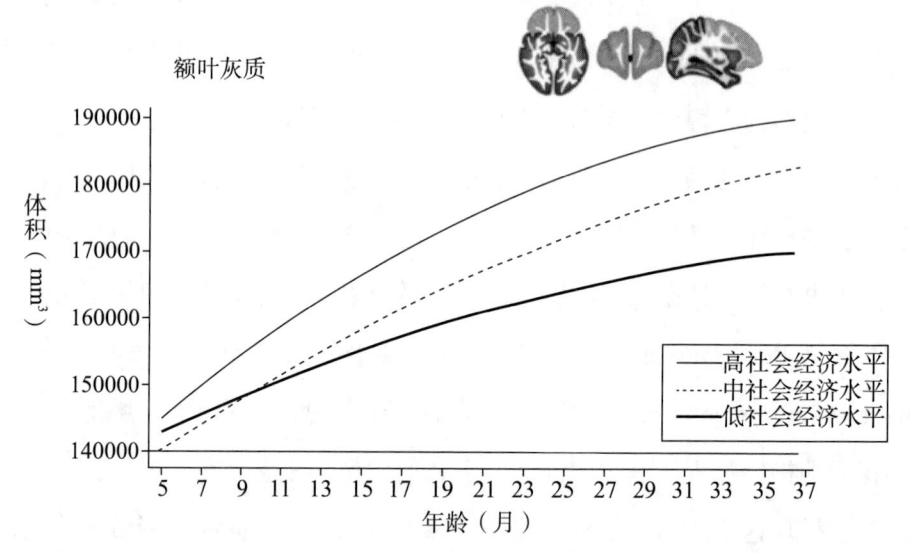

图 14.4　根据年龄与社会经济地位绘制的额叶灰质体积变化图（Hanson et al., 2013）

与这些发现一致，最近在孟加拉国达卡进行的一项研究表明，发育不良的贫困儿童的灰质体积比正常发育的儿童要小。这项研究还"在发育不良的儿童中检测到更强的电活动，以及一系列反映问题解决以及脑区间交流的脑电波"（Storrs，2017，p. 152）。其他研究表明，在寄养机构中长大的儿童在执行过程、工作记忆和问题解决方面表现出各种神经发育缺陷，这与寄养经历造成的脑发育障碍有关。不幸的是，在儿童离开寄养环境进入家庭生活后，其中许多问题还会持续很多年（Pollak et al., 2010）。

七、总结

本书旨在突出心智的结构和发展。本章总结了关于脑结构和发育的研究，并探讨了人类心智的这两个层面是如何相互关联的。聚焦于脑，我们根据本章开始时所述的三个问题对现有研究证据进行了评价。

心智与脑的结构。第一个问题是，心智和脑的结构是否相似。心智的四重结构模型描述了（1）几个特定的思维领域，以及核心的（2）表征过程、（3）整合过程与（4）觉知过程。本章回顾的证据表明，脑中有几个网络与心理功能有关。具体来说：（1）不同的网络负责不同心理领域的核心过程（根植于感觉皮层，但根据所涉及的关系延伸到不同区域）；（2）其他网络通过延长信息处理时间服务于工作记忆，使其可以与即将到来的知识或过去的知识（扎根于海马和网状结构）相连；（3）主要位于颞叶、顶叶和前额叶皮层的网络将上述网络作为输入，将它们进行比较，提取共同要素；（4）最后，其他网络监控、定向、选择和调节上述网络，以优化与目标相关的抽象信息（根植于额叶和内侧皮质）并处理差异。根据定义，进入这最后一类网络的信息可进入意识和元表征。

读者可能已经注意到，作为心理过程的基础，我们强调的是脑网络而非脑结构。研究已经充分证明，心理功能是由交错的、发展变化的脑网络而不是单一的结构所支持的。根据安德森（Anderson，2015）的神经重用模型，"单个神经单元（在多个空间尺度上）被用于多个认知和行为目的"（p.1），它们参与多个重叠的神经联盟。这种联盟是通过神经搜索过程建立的，让人想起本文开头描述的对齐过程之一。通过类比，心理实体参与一个心理再利用过程，这种实体被用于多个认知任务。例如，用数量估计来表示类别关系、因果关系、空间坐标等。顶叶－额叶整合理论的模型所描述的脑事件流可能会捕捉到各种过程如何在时间上相互影响，以便理解目标。综上所述，由四重结构模型所定义的功能性心智结构与脑中的物理结构和功能结构有关。

心智与脑的核心过程。第二个问题关注的是心智和脑的核心过程之间可能存在的关系。意义是从相互映射的表征中产生的，这样它们就会被比较、整合、重新定义或重新表示成新的表征。AACog 机制是代表这些过程的统称。AACog 机制与脑的相似之处在于脑的交互和句法过程。具体来说，反映脑单元和网络激活的各种振荡节律，分别代表了意义生成过程中的"字母"、"单词"和"句子"。在心理层面上，表征之间的比较和对异同的搜索是通过对齐过程实现的，这是固有的执行过程。在脑层面上，这些过程表现为代表所涉及的心智实体的网络之间的振荡性激活。理想情况下，完全的节律耦合代表了表征对齐。在心理层面上，当识别到对齐的表征之间的共性时，抽象化就发生了。脑的抽象物可能由不同频带的节律来耦合锁定，例如几个 γ 波振荡被一个 θ 波振荡连接起来。当这个新的 θ 波振荡被提供给一个更广泛的基于 θ 波的网络时，觉知可能会出现，从而作为一个新的心理对象的自主标记发挥作用。专注于这个新对象本身可能会把它带入意识的中心，随之而来的脑激活可能就相当于这种意识。前额叶喙外侧皮层是主要与这些需求有关的区域（Dumontheil，2014）。

心智与脑的发展。第三个问题是关于心智和脑发展变化之间的关系。发展研究表明，智力发展发生在出现和对齐的四个周期中，产生了个体对周期中占主导地位的心理单元和对齐过程的见解，从而使它们被重新编码并被元表征为不同层次和表现形式的心理单元。所有主要的发展理论都描述了智力发展的四个层次，这些层次在 1.5—2 岁、6—7 岁和 11—12 岁之间进行过渡（Piaget，1970；Case，1985），与日益抽象的（即情景的、现实的心理表征，基于规则的概念，基于原则的系统）、分化但又相互关联的表征联系在一起。

上述关于脑发育的研究表明，这些周期的力量在于，脑网络的周期变化让人联想到智力周期。因此，智力发展的周期与神经元网络的不断扩展相对应，这样早期的网络就被整合到后来构建的网络的中心架构中。这些扩展的关键点在于其增加了与顶叶和额叶中枢的额外连接。未来研究需要验证的一个有趣假设是，在连续的发展周期中，g因素与不同形式的执行过程和推理之间关系的变化与上述在小世界网络和"富人俱乐部"网络形成过程中总结的变化有关。随着发展的进行，模块内连接的减少使得模块的功能越来越精细，聚焦于特定任务。中枢之间连接的加强，可以增加模块间的连接，从而允许个体从集群中其他模块的角度查看每个"富人俱乐部"模块。在这些过程中，一些中枢变得更强，与相关模块的连接更强，并近乎严格地践行规则和原则。也就是说，这种连接允许个体激活通过所涉及的网络流动，从而实现中枢主导的激活。激活越流畅，功能越好、实现越快。从发展的角度来看，这种性质的网络的建立可能对应于一个发展阶段或周期；从心理测量学的角度来看，网络激活效率的差异可能是个体差异的基础。

有趣的是，每个周期的基本符号单元在心理和脑的层面都是可识别的。在心理层面，它们在第一个周期中是情景性的；在第二个周期中是表征性的，但依赖于视觉；在第三个周期中是基于规则和语言编码的；在第四个周期中是基于原则和语言或任意符号系统（如数学）编码的。在脑层面，主导网络分别位于感觉皮层和运动皮层、网状皮层和顶叶皮层、前额叶皮层和额叶皮层。换句话说，表观遗传的心智与脑的相互作用将心智转化为一个强大的表征机器，能够创造和使用复杂的抽象表征，为不同领域的知识服务。因此，这四个周期中的每一个都具备心理和脑层面的动态运作状态。在心理层面，每个状态都可以用表征优先级和AACog机制（例如，推理）可能性来描述。在脑层面，每一种状态都可以由可能的网络同步的关键动态来定义（Chalvo，2014）。值得注意的是，不良的生活条件会直接影响脑的发育，进而表现出各种智力缺陷。幸运的是，当儿童的生活条件得到改善时，其中一些缺陷是可逆的。

  当已经建立的网络（和表征）嵌入更复杂的网络中时，就会发生跨周期的转换。在脑中，不同区域之间的远距离连接可以将当前的网络转化成更高层次的网络，这些网络可以在输入中表达新的关系。网络扩展可以用几种心理指标来衡量。加工速度的变化是网络扩展初始阶段的有力标志。例如，当感觉运动网络连接到顶叶关联中枢，或当这个整合网络连接到前额叶中枢时，需要时间来练习和巩固新网络。因此，在网络运行的初始阶段，加工速度的提高将反映其激活流的变化，直到网络的核心得到巩固。在某个时间点之后，低级网络的已经可用实例也被包含至网络中。在这个阶段，工作记忆容量将是一个更好的网络扩展的心理标志，因为它反映了网络的层次扩展。工作记忆容量的增加反映了网络复杂性的增加，而不是网络复杂性增加的原因。上文总结的文德尔肯等人（Wendelken et al.，2015）的研究结果表明，在以右背外侧前额叶皮层与腹外侧前额叶皮层的分离为基础的推理阶段（6—8岁），加工速度是推理变化的预测因素。在下一个阶段，当左右背外侧前额叶皮层连接时，工作记忆成为推理变化的主要预测因素。因此，加工速度揭示出脑重构与可能的推理类型的改变有关，而工作记忆则揭示出网络增强的变化与新类型的巩固有关。

  值得注意的是，额顶执行控制网络的基本组成部分在生命的早期就已经存在，它们以本章第一节概述的四个执行控制程序的方式进行系统扩展。在跨周期和相关脑网络的核心执行控制程序的发展中存在着广泛的相似性。上文指出，下一个周期的核心执行计划在表征范围、程序灵活性和认知解决方面集成和扩展了前一周期的核心程序。同样，每个周期的脑网络通过在局部网络与一阶和二阶抽象网络之间铺设额外的路径，对前一个周期的脑网络进行整合和扩展。有了更多脑网络连接的支持，进一步的表征和推断成为可能。这类似于通过增加新线路或升级现有网络的承载能力来扩张电信网络，让更多的客户端可以同时使用网络，或者让每个客户端都可以传输更多信息。

这是一个通过添加新的网络或以前未连接的区域来扩展的网络。我们把这个网络看作发展更专业的网络的支架，比如演绎推理的各种逻辑图式、数学上的问题解决策略、社会领域的道德原则等。也就是说，复杂网络通过将支架网络转换为特定范围的关系和约束的过程所构建。建立这些网络需要激活特定的回路，这些神经回路对特定信息和关系进行表征。因此，加工速度和工作记忆是发展性差异和个体差异的良好指标，因为它们反映了潜在支架网络的功能状态。

我们认为觉知（而不是加工速度或工作记忆）是智力发展转变的原因，因为它将现有心理活动作为进一步心理活动的输入。在将意识视为中央执行选择网络和其他脑系统之间的递归交互系统这一观点下，系统可能通过不断重组产生新的心理内容。事实上，全局工作空间的发展模型将捕捉每个发展周期是如何构建的，从而为下一个周期开辟道路。具体来说，全局工作空间模型意味着，在发展中的任何时候，意识和觉知的内容、分辨率和精度都取决于全局同步网络的状态、分化和同步。因此，每个发展阶段中可能的意识与可用的网络都是相对应的。在每个下一阶段中，越来越多的局部网络被连接到全局工作空间网络上，更多的远程连接被添加。在每个周期中，这种连接的增加都与意识密切相关。也就是说，每个周期中意识的分辨率和精度都反映了参与产生意识振荡周期的脑网络的分化和调整，这些意识振荡周期将产生用于注意力和执行控制的心理单元。

显然，还有许多问题需要解决。例如，尚无一种认知功能，其对应的脑结构和网络是完全已知的。此外，我们仍然不知道在脑和心智中，什么是真正普遍的，什么是真正具体的。具体来说：每种一般的心理功能，如加工速度、注意控制或表征与一般的脑特性（即脑或皮层的体积、神经元和神经递质的整体物理状态、连接等）有多少关联？总是由某特定的脑系统（如注意或控制网络）参与的认知加工的占比是多少？此外，我们仍然不知道每个不同的网络如何进行各自的工作（例如，在节律方面），网络如何相互作用（例如，通过直接的结构连接或功能协调），以及如何在行为和主观上最终将它们整合到一起。当然，我们对脑中各种类型的变化（例如，髓鞘形成、电活动、体积变化、分散情况、神经递质的活动、连接等）如何与认知发展变化相互作用也知之甚少。因此，将脑与心智的功能图谱和主观图谱整合到一个共同的框架中形成智力的神经-认知发展-心智理论仍然任重道远。

第三部分

一种发展的教学理论

第十五章　学校和智力发展

一些动物物种会为它们的后代提供直接促进其在环境中的生存和适应的某种训练（Caro & Hauser，1992；Thornton & Raihani，2008）。然而，人类是唯一发展了精心设计的教育体系以将儿童引入成人世界的物种。所有人类文化都有教育体系，从专注于特定活动的普通学徒制到现代社会精心设计的长期教育。显然，人类的心智使得教育和文化成为可能。诸如不同文明的习俗和传统、宗教、集体生活、职业和专业、常识和科学等社会制度，都是人类心智的产物。这些领域中的一些技能和知识是个人在其社会群体中成长时获得的，然而，阅读、写作、数学、专业和科学等方面的技能与知识往往需要几十年的时间来学习。从某种意义上说，教育是一个使个人的思想与他们所处的文化和时空中的集体思想相适应的过程。为此，许多学者认为这样的适应过程会根据文化模式塑造个人心智。然而，不同的个体在学习内容、学习质量以及实际运用所学知识方面存在差异，这体现了他们的心理可能性（mental possibilities）、发展阶段和未来发展的潜力。因此，有关智力及其发展的理论对教育至关重要。

自然，关于智力和心理发展的不同理论对教育有着不同的影响。对一些学者来说，智力反映的是限制性而不是可能性。将智商视为一种稳定特征的经典心理测量智力理论的支持者认为：学习不能超越特定智商水平所带来的可能性（Jensen，1998；Herrnstein & Murray，1994；Murray，2009）。有趣的是，经典的认知发展理论支持同样的主张。例如，皮亚杰认为学习不能远远超过儿童目前的发展水平。同样，新皮亚杰理论认为工作记忆容量决定了可以学习的概念复杂性的上限（Case，1985；Halford et al.，1998；Pascual-Leone & Goodman，1979）。

本书的这一部分侧重于学习和教育。本章和下一章将讨论与学习相关的问题，考察心智发展的各个方面和教育之间的关系。在本章中，我们将首先总结关于智力、认知发展和学校学习之间关系的研究；然后，总结一些检验在专门设计的学习环境中智力是否可以被提高的研究。最后，我们将概述一项旨在提高学生智力的项目。

一、心智发展、学业表现和学习之间的关系

智力如何影响学校教育

智力与学校教育的关系是双向的：智力影响学生学习，学校教育影响智力。大量研究证实了这一说法。具体而言，智力测验的表现和广泛使用的学业成就测验的表现高度相关。例如，智商与美国高中毕业生学术能力水平考试（Scholastic Assessment Test，SAT）或通用教育证书（General Certificate of Education，GCE）考试成绩之间的相关系数约为0.8。因此，学业成就测验中约65%的差异由智商决定。这些学业测验涉及阅读和数学等学校相关领域的推理、知识和问题解决技能。这些测验的表现对美国和英国的大学入学至关重要。许多其他国家也有类似的测验，这些测验与智商测验的表现也有非常相似的关系。智力测验的分数与学校成绩之间的相关系数较低，但仍然是较高相关（约为0.5）。显然，学校成绩不如标准化成就测验的分数可靠，因为它们受到各种因素的影响，如教师的评估技能、学校政策等。

总的来说，一个人的智力水平越高，那么他在学校的表现通常就越好。迪里、斯特兰德、史密斯和费尔南德斯（Deary, Strand, Smith, & Fernandes, 2007）发现儿童 11 岁时的一般智力对 16 岁时测查的 25 个学校科目的学业成就有较强的预测作用（两个潜在因素之间的相关系数为 0.81）。值得注意的是，在 11 岁时 g 因素处于平均水平的人中，16% 的人在 16 岁时取得了 5 个通用教育证书。然而，在 g 因素高于平均水平一个标准差的人中有 91% 的人在此年龄获得了 5 个通用教育证书，尽管这种关系可能因学校科目而异。具体而言，智力解释了数学成就 59% 的变异、英语成就 48% 的变异以及艺术和设计成就 18% 的变异。罗德和汤姆森（Rohde & Thomson, 2007）发现瑞文渐进矩阵的表现强烈预测了学生 SAT 的表现。语言和空间能力、工作记忆和加工速度对 SAT 的贡献很小。然而，除一般认知能力外，空间能力和加工速度也预测了 SAT 的数学分数。

詹森（Jensen, 1998）认为测验表现和学业成就之间的关系是由两者对 g 因素的依赖而引起的。由于对加工效率的测量反映了 g 因素的水平，因此必然也反映了学业表现。根据本书呈现的理论，现实比简单的智力简化模型更为复杂。具体而言，林德曼和纽鲍尔（Rindermann & Neubauer, 2004）的研究表明人们的加工速度通过对 g 因素和创造力的影响间接作用于学业表现。也就是说，加工速度影响一般智力和创造力，而智力和创造力又会影响学业表现。图 15.1 总结了这些发现。克鲁姆、齐格勒和比纳（Krumm, Ziegler, & Buehner, 2008）揭示推理能力是科学（数学、物理、生物和化学）和语言成绩的一个良好的预测指标。工作记忆的执行和协调过程也有助于学生在科学上的学业表现，语言存储还有助于语言表现。因此，学校中的不同科目似乎需要领域特异性过程和领域一般过程的不同组合。施魏策尔和科克（Schweizer & Koch, 2002）认为在加工速度和工作记忆中表现出来的一般信息加工能力是允许将流体智力（推理）投入于（Cattell, 1957, 1963）

晶体智力和学校学习的基本机制。

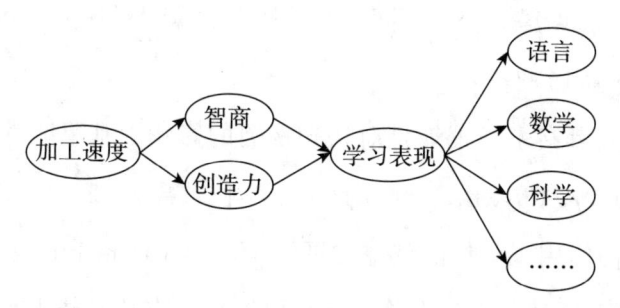

图 15.1　加工速度、认知结构（智力和创造力）和几个学校科目（如语言、数学、科学等）的学业表现之间的关系

二、学校教育如何影响认知

上述研究表明学业成就确实受智力和智力发展的影响。反之亦然吗？也就是说，学校教育对智力和认知发展有影响吗？下文总结的研究表明学校教育确实会对智力和智力发展产生影响，但这种影响的大小因多种条件而异。

数百项研究考察了学校教育对智力的影响。根据研究，切奇（Ceci，1991）总结认为每多接受一年学校教育，智商就会增加 1.8 分。后来，温希普和科伦曼（Winship & Korenman，1997）得出结论，这种影响在智商的 1 到 4 分之间变化。古斯塔夫松（Gustafsson，2008）在 13903 个参与者的大样本中调查了学校教育对智力不同成分的影响，并发现每多接受一年学校教育就对智商有 2.5 分的影响。将这种效应分解为几个部分，研究者们进一步发现它来自流体智力（即推理和问题解决的过程）的变化，而不是 g 因素（也涉及加工效率）的变化。有趣的是，这种影响主要来自促进推理、反思和巩固抽象知识的学术课程，如学习数学或拉丁语、古希腊语等古代语言，而不是来自促进不同领域技能（如机械技能）发展的职业课程。此外，古斯塔夫松发现面向科学技术的课程对视觉空间能力和晶体智力产生了积极影响。

少数研究考察了学校教育对认知发展的影响。基里亚基德斯和卢伊藤（Kyriakides & Luyten，2009）研究了学校教育对 12—18 岁青少年的这种影响。他们使用了我们的认知发展综合测验（Demetriou & Kyriakides，2006），该测验评估了学生在除了社会思维外所有特定能力系统中的推理水平。为了明确学校教育的影响，他们比较了年龄相同、相差一个年级的学生，这些学生因为上小学的传统出生日期分界点上了不同的年级。他们发现在中学的所有六个年级中，多接受一年的学校教育的影响都是显著的（Cohen's d = 0.61）。这种差异大约相当于一个发展周期的三分之一。按照人们所预计的，学校教育对数学（Cohen's d = 0.68）和语言（Cohen's d = 0.72）的影响更大。这是一个有趣的发现，表明学校教育除了增加与学校科目相关的晶体智力外，还加速了认知发展。

在高等教育领域，利曼、伦贝特和尼斯比特（Lehman，Lembert，& Nisbett，1988）探讨了研究生培养对推理各个方面的影响。具体而言，他们研究了法律、医学、心理学和化学方面的研究生培养如何影响统计推理、关于混淆变量的方法论推理和演绎条件推理。他们发现心理学和医学方面的培养对日常问题的统计推理、有助于混淆原则处理的日常问题的方法论推理以及有助于谬误处理的演绎条件推理都有积极影响。法律培养影响演绎条件推理，化学培养似乎不会影响学生的这类推理能力。

非常有趣的是，布罗德、邦奇和欣（Brod，Bunge，& Shing，2017）发现了学校教育对执行控制的相同影响。这些学者采用了相同的方法，对因出生在特定日期之前而进入小学一年级或因出生在该特定日期之后而留在幼儿园的同龄学生进行比较。两组的平均年龄均为 5.4 岁。儿童接受了几项针对执行控制的任务测试，包括注意控制、反应抑制和心理灵活性。儿童还接受了脑部扫描以考察可能的表现差异是否也在脑层面上表现出来。研究强调小学儿童在执行控制任务方面表现更好。此外，这些儿童在右侧后顶叶皮质的激活程度更高。值得注意的是，该区域的激活增加与刺激反应准确性的提高有关。显然，关注老师、坐在教室里不动、组织自己的行为以完成阅读和写作等学校任务的需要，对直接投射到脑相关区域的执行控制有直接影响。这些发现非常有趣，因为它们暗示学校教育对一般智力和智力发展的相对优势产生的核心影响是由于学校教育对学生施加了更好地组织信息、了解和管理自己方面的压力。因此，它直接影响所有三个 AACog 机制。

半杯水可以被视为半杯空或半杯满。根据布罗迪（Brody，2008）的研究，上述影响的大小表明学校教育对智力的影响是有限的，在个体差异中所占比例不超过 6%。与其他因素相比，这是微不足道的。例如，出生时父母的智商差异反映的遗传差异约占成人智力差异的 20%；婴儿早期的信息加工差异约占成人智力差异的 50%。尽管教育的影响很小，但它确实会影响 g 因素中的基本推理和抽象机制，从而加快认知发展的速度（Gustafsson，2008；Kyriakides & Luyten，2009）。正如一些学者所认为的那样，这不仅仅意味着考试技巧的提高（Ceci，1991）。如果逐年单独看的话，每学年学生的智商大约向上增加 2 分看起来可能增长幅度很小；然而，如果累积起来的话，影响是非常大的。显然，学校教育的这种影响与第十三章中已经讨论过的弗林效应（Flynn，2009）有关。值得一提的是，在过去的一个世纪里，西方人群流体智力的智商分数增加了 18 分。

让我们以两个 4 岁的孩子为例来阐明这个论点。假设他们的起始智商都是 100，都达到了现实心理表征的第二阶段，其中，一个未上学，另一个一直上学直到大学，也就是说在学校学习了约 16 年。根据上述文献，作为一个年轻人，第一个孩子的智商仍然是 100，他将停留在基于规则的概念的第二阶段。第二个孩子的智商为 132，他将处于基于原则的周期的结束阶段。这是一个对生活机遇有着极大影响的巨大差异。

三、学业表现与认知表现的发展关系

上述研究可能会给人一种错误的印象：无论年级高低，学业表现的预测都可能同样有效或准确。事实并非如此。我们进行了几项研究以考察学业表现与之前章节讨论的各种心理过程之间的关系。实际上，在之前章节已经讨论过的一些研究中，我们要求参与者的老师对参与者在数学、科学和古希腊语三门学科学习的各个方面进行评分。具体来说，我们要求老师对每个学生的"实际表现""学习复杂概念的可能性""学习速度"进行评分。采用 7 点量表进行评分。

在其中一项研究中，对小学 1—6 年级的儿童（即 7—12 岁左右的儿童，样本量 =140）进行了加工效率、表征效率以及推理的多项测量。加工效率通过加工速度、注意控制和抑制，以及工作记忆来衡量。推理测验针对基于规则和基于原则思维的归纳推理和演绎推理的发展展开。每种类型的推理中的项目还涉及语言（例如，归纳推理中的语言类比或演绎推理中的语言陈述）、定量（例如，数字类比或涉及数字的演绎论证）和空间背景（例如，归纳推理的瑞文类矩阵和演绎推理论证中的空间关系）。我们花了一些篇幅来介绍这个推理测验，因为我们得到了一些意想不到的结果：并非推理的所有方面都能预测学生的学业表现，尤其是小学 1 年级学生的学业表现。

具体来说，在第一个模型中，我们检验了图 15.1 所示的中介模型。

在这个模型中，我们建立了一个代表推理的潜变量。该因素由所有语言、数学和空间任务的平均表现来定义。在这个模型中，年龄可以显著预测注意控制（回归系数为 −0.79），注意控制可以显著预测工作记忆（回归系数为 0.84），工作记忆可以显著预测推理（回归系数为 0.88），推理可以显著预测数学、科学和古希腊语三门学校学科的表现。值得注意的是，心理过程之间的所有关系（如上面括号里的内容所示）都如预期的那样非常密切。然而，每个学校学科与推理之间的回归系数都非常低：均小于 0.07。对学业表现与特定推理任务组之间的关系的检验表明：关系的大小因任务和年级而异。一方面，语言领域的推理，无论是归纳推理还是演绎推理，都与低年级的三个学科成绩显著相关。另一方面，数学领域的推理，无论是归纳推理还是演绎推理，都与高年级的三个学科有关。为了捕捉这些趋势，我们重新设计了上述模型，建立了两个推理的潜变量，一个是语言推理，另一个是数学推理。这个模型是在两组分析中运行的：第一组涉及低年级的三个学科，第二组涉及高年级的三个学科。为了简洁，我们创建了一个与三个学科的平均成绩相关的学业表现因子。心理过程之间的关系还是跟之前一致。根据上述趋势，学业表现因子可以被低年级组（1—3 年级）的语言推理因子和高年级组（4—6 年级）的数学推理因子显著预测，关系都很密切，回归系数分别为 0.53 和 0.41。事实上，当将所有六个年级合并为一个组，采用整个样本检验该模型时，我们发现一般学业表现因子不仅与数学推理因子（回归系数为 0.59）关系密切，而且与注意控制因子（回归系数为 0.67）关系密切。

这些发现得出了一个有关通过认知测验的表现预测学业成就的有趣且相当新颖的结论。首先，在学校生活的早期，基于特定的认知过程来预测学业成绩是相当不稳定和不可靠的。这是因为学校早期的表现取决于许多与心理能力无关的因素：动机、对学校环境的适应，以及除智力之外需要长期练习的技能的获得，如阅读和数学技能。因此，在学龄早期，语言领域的推理被证明是一个很好的预测因素，因为这需要儿童在控制良好的媒介中进行推理，从而反映出他们在学校学习中投入的早期能力。在后面的几年里，数学方面的推理占主导地位，因为这反映了个人能力与学校要求的学习之间的相互作用。

第二项研究涉及 10—18 岁的儿童和青少年（样本量 =131）。该研究采用一系列加工效率测验（涉及加工速度和注意控制）、我们的认知发展测验（除社会思维外的所有特定能力系统）、五个领域的自我概念测验以及韦氏儿童智力量表对参与者进行测试。我们还使用了教师评估的科学、数学和古希腊语三门学科的学业表现。我们发现特定能力系统和智商的表现几乎同等且明显地预测了学业表现（回归系数分别为 0.55 和 0.53）。这些因素在学业表现和加工效率（中介效应为 −0.56）以及学业表现和工作记忆（中介效应为 0.61）之间起中介作用。有趣的是，认知自我概念受到学业表现的显著影响（回归系数为 0.38），且中介了实际表现对特定能力系统的影响。

该研究提出了两个结论，一方面，特定能力系统中的推理与韦氏儿童智力量表测验中的表现并不相同。显然，在韦氏儿童智力量表测验中，体现在晶体智力中的知识比体现在特定能力系统测验中的更重要：韦氏儿童智力量表涉及许多需要知识的任务，例如信息和词汇测验。我们的测验则抓住了发展推理和问题解决的机制。因此，卡罗尔（Carroll，1993）正确区分了以发展任务为代表的三层推理（当时他称之为皮亚杰推理）和以智力测验中的流体智力任务为代表的推理。这些主要是基于归纳推理的。值得注意的是，这两种不同的测验所代表的心理能力都是学业表现的有力预测因素。反过来，学业表现直接有助于形成学生对认知领域的自我表征。事实上，学业表现甚至在自我概念和领域的实际成就之间起中介作用。

第三项研究涉及从小学 5 年级（11 岁）到高中 3 年级（18 岁）的许多参与者（样本量 =851）。该研究采用两个测验对这些参与者进行测试：我们的完整特定能力系统测验（空间、定量、因果、定性、归纳推理和演绎推理）和我们的完整认知自我概念测验。教师也根据已经描述过的量表对每个学生在数学、科学和古希腊语方面的表现进行评分。我们将大样本分为三个年龄组检验变量间关系：小学（11—12 岁，小学 5 年级和 6 年级）、初中（12—14 岁，1—3 年级）和高中（15—18 岁，1—3 年级）。我们在这里检验了一个相当复杂的模型。具体来说，每个特定能力系统都有一个一阶因子。这些因子被一个代表一般认知表现的二阶因子所预测。本着上述对一般发展智力进行区分的精神，这一因素包括传统定义下的流体智力，也包括额外的推理和问题解决过程，如演绎推理的掌握和感知欺骗的处理。认知自我概念的每个领域都有一个一阶因子，这些一阶因子分别与每个特定能力系统相对应。此外，工作记忆和自我调节存在自我概念因子。这些因子被一个代表一般认知自我概念的二阶因子预测。最后，有三个学业表现因子代表每个学科的表现，它们被一个代表一般学业表现的二阶因子预测。一般自我概念和一般学业表现因子都被流体智力因子预测。学业表现因子被一般自我概念因子预测。值得注意的是，对模型中关系的检验表明语言能力的自我概念还与学业表现有关。因此，这个因素也被添加到模型中。

结果显示的关系模式非常有趣，它展示了这些过程之间的关系如何随着发展而变化。具体而言，自我概念与认知能力之间的关系在小学非常弱（回归系数为 0.03），在初中较强（回归系数为 0.36），在高中较弱但仍然显著（回归系数为 0.16）。学业表现和认知能力之间的关系一直很密切（在三个教育阶段中回归系数分别为 0.66、0.80 和 0.57）。有趣的是，一般自我概念和学业表现之间的关系仅在初中是显著的，尽管关系很弱（三个阶段中回归系数分别为 0.08、0.17 和 -0.08）。然而，语言能力的自我概念对学业表现一直存在中等程度的显著影响（回归系数分别为 0.28、0.31 和 0.26）。总而言之，在整个漫长的年龄段，认知能力高度预测了学业表现。自我概念的预测作用总是很弱，尽管它在青春期变得很重要。在下面的章节中，我们将详细说明人格在预测学业表现中的作用，随后我们再讨论这些差异的可能含义。

四、人格、智力和学业表现

学业表现是一个可以分离智力和人格对现实生活结果的相对影响的适当领域。智力决定了朝向学习的准备和能力，人格决定了为实际学习而尽可能有效地利用现有能力的倾向。能力的有限性限制了所学知识的范围和复杂性，无论一个人对学习有什么兴趣和动机。同时，责任心的有限性所反映出来的自律和毅力的有限性可能会限制所学知识的范围和复杂性，无论一个人的智力有多高。值得注意的是，无论一个人多么聪明，有些概念和技能都需要努力才能掌握。在学校学习中尤其如此。学校学习的概念和技能已经过多年的发展，掌握它们需要持续的参与和努力。

这反映在认知和人格的某些维度对学业表现的相对贡献上。大量文献表明责任心与许多积极的生活结果相关，包括学业和工作表现（Hill & Jackson, 2016）。在我们的研究中，我们考察了四重结构模型、大五人格因素和情绪智力中的每个结构是如何与学习表现相关的。我们的研究结果通过将认知效应放在人格的角度来阐明上述情况：g 因素在上述三个重要的学科中解释了四分之一到三分之一的变异：古希腊语 34%，科学 31%，数学 24%。然而人格 -α 因素、稳定性所解释的变异更大：古希腊语 65%，科学 68%，数学 37%。这种影响大部分来自责任心：古希腊语 27%，科学 68%，数学 25%。宜人性似乎对科学（回归系数为 -0.11，1%）和古希腊语（回归系数为 -0.13，2%）有着微小但统计学上显著的影响；然而，这种影响是负面的。有趣的是，一般认知自我表征因子的影响不显著（见第十二章图 12.1）。

五、总结

本章总结的研究得出了几个关于心理过程、人格倾向与学校学习和表现之间关系的明确结论。

第一，认知能力与学业表现高度相关。这种关系是双向的。学校教育对认知能力及其发展有重大影响。每多受一年学校教育，智商就会提高大约 2 分，或者说一个发展周期的一部分。如果考虑到在西方，义务教育在 9 至 12 年之间变化，这一效应可以充分解释一般智力长期显著增长的弗林现象。

第二，通过四个发展周期中的每一个周期的推理和问题解决过程测验获得的认知能力，和通过智力测验获得的认知能力，在作为学业表现的预测因素方面是相互补充而不是相互替代的。因此，准确预测连续发展阶段的学习可能性需要同时纳入这两种类型的测验。

第三，认知能力与学业成就的关系因年龄而异，中学强于小学。事实上，在不同教育阶段，不同的心理过程与学业表现的关系也会有所不同，这取决于学生在每个阶段对这些心理过程的掌握程度。

第四，认知自我概念在初中早期而非更早的时候与实际能力相适应。事实上，似乎学业表现对心理自我概念的形成的影响比受它的影响更大。

这种现象可以用两个因素来解释。一方面，基于原则的思维的出现以及自我监控和自我评价的准确性的提升使得青少年对自己的心理活动更加敏锐。另一方面，随着从小学到中学的过渡，学习要求的增加所带来的压力使得自我监测和自我评价得到了比以往更多的关于心理功能和成败的差异化信息。在这方面非常有趣的是：语言能力的自我概念总是与学业表现相关。这表明对语言表现的自我监控比对其他认知能力的自我监控更准确。

第五，除了认知能力，人格对学业表现也有很强的影响。如果把人格因素考虑在内，认知自我概念就无法作为预测因素。换言之，不管你认为自己聪明或不聪明，这对你的学业表现一点也不重要。重要的只是实际的认知能力以及将这种能力投入学习所需的自律和决心。在大五人格因素中，责任心是独一无二的，因为它促使个人不断地将自己的能力投入随时间积累的实际生活成就中，从而增加回报（Hill & Jackson, 2016）。当这两个因素共同作用时，外向还是内向，情绪稳定和平静还是焦虑和有压力，或能否与他人和睦相处，都没有什么区别。事实上，非常讨人喜欢的人应该知道过于注重帮助或取悦他人可能会对他们自己的努力产生负面影响。另外，聪明人必须意识到有时候他们高估了自己高能力的可能影响，因为这对于许多要求很高的长期生活任务来说是不够的；具有平均水平的认知能力的高责任心的个人必须意识到，他们的决心和规划可能会提高他们在现实生活任务中的成就，但不会提高他们在实际应对新的复杂任务时的智力能力。

第十六章　在实验室中增强智力

在个体差异心理学的背景下，旨在提高智力的研究有着悠久的传统（Kyllonen & Kell，2017；Protzko，2015）。在发展心理学中，已经有大量的研究旨在通过将儿童的思维提高到认知发展的更高阶段来促进认知发展（Brainerd，1973；Efklides et al.，1992；Shayer & Adey，2002）。为了提高成功的可能性，一些学者结合了心理测量学的方法和发展心理学的方法（Klauer & Phye，1994，2008）。这两方面的研究都表明：提高智力或提高发展水平是有可能的。然而，由于一些简单的原因，这些研究都陷入了僵局，并没有被应用于所预期的教育领域。一项旨在提高智力的研究，在干预结束后的三年里，受到了"衰退效应"的影响，也就是说，智商的增长急剧下降，从大约7分的增长下降到大约1分的增长（Protzko，2015）。在促进认知发展的研究中，发展的边界是一个阻碍：思维水平确实提高了，但这仅限于当前的发展阶段。也就是说，训练有助于巩固当前的思维水平，但不会引导思维向下一个水平过渡。

本章节将回答以下三个问题：

- 我们能否对 g 因素中的每一个过程进行训练？这些过程会因为训练发生多大的变化？
- 随着时间的推移，训练的结果有多稳定？
- 一个过程的训练是否会迁移到其他过程中？

解答上述问题是为了能在教育中对学习进行更有效的干预。

一、增强智力

230　　早期旨在训练智力的研究侧重于通过智力测验直接测试建立事物之间关系的能力和推理能力。例如，美国开展了一项名为"开端计划"（The Head Start Program）的重大项目，其目的是改善贫困儿童的学习技能、社交技能和健康状况（Currie & Duncan, 1995；Neisser, 1998）。另一个案例——"初学者计划"（Abecedarian study）也是在美国开展的，它重点关注从婴儿期开始就面临风险的儿童，该项目的训练涉及与学校学习有关的技能。具体来说，干预措施旨在激发儿童的数学兴趣、增加数学活动，涉及测量、计数、算术运算等。在语言方面，儿童能接触到丰富的新词汇、详细的语法以及脱离即时语境的语言表达等等（Campbell & Burchinal, 2008）。近年来，训练研究遵循简化论的方法，也就是说，它考查了对简单过程（如加工速度、注意控制、转换和工作记忆等）的训练是否能推广到流体过程（Jaeggi, Buschkuehl, Jonides, & Perrig, 2008；Protzko, 2015）。这也是出于现实的考量：训练简单过程和表征效率过程是较为容易的。因此，如果存在迁移，关注这些较为简单的过程将比关注推理过程更节省时间和成本，因为推理过程的训练更加复杂。

　　值得注意的是，研究不同过程之间迁移的方向对于上述理论来说是一项艰难的考验。通常情况下，迁移的方向必须遵循模型所假定的因果关系方向。例如，从特殊过程（如注意控制或工作记忆）到 g 因素这样自下而上的迁移，这种迁移表明这个特殊过程是 g 因素不可分割的一部分，因此特殊过程的任何变化都会自动地改变 g 因素。缺乏自下而上的迁移意味着这个过程可能不足以运行更高级别的 g 因素过程，即使这个过程是 g 因素的一部分。从与 g 因素相关的一般过程（如关系思维）到更基本的过程（如灵活性或工作记忆）的自上而下的迁移，表明这个一般过程自发地参与到特殊过程的激活或使用中。缺乏自上而下的迁移意味着当一般过程被激活时，特殊过程并没有被激活。从一个特殊过程开始，有两种方向的迁移——自下而上迁移到一个已知是 g 因素的一部分的过程（如归纳推理），或自上而下迁移到一个更基本的过程（如任一执行控制过程），这意味着这个特殊过程是一个中介，可能会被其他特殊过程或一般过程利用，来帮助它们适应即将面临的具体情况。

普罗扎克（Protzko，2017）最近指出三层次 CHC 模型只能解释自上而下的效应。第二章图 2.1 中的箭头从 g 因素指向第二层级的广泛能力，并从这些能力指向第一层级的特殊能力。根据构建结构方程模型的理论基础，普罗扎克从字面上解释箭头的方向，指出这个模型只能解释自上而下的因果效应。也就是说，改变 g 因素可能改变任何一种广泛能力，改变任何一种广泛能力可能改变与这种广泛能力相关的任何一种特殊能力。但是，自下而上的效应是不能被解释的，因为其不是由因果模型假定的。因此，如果该模型有价值的话，训练将根据受影响的因果路径自上而下地发生迁移，但不会自下而上地迁移，因为在这个方向上没有假定的因果关系。

我们的理论可被概括为四重结构模型（参见第八章的图 8.1），该理论提出了一条用于预测迁移的简单规则：遵循相关过程之间的关系路径。在某些条件下，可能会出现不同程度的各种类型的效应。

首先，如果过程归属于同一种类型的系统，则迁移更有可能发生，因为它们有共同的组成部分。例如，从注意控制迁移到工作记忆，反之亦然，因为它们都涉及注意力集中和干扰控制。

其次，有些过程比其他过程更为重要，尤其是觉知和推理：觉知是一个中介，它将特定领域的过程转变为一般指令，而在任何领域中实施特定领域的技能和操作都需要推理，如在特定能力系统中。因此，这些过程相比于其他任何过程都更有可能发生自下而上和自上而下的迁移。

再次，第八章中的模型（见图 8.2、图 8.5 和图 8.6）表明，即使存在自下而上的效应，这些效应也是相对有限的（平均而言，注意控制、转换和工作记忆各占方差的 20% 左右），而且会随着发展而变化。实际上，其中一些效应在一定年龄后会减弱直至不存在。例如，大约 13 岁以后，注意控制和转换对认知变化的影响变得微乎其微；有些则持续循环，如工作记忆；另一些则系统地增加，如觉知。因此，如果训练这些过程是为了将其迁移到与 g 因素有关的推理过程，就必须在适当的年龄进行适当的训练和适当测量。此外，这种效应可能是累积的，因此它必须超过一定的阈值才能改变 g 因素。在 9—11 岁或 11—13 岁时，需要对注意控制和工作记忆进行多少训练，才能够将其迁移到 g 因素上？这种训练中有多少必须与对所涉及的过程的觉知直接相关？显然，这些问题没有令人满意的答案。

最后，需要特别注意特定能力系统，因为它与现实世界紧密相关。如果不涉及中介过程，就不会有特定能力系统之间的训练迁移。这是因为特定能力系统是处理特殊关系类型的特殊系统。因此，学会一个特定能力系统的特殊操作（如空间特定能力系统中的心理旋转）并不一定对另一个特定能力系统有用（如比例推理或变量分离），有用可能仅仅发生在学习特定能力系统中的特殊操作激活了中央系统的情况下。然而，预测必须基于中央系统，而不是参与其中的特定能力系统。

实验认知和差异的传统中的研究

已经有大量的研究从各个角度对迁移效应进行了考察。到目前为止，迁移效应的模式已经很清楚了：关于可训练性，所有的过程都可以被训练。在任何年龄接受的训练，都确实会使得各种情况下的加工速度（Mackey, Hill, Stone, & Bunge, 2010）、斯特鲁普任务中的注意控制（MacLeod & Dunbar, 1988）、工作记忆中的迁移（Chein & Morrison, 2010），以及各种领域的推理（Christoforides et al., 2016; Papageorgiou et al., 2016）得到改善。事实上，即使是电子游戏也有这种效果。最近的一项研究回顾了大量的实验，表明电子游戏可以改善反应时、任务转换、目标和变化搜索、时间估计、感觉运动协调、及时决策以及对错觉的抵抗力（Boot, Blakely, & Simons, 2011）。关于第二个问题，即训练的稳定性，可以肯定的是：训练的效应在一定时间后会减弱，但其中一些会保留到最后。

关于第三个问题，训练结果的迁移确实遵循我们模型所规定的路径。也就是说，训练结果可能会在四重结构模型的同一组中的不同过程之间进行迁移，但它不会迁移到与心理测量 g 因素相关的过程中，包括瑞文推理测验、韦氏儿童智力量表、演绎推理、言语、算术或非言语的表现中（Boot et al., 2011）。几项基于大量实证研究的综述研究最近得出结论：注意力和工作记忆的提高不会迁移到智力、现实世界的认知技能或学术成就上（Melby-Lervåg, Redick, & Hulme, 2016; Sala & Gobert, 2017; Shipstead, Harrison, & Engle, 2016）。当迁移发生时，注意力和工作记忆训练中还包含了关系过程，例如抽象和意识（Au, Buschkuehl, Duncan, & Jaeggi, 2015; Au et al., 2015）。当存在跨层次的迁移时，自上而下的迁移比自下而上的迁移更有可能发生。例如，莫茨等人（Motes et al., 2014）训练儿童使用理解和归纳推理过程，来促使其从材料中推断基本要点或抽象含义。这些过程的提升确实自上而下地迁移到了 Go/No-Go 任务测量的抑制控制上来，使得一般的抑制控制过程得到完善和利用。

二、促进认知能力发展的研究

现在已有大量的研究以促进认知发展为目标，这些研究是以经典的皮亚杰理论（Brainerd，1973；Csapó，1992；Shayer & Adey，2002；Shayer & Adhami，2007；Strauss，1972）和新皮亚杰理论（Efklides et al.，1992；Halford & Boulton-Lewis，1992）为基础的。总的来说，这些研究试图针对皮亚杰提出的心理概念，如各种守恒（即物质、数量、重量和体积）或推理图式（如类比推理或假设检验）进行训练。训练的目的是使儿童能够产生特定类型的心理操作，如可逆的守恒和假设检验中的变量分离。训练的重点是促使参与者在自己的期望（例如，数量越来越多）和现实（例如，数量不变，除非增加或减少些什么东西）之间产生认知冲突，并在指导下对差异进行思考。这种方法基于皮亚杰的假设，即认知改变是由于获得了更完整和可逆的（灵活的）心理结构。总的来说，这些研究表明，认知的改变是可能的，但也是有限的，能在当前发展阶段内的次级水平上促进认知发展（Brainerd，1973；Strauss，1972），不能在各个领域间推广。

（一）测试特定能力系统之内和特定能力系统之间的迁移

沿着这些思路，我们早期的一项研究（Efklides et al.，1992）考查了是否可以在基于原则的思维水平上训练定量和因果思维，以及是否可以实现这些特定能力系统之间的迁移。此外，我们还研究了训练是否与流体智力有关。为了训练定量思维，我们让参与者学习解决四个复杂程度的数学类比问题，涵盖早期和后期基于原则的思维。具体来说，让他们学习估计 2×2（第一级）、2×2×2（第二级）、2×2×2×2（第三级）和 2×2×2×2×2（第四级）列联表中的关系。例如，在第一级中，浇水（2

次/月与4次/月）对两种植物A和B的产量（3千克与6千克/公顷）有何影响；在第二级中，两个这样的表格并列显示浇水对两个地区（地区1和地区2）植物的影响。为了训练因果－实验思维，我们让参与者学习设计实验以检验假设。这些任务在内容上与定量任务相似，在结构复杂性上也与之相当。也就是说，我们要求参与者设计一个实验来测试浇水是如何影响产量的。目的是测试参与者如何在越来越复杂的水平上分离变量。四个实验要求在 2×2（第一级）、$2\times2\times2$（第二级）、$2\times2\times2\times2$（第三级）和 $2\times2\times2\times2\times2$（第四级）实验中分离变量。例如，在第一级中，要求参与者检验"增加浇水频率会提高植物的产量"这一假设，参与者可以对植物A和植物B每月浇水2次或4次。在第二级中，假设具体到每一种植物，即"浇水能提高植物A的产量，但不影响植物B的产量"。所有层级都涉及基于原则的思维：第一级和第二级涉及早期基于原则的思维过程；第三级和第四级涉及后期基于原则的思维。

该研究涉及10岁、12岁、14岁和16岁的参与者，分为对照组、接受定量特定能力系统训练的实验组和接受因果特定能力系统训练的实验组。参与者在训练前后都接受了针对这些水平任务的测试。他们还接受了儿童因素参照测试，该测试包含各种归纳推理的测量（Ektstrom, French, & Harman, 1976）。训练内容因人而异，也就是说，每个参与者都接受了比自己前测水平高一个级别的训练。训练包括解决某一特定内容的特定水平的任务，而且训练时间很短，持续一个小时。因此，这项研究的目的是测试训练特定操作（估计比例关系和分离变量）能否导致该特定能力系统沿着发展过程而提高，能否迁移到另一个特定能力系统。

研究的结果很清楚，第一，两种特定能力系统都可以被训练。50%接受因果思维训练的人和70%接受定量思维训练的人至少提高了一个水平。然而，第二，训练受到初始水平的限制：将儿童从第一级提高到第二级或从第三级提高到第四级比从第二级提高到第三级要容易。这表明，在一个阶段内变化比提高到一个更高的阶段更容易。此外，流体智力与训练带来的变化有关。一个人在流体智力测试中的表现越好，就越有可能对训练做出积极的反应。最后，没有发现特定能力系统之间的迁移。

（二）将皮亚杰和维果茨基的观点联系起来

沙耶和阿迪（Shayer & Adey，1993）制定了一个完整的干预方案以促进儿童在皮亚杰阶段的认知发展，重点是科学和数学概念的发展。这些概念都与皮亚杰的形式运算图式有关，如组合思维、比例、假设-演绎推理和变量分离。用沙耶的话说，这个方案被认为融合了皮亚杰、维果茨基和鲁文·弗耶斯坦（Reuven Feuerstein）的教学思想。皮亚杰讨论了一些源自科学和数学的概念，如变量的分离和因果解释、体积、重量等，以及发展的层次结构。

维果茨基提出了两个重要的概念。第一是最近发展区（zone of proximal development，ZPD），它指出对概念的掌握是在一个能力区域实现的，一开始，人们先掌握概念的基本框架，然后逐步掌握概念的其他部分，以及各种细微差别和技能，并充分利用这些概念。第二是与同龄人和成年人的社会互动。维果茨基认为，与他人、同伴和教师交流自己的看法，有助于一个人渡过最近发展区，达到概念的更高层次。内部言语等机制能帮助人们思考、内化他人的观点，从而加强自己的理解。弗耶斯坦认为，教室里的学生水平参差不齐，可以使所有人受益。

如图16.1所示，干预方案包含四个环节。在第一个环节（8—12分钟）中，学生将了解研究的主题并学习所需的术语，要确保全班至少有80%的学生能够就学习的主题与教师进行讨论。在第二个环节（10—15分钟）中，各小组在其小组最近发展区内完成任务，目的是为第三个环节做准备。在第三个环节（CASE①，通常为15分钟）中，各小组向全班其他同学报告他们的想法，目的是引导学生理解并内化所教授的概念，学生还会对已经取得的成果进行元认知反思。在第二个环节中，教师观察全班的情况并进行干预，以增强小组的能量，并于小组在一个加工水平上操作时提出会诱发认知冲突的问题。发生在第二个环节的同伴间的讨论和第三个环节的思想交流是智力发展的主要驱动力，这对教师来说是显性的，对学生来说是隐性的。教师的作用是管理课堂，以便最大限度地发挥同伴间的讨论作用，这与普通教学完全不同。有两个驱动性的问题："在听到我说的话之前，我怎么知道我在想什么？"和"在我听到别人说的话之前，我怎么知道我在想什么？"。在第四个环节中，第二个环节和第三个环节的成果在科学和数学的其他领域得到了扩展。

这个方案构成了伦敦国王学院为教师和学校提供的专业发展方案的基础。英国的几十所学校都参与其中。很明显，这是一个自上而下的干预，旨在发展基于原则的思维。值得注意的是，目前只有10%的16岁学生完全达到了这种思维水平（Shayer, Ginsburg, & Coe, 2007）。图16.2和图16.3总结了主要的发现，从图16.2中可以看出，干预下的斜率变得更加陡峭。在干预之下，所有水平的儿童都有改善。就皮亚杰的阶段而言，受过训练的儿童从晚期的具体思维转变为早期的形式思维。然而，一方面，只有在训练前处于晚期具体思维的儿童才会进入形式思维，只有那些处于具体和形式思维之间的过渡水平的儿童才会进入晚期形式思维；另一方面，那些处于前运算或早期具体思维的儿童会进入晚期具体思维，但不会超越。

在干预的第二年（2002年）结束时，所有学校都进行了全国性的测试，即第一关键阶段测试。这些测试的结果显示出训练效果可以从基于实验的认知

---

① CASE（Cognitive Acceleration through Science Education），即通过科学教育加速认知。——译者注

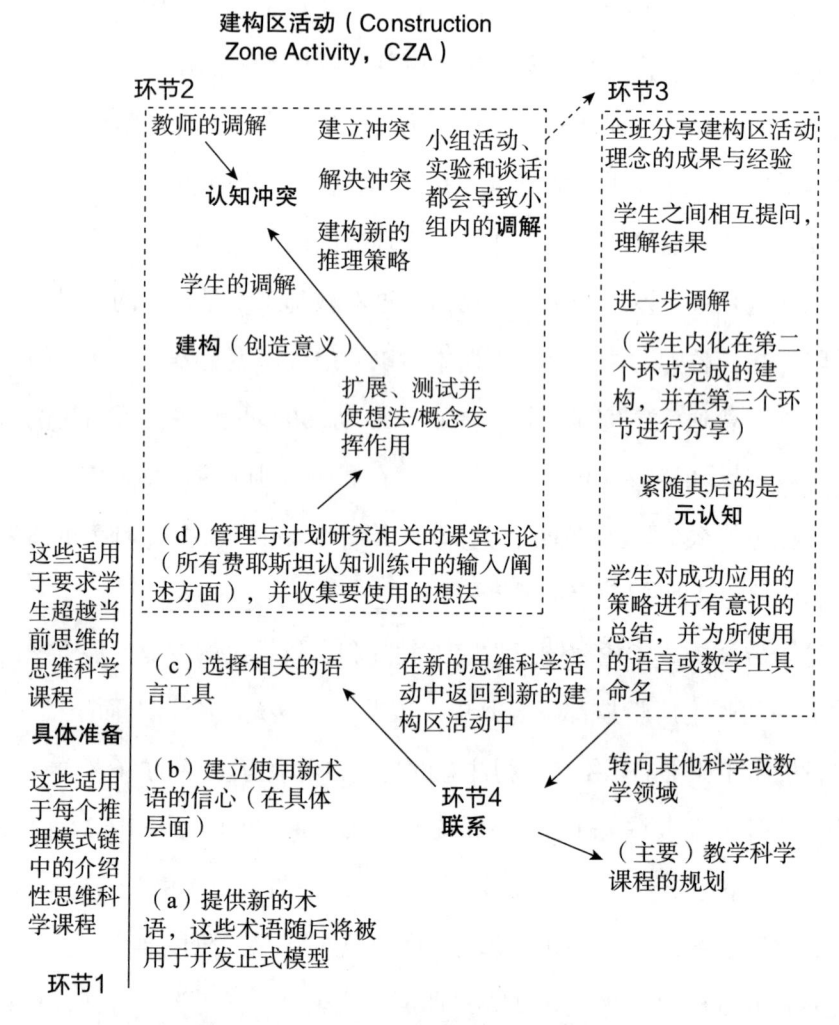

建构区活动（Construction Zone Activity，CZA）

环节2

教师的调解 → 建立冲突
认知冲突 ← 解决冲突
学生的调解 ↑ 建构新的推理策略
建构（创造意义）
扩展、测试并使想法/概念发挥作用

小组活动、实验和谈话都会导致小组内的**调解**

（d）管理与计划研究相关的课堂讨论（所有费耶斯坦认知训练中的输入/阐述方面），并收集要使用的想法

环节3

全班分享建构区活动理念的成果与经验

学生之间相互提问，理解结果

进一步调解

（学生内化在第二个环节完成的建构，并在第三个环节进行分享）

紧随其后的是
元认知

学生对成功应用的策略进行有意识的总结，并为所使用的语言或数学工具命名

这些适用于要求学生超越当前思维的思维科学课程
具体准备

这些适用于每个推理模式链中的介绍性思维科学课程

（c）选择相关的语言工具

在新的思维科学活动中返回到新的建构区活动中

（b）建立使用新术语的信心（在具体层面）

环节4 联系

转向其他科学或数学领域

（a）提供新的术语，这些术语随后将被用于开发正式模型

（主要）教学科学课程的规划

环节1

图 16.1 认知加速的各个阶段（Shayer，2003）

过程推广到实际的学业表现。这个结果可以通过比较参与实验的学校与未参与实验的学校的考试成绩得出。图 16.3 显示，CASE 的实验组学校和对照组学校之间存在明显的差异。数学的平均效应量大小为 0.65（0.30 个标准差），英语为 0.43（0.59 个标准差）。四年后，在中学教育结束时，所有学校都要进行全国性的第二关键阶段测试。这时，儿童很可能已经经历了四位不同的老师的教学。效应量大小虽然较低，但仍然是显著的（数学约为 0.24，英语约为 0.35）。

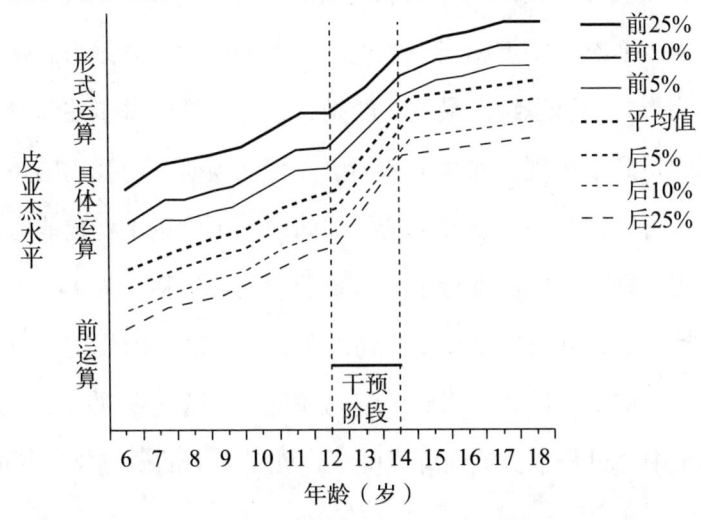

认知发展和干预：基于1975—1977年的学校数学和科学课程（CSMS）调查数据

图 16.2　一般人群的认知发展水平分布和干预导致的认知变化

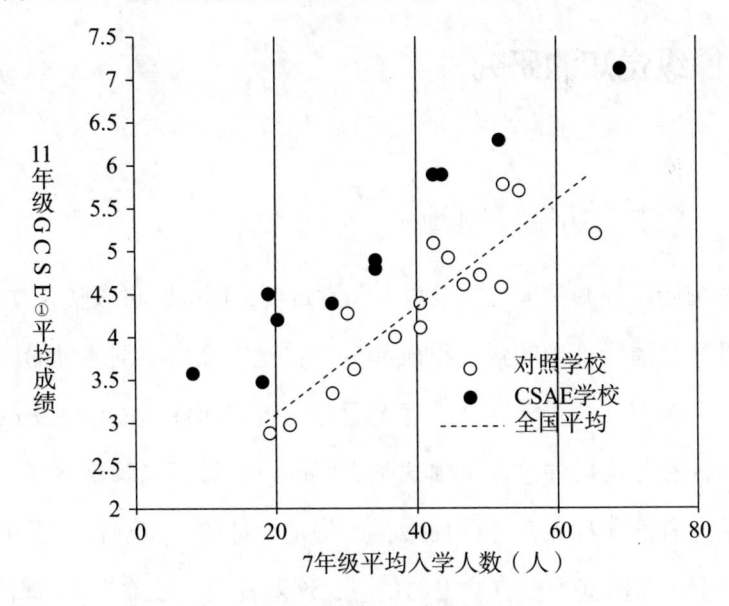

图 16.3　训练效果向学业表现的迁移

注：这里的水平是指在认知发展量表中的正确率，涉及区分皮亚杰早期和晚期前运算思维、具体运算思维的系列水平以及形式运算思维的系列水平。这些水平对应于基于现实的表征、基于规则和基于原则的思维的第一阶段和第二阶段。

---

① GCSE（General Certificate of Secondary Education）即普通中等教育证书，是美国学生完成第一阶段中等教育考试所颁发的证书。——译者注

因此，很明显，在不同背景下处理复杂推理过程的大规模干预方案带来了儿童在皮亚杰水平上相当大的进展，促使他们的思维形式从具体运算思维转变为形式运算思维。最重要的是，这些思维的进步在与学业相关的实际科目中得到了体现，如数学和英语。将这项研究与我们的短期干预研究相比较，可以得出一个重要结论，即如果干预侧重于特定能力系统的一个特定过程，则不可能实现特定能力系统之间的迁移。为了实现迁移，学习必须是持久的，并且发生在多种情况下，以便底层的规则和原则可以在不同的情况下被抽象出来、明确地编码和反思。这些发现引出了这样一个问题：如果中介过程本身被训练了呢？这就是下面的研究要回答的问题。

三、操纵觉知的研究

（一）提高条件推理能力

本书始终强调：推理对于智力非常重要，因为它可以整合并评估信息。条件推理是演绎推理的重要组成部分，它建立在已经阐述过的四种逻辑模式上：肯定前件、否定后件、肯定后件、否定前件。值得注意的是，其中肯定前件和否定后件这两个模式是可解的，而且相当容易掌握，因为结论所需的所有信息都存在于前提中；而肯定后件和否定前件是不可解的，因为结论取决于前提中没有给出的信息，这两种模式被称为"逻辑谬误"，因为它们可能会使思考者得出站不住脚的结论。这两个逻辑谬误让思考者误以为可以得出一个结论，因为它们看起来分别等同于肯定前件和否定后件。几乎每个人在发展的早期，即7—9岁时，都能理解肯定前件和否定后件。而很少有人能在11—12岁之前掌握两个逻辑谬误，只有不超过三分之一的成年人能够系统地加工它们（Gauffroy & Barrouillet，2009；Johnson-Laird & Wason，1970；Moshman，2011；Markovits，2014；Overton，1990；Ricco，2010；Wason & Evans，1975）。

显然，日常生活中的事件和话语往往是按照逻辑谬误的模式进行的。如果不能识别和抵制它们，就会导致错误的解释和错误的决定。出于这个原因，心理学和认知科学对逻辑谬误进行了广泛的研究，以寻找它们产生的原因和训练方法，从而使思考者能够应对它们（Nisbett，Fong，Lehman & Cheng，1987；Ricco，2010）。到目前为止，旨在训练条件推理的研究成果有限。我们实施了一项训练计划，目的是让儿童掌握逻辑谬误，并详细说明心理加工的各个方面（如注意控制和工作记忆）以及智力（如归纳推理和认知灵活性）可能做出的贡献。下面我们将首先回顾关于演绎推理的认知、发展和学习的研究，然后陈述我们所做研究的预期。

不同研究的重点不同，这取决于训练所依据的理论。假设逻辑是推理的关键的研究训练参与者掌握与各种逻辑模式相关的真值表。也就是说，他们训练参与者在给定前提下识别结论何时为真，何时为假。然而，效果并不好（Staudenmayer & Bourne，1977；Müller et al.，2001），这表明仅仅关注基础逻辑关系是不够的。

另一种方法以约翰逊－莱尔德（Johnson-Laird，1983，2006）的心理模型理论为基础。这里的训练不教授逻辑规则本身，而是旨在使儿童能够设想出必要的心理模型来表征每个模式中的关系，并进行相应的推理。这种方法对于那些擅长掌握逻辑关系的参与者来说是成功的，他们的工作记忆能力足以使他们能够表征关键心理模型中的必要关系（Barrouillet，1997；Simoneau & Markovits，2003）。

而下面的研究假设推理来自实践经验，这些经验可能会引导儿童直观地掌握潜在的逻辑关系，这些研究组织训练让儿童熟悉与每个模式相关的例子和反例。研究假设是儿童能够抽象出每个模式的含义，并构建必要的推理模式。这种方法在推理能力足够强的青少年中很成功，他们可以使用遇到的例子来充实他们已经在使用的心理图式。然而，它对于条件推理能力有限的幼儿并不成功（O'Brien & Overton，1982；Overton，Byrnes，& O'Brien，1985）。

显然，上述训练研究中的任何一个因素（逻辑、心理模型学习或实践经验）都不足以产生想要的改变。而我们的研究利用了上述研究的成功之处，强调了可能将每项研究提供的各种类型的经验统一起来的因素——觉知。也就是说，我们希望建立对四种逻辑图式的意识，训练儿童将每个规则与心理模型联系起来，以及将实际例子转化为关系和心理模型，从而成功地提高儿童的逻辑推理能力（Christoforides et al.，2016）。

这项研究关注条件推理发展中的两个关键阶段，即8—10岁的基于规则的推理的第二阶段，儿童在此阶段掌握了两个确定的模式；11—13岁的基于原则的推理的第一阶段，即谬误最易发生的时候。小学三年级和六年级的儿童分别代表了这两个阶段。因此，我们可以组织一个相对较短的训练计划（大约一个月），考察在这两个阶段自发获得的意识和相关经验是否足以使儿童掌握谬误。训练的目的是让儿童学会对与论证有关的命题的分析方法，将它们与其日常使用进行对比，提高对（1）命题之间的关系链，以及（2）四个基本的逻辑模式的认识，并在每个模式之后提供所构建的心理模型。训练开始时，我们给儿童一个要解决的论点，并根据相关课程的计划开展。课程一共有六个环节，每个环节都侧重于推理过程的一个特定方面，并单独进行。表16.1对这些环节进行了全面描述。值得注意的是，课程的呈现顺序实现了训练进程的系统化，从一般的（例如，针对前提和结论的日常性方法与分析性方法的对比以及形式方法）到更具体的主题（例如，矛盾和逻辑的必要性），最后明确呈现四个逻辑论点。针对特定问题，我们向儿童介绍每个环节的目标概念，然后要求他们解决示例问题，并回收反馈的答案。

表 16.1 各干预环节的目标、内容和示例（Shayer，2003）

环节	目标	内容	示例
一	提高对逻辑论证的分析方法的认识，并将其与它们在语言中的"日常"使用形成对比。儿童需要掌握"结论"的概念，并区分必要的结论和可能的结论。	把论据中的单词的意思理解为给定的。接受在推理中结论是从前提中陈述的内容得出的，而不是来自一个人所知道的或其他可能的含义。区分前提和结论，以及虽然正确但与现实不符的结论。	根据前提"约翰15岁"和"乔治16岁"得出结论"乔治比约翰大"而不是"他们都上学"，尽管后者是可能的且我们可能知道是真的。
二	区分命题的陈述意义和可能的隐含意义，重点放在第一点上。	分析命题的意义，进行比较，并说明意义和逻辑含义是否一致。详细阐述命题的替代性解释及其逻辑和语义内涵。	例子包括不同文体的同义命题、相互矛盾的命题、相互颠倒的命题。例如，"如果你做作业，我就给你买冰激凌"和"如果你不做作业，我就不给你买冰激凌"这两个命题在日常用语中听起来可能是一样的，但它们在逻辑上并不相同。
三	区分逻辑矛盾与真理，目的是区分逻辑矛盾与现实的一致性。	具体说明命题之间、命题和现实之间是否一致，并判断它们在逻辑上是否一致。	"当我们灌溉植物时，它们会长得更好"和"约翰灌溉了他的植物，然后它们就干枯了"这两个命题是矛盾的，尽管前者可能错误，而后者可能是对的。"30岁上幼儿园"和"安德烈亚斯30岁上幼儿园"这两个命题在现实中都是错误的，但在逻辑上是一致的。

续表

环节	目标	内容	示例
四	把握矛盾和一致的概念。 评价若干模型,这些模型是从一个初始前提推导出来的,或者它们与初始前提相矛盾。	关注目标命题,判断其他命题是否与目标命题相矛盾。	目标命题:如果你出去,那就穿上你的毛衣。 选择下列哪个命题与之不一致: 他出去并且把毛衣穿上了; 他没有出去,但他穿上了毛衣; 他没有出去,也没有穿毛衣; 他出去了,但是没有穿上他的毛衣。
五	掌握逻辑的必要和充分的概念。	选择一个确保目标命题为真的命题。也就是说,哪一个命题能必要和充分地得出目标命题是真实的结论。	目标命题:图A是一个三角形。 以下哪个命题证明目标命题为真: 图A有一个直角; 图A恰好有三个边; 图A是红色的; 图A的面积等于三角形B的面积。
六	认识四种逻辑模式并构建各自隐含的替代性心理模型。	专注于目标论点,想象与之一致的其他论点。 在三个可能的命题中判断哪一个可以从论点的前提中推导出来。	否定前件论证:"如果约翰考试得了18分,他就很高兴;约翰没有考到18分,他高兴吗?——高兴,不,不确定。"儿童被引导去构思所有可能的模型,这些模型与"约翰没有得到18分"这个命题(即任何高于或低于18分的分数)是一致的,这使这个论点不可判断。

第一个环节的目的是提高对逻辑论证的分析方法的认识,并将其与语

言中的"日常"使用进行对比。在第二个环节中，儿童会学习区分命题的陈述意义和可能的隐含意义，并重点关注前者。第三个环节的重点是逻辑矛盾和真理。第四个环节的重点是矛盾和一致的概念，儿童要练习识别与目标命题一致的和与之冲突的命题。第五个环节明确关注了逻辑的必要和充分的概念。最后一个环节着重于明确识别四种逻辑模式，以及构建每种模式所隐含的替代性心理模型。训练中使用的内容与前测和后测使用的内容不同。

每个年龄组都设置没有接受任何训练的对照组，除此以外还有两个训练的水平：有限教学（limited instruction，LI）和完整教学（full instruction，FI）（术语"训练"和"教学"可以互换使用）。有限教学组明确地引入四种逻辑模式中每一种的逻辑结构，也引入逻辑矛盾和一致性的概念。也就是说，有限教学组的参与者接受了第一和第四环节的训练：他们学习了四种模式的逻辑结构和逻辑矛盾的概念。基于上述分析，我们认为这是掌握将所有四种逻辑图式整合成一个系统的一般原则的最低要求，该系统规定了每种图式的逻辑含义。接受了全部六个环节课程的完整教学组参与者，还学会了对逻辑论证采取分析性的方法，将其与它们在语言中的"日常性"使用形成对比；区分命题的陈述意义和可能的隐含意义；认识命题和现实中的逻辑矛盾和真理；掌握逻辑的必要和充分的概念。

此外，为了明确学习推理如何（如果有的话）取决于上面讨论的各种加工和智力过程，所有这些过程（即加工效率、工作记忆、归纳推理和认知灵活性）以及四种逻辑模式和对它们的意识都在前测进行了测查。

表 16.2 总结了这项研究的主要结果。就自发的发展时间而言，这个短期的训练计划几乎将儿童的思维水平拉高了一个完整的发展阶段，使两组儿童都能掌握谬误：在有限教学组和完整教学组中，推理和意识的总体效应量分别为 0.72 和 0.36 以及 0.92 和 0.37。这一成功的关键在于儿童

意识到了每种模式的推理特性和逻辑一致性原则。从表 16.2 中可以看出，在推理意识的这两个方面接受训练的有限教学组的表现接近于在推理的所有方面接受训练的完整教学组。也就是说，如果经过训练的三年级学生在语境的帮助下，可以在基于原则的推理水平上处理问题，那么六年级学生无论在内容和语境上就都能达到这个水平了。总的来说，觉知几乎完全中介了训练对演绎推理的影响。经过训练，觉知本身也得到了提高，但仅限于完整教学组。无论达到什么程度，它都高度依赖于注意控制（回归系数为 -0.47），并且在训练中进一步加强（回归系数为 -0.62）。因此，考虑到语境，8 岁儿童可以意识到他们在处理谬误时应该做什么，但与 11 岁儿童不同的是，他们并没有将其转化为有意识的抽象规则，将两种推理形式联系起来。这些规则需要儿童明确表征模式之间的配对关系，11 岁的儿童掌握了这些规则，他们能够事先考虑各种可能性。显然，这些发现为上述中介模型提供了一个实验证明，即涉及儿童思考推理本身的自上而下的设计会以这样一种方式影响觉知：那些接受过一种谬误训练的人在没有任何具体训练的情况下也能掌握另一种。这与第八章提出的结论完全一致，即掌握任何一种谬误的基本逻辑，都能使这种逻辑扩展到其他的谬误以及其他类型的问题。这也与第五章介绍的推理意识的结果一致：这些类型的推理都是基于意识的。

表 16.2　条件推理研究的前测和后测成功率和效应量大小

（Yuan, Uttal, & Gentner, 2017）

年龄	8 岁				11 岁			
类型	有限教学		完整教学		有限教学		完整教学	
推理	肯定后件谬误	否定前件谬误	肯定后件谬误	否定前件谬误	肯定后件谬误	否定前件谬误	肯定后件谬误	否定前件谬误
前测成功率（%）	15	19	15	19	28	34	28	34

续表

年龄	8岁				11岁			
类型	有限教学		完整教学		有限教学		完整教学	
推理	肯定后件谬误	否定前件谬误	肯定后件谬误	否定前件谬误	肯定后件谬误	否定前件谬误	肯定后件谬误	否定前件谬误
后测成功率（%）	42.5	48.5	58	57	43	50	71	67
效应量	0.93	0.89	1.33	1.0	0.99	0.9	1.35	0.96

（二）增强数学思维并迁移到 g 因素

我们进行了几项研究，以考察智力是否可以改变，以及实现变化必须针对的关键机制是什么。其中一项研究考察了在数学和相关意识方面训练归纳推理是否会提高数学多个方面的表现，以及这能否推广到智力的其他方面（Papageorgiou et al., 2016）。这项研究涉及 11 岁的儿童，按年龄划分，这些儿童处于基于规则的思维和基于原则的思维之间的过渡期。他们中的一半被随机分配到训练组，其余的作为对照组。所有儿童都接受了注意控制、工作记忆和推理（演绎、类比、空间和因果-科学推理）等各方面的前测。

他们还接受了专门为这项研究设计的数学推理和问题解决测试。这套测试包括侧重于处理数字之间的相似性和差异性及其关系的任务。其中一些任务涉及根据共同属性对数字进行分组，另一些则涉及根据关系对数字进行排序。具体来说，一些问题要求参与者识别数字之间的共同属性（例如，"4、16、8、32、20、100 和 40 之间有什么共同点"），根据共同属性形成集合（例如，"选择这些数字 {12、14、7、56、28、36、84、54、49、19} 之间的共同点并明确地说明"），通过添加有共同定义属性的新对象来推断数字集合（例如，"{9, 12, 6, 7, 3, 8} 这些数字中的哪一个属于集合

{24，36，18，15，63，30}"），根据共同定义属性的缺乏来识别不属于该集合的数字（例如，"9、21、11、15、12、6、35"），检测两列数字的异同（例如，"用正确的数字完成8、4、2到1、1/2、1/4到1/8、1/16……"）。在一些任务中，我们要求儿童明确说明两个或多个项目的关系。这些任务是有发展规律的。具体说来，我们要求参与者指出一个明确存在的关系（例如，一个系列中的下一个数字是前一个数字的两倍），这样的任务涉及早期基于规则的推理。这种关系相互匹配的任务需要后期基于规则的推理。最后，需要指定关系之间的关系并明确说明的任务需要基于原则的推理。

我们的训练方案旨在使儿童能够识别上述各种数学推理任务所依据的各种维度，明确地构思它们的各种分组，并建立与每个分组相关的解决问题的技能。具体来说，学生被教导根据任务和任务类型之间的相似性和差异性来寻找和抽象属性与关系，根据特定目标调整它们，将问题概念化，并建立针对特定问题的问题解决策略。我们指导学生根据数学和推理的要求识别不同的问题类型，明确表征每一种结构，并具体说明问题类型之间的相似性和差异性。因此，他们需要明确元表征问题的结构和过程以及它们的关联。重点是"属性""关系""相似性""非相似性或差异性"等形成性概念以及它们在各种问题类型中的实例化。

干预措施包括12个环节，分三个阶段进行。在第一阶段，我们指导儿童寻找和识别问题中涉及的相关属性或关系，并明确地将它们表征为任务之间异同的概念图。例如，要求儿童明确各种数字模式的基础关系，并将模式分为由相同关系和不同关系决定的模式。在第二阶段，我们训练儿童认识不同类型的问题（如增加问题、减少问题、整数之间的关系问题、分数之间的关系问题），解决这些问题（如首先说明分数中两个数字之间的关系，然后说明分数之间的关系），并对其他问题进行练习；指导儿童构建程序图，明确表征解决问题的步骤顺序。在最后一个阶段，训练集中在三个主要过程：第一，使儿童能够将关系编码为规则（例如，分数是一种关系，线下的数字表示一个实体如何被分割，线上的数字表示多少部分被拿走）；第二，指定规则之间的关系（例如，所有的分数都可以简化成一个数字以说明一个整体如何被分割）；第三，将解决问题的策略迁移到新的问题上，在需要一个以上策略的复杂问题中整合策略，评估解决方案，并明确地将其元表征出来。在元表征方面，在这个阶段，学生还需要根据不同问题类型的问题提示，从记忆中回忆起策略，明确、详细地描述解决方案的过程，并说明某个解决方案适用于某种问题类型的原因。第二阶段和第三阶段指导行动的总体方案涉及三个步骤：（1）搜索、明确和分类问题；（2）将问题与其他问题进行比较；（3）选择最佳策略解决问题。我们会向儿童反馈其答案是否恰当。

问题的内容取自塞浦路斯五、六年级的数学课程。例如，与自然数的因式分解和可分性有关的概念、代数表达式和对数的属性与数的运算的概括（例如，奇数+奇数=偶数，两组连续的三角数的和）、数字比例、数列（例如，斐波那契数列、三角形数列等），以及二维和三维图形的属性（例如，不同种类的平行四边形、平行四边形的特性、图形类比任务等）和几何图案。

因此，这个教学方案的重点是建立和巩固主要与基于规则的循环有关的过程。就该研究测试的其他认知领域而言，除了数学之外，教学还与类比推理有关，这是其主要目的。上述方案与前文所涉及的其他领域只有微弱和间接的相关。

在干预结束后不久，儿童在数学推理领域获得了较大的变化（效应量=0.38），尽管在六个月后并不是所有的变化都能维持（效应量=0.20）。然而，这些效果确实迁移到了无领域限制的类比推理任务上（效应量=0.20），并在较小的程度上迁移到了其他领域，如演绎推理（效应量=0.12）。从第二次测试到第三次测试，演绎推理方面的提高是稳定的（效应量 = 0.13），而其他领域的提高不再具有显著性，这意味着这种提高可能已迁移到更形式化①的推理过程。此外，训练对工作记忆也有很强的影响（效应量 = 0.93），对流体智力（效应量 = 0.38）和注意控制（效应量 = 0.10）有较弱但统计学意义上显著的影响，这些影响在延迟后测中得以保留。显然，这些效应表明觉知中介的自上而下的训练迁移涉及执行过程。需要提醒的是，这些效应与第十章中介绍的中介模型得到的效应相似（见图10.2）。

第二项研究（Panaoura, Gagatsis, & Demetriou, 2009）侧重于自我意识对学习的影响。这项研究以一个在线的数学思维教育方案为基础。具体来说，这项研究旨在引导儿童反思他们在解决不同种类的数学问题时所使用的过程，目的是提高他们对不同类型的问题所激活的问题解决过程的异同的认识。研究系统地记录了儿童对自己的一般认知效率、数学成绩以及偏好的问题解决方式和策略的自我表征。研究清楚地表明一个人的反思能力和自我意识越强，就越能从训练中获益。

第三项研究（Papageorgiou et al., 2016）旨在帮助儿童进行数学学习，并具体说明上文提出的心智的各种维度的参与。具体来说，这项研究涉及9岁和11岁的学生，他们首先接受了加工速度和控制、工作记忆以及定量、空间和言语思维领域的推理的测试。此外，他们还接受了自我表征、自我监控和问题解决风格等各方面的测试。然后，这些儿童被分配成三组。主要的实验组接受了20次一小时的数学课程，该课程旨在培养儿童处理不同类型问题（如比例和代数）的特殊数学技能，以及解决问题的一般技能。训练由经过专门培训的教师使用专门设计的材料进行。第二个实验组只是接触了训练材料，也就是说，研究人员给他们材料并要求他们研究材料进而解决相关问题。最后，还有一个对照组。在训练阶段结束之

---

① 对应皮亚杰的形式运算思维。——译者注

前和之后，所有三个小组都接受了所有的测试。

这项研究表明，加工效率和工作记忆水平高的儿童都能够从简单的接触训练材料或系统训练中获益。然而，那些在认知功能的这两个基本参数方面表现较差的儿童能够从系统训练中获益，却不能从简单接触训练材料中获益。这项研究给学习带来的信息是明确的：当学习环境结构良好且系统化时，每个人都能从中受益，因为学习环境的结构化可以弥补加工效率方面的不足。换句话说，一方面，一个结构良好的学习环境能够使那些在加工和表征能力方面比较弱的学生克服弱点进行学习。另一方面，加工和表征能力强的学生可以自己弥补学习环境的不足，因为他们学习速度快、效率高，从而能够自己发现和建构所提供信息中存在的关系和概念。

值得注意的是，麦基、帕克、鲁滨孙和加布里埃利（Mackey，Park，Robinson，& Gabrieli，2017）最近的一项研究也得到了类似的结果。具体来说，这项研究使用商业游戏来训练五年级小学生的几个认知过程，包括加工速度（尽可能快地将卡片与目标卡片相匹配）、工作记忆（将卡片与若干个回合前的预定属性相匹配）和流体推理（根据一个或两个规则对卡片进行排序）。对前一年学习成绩较差的学生来说，这种持续了一学年的干预措施对训练的认知过程以及学校表现产生的积极影响更为明显。

四、总结

本章总结的研究得出了关于训练心理过程的几个结论，这些结论如下。首先，训练是可能的。任何能力都可以通过系统的训练得到提高，有些效果会随着时间的推移而消失，但大部分效果仍然存在。其次，迁移是可能的，而且是依据所涉及的过程之间的关系发生的。自上而下的迁移比自下而上的迁移更有可能。迁移的捷径是训练觉知和关系思维。对这些过程的训练所得的结果会迁移到执行控制过程，如注意控制和工作记忆。最后，学习是阶段性的。为了有效，教学必须考虑到相关人员目前的思维状态；为了可持续，教学必须循环进行，以提升每个阶段的核心觉知和关系思维过程。

第十七章　迈向教育实践的理论

本章将概述一个聚焦本书讨论的心智的各个方面的教学理论。我们将讨论如何组织学校教学以增强与心智结构有关的心理过程的运作和发展。显然，教育是一项非常复杂的事业，旨在使儿童在特定的文化和时代中实现社会化。本章将集中讨论学校学习的认知和发展方面。我们认为下面提出的教学理论具有广泛的适用性，因此适用于地球上任一地方或文化的教育。

教育作为一种认知活动由三个相互依赖的目标所驱动：让儿童（1）能够掌握阅读、书写和算术（读写能力和计算能力是实现下面两个教育目标的手段）；（2）能够在社会科学、自然科学和生物科学等各个领域获得扎实的知识体系和理解能力；（3）在日常生活和职业生涯规划中，能够合理高效且批判性地认识并解决问题，做出决策。显然，不同的学科领域对知识属性及其与现实之间的关系会有不同的假设。比如，将人文学科与数学或自然科学相比，人文学科注重人类经验的积累，而数学追求基于逻辑的真理，自然科学强调通过观察法和实验法来探求真理。人文学科中的知识在很大程度上具有主观性，且受到文化和历史背景的制约，因而，人们想当然地认为真理是相对的；数学追求永恒的真理，其力量源自对基于逻辑的真理的追求，而非对可见现实的简单理解；自然科学的知识会一直受到检验——理性与实验的结合可能推翻任一科学理论，无论它存在多久或多么不可侵犯。

由此可见，不同学科对知识本质所持有的立场截然不同。我们需要用批判的视角对知识进行呈现、理解、整合与评价。在这一过程中，旧的知识可能被修正或淘汰，新的知识也可能被创造出来，这不仅需要综合性的表述、理解、整合和评价机制，而且要建立好针对特定领域或特定学科的标准与规范。智力发展理论，如本书中提出的理论，如何才能更好地指导学校的教学，以实现上述三个目标，并使它们在所有领域或学科中有效地工作？

本书建构的心智发展理论模型表明，特定领域的知识系统通常与一般机制及过程协同发展。特别是，特定领域的知识系统在核心操作、信息加工使用到的心理过程，以及相关的知识和信念体系等方面都有不同，这些系统与一般表征、觉知和控制以及推理系统密切相关，上述所有心智发展中的环节都体现在学校培养知识和技能的教育教学体系中。显然，不同的知识领域需要整合不同的心智系统。例如，人文科学关注社会意识和思维的培养，数理科学关注定量思维和推理能力的培养，自然科学注重培养因果思维和推理能力。图 17.1 将图 8.1 中提出的四重结构模型转化为与教育相关的优先事项和学习准则。

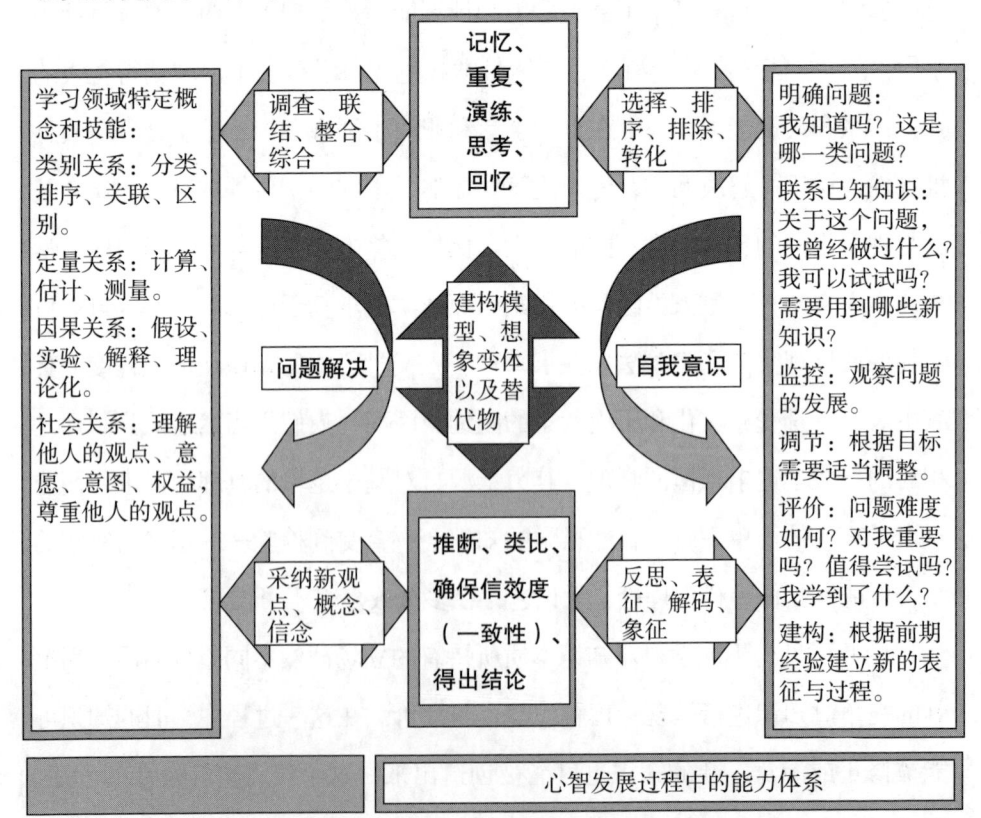

图 17.1 根据心智的四重结构模型确定的教育重点

本章共分为两部分：第一部分介绍从我们的教育理论中得出的一般原则；第二部分介绍这些原则在心智发展的各个方面的运用。第二部分的介绍是根据发展周期组织的，其目的是展示与当前教育（如学前教育、小学教育和中学教育）的主要水平相对应的每个发展时期的教育目标和实践的统一性。

一、教育的基本原则

我们的理论提出了一些普遍原则，任何教育系统都应该遵循这些原则，以充分利用和扩大每个学生的学习和发展潜力。已有部分现代教育实践实施了某些原则。但是，这个实施是隐形的而不是显性的。本章的主要目的之一是提供一个框架，使政策制定者和教育工作者能够明确地利用最近几十年在认知发展科学中产生的知识来指导实践。这些具体原则如下。

原则一：教育要为心智的四重结构中涉及的所有四种类型的心理过程服务，使得儿童能够（1）习得、巩固和提高与每个特定能力系统相关的问题解决能力和相关技能，并将它们与不同的知识领域联系起来；（2）高效地进行表征及加工；（3）掌握推理过程，学会辨别推理过程中的假象；（4）增强意识，学会反思，充分促进元表征加工。

原则二：在不同的发展阶段，发展的侧重点不同。因此，尽管儿童在不同的发展阶段可能存在共同的学习机制，但在各个发展阶段会有不同的学习需求。在某种程度上，处于不同发展阶段的儿童生活在不同的世界里，教育必须认识到这些世界才能实现其目标。这方面的普遍教育原则是：从每个周期的发展重点出发，满足每个周期的发展需求。总体而言，帮助儿童用情景思维控制每个特定能力系统的核心操作，并建立每个特定能力系统的明确情景表征；帮助儿童用现实的表征思维在表征集合中恰当地连接表征，并获得对行为的执行控制；帮助儿童用基于规则的思维掌握推理过程，包括其潜在表征和推理规则；帮助儿童用基于原则的思维掌握推理和逻辑原则，精准描绘每个个体的心理优势和不足，并组织开展长期的行动计划和决策。

原则三：任何阶段的学习规划都必须遵循知识习得的先后顺序。就学习的早期阶段而言，某一阶段的知识习得需要使儿童能够复现前一阶段的学习表征与技能，这么做能够帮助儿童摆脱与之前各阶段表征和推理弱点相关的滞后、短板与误解。对于后面的阶段，一旦概念和思维模式在当前阶段的水平上得到巩固，儿童就需要认识到自己的弱点，并努力克服这些弱点。简言之，教育必须要能够帮助每个成长中的儿童在各个发展阶段建立好每一阶段的世界观，利用它来更好地理解和解决前一个阶段的问题，并为提升到下一个阶段做好准备。例如，在婴幼儿期，练习每个特定能力系统中的核心操作或许比训练其他任何东西都重要。在接下来基于现实的表征的循环中，儿童需要学会识别概念的范例，而不必了解这些概念背后的组织规则。因此，教学需要展示概念的例子，而不是去定义概念。为了习得这一能力，处于该阶段的儿童必须掌握表征的整合过程，以便在下一发展阶段形成基本概念。因此，展示范例的相互关系是这一学习阶段的重心。在接下来的阶段，儿童通过应用特定领域的知识来训练心理过程，并学会不受情境限制地推理加工，这尤为关键。在青少年时期，重要的是掌握不同文化和时代背景下不同知识领域和信仰体系的核心假设和原则。这也是培养批判性的思考者的实质。

原则四：尽管存在关联性，但概念和过程的复杂性与上文具体展开描述的关于表征的优先级并不一致。因此，学校在各年级所教授的概念的复杂性需要考虑到各年级学生能够掌握的复杂性。例如，让学龄前儿童或一年级儿童进行多位数运算远远超出了他们的处理能力，该任务需要儿童将数字拆解为多个维度（如需要将两位数拆解为个位和十位），然后对每一部分分别进行计算再重组。这需要至少 3 个信息单位的工作记忆广度，以及在 8—9 岁左右才具备的灵活的表征对齐能力。因此，学龄前期或一年级的数学运算必须使用个位数进行教学。此外，我们必须认识到在面对一项新任务时，学习者可能会表现得低于最佳水平，因而教学活动需要从低于学生最佳能力的地方开始。儿童还应该学会了解和处理他们在表征和执行方面的不足，后文会展开讨论适合不同阶段的教学方式。

原则五：教育时机。教育工作者需要遵照年级和教育水平来组织安排教学内容和材料。基于不同的年级和学校层次组织的课程与教学内容并不一定遵循心智发展的可能性和局限性。这来自几个方面的原因，例如：教育比发展科学要古老得多，因而，课程内容的安排往往是脱离与发展相关的理论的；所有关心教育的人都知道，教育是反对革新的。诚然，正如本书所示，发展科学在阐述发展的优先级方面也经常犯错误，皮亚杰理论就是一个典型例子。教育工作者在采用发展的模型作为指导其课程设计的理论依据时需要十分谨慎。因此，教育科学的一个重要目标是要做好教育时机与发展时机的衔接。希望通过本章的梳理能够促成这一重要目标的实现。

原则六：知识呈现和学习机会的安排要基于不同知识领域关于历史和认识论特征的考量，而不仅仅停留在如上所述的发展问题上。近年来，这种方法因本书中已经讨论过的心理学中的理论论（theory-theory）和概念变化方法的出现而得到加强。值得注意的是，这些方法表明，在发展的心智中，学习和知识的变化发生方式与科学中的理论变化类似。在前几章中我们已经讨论过有些假设往往是不正确的：尽管两种路径有相似之处，但发展中心智的变化遵循的原则与科学的变化有所不同。对于成长中的儿童来说，参与一个有争议的学科话题会使其感到十分困惑。因此，教学课程安排必须遵照认知发展科学的原则，而非按照某一学科发展史的认识论原则，以改变儿童头脑中对概念的认知。这一改变必须纠正学生对世界可能存在的各种误解，并遵照上述所有原则，在学校科目中创设符合各年级学生心智发展的全新知识体系。

在下文中，我们将深入探讨上述原则在前几章中概述的每个主要发展周期的实施情况，首先指出该周期的发展重点和弱点，然后阐明教育需要做些什么来利用发展重点并消除弱点。

（一）婴幼儿阶段的教育

婴幼儿期主要的发展重点是通过感知和行动创造一个心理现实。因此，情景复现，详细阐明观察到的事物的特征以及对其采取某些行动后可能造成的变化，都会帮助婴幼儿尝试抽象出行为模式，将它们加以联系，并且通过语言或诸如心理表象的其他形式表征出来，从而产生下一发展阶段的基于现实的表征。由此可见，情景思维是环境变化的俘虏，它受到环境变化的引导，也因为环境变化而犯错。

一直以来，教育界一直致力于打破年龄限制。20世纪初，在有条件上学的地区，绝大多数人只在7—12岁上小学。在我们这个时代，对工业化世界的大多数人来说，教育大约从4岁上幼儿园开始，一直持续到22岁左右完成大学学业。然而，婴幼儿仍然被排除在正规教育之外。这一阶段的儿童要么在家，要么去日托中心，教育职责全在父母或是照料者身上。据不完全统计，影响婴幼儿教育的因素有两个，一个是市面上琳琅满目的关于"如何养育婴幼儿"的文字资料，另一个则是玩具行业，它为婴幼儿和学龄儿童生产各式各样的玩具。在当下，无论是通俗文学还是玩具行业，实则都在利用发育科学的知识，创造与当下以儿童为导向的文化相适应的教育市场。

无论这些产业多有用，它们的作用都是不够的。我们坚信，在婴幼儿阶段推行更为系统的教育方法的时机已经成熟。一方面，现代社会日益增长的需求和紧随婴幼儿期之后的教育使得有必要让婴幼儿为从4岁开始的校园生活提前做好准备。另一方面，当前关于婴幼儿时期的心理特征和能力方面的知识铺天盖地，为婴幼儿"教育环境"的设计奠定了良好的基础。

1. 培养特定能力系统中的核心要素

每一个特定能力系统中的核心要素都是个体在不同知识范畴中与世界交互的起点，这些核心要素也日渐成为理解物理、生物与心理世界以及与它们相互作用的基石。凯里（Carey，2009）提出婴儿的心智由三大范畴组成：物体，构成物质世界；能动，构成心理与生理世界；数字，造就万物之间的数量关系。因而在婴幼儿期的教育应该使其能够建立（1）对物体的性质、行为及相互关系的基本理解，（2）他们自己与物体和其他人的关系，（3）数字的基本概念。下文将举例说明如何开展特定能力系统核心要素的训练。

具体而言，在分类特定能力系统中，婴幼儿必须依据各种物体的物理和功能相似性进行分类技能训练：颜色、形状、声音、气味、味道都是物理相似性的来源；具体物件的功能，如用来吃饭、运输和玩耍等，使得不同物体具有功能相似性。这一阶段的教育要向婴幼儿展示物体是如何依据物理特性或功能与用途被划分到一起的，又是如何根据人们对物体属性和功能的不同关注点而使划分发生变化的。例如，叉子一般是用来吃东西的，但它也可以用来当开瓶器；一个球可以是足球，但它也可以被当作一个凳子。

在组织活动时，要时刻意识到，由于婴幼儿在这一阶段还不会明确地通过规则学习，因此他们不会将关键信息与物体之间潜在关系的规则联系起来。然而，他们会专注于重要信息，将其作为探索世界的基础（Rivera & Sloutsky，2016）。因此，要基于重要信息来组织活动。具体来说，为了促进婴幼儿探索，对物体形状和颜色的分类需要用到特殊的标记，这些标记向婴幼儿提供了关于操作合理与否的反馈。例如，某样物体（如玩具车）可以与特定的颜色相关联（如绿色的卡车、黄色的出租车、红色的赛车），以表明不同特征的组合创造出了各具特色的类别。

在空间特定能力系统中，儿童探索物体的结构、大小、形状以及物体彼此之间的关系，从而在视觉空间系统中产生心理表征。通过操纵物体以适应其他物体或是通过组装以构建更复杂的物体，儿童可以在这个特定能力系统中构建心理操作，如心理旋转。例如，一些特殊的标记会根据形状和颜色提示对象应如何连接，并提供操作合理与否的反馈。乐高玩具就是一个非常好的例子。

在因果特定能力系统中，让事情发生的作用于物体的行为，能够让婴幼儿察觉到特定的行动会带来特定的效果。此外，通过行为改变而产生不同的效果能够帮助婴幼儿掌握物体间或行动与物体间可能存在的因果关系的差异。特定的物体或构成物体的组成部分可能与特定效果相关联，比如声音或光线颜色，使婴幼儿能够在其行为、物体与效果之间建立起因果关系。

在定量特定能力系统中，将物体添加到集合中又从中拿走，能够帮助婴幼儿建立数学思维的基本操作；在数字直觉范围内计数和编号，能够帮助他们将绝对数和序数等数值概念与实际操作联系起来。

最后，在社会特定能力系统中，对他人情绪表达的识别，以及对他人情绪状态的辨认，将促进婴幼儿社会思维的发展。

2. 培养表征能力

婴幼儿时期个体的特点是表征能力和执行控制能力十分有限。因此，婴幼儿的注意力很容易被环境中的新事物所吸引。此外，在这一阶段，使用语言作为表征和教学的媒介是受到限制的。因此，专注于 2 岁前核心操作能力的教育必须利用这一阶段占主导地位的主动发现和探索活动，并培养婴幼儿根据环境刺激的变化控制注意转移的能力。

这可以通过开展精心组织的活动来实现。例如，将物体通过清晰的情节顺序组织起来，从而产生特定的有趣效果：比如，在第一年，向婴儿呈现一连串色彩交替的灯光，如此一来，他们就能够感受到序列间差异的存在。到了第二年，我们可以把一个物体依次藏到两三处不同的地方，并让婴儿按照顺序把它找出来。我们也可以用两个盒子，将一些物体（从一个逐渐增加到几个）按照某类特征（如颜色）摆放到其中一个盒子里，然后要求婴儿模仿同样的顺序摆放。诸如此类的任务既能帮助训练婴幼儿的工作记忆，又能训练其特定能力系统中特定的操作能力，如分类。

3. 培养推理能力

显然在婴幼儿阶段训练推理几乎不可能。但是我们可以在第二年年末，当语言出现时，尝试构建基本逻辑图式的外显表征。例如，根据物体特定的属性，如形状（如正方形）而非其他（如颜色）属性，反复摆放盒子里的某些物体，并用一个适当的词来标记动作（如：一个正方形，又一个正方形，再一个正方形，它们都是正方形），从而创造连接和内涵的表征（即所有涉及的物体共有的基本属性）。将灯的开关放在打开或关闭的位置（即向上或向下），并将其与产生的效果（即黑暗或明亮）联系起来，同时适当地做好关联标记（即向上为黑暗和向下为明亮），从而为析取信息创建表征。

4.培养意识

与推理能力一样，意识在婴幼儿阶段也无法得到明确的训练。然而，上述教育活动也可以用来启发相关过程中的意识。例如，以不同的内容及复杂程度重复这些事情，或许会使婴幼儿意识到信息组织的变化所带来的经验的变化。举个例子，对于前文中把一个物体先后藏在两三处，让婴幼儿依次把它找出来，或者按照某种特征在盒子里摆放物体的这些操作，我们可以把复杂性调高，以至于让婴幼儿意识到自己无法再去模仿了。这些经验的变化也可以用适当的语言来标记，以表明我们可以谈论心理经验（例如，"哦，那实在是太多了，我明白了，所以它太难了"）。

（二）学龄前儿童的教育

在2—4岁这一童年早期，儿童便掌握了表征能力，这将他们的思维从情景式转变为表征式。这一阶段儿童发展的主要任务是运用好表征媒介，优化语言。因此，探索、模仿和假装游戏，以及对语言的掌握是这一阶段需要重点开展的活动。了解并使用表征工具比定向控制更为重要。在这一阶段，无论在时间长度还是能力水平上，儿童的注意控制和工作记忆都非常有限，直至儿童长到4—6岁才会慢慢发展起来。在这个阶段，儿童会掌握与外部刺激变化相关的注意控制，以使精神集中，这将使得表征的对齐和整合成为首要任务。学龄前阶段的儿童能够集中注意力、比较表征，并根据目标在不同刺激间做好转换。在这一阶段，儿童具备接收1—2个指令的工作记忆容量，开始能够理解他人的意图，并开展务实的推理。现实的表征思维模糊了想象与现实的边界，儿童可以享受即使并不真实的想象世界。因此，注意力和执行控制训练必须成为这一时期的教育重心。

1. 从核心要素到表征及表征集合

语言出现在婴儿期和学步儿期的边缘，这意味着儿童经历着从情景思维到表征思维的重大变化。表征思维比任何工具，包括语言，都更为重要。有这样一种观点认为，我们眼中的世界是我们认知加工后的表征，表征可以独立于产生表征的物体或事件而被操纵。因此，在表征刚刚显现的初始阶段，教育的重要目标必须是将核心要素从行为层面提升到表征层面，并能够将核心要素转化为相关专业领域的心理操作。

因此，必须系统性协助婴儿将核心要素标记为词汇及其他符号，并能够在心理上使用它们。在这一阶段，每个特定能力系统中的心智操作都必须经历上述训练。例如，在分类特定能力系统中，排序和分类必须与动词衔接，以标记分类的动作（例如，朝我看，我把红色的汽车放在一起，把绿色的汽车放在一起，我对它们进行了分类）；此外，必须对排序和分类的对象进行合适的命名，以便依据物体具体的特征对类别进行标记（例如，快来看，红色的汽车是赛车，黄色的汽车是出租车，它们都是汽车）。

在定量特定能力系统中，计算数量必须控制在3—4个对象的数字直觉范围内（例如，跟我做，跟我一起数红色的汽车，1、2、3，有三辆，绿色的汽车，1、2、3、4，绿色的汽车比红色的汽车多1辆）。这样做的目的是表明，世界上各种各样的物体都可以用量化的方式来展现。具体来说，能够厘清物体的集合及其数量关系是建立定量表征的第一步：这些是很多（5个或更多物体）；这些只是少许（3个或更少的物体）。在不同的集合中增加或减少物体可以表明数量状态可通过人为操作而发生改变：从包含5个物体的集合中取出3个，并将其加入只有2个物体的集合中，使第一个集合"较少"或"只有少许"，而第二个集合"较多"或"有许多"。儿童需要在计数和列举方面进行系统训练，以将数字命名与计数行为、绝对值和序数关系——对应。

空间特定能力系统很容易与其他任何一种特定能力系统混淆。空间上的接近能够增强儿童对数字的感知，物体形状在感官上的关联变化可能给人以因果关系的印象，等等。学龄前教育的一个主要目的是帮助儿童区分空间特定能力系统相关的操作以及其他特定能力系统相关的操作。首先，在这一阶段，儿童必须意识到心理表象是表征思维的一个主要工具，可能与其他工具联系起来。也就是说，儿童应该认识到，心理表象所表征的事物源自各种感官（所见和所想），也能通过描绘、命名、列举等形式展现。例如，视觉图像的形成取决于与物体或事件的直接接触，而图像的精确性取决于视角。其次，儿童应该明白，实际行为与心理行为是相对应的：现实中物体的旋转也可以通过心理想象完成，同样，心理旋转可以指导实际行为；将物体从集合中增加或减少会引起心理表象发生相应变化。教学还需要使学龄前儿童能够知道不同的词汇和符号，以及语言的语法和句法结构是如何与视觉图像中所代表的每个核心要素相关的现实联系起来的。

在因果特定能力系统中，教育要关注两个重点。第一，要表明实际情况可能与表面看上去的有所不同。儿童需要认识到，空间或时间上的简单连续并不代表因果关系。例如，某个特定效果，如光或声音，看起来好像是由按 A 键这一动作引起的，而实际上却是按 B 键引起的。显然，在这一过程中关注单一变量是无法解释因果关系的。对事物关系的试误探索能够帮助儿童区分现象与实际的不同。第二，儿童要形成基本的因果关系图式。例如，有些玩具通过制造特定的动作或组合可以产生特定的效果。比如按 A 键可以让玩具车动起来（必要且充分），而按 B 键却没有任何作用（既不必要也不充分），按 C 键会阻碍按 A 键（互斥），而同时按下 D 键和 E 键也可以使玩具车移动（必要但不充分）。

2. 培养执行控制与表征能力

这一成长时期的主要发展任务是掌握执行控制能力，主要是抑制和转换。在学前阶段开展所谓的热执行控制（hot executive control）训练似乎特别有效（Garon，2016）。这包括抑制当前行为的能力：虽然当前的行为可以获得令人愉快的奖赏（例如，一份小点心或一小笔钱），但以后（从几分钟到几小时乃至几天后）的行动则能获得更大的奖赏（例如，一盒聪明豆，更多的钱，一件新玩具，等等）。众所周知，本书中提及的其他执行控制力弱的儿童，在延迟满足方面也较弱（Garon et al., 2008）。开展此项任务的训练需要运用一些策略，例如：在规定时间内，通过训练将儿童的注意力从眼前的奖励转移到有趣的事情上，引导儿童想象并比较当前唾手可得的小奖励与延迟满足收获更大的奖励之间的区别，以及反思自我控制对其他活动的好处。

练习依据不同目标在行动之间灵活转换也很重要。具体来说，可以通过训练让儿童了解事物与当前目标之间的兼容性，从而将注意力从毫不相关的事物中转移开。例如，在按照某一标准对物体进行分类时，儿童需要练习检查当前的动作（如，将一辆蓝色的汽车放到蓝色的物体集合中）是否与指令（如，不管什么颜色，汽车都和汽车放在一起）一致，并优先关注物体的某一属性（如，种类而不是颜色）。此外，开展多维任务，比如使用维度变化卡片分类任务，有助于训练儿童根据需要在不同的维度间灵活转换。有研究表明，如果训练儿童在不同维度间（如，不同的颜色或者不同的大小）识别并做记忆存储，他们就可以在需要时更轻松地在维度间转换。这种训练与我们的理论一致，为寻找表征实例、对齐表征以及在表征间相互转换提供了必需的表征解析（Perone, Molitor, Buss, Spencer, & Samuelson, 2015）。换句话说，这一阶段的重点发展任务，即发展执行控制能力，需要建立表征空间的高级组织结构，以使儿童能够按照他们当前的心理目标在其中导航。

这一阶段儿童的表征能力十分有限，大约只能表征两个单位的新信息。让儿童意识到这些局限，能够增加个体对行为的控制。可以通过引导儿童学会监控正在发生的行为，来增强个体对表征能力的控制，以提高儿童对其内容变化的敏感度。明确由于处理的信息量的变化而导致的行为表现的变化是很有帮助的。例如，可以训练儿童根据类型和展示时间在组块、信息类型和绑定项之间进行变换；又比如，可以在屏幕的一侧呈现视觉信息，在另一侧呈现语言描述，训练儿童整合两种不同的信息以形成一个完整的表征和故事。此外，重新组织和重新分块将使儿童能够在增加的信息量与增加的表征语义密度之间进行权衡（例如，通过减少类别中的几个物体来形成一个具备回忆标记的通用表征）。

3. 培养推理能力

在这一成长时期的第一阶段，儿童开始慢慢接触到各种推理模式。如前所述，推理能力从不熟练到熟练的发展过程渗透在指向特定能力系统的过程中。例如，分类特定能力系统中与分类相关联的联合迭代（即，……和……和……和……）暗示了结合，为分类推理奠定了基础。也就是说，这一过程表明添加不同的例子并不会改变某个类别的属性和内涵（例如，"动物"），而只是会改变其外延（例如，"猫、狗和老鼠都是动物"），训练这一方面可以促进儿童对类包涵的掌握。它也可以被用来区分不同类别与数字的关系：联合迭代会改变一个集合的基数 [例如，一只猫（一只动物）和一只狗（两只动物）和一只老鼠（三只动物）]，尽管所涉及的对象存在差异。指出事物的析取关系（不是……就是……）促进了对逻辑一致性的掌握。指出必要的因果关系为进行条件推理潜在的假言推理做准备：例如，"如果它掉下来，它就会碎"。务实的行动以及对结果的讨论为推理过程提供了一个社会视角。

这一成长时期第二阶段有关推理训练的例子详见专栏 17.1（该专栏以第十六章中的表 16.1 为基础，该表专门讨论学习推理）。第一组例子与归纳推理有关。用我们非常熟悉的飞鸟为例。在一个类别中加入成员可以让儿童学会将类别属性（例如，它们有翅膀，它们会飞）从一般成员（例如，鸟）类推到新成员中（例如，想象中的 nigles）。另外，一个生物体如果拥有某个类别属性（例如，nappows 飞），就会被归为这个类别（例如，它们是鸟吗？），从而就有了这个类别的其他属性（例如，它们也会飞吗？）。第二组例子是关于类比推理的。此时，教学重点从对象的相似性转移到关系的相似性。例子横向涉及相同顺序的类比关系，即特定元素（1）、类（2）与一般函数（3）之间的关系。因此，要指导儿童精确地指出并阐述类比关系。第三组例子是关于演绎推理的。该例子旨在区别归纳推理（实际信息在归纳中是相关且必要的）、类比推理（一般属性，比如运动，制约着显然不同的元素或属性之间的关系）以及演绎推理（形式制约推理，有关属性的知识与推理无关，且真理仍有待检验）。前两个例子代表了经典且简单的假言推理。在上述前提下，结论在上述两种情形下都成立，尽管在第二个例子中并非为真，而且最后两个例子无结果定论。基于如前假设，nappows 可能是鸟也可能不是鸟，猫可能会也可能不会走路。有了上述提到的归纳和类比问题，这些论述可以从不同方面展开比较。总的来说，儿童需要学会区分一个真实的陈述和一个被认为真实的陈述之间的区别。

专栏 17.1　指导学习推理过程的任务实例

旨在培养推理能力的教学须遵守下列原则：
1. 示范说明自主推理与分析推理之间的区别。具体来说，分析推理需要明确表明前提并根据具体规则进行整合，个体需要意识到推理的二重性，并在从自动推理转向分析推理时获得必要的灵活性。

2. 去情境化推理。也就是说，学习者必须理解推理所遵循的规则是独立于特定信息和情境的。因此，必须遵照涉及的关系而非情境中的内容，来系统地激活与应用分析性推理的规则。

3. 区分推理过程与逻辑形式，如归纳推理、类比推理和演绎推理。

4. 充分利用好心智模型展开推论和推理。使用与上述知识相关的心理模型是很重要的，这些知识涉及对表征和执行过程的管理，以保护推理过程免受信息的过量表征需求造成的表征失误的影响。

5. 利用元表征来实现自动化推论与推理。我们将借助以下例子来阐述如何实现这些目标。

归纳推理

鸽子是鸟，它们有翅膀，且它们会飞。

麻雀是鸟，它们有翅膀，且它们会飞。

鹰是鸟，它们有翅膀，且它们会飞。

nigles 是鸟：它们有翅膀吗？它们会飞吗？

nappows 会飞：它们是鸟吗？它们有翅膀吗？

类比推理

翅膀之于鸽子如同四肢之于猫，机翼之于飞机如同轮子之于汽车。

翅膀之于鸟如同四肢之于兽，机翼之于飞行器如同轮子之于滚动器。

鸟会飞如同兽能行走，飞行器能够飞如同滚动器能够滚动。

鉴于每个生命体或交通工具的局限性，飞、行走、滚动等动作都能使物体移动。

A（飞）：B（鸟）::C（行走）：D（兽）::E（飞）：F（飞机）::G（滚动）：H（汽车）→移动

演绎推理

| 鸟会飞 | 鸟会飞 | 鸟会飞 | 兽和鸟不仅会走也会飞 |
nigles 是鸟	猫是鸟	nappows 会飞	猫是兽
nigles 会飞	猫会飞	nappows 是鸟	猫会走

| P 和 Q | P 和 Q | P 和 Q　R 或 S |
P	Q	p1
Q	？P	？R

在归纳推理方面，这一阶段的教学重点是比较物体的异同点。也就是说，儿童应该能够通过每个元素中存在的共同基本属性（例如，它们会飞）将元素简化为一个类别。代表类别的符号（比如代表鸟的抽象符号）可以用来象征现实和表征之间的联系。在类比推理方面，这一阶段的教学可以从接触真实的动物或物体开始，通过类比（或者它们的玩具的表征）明确事物之间的关系。例如，它们都有能够使它们移动的部分。接下来，观察的过程可以被编码为口头陈述，以表明一种表征形式如何通过另一种表征形式展现出来。通过这种方式，观察及其行为或视觉模型都将被元表征为语言。

在演绎推理方面，关注的重点需要从元素属性或关系的相似性转移到由论证结构带来的关系上。要做到这一点，儿童需要关注论证中所列出的每个句子的含义，而忽略与句子中单词相关的任何其他先前的知识或信息。儿童还需要理解，作为解码关系的基础，一个论点涉及一个系统的关系网络。因此，为了掌握一个逻辑论证中所隐含的逻辑关系，必须将论证分解或分析为所涉及的前提，并关注独立于内容部分的逻辑关系。同时，要注意"是""和""如果……那么……""要么……要么……"等连接词的作用。

4. 培养意识和元表征

在这一循环中，教育必须培养儿童对表征及其与现实关系的认识。前文所述为开展特定能力系统的各方面活动提供了一个合适的框架。例如，与同龄人或成年人的话轮转换，有利于个体认识到表征的多样性及其在造成知识和信仰差异方面的作用。这也提供了一个很好的场景，儿童在其中能够感受什么是多元表征、符号表达以及对现实参照物的映射。例如，将照片标记到其所显示的对象，然后不断变化对象和相应照片之间的感知相似度，直到将照片转换为对象的一个抽象表征（例如，仅显示对象的形状），这种方法能够训练学步儿在分类范畴内的表征类型。在定量范畴，将数字标记到一组对象上，可能有同样的训练效果。在语言范畴，将书面语标记到表达上，也具有同样的功能。此外，将不同的表征与同一现实联系起来，有助于儿童将个人思维与表征分离。最后，给照片贴上标签，从不同的角度看同一个物体，并将事物与不同的人联系起来，是观点采择和心理理论的良好实践。

表征对齐是这一周期中的主要变化机制。组织得当的地图阅读可以帮助学龄前儿童将表征及其关系在不同的现实场景（例如房间和地图）以及符号系统（例如语言和图片）之间进行匹配。图 17.2 展示了如何引导 3—4 岁的儿童将地图与所表征的实物进行匹配（Yuan et al., 2017）。具体来说，现实中的物体（房间）被明确命名，并按照它们在房间中出现的顺序被正确指出。以同样的方式，图上的物体也被命名并按照它们在地图上的出现顺序指出。它们的对应关系及相对位置也在房间和地图中被明确指出。这种方法能够帮助儿童掌握现实和地图之间的类比关系。

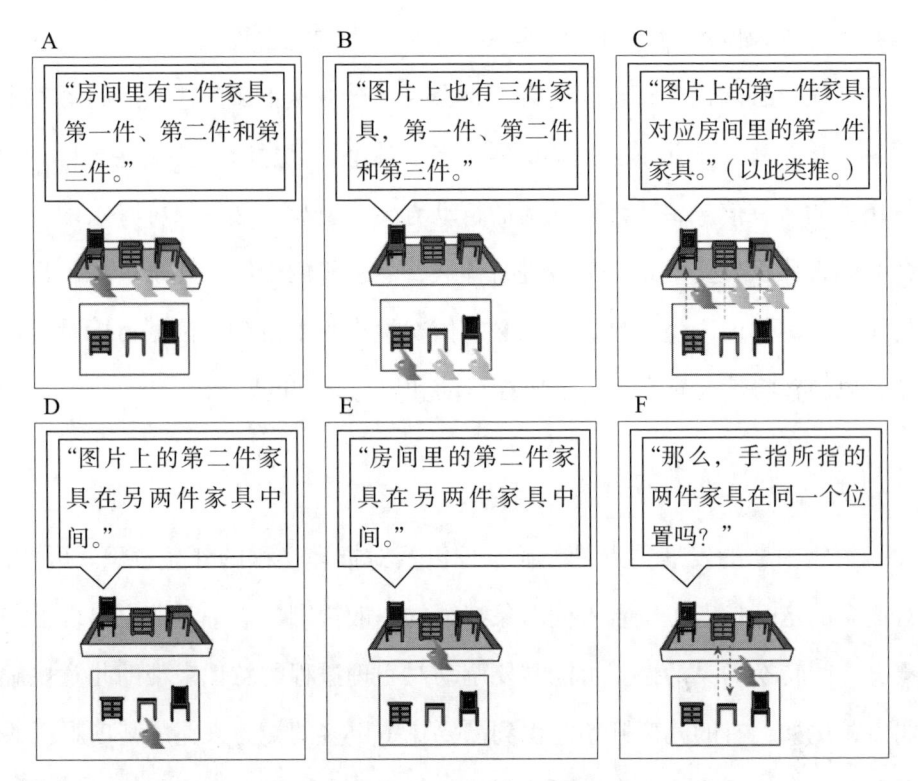

A "房间里有三件家具，第一件、第二件和第三件。"	B "图片上也有三件家具，第一件、第二件和第三件。"	C "图片上的第一件家具对应房间里的第一件家具。"（以此类推。）
D "图片上的第二件家具在另两件家具中间。"	E "房间里的第二件家具在另两件家具中间。"	F "那么，手指所指的两件家具在同一个位置吗？"

图 17.2 引导学龄前儿童学会将图片与实物对应起来的示意图（Yuan et al., 2017）

注：经许可引用。

除了训练关系思维和表征对齐之外，上述方法还能帮助学龄前儿童知道结构映射的特有过程，从而促进像这样的元表征的发展。为了支持元表征并促使儿童从领域特定的加工中发展出一般推理模式，教学必须提高儿童对从领域特定的学习中抽象出来的内容的认识。儿童要认识到，表征可能代表超越内容差异的底层逻辑关系。例如，一个名字（猫）指的是一种内涵特征（不管"猫的属性"具体是什么），而不考虑不同猫之间存在的诸多差异（颜色、大小、凶猛程度等）。同样，有特定的心理过程来产生潜在表征（比如分类）下的抽象概念，这一心理过程也制约着表征。例如，分类制约着指导分类行为的潜在特征（即内涵），计数因创建不同数字的集合而在定义上有所区别。

上述提及的各项活动为培养执行控制之类的能力提供了一个适当的框架。首先，必须让儿童理解，设定一个目标会对接下来的想法和行动产生约束。具体来说，儿童必须认识到，定下某个目标意味着要关注与目标达成相关的所有信息，并展开具体的行动方案。例如，如果目标是求两个集合的和，那么先要对每个集合进行计数，然后将两个结果相加；如果目标是明确按键如何产生效果，那么必须依次检查每个按键。依据目标设定行动或思想，将使儿童在心理上监控行动和思想之间的联系。

（三）小学阶段的教育

童年中期的发展重点是外显推理以及对推理过程的外显意识。因此，对概念的定义参考了整合不同对象特征的一般规则。这一时期也出现了在概念之间转换的灵活性。可能需要调动对心理过程的意识来帮助儿童规避弱点，比如，有的儿童开始意识到需要花费更多的精力来完成某项艰巨的任务。基于规则的心智有助于儿童形成关于这个世界的有序表征，但往往缺乏统合性和逻辑验证。

1. 培养特定能力系统的能力

在这一阶段，特定能力系统的基本心智操作必须得到明确培养。教育的目标必须是规则明确且易于应用的。例如，在分类推理中，参照不同情境下明确定义的规则，必须将排序提升为分类，教学内容涵盖诸如物质的基本属性（如，材料、重量和体积）、社会活动（如，职业、运动）等社会现实。另外，将分类的结果总结为一般规则并阐明其含义，标志着儿童跨出了迈向形式思维的重要一步。

在定量特定能力系统中，学校数学教学无疑是将教育经验转化为心智操作的一个重要来源。一方面，将数学学习与超市购物等日常活动相联系，将凸显其与现实生活的关系。另一方面，数学学习也许是促进从基于规则的思维向基于原则的思维转变的捷径。我们可以在此引用许多例子。其中之一是对分数的理解和运算。众所周知，儿童很难掌握分数的概念并做分数的四则运算。他们的主要困难之一来自这样一个事实：直到10—11岁，儿童还不明白为何不能像整数运算那样在分数运算中应用数值运算（Braithwaite et al., 2017）。然而，为了理解概念的异同，儿童需要掌握最基本的方法，该方法将具体说明数值运算中如何将分数变换为整数，以及如何将分数变换为整数的一部分（除法）。因此，在小学高年级教授分数概念，一方面可以帮助儿童了解数字作为变量在不同水平转换的一般原则，以及这种转换要遵循各水平相应的规则；另一方面，可能有助于儿童建立起跨规则和原则进行操作所需的灵活性。

在空间推理中，要训练儿童的基本空间操作能力，如心理旋转等。通过对物体组件的必要旋转或折叠来组成三维物体，将使儿童能够掌握对组件之间类比关系的保持。这里的主要目标是让儿童能够将现实世界与其投射到的视觉空间心理世界建立起联系。

在因果特定能力系统中，分类必须与因果关系相关联。例如，一个特定的特征属性（如，多云天气）会与某种类型的效果（如，下雨）相关联，而另一种特征属性（如，晴空万里）则与不同的效果（如，在这个世界某些地方的炎热天气）联系在一起。此外，跨特定能力系统不同操作的关联，比如分类和测量的关联，或许能够揭示比肉眼可见更复杂的因果关系。例如，雨的形成不仅需要云的密度达到一定水平，还需要其他条件共同促成。到小学阶段结束时，对操作的掌握必须与诸如科学和生物等不同领域的科学理论相结合。

按照这种方法开展教学活动，可以从一个熟悉且由不同学科处理的现象着手。运动就是众多例子中的一个。对成长中的个体来说，运动是自发的，从生命的最初时刻开始，个体就能在其他人、生物或物体中感知到运动，并以许多不同的方式体验到运动。就本书提出的心智结构而言，当定义各种基本领域（即，分类、定量、因果、空间和社会领域）的核心要素与心智操作产生的作用时，便出现了与运动相关的概念。因此，这些概念在个体发展的任何阶段都会赋予运动以意义，为人们如何与世界互动并解决它所带来的问题提供框架。儿童由此建立起关于物理世界（如，力、能量和重力）、生物世界（如，权利、包括饥饿在内的生理需求、生存）以及心理世界（如，意图、努力、成功）等基本方面的概念，以此来阐释万事万物的行为，并指导其个人行动。例如，当我们把一个物品"丢"向儿童时，他们要试图了解给予者的意图（如，爸爸不会伤害我）、物体的外观（如，物体看起来挺重的）和运行速度（如，它过来得很快），以此来判定自己是否要尝试抓住它（如，它又小又轻，所以不会有什么危险）或避开它（如，它很重，过来的速度飞快，所以抓住它时可能会很痛）。为了做出决定并采取相应的行动，几乎所有基本领域的能力都被调动起来了，分类领域提供关于物体属性的信息，定量领域提供关于速度的信息，空间领域提供其位置与方向信息，因果领域提供其可能产生的作用与影响方面的信息，最后，社会领域判断了发起行为的动机。

2. 培养表征能力

小学阶段是培养表征能力与优秀执行控制能力的时期。儿童必须熟悉工作记忆在学习中的作用并了解其局限性。要想熟悉记忆容量的局限性则需要通过一些活动，在这些活动中可以系统地控制信息量和复杂性。小学阶段的儿童会开展许多相关活动。例如，回忆越来越多的数字或单词，并记录成功与失败之间的分界点，这就外化了一个人可以储存和回忆的内容，比如有的儿童会说："我最多可以记住三个数字，但如果增多，就变得困难了，我可能会忘记其中任何一个。"在不同的组织方式（如整合形成有意义的句子）或运用不同回忆策略（如按呈现的顺序或倒序）条件下进行回忆，表明了不同的执行计划会影响存储的信息量。或者，使用相同的心理操作处理越来越复杂的信息并进行回忆——例如，越来越复杂的数字相乘，从 1 位数（如 8×9）、2 位数（如 27×46）到 3 位数（如 464×639）——表明心理加工过程生成的信息需要与初始信息和心理操作一起表征。回忆一组以视觉或言语呈现的对象表明：依照信息类型的不同记忆可能存在不同的局限。因而，与心理表象相比，加工并记住言语表征可能需要更多的训练。

加强对表征能力的个人控制需要儿童持续观察正在发生的行为表现，以提高自身对行为表现内容变化的敏感性。可以从以下几个方面展开训练，例如，使用干扰刺激（如强烈的声音刺激或闪现新图片）将注意力从要求很高的数学计算中转移开去，表明在心理加工的特定阶段，注意力对于表征信息、执行具体的心智操作发挥着至关重要的作用。多步骤问题情境下，个体可能会在不同步骤处理不同类型的信息，儿童可以通过在这些信息之间交替来同时管理多个任务，这凸显了心理灵活性的作用。例如，在屏幕的一侧呈现视觉信息，在另一侧呈现文字描述，要求儿童将两侧获取的信息整合成一个完整的故事，这就是一个为了主要目标而在信息之间转换的例子。这也表明，信息的关联度随目标与达成目标的特定步骤之间的关系而改变。因此，当下有关联的事物或许之后就会无关；确保执行内容与当下目标之间的兼容性，并相应地激活和抑制是成功解决问题与达成理解的重要部分。最后，重新组织或重新分块的训练能够帮助儿童权衡不断增长的信息负荷与表征的语义密度，以对其保持关注。例如，可以将几个对象归结为一个类别，并且这可能与稍后的加工过程中调用的通用表征相关联。这些例子凸显了加强对表征的执行控制的一般方法。

3. 培养推理能力

我们再回到图 17.1 中的例子。在归纳推理方面，重点要放在通过多个属性以及类与类之间的关系上来强调类的规格（所有鸟类都有羽毛和翅膀，都有特定的身体结构，它们会飞、会产卵，等等）。这些属性中的任一种都可能体现在其他动物中，但又不足以让儿童判定那些动物为鸟类（比如，蝙蝠也会飞，但它们属于哺乳动物），又或许有的动物不具备这些特性中的某种但并不能把它们排除在类别之外（比如，鸵鸟不会飞，但它们属于鸟类）。在类比推理方面，小学阶段要培养儿童通过类比方式来阐明关系，目的是展示关系之间的关系（即，飞行和走路都是运动）。

在演绎推理方面，要训练小学低年级的儿童认识到前提假设中的信息是通过推理联系起来的。所涉及的有机生物体的真实模型，以及从一个推及另一个的推理线的视觉表征，这些都将是有用的。之后，开展不同论点间的直接比较，将使儿童能够区分形式和内容，并理解逻辑制约推理。也就是说，当儿童理解"猫会飞"这个结论来自"猫是鸟"和"鸟会飞"的前提时，儿童就已经知道逻辑结构是推理的基本条件，而实际内容与结论无关了。

4. 培养自我意识

在小学低年级，自我意识包括心理活动本身。对意识流和内部语言的初步理解证明了这一点。儿童能意识到自己是在自言自语。此外，他们还能将自己的想法与正在发生的行为联系起来。在他们写作时，他们知道自己在思考所写的内容。到了小学中年级，也就是8—9岁时，他们开始能够区分认知功能，如注意、记忆和推理。最终，在这一阶段，他们可以通过内部语言或其他控制注意、动机和刺激的方式，对行动进行自我调控。也就是说，他们知道自己能够给自己下达指令，或者可以有意识地将自己的注意力转移到特定对象上，从而不去想其他事。由于这些新的可能性，在这个阶段，儿童逐渐掌握思维的建设性。因此，他们开始有意识地控制思维过程。逻辑必然性是这些可能性产生的重要标志。

然而，小学生仍旧不能清晰地区分认知功能，不理解不同认知功能或活动的学习效果。比如，这个年龄段的儿童可能会错误地认为他们眼睛看到的内容以后就会留在脑海中。同样，他们可能会误以为存储在短时记忆中的内容也会存在于长时记忆中。也就是说，他们认为自己以后会记住一些事并且能够轻易回忆起来，仅仅是因为当这些事在他们面前时或当他们一形成对这些事的表征时，他们就已经理解了这些事。需要注意的是，这些弱点恰恰发生在小学阶段，也就是密集正式学习新概念和新技能（如阅读、写作、算术、科学等）的阶段。

因此，在小学，教育必须重视帮助学生意识到心理功能之间的差异以及不同心理功能对学习产生的不同影响。此外，还必须注重将不同的心理功能以及学习的不同方面有机地结合到活动中。例如，回忆旧信息并将其与眼前的信息联系起来有助于理解，而练习有助于将信息储存在长时记忆中以备后用；这种关联以及与先前知识的联系有助于学习，变化和区分则有助于形成问题解决中的独创性。

此外，小学阶段的教育还必须重视揭示概念与操作之间的联系，并帮助儿童看到自己对概念和操作的外显行为或心理活动。在这一阶段，必须训练儿童认识到表征序列在逻辑上是相互关联的，因而特定的表征序列必然导致特定的结论。这将有助于他们理解逻辑是推理的基础，并且受限于必须遵守的限制规定。

（四）青少年教育

到了青少年期，核心要素、特定能力系统中的各种操作、执行控制的各个方面以及推理能力的主要基础均已就位。不管听起来有多么皮亚杰式，这一阶段个体在认知层面的主要任务还是将基于原则的关系整合到一个总体范式中，将真理及价值权重置于推理的各种形式中。与之相伴而生的是，在意识层面和实际生活层面均有优先考虑的事：了解自己并选择一种人生历程。这个人生阶段的一大局限性可能就是个体容易将现实与主观相混淆，天平倾向二者中的一端而不自知，也没有重新平衡的能力。显然，这一时期教育的主要目的与以往阶段有很大的不同。不过，我们仍将保留相同的框架结构，以使不同阶段教育的异同点更加清晰。

1. 完善特定能力系统

到了青少年期，每个特定能力系统中的基本操作均发展到了较为完备的状态。因此，教育要使青少年能够自动化、形式化地进行这些操作，将它们相互映射，并为每种操作创建心理模型，从而使一种操作能够根据现有的问题调用所需的一组操作。

在分类推理中，青少年必须能清晰地掌握并运用分类逻辑以及三段论的基本操作。教育的目的是让青少年能够掌握真实分类行为、所持有的实际类别和概念之间的联系，以及支配这些类别与概念的形成和关系的基本形式原则。最终，青少年需要掌握集合论的基本原则。

在定量推理中，青少年需要掌握不同类型的数据，诸如自然数（正整数）、实数（数轴上的数）、负数（0以下的数）、有理数（可以用两个整数相除的分数表示）、复数及其运算。这一阶段青少年也必须掌握数学关系的基本性质（即闭包、结合律、交换律和分配律）。所有这些的基础都是将数字理解为一个变量（例如，当 $a+b+c = a+x+c$ 或 $x+2y+3z = x+3y+2z$ 时，能够具体说明当 $b = x$ 且 $y = z$ 时，上述两个等式分别成立），这将有助于青少年理解其他任何形式下可能的表达。

空间推理方面，小学阶段已经掌握的视觉空间操作和空间关系必须与几何和拓扑概念及操作联系起来。教育的主要目标是让青少年认识到对物体及其大小和所处空间位置的心理操作具有形式化一面，可以根据几个原则来表征和指定。

最后，在因果思维方面，必须对青少年进行实验方法方面的全面训练。青少年需要知道如何分离变量、如何将变量分离过程与特定假设相联系，并据此解释结果。解释必须在因果关系的框架内进行，青少年需要在框架内形式化地理解因果关系的精确类型（即充分必要、充分不必要、必要不充分、互斥）。

在每个特定能力系统中对推理和问题解决能力的培养必须在一个认知框架内开展，在这个框架中，青少年需要理解问题解决的每种类型是如何嵌入不同知识传统的背景中的，如人文科学和自然科学中。我们将在下一章关于培养批判性思维的部分对该框架展开详细探讨。

2. 培养表征能力

表征能力在青少年阶段发展到顶峰。这一时期的培养重点需要集中在对个人强项和弱项的认识及管理上。例如，相比于语言或数字信息，一个人更容易对视觉信息做出表征。此外，在这个时期，青少年必须熟悉具体的、基于规则的或基于原则的等不同类型的心理需求的差异。他们还应该认识到，表征能力对某一领域的经验和学习或个人身体状况（如缺觉或受到药物影响）很敏感。

3. 培养推理能力

这一时期的推理教育应该聚焦从"如果……就……"的立场向概念构建和问题解决发展，并建立关于不同知识领域的特征、可能性和局限性及其方法、功能和优先级的认识论意识。如上所述，这一时期的推理还应该自动准备好将推论嵌入条件推理方案的情境中，其目的是自动抵制各种逻辑谬误。

就归纳推理而言，教学重点必须从归纳对象及其属性转移到归纳概括本身的性质。也就是说，归纳推理是有可能但非必要的。因此，对归纳概括的信赖必须同时伴随对未来证伪的开放态度。在类比推理教育中，可以用上述抽象表征将关系形式化。这可以通过讨论不同知识领域背景下的关系来实现，例如生物学（运动是生存所必需的）、物理学（翅膀和脚都利用了类似的原理让动物动起来）、技术（人工部件如车轮也利用了相同的物理原理）。其目的是让青少年从练习推理转向将推理嵌入不同的知识领域，并从不同理论角度对其进行评估，以将推理与关于知识提取和处理机制，以及知识验证本身的性质和局限性的认识论意识联系起来（Gentner，2005）。最后，在演绎推理中，必须向青少年介绍推理的条件和假设性质，以及形式和约束推理的作用。

4. 培养意识

在青少年期，个体的自我意识逐渐变成过程驱动的，自我概念变得多维度且大致准确，问题解决也变得有计划性和系统化。因此，这一阶段的教育应侧重于这些能力所涉及的心理过程中认知领域之间的差异，以及它们与真实世界是如何相关联的。此外，要更多驱使和训练青少年去了解自己的强项和弱项，他们可以从一开始就练习进行问题解决，以便不管何时何地需要时，他们都能够搜索信息并将其整合进当前为问题解决所付出的努力中。

二、对学习以及"学会学习"的评估

教育评估对学习至关重要，因为它提供的信息对学习者和教师都有用。对学习者而言，准确的认知发展评估可以告知学习者学习与发展目标之间可能存有的差异。本书中提出的心智模型提供了一个完整的评估框架，对于学校学习非常有用，学生可以：（1）意识到自己认知的强项和弱项，以及自己在不同知识领域的天赋；（2）增强他们对心智的了解；（3）提高他们的自我监控、自我表征、自我调节技能。就目前的心智理论而言，首先，评估必须使学习者和教师都能确定学习者在前面提到的心智的四重结构模型的各个维度上的位置。其次，它还必须使学习者和教师能够认识到理解概念或解决问题的困难从何而来，并协助他们制定克服这些困难的策略。评估的最终目的是获得信息，以使教师能够为学习者制定本章中讨论的正确的认知发展支持计划。教师提供的这些帮助应符合规范性评估或学习评估所提出的要求（如 Black & Wiliam，2009）。

（一）认知发展诊断性评估工具概览

本书中提出的理论表明，心理诊断必须对发展时期和阶段敏感，关注每个阶段的发展重点。在情景发展时期，诊断必须关注感知辨别、对刺激序列中模式的抽象、感觉运动协调、对指令的理解，以及对经验的回顾和反思的迹象。在基于现实的表征时期，诊断则必须侧重于对注意的控制、通过 Go/No-Go 任务考察的注意抑制、在规则间转换的灵活性（通过维度变化卡片分类任务考察），以及通过心理理论任务考察的对他人心理的理解能力。在基于规则的思维中，诊断要聚焦于类皮亚杰任务，主要包括整合维度、对知觉欺骗的抵抗、需要整合维度的类瑞文测试中的归纳推理，以及涉及心理灵活性的在概念空间之间的转换（例如需要基于特定特征回忆类别的任务）。在基于原则的思维中，必须评估儿童条件推理的水平，因为它或许是基于原则的推理的最佳指标。

在此提醒一点，第八章中总结的关于推理的研究表明，如果一个人完全掌握了条件推理，那么他势必在其他任何一种加工过程中都会非常出彩。然而，较低水平的条件推理并不能预测其他能力，因为几乎我们每个人都具备较低水平的条件推理。这一发现表明了反向诊断的重要价值，也就是说，在每个时期，诊断都必须探索个体对这个时期最重要能力的掌握状态。一旦掌握了这个能力，个体也将具备其他能力，或者至少有这个可能性。因此，教学需要将个体在不同领域的表现提升到个人能力的水平。从某种意义上说，这里的方法与维果茨基的最近发展区概念不谋而合，也就是说，如果得到适当的支持，人们就可以实现一个发展区域的可能性。这个区域在此被精确定义为个体在某一时期主要优先发展能力的最高水平，以及这一水平与个体在四重结构各个过程中实际操作之间的偏差。

（二）克服心理困难

个体可能在本书提出的心智结构中的任何成分上产生困难。例如，如果学生无法结合原有的相关知识去解决新问题或理解新概念，或者新旧知识彼此不一致，他们就会认为新问题或新概念很难。这里的评估必须强调学生缺少什么，并指导学生寻找必要的知识，从而使用这些知识来解决当下的问题。搜索必须兼具自我导向（例如，"我了解类似的东西吗？""我过去解决过这样的问题吗？"）和必要时候的外部导向（例如，向老师或其他知识来源寻求帮助）。在概念之间存在冲突或不一致的情况下，评估必须引导学生意识到新概念对解释感兴趣现象的优势：为什么行星系中的"日心说"击败了"地心说"？

如果问题的信息量或呈现率超过了可用的表征或加工资源，对学生而言也是一个困难。这时的评估就必须使学生对他们的"个人掌控点"敏感。上述关于对表征能力监督和调控的讨论是彼此相关的。最后，推理过程中也可能有困难。也就是说，如果要处理的概念或问题涉及关系，而这些关系需要的推理方案又不可用，那个体就无法得出这些关键关系。这时，评估必须凸显缺失的推理方案，并让学生练习这些推理方案的使用。

三、总结

本章提出，教育在任何阶段都必须引导学生发展和完善下列认知技能：

- 关注相关信息；
- 根据目标审视、比较和选择；
- 忽略无关信息；
- 表征所选内容并将其与现有知识相关联；
- 套用模型，并在必要时进行演练；
- 参照证据评估模型；
- 通过演绎推理来评价模型和结论的真实性与有效性；
- 评估心智水平与信念（看法）、现有理论、主流观点等的一致性；
- 编码、符号化信息并将其嵌入系统中。

这些一般目标可以总结如下。

首先，就知识和学习的起源、本质和变化的关键认识论问题而言，教育者可以根据个体发展的里程碑制定教育重点。同时，教育者可以根据专门领域的知识制定各种专门的心理机制训练，以便更好地帮助儿童处理环境中不同类型的关系以及不同形式的知识。每一阶段的最终目标必然是巩固关键概念，并促进儿童向下一阶段过渡。表征能力对控制儿童学校生活不同阶段所遇到的教学复杂性具有重要意义。意识的发展必须为旨在学习如何学习、自我发展以及在知识相关的生活选择中自我指导提供信息。终极目标是使个体能够系统地推理，抵制欺骗或刻板印象，从而能够合理评价信息以及或过去或新近的知识。

其次，教师在充满个体内和个体间差异的广阔领域工作。所以，课程设置、教学方法和即时教学必须适应不同的学生和不同的主题。需要提醒的是，针对加工效率较低的学生，需要对其学习给予更多帮助和支持。这一假设对开发和使用适当的诊断工具以及教师教育的影响是巨大的。毕竟，教育必须引导每个学生在持续不断的各个发展阶段尽可能地全面发挥其潜力。

再次，就关于教育政策与方向的一般性问题而言，该模型提示，自20世纪80年代以来，在关于教育重点的讨论中占主导地位的纯建构主义实践还不足以实现有效的教育。除了开展以自我导向为主体的活动与探索外，引导抽象和元表征对于稳定学习和学习迁移非常重要。这一点对学习能力较弱的学生尤其重要。事实上，有研究表明基因与智力、教学成绩有关，这意味着许多儿童在学校获得优异成绩的困难源自先天局限。然而我们关于学习的相关研究表明，初始认知能力较弱的学生能从心智训练中获益更多。因此，识别在先天或认知上表现较差的学生，以便将他们整合到专门设计的课程中，从而弥补他们的弱点，在教育上可能是有用的。

最后，很明显的是，自19世纪晚期以来，在各种研究心智的传统中，占主导地位的理论不足以解释或指导指向学会学习的教育。在心理测量理论中，关于强大的一般智力机制控制一切的假设（Jensen，1998）不足以解释个体是如何学会学习的，因为该机制只涉及必要过程的一部分，即推理部分（Carroll，1993）。多元智力理论（Gardner，1983）在尝试阐释如何学会学习时也遇到了困难。假设有另一种领域特定的智力来解释自我意识和自我调节，也无法解释这种智力是如何在智力的碎片化思维中发挥其作用的。这里总结的模型保持了一般过程与具体过程之间的平衡，并将自我发展能力归于所有过程之间的动态关系，因为在这个系统中，认识自己和学会学习的能力是我们进化天赋的一部分，是我们面对意外和处理意外的能力的基础。

第十八章　培养批判性思维

　　培养批判性思维是现代教育的一个主要目标。长期以来，教育系统被批评为仅仅在传授死记硬背或是基于权威的知识，而没有使学生能够批判性地思考以便评估知识和寻找更好的新知识。这种批评反映了一种假设，即任何知识都是一种固有的不完整或错误的心理结构。相比之下，批判性思维旨在传授给学生一种自发的"如果……"的探究态度，这种态度使得他们能够评估知识、断言、假设和问题解决方法的准确性、完整性、真实性，以及它们与当前问题和疑问的相关性。在我们这个现代的充满着印象汇集的世界里，批判性思维就显得更加重要了，大众媒体、社交媒体和互联网几乎为大众提供了所有的信息，这些信息往往不是故意伪造的就是不准确和相互矛盾的。在这种情况下，批判性思维对个人和社会都是必不可少的。批判性的态度对我们高效率地活动很重要，因为它可以保护个人不因误判而做出错误的决定。这似乎是微不足道的，但在一个民主的世界里，在个人的决定会影响国家和国际领导人方向的选择时，这就在集体层面上变得相当重要了。

　　关于批判性思维存在大量的文献（Ennis，1962，1996；Sternberg，2006；Watson & Glaser，1980）。在此，我们将提供一个发展的关于批判性思维的视角。我们借鉴了与发展相关的研究（Heyman，2008；King & Kitchener，2002；Kuhn，1999），并与这本书中提出的心智的四重结构模型相结合，目的是说明批判性思维教育的重点，这些重点是由每个发展周期中各种系统的发展所引导的。我们的方法基于这样的假设：批判性思维需要适当地去利用特定年龄的所有心理系统。因此，我们认为批判性思维是一种将智力嵌入现实生活环境的能力，它使个体能在考虑到现有信息的情况下做出决策，同时对可能的结果及其对当前和未来可能的价值进行评估。我们还假设发展批判性思维是一个长期的过程，这个过程需要带着批判性的态度和技巧去利用每个周期的优势并且克服其不足。

一、什么是批判性思维？

在文献中，批判性思维被认为是一种能力和倾向。作为一种能力，批判性思维是一种自我导向的思维，旨在实现基于现有知识和信息的心理或行为目标，并经过系统评估，得出最合理的结论或决定。因此，它涉及以下特征：（1）确定感兴趣的主题或论点中的中心问题和假设；（2）用系统逻辑分析、解释数据或陈述，以发现因缺乏证据或连贯性而存在的问题或未回答的疑问；（3）设想可供替代的模式；（4）将每一种观点与支持证据和逻辑证据联系起来；（5）将其嵌入自己的观念或信仰体系中；（6）在证据和合理论证的基础上采取明智的偏好，通常反对先前持有的信念和个人偏见；（7）容忍歧义，并对基于新证据或分析的结论和解释的变化保持开放态度（Ennis, 1996; Halpern, 2006; Watson & Glaser, 1980; West, Toplak, & Stanovich, 2008）。

显然，上述能力是建立在对所涉信息的准确表征和通过本书所分析的各种形式的推理来操纵信息的基础上的。根据所涉及的问题或疑问，个体可能需要结合各种不同的特定能力系统来将疑问和信息置于相关的心理操作和所涉及的信念系统的视角下。归纳推理和演绎推理也是上述所有能力的关键工具。最后，批判性的立场本身就包括这样一种意识，即认识到所有知识或信息都可能缺乏准确性或完整性。它还包括意识到所涉及的心理过程及其相对优势和不足。因此，批判性思维是一种系统的立场，它系统地引导心智以个体或个体所属群体的最佳利益为出发点做出解释和决定。归根结底，要具有批判性，思维就必须植根于认识论理解的背景中，明确什么是证据，什么是真理，什么是重要或有价值的（Siegel，1989）。

每个人都能成为批判性的思考者吗？作为一种倾向，批判性思维是心理特征和人格特征相互作用的结果。具体而言，个体采取上述"批判性立场"的倾向不同。在一个极端，有些个体习惯性地好奇，寻求信息，在得到完整的评估之前不做出最终的判断，如果有新的证据或推理，他们会灵活并随时准备重新考虑。在另一个极端，非批判性的思考者倾向于接受而不是探索、相信而不是质疑、决定而不是留下选择余地、修正而不是重新考虑。有研究表明批判性思维与认知表现的各项指标高度相关，如分析推理、测量语言和数学能力的学业成就测验（Halpern，2006；West et al.，2008）。最近的证据还表明，批判性思维能显著预测现实生活中的事件。具体而言，在相同的智力水平下，批判性的思考者比非批判性的思考者更不容易经历消极的生活事件（Butler, Pentoney, & Bong, 2017）。此外，作为批判性思维的一部分，精细和综合的加工方式主要与经验的开放性有关；有趣的是，这些特征与神经质呈负相关（Halpern，2006）。与开放相似的是开放性思维（如"人们应该总是考虑与他们的信念相反的证据"）和开放性认知需求（如"我更喜欢一个需要思考的、困难的和重要的任务，而不是一个有点重要但不需要太多思考的任务"）（West et al.，2008）。

批判性思维还有一个发展维度。例如，心理理论的缺乏会使儿童只能看到别人观点的表层含义；对条件推理原则的掌握不足会使批判性思维不完整，因为如上所述，条件推理是充分的批判性思维所必需的。因此，前一章所概述的推理训练方案必须是任何针对批判性思维的培养方案的一部分。这正是以下部分的主题。

二、培养批判性思维

培养批判性思维应该引导发展中的个体认识到他们自己的知识、理解和决策可能具有的局限性。他们还应该理解推理和理性之间的区别。也就是说，推理是分析、评估和选择解决方案的工具，理性指向连接多个框架和观点的综合判断。因此，遵循推理的原则可以确保个体得到有效的结论。同时，如果它们与当前的情况无关，有效的结论可能是无用的，甚至是有害的。例如"彼得太好了，他正在飞"这句话不能从专栏17.1中给出的任何论证例子中归纳或推导出来。然而，如果在一个隐喻的语境中，飞行的意义象征着其他的东西，比如彼得在比赛中非常成功，那么它是有可能被归纳或推导出来的。因此，要具有批判性，儿童就需要学会评估或选择可以进行逻辑分析的时空背景。

（一）学前期批判性思维的培养

教育必须利用每个发展阶段儿童普遍存在的世界观。需要提醒的是，在学前期的早期，儿童还没有意识到知觉和心理状态之间的关系、推理是知识或信仰的基础、人与人之间的心理状态或观点可能存在差异。儿童在此阶段还不能把握符号的表征本质，不能区分现实和表象。儿童对世界的许多方面也缺乏知识，这就使得他们无法从不同的视角来看待当前的信息。将认知发展等同于观念改变（用正确观念取代错误观念）的研究人员假设幼儿都是新手。也就是说，他们缺乏所有领域的知识和专长（Carey，

1985；Vosniadou，2013）。这些特征的结合使得他们在批判性思维方面特别薄弱。一方面，他们缺乏质疑和评价的认知背景，因此，他们倾向于相信别人或把自己的观点视为唯一。另一方面，儿童批判性思维的局限性可能只是反映了他们对世界的无知，因为批判性需要相关问题的知识。

之后，在4—6岁的阶段，儿童开始意识到心理状态，他们可以在情境中推理，开始意识到现实可能并不总是与表象相符。然而，他们仍然可能被表象或自己的观点所误导，尽管他们开始知道个体的可信度可能不同。也就是说，在4岁时，儿童意识到如果一个人不能准确地用正确的名字命名一个物体，那么这个人之后传达的信息就不一定能被相信（Koenig & Harris，2005；Harris，2007）。

因此，学前期批判性思维的培养有两个主要目标。首先，儿童需要明白同一个现实可能有不同或相互冲突的表征。例如，他们需要意识到不同儿童对一个物体的不同认识（如它是红色的、绿色的或蓝色的）可能都是正确的，这取决于每个儿童的视角（因为物体的三个面颜色不同，每个儿童只能看到其中一面）。其次，上面的例子也可以用来说明断言并不总是准确的，有时它们只代表一个人的观点，有时只是意在误导的"故意的谎言"。如果要求两个人交换他们的观点，谈论他们过去和现在的观点，这样的情况常常会发生。这也是一个很好的安排，让儿童可以看到（1）传递一个人认为是准确的但其实不准确的信息（三面体案例中不同人的观点）和（2）故意误导（一个人提供的信息不是事实）之间的区别。例如，在后一种情况下，儿童可能会遇到一个"看到并知道"一个物体是"红色"但是说这个物体是"绿色"的人。希望这种方法能帮助儿童克服这个周期的认知特点强加给他们的绝对立场，即知识不是对的就是错的，并且有人拥有这些正确或错误的知识。这将为下一个周期了解现实并不是直接可知的做准备。

（二）小学阶段批判性思维的培养

小学生是现实的良好观察者，特别是在八九岁以后。他们意识到人们可能在他们所知道的和他们的知识来源（他人、阅读、电影等）方面有所不同。他们也意识到知识可能不准确或不完整，其他人可能会有意或无意地带来误导。然而，在这个时期，儿童仍然缺乏一个完整的系统，使得他们对自己的解释或断言的真实性进行充分评价。值得注意的是，11岁以下的儿童在条件推理谬误的掌握上是失败的。这反映了一种倾向于证实而非证伪的偏差。因此，他们可能只看到断言或解释的表面，特别是当它们来自权威时。

基于以上特点，小学生批判性思维的培养必须朝着以下方向发展。首先，现实并不是直接可知的。儿童需要意识到，观察是通过推理整合而成的，而由于一些原因，整合可能是错误的。例如，结论可能是在错误或不完整的信息基础上得出的。因此，一个结论背后的推理可能是正确的，但由于错误的初始假设，结论是错误的。或者，信息可能是准确的，但推理的路线是错误的，从而导致得出不准确的解释。此外，必须逐步向儿童介绍知识的认识论方法，使得他们能够理解通过观察和实验等不同的知识提取机制产生的知识在准确性和有效性上可能存在差异，这取决于每种方法对混杂因素的控制程度。朴素的观察往往是错误的，因为它强调的是表象，而不是隐藏的关系。如果事情并不像它们所表现的那样，单纯的观察可能会导致错误的结论。例如，人类几千年来一直相信太阳围绕着地球转。实验可能对隐藏的关系更加敏感，但总有没有控制的变量误导人们。与真相的距离只是方法的适当性和准确性以及控制的独创性的问题，这些都会随着儿童知识的积累而不断发展（Chandler, Hallett, & Sokol, 2002; Wildenger, Hofer, & Burr, 2010）。

（三）青少年期批判性思维的培养

从形式上讲，基于原则的思维就是批判性思维。进入这个周期意味着青少年拥有一种假设的立场，使其能够从不同的角度处理问题和信息，设想不同的可能性，并验明真实性和有效性。因此，青少年早期的教育必须巩固这种假设－探究的立场，并与导向真理检验和验证的推理习惯相联系。具体来说，青少年需要将知识视为具有不确定性的思维的产物。因此，人们必须同时质疑断言的准确性和判断的真实性。他们需要自动掌握在论证或证明过程中"捕捉谬误"的技能，既要警惕在信息未被详尽分析的情况下，推理被误导的可能性，又要系统地实施前几章中讨论过的条件推理方案，或者克服利用某一形式的推理得出断言或判断这一固有的弱点。

基于原则的思维层面的批判性思维教育的一个主要目标是让基于原则的思考者始终意识到，误导和错误推论总是潜伏在论点和组织复杂的信息中的。让我们先来看一个看似简单的问题，读者可以在看答案之前先回答一下这个问题：

杰克正在看着安妮，而安妮正在看着乔治。杰克已经结婚了，但乔治还没有。一个已婚的人在看一个未婚的人吗？

A. 是

B. 否

C. 不确定

这个问题最初被莱韦斯克（Levesque，1989）使用，并由斯塔诺维奇（Toplak & Stanovich，2002）研究。绝大多数成年人选择了 C，然而正确答案是 A。用一位解决了这个问题的受访者的话来说："安妮要么结婚了，要么没有结婚。如果她结婚了，那么她看着乔治的事实就符合问题设定的条件。如果她没有结婚，那么杰克看着她的事实就符合问题设定的条件。所以，不管怎样，总有一个已婚的人在看一个未婚的人。"（参见下面我们的非正式研究。）这反映了选言推理的过程，它允许回答者抵制最简单的（错误的）结论，即因为信息缺失而无法确定答案（安妮是否已婚）。有趣的是，在一个非正式的实验中，我们让 16 个人来完成这个任务，他们都是大学毕业生，其中，12 人拥有博士学位，10 人是不同领域的教授。只有 8 人解决了这个问题：2 名数学教授，1 名科学教学教授，3 名推理发展博士和 2 名教师。令人印象深刻的是，有 5 名教授和 3 名大学毕业生回答错误。显然，保持批判性不仅要求个体拥有上层的加工推理的能力，还需要个体对现实可能不同于表象的可能性保持警惕，从而抑制判断，直到对所有可能性进行彻底的考虑和评估。

对进入基于原则的思维的青少年和青年的批判性思维教育还必须为其提供历史和认识论框架。在卡根（Kagan，2009）的术语中，科学中有三种一般文化：人文科学、社会科学和自然科学。每个都专门研究、解释和呈现人类经验或世界的不同的广泛领域。人文科学研究人类的经验和状况，它主要是描述性的而不是解释性的。历史、文化或个人观点在描述和解释中占主导地位，控制有限。社会科学也像人文科学一样研究人类的经验和状况。然而，在社会科学中，对知识的控制凌驾于个人、主观经验或观点之上。最终，人们渴望得到能够把握现实运作的潜在机制的解释。这里控制的局限性来自两个方面：所涉现象的复杂性和变化性，以及人类在处理自身状况时并不能总是保持客观的事实。最后，自然科学研究自然世界。尽管不能完全排除主观性，但自然科学不太容易受到其他领域不方便控制变量的影响，因为自然科学感兴趣的现象更稳定，不太容易受到历史和文化的影响，更容易受到实验的影响。在每一种知识文化中都有专门的领域，如人文科学中的文学、哲学和文献学，社会科学中的心理学、社会学和政治学，自然科学中的物理学、化学和生物学。显然，在相同的知识文化中，不同学科之间的技术特性也可能不同。

学生需要清楚关于世界的知识和概念受到产生它们的机构和学科特性的限制。换句话说，教育必须发展学生对这些领域的认识论意识，并引导学生发展和践行每一个领域的知识和技能。这可以通过两种方式进行。首先，学生需要建立适合每一个人的思维模式和模板。理想情况下，他们应该发展出一种系统的方法，使他们能够从其他模式的角度来看待每个模式。其次，他们必须意识到每种方法的可能性和局限性。这与一种理解相一致，即特定能力系统的认知过程体现着知识提取和知识处理机制，可用于上述知识领域的服务。因此，学生需要使用来自每个知识领域的内容进行实践和改进，要知道任何时候都可能发生错误。

例如，尽管因果关系在形式上具有跨领域的一致性（例如，要成为一个充分和必要的原因，A 必须总是先于 B 发生，并使 B 发生），但在物理学、生物学、人际关系和历史中，它们的表现是不同的。具体来说，因果关系是在不同的时间尺度上表示的（化学反应里的毫秒，进化里的数千年，天文学里的数十亿年），发生在感官无法触及的不同的现实层面（可观察的现实与隐藏的现实），它们可能被不同的混杂因素掩盖，因此，需要不同的操作才能显现和明确。心理表象在艺术（它们可能象征着与图像本身关系不大的现实）、几何（与感兴趣的对象类似）、自然科学（与感兴趣的现实的表征密切相关）和人际交往（承载着个人意义和情感）中具有不同的作用。定量思维是数学的心理背景，但它在物理学、经济学、心理学和历史学中的作用和用途明显不同。因此，学生需要理解各个领域的核心操作和过程在不同的知识领域中具有不同的表达方式。因此，它们的模型在一个分析层次上是相同的（即基本的因果关系在任何地方都是相同的），但在另一个层次上又是不同的（即因素之间相互作用的内容和形式是不同的）。

如果围绕多年来在不同学科中阐述过的伟大思想组织教学，那么构建新的知识和技能以及必要的认识论意识可能会很好地发挥作用。例如，物理学中的重力、能量或力，生物学中的进化、遗传或内稳态，心理学中的智力、动机或意图，这些想法都是可以在课程中充分讨论的例子。每一个观点都可以从好几个角度来阐述。例如，它们可能呈现在一个维度上，这个维度涉及从与个人经验和日常生活直接相关到与个人经验和日常生活相去甚远的基本一般规律的抽象模型。历史的视角也很重要。也就是说，教师需要解释在一个学科历史的不同时期，这些思想是如何被构想出来的。这可以使学生看到随着时间的推移，使用了新的方法和控制措施后，知识得到了改进，对同样的现象会有不同的解释。心理学研究确定的领域，如各种特定能力系统，与课程或科学中的知识主题并不完全一致。例如，上面提到，在物理学、生物学、人际关系和历史中，因果关系的表现是不同的。因此，每一种观点都可以从不同学科的角度进行分析和解释。这将突出不同学科知识产生机制的差异，并且表明对于世界的同一方面，可能存在多种多样的表象。这将大大增强学生认知灵活性和一般思维推理模式的元表征建构。

三、总结

本章的主要启示可以总结如下。首先，批判性思维是一种探究的基本立场，而不是一种特定的认知过程。有人可能会说智力和批判性思维在文献和测验实践中是截然不同的，而在现实中则不然。事实上，智力包括用于整合和理解信息、解决问题和做出决定的过程；批判性思维包括一种元认知的意识，也就是意识到总有更多的信息需要整合，有其他的含义需要考虑，有更好的解决方案需要产生，有更明智或更有用的决定需要做出。

其次，要变得具有批判性是一个漫长的过程，必须克服各个发展阶段的弱点。在学前期，儿童需要学会从不同的视角来看待现实，明白任何事物都可以用多种方式表示。在小学阶段，儿童需要理解所有的知识都是构建的，因此它可能是错误的。也许总有更好的规则来组织对事物的观察。青少年需要认识到推理和理性是不一样的，推理如果不被恰当和充分地应用，就可能出错。在青春期后期和大学期间，学生需要站在历史和认识论的视角进行分析，并在选择的框架基础上认识到方法的相对性。我们可能总是无法避免注意和推理的失误、知识的滞后和判断的不足。

第十九章　结论：迈向心智成长的总体理论

在本书的开头，我们提出了几个我们想要回答的问题。在本章中，我们将前文论述的理论予以总结，希望我们的回答能够对心智成长的深入研究有所助益。毋庸置疑，本书中提到的心智发展理论基于大量的早期理论基础。为了回答前述的重要问题，我们将聚焦不同理论在研究中优先考虑的心理现实，并概述本书中涉及的重要理论与其他相关理论的关系。

一、成长的心智的构成

我们关注的第一个问题是：智力背后的认知过程是什么？简言之，本书列举的各项研究表明，三大传统研究的任意一个心理过程都有助于解释人类的心智功能，但是没有哪一个心理过程在解释人类心智的功能或发展上占有特殊地位。第八章中描述的心智的四重结构模型就是我们对这一问题的回答。亦即，人类心智涉及以下四种类型的心理过程：

- 领域特定的过程，专门用于表征和加工环境中特定类型的信息和关系，例如相似性、数量、空间、因果、人；
- 表征过程，即对输入信息的保存与更新（短时存储容量），以便对其进行加工并整合过去信息或当前行动；
- 推理过程，确保能跨时间整合信息；

- 觉知，即基于对准确性、有效性和真实性的考量，根据目标择优判断；鉴于先前经验（包括惩罚和奖励）、可用选项以及相关标准（逻辑、道德、利益等），优化选择与评估。

读者朋友们可能已经注意到，诸如注意、执行控制与工作记忆等备受关注的认知过程并未在本书中被特别强调。这并非因为它们在此被低估，相反这些认知过程非常重要，但这些是前面提到的相关认知过程交互的产物：注意控制（包括抑制）反映了对目标刺激或动作的意识；执行控制要求个体具有目标感与相应心智过程，例如工作记忆中的复述，以实现目标。

第二个问题涉及这些过程之间的关系。什么是普遍的？什么是特定的？又是什么将它们结合在一起？在认知传统中，大多数学者是中立的，他们认为这四种过程中的任何一种都有可能是最核心的，这一切取决于现有的任务或加工阶段，例如，初始阶段的注意（当关注一个问题时）、下一阶段的工作记忆（表征问题时）以及最后阶段的推理（解决问题时）。如果非要从这些过程中选择一个核心过程，也许许多学者会选择中央执行过程或工作记忆。差异心理学家给出了一个更为直接的答案：在 g 因素之下，有几个特定过程的分层组织，而 g 因素究竟包含什么内容，仍存争议。对斯皮尔曼来说，g 因素基本上是归纳和类比推理。皮亚杰也会赞同该观点，但他还会强调一些核心过程，例如可逆性。新皮亚杰主义者会再次援引工作记忆和执行控制的相关研究。对现代学者而言，g 因素代表所有这些过程之间的动态交互作用，其中一些过程可能在这些交互作用中发挥更重要的作用，例如工作记忆。我们的研究表明，这些过程都不能代表 g 因素。广泛领域内的所有重要过程，诸如流体智力、空间推理或定量推理，都与 g 因素大致相同且高度相关（公共方差大于 65%）；所有各种基本过程（即注意控制、灵活性或转换以及工作记忆）都被认为是对 g 因素的简化，它们可能会共享 g 因素的很大一部分方差（15%—35%），但它们都不是唯一的预测指标。交互可能是走出僵局的出路，但它不是盲目的，而是由一种将这些过程聚集在一起并与环境联系起来的心理机制作为引导的。

我们建议将 AACog 机制（抽象、表征对齐和觉知）作为心智的四重结构模型的核心，以允许和约束四类系统的交互作用。因此，这是 g 因素背后的机制。AACog 机制允许个体在最低限度上搜索、链接和将信息或表征简化为新表征。AACog 机制是构成思维语言（包括自然语言）的核心，因为它使思维语言基本的句法原则（组合性、递归、生成性和层级整合）得以存在。首先，AACog 机制是组合性的，因为它集合了信息或表征模式；其次，它是递归的，因为它可以一遍又一遍地获取模式并将它们相互嵌入，形成组合链；再次，它是生成性的，因为它可以被引入任何模式的变化过程中；最后，它是层级性的，因为可以将这些组合嵌入解释它们的更高阶的构念中。

总之，心智中存在一个斯皮尔曼式的现实：一般智力确实存在，并且是影响实时智力水平、智力发展、个体差异和最终成就的一个强有力的因素。有趣的是，其所涉及的过程甚至比斯皮尔曼自己假设的还要普遍。他对关系和相关性的推导反映了 AACog 机制的实施。就像许多其他重要的机制一样，AACog 机制必须在发展过程中构建起来。因此，对一般心理能力采用不同的测量方法，如瑞文测试、韦氏智力测试以及包括学业成绩在内的许多其他测试，都能够很好地反映一个人 g 因素的发展状况。它们也像 X 光那般能够显现骨骼的组织结构，但无法呈现内在的隐含成分或功能。

g 因素的操作本身就涉及了斯皮尔曼所忽略的一个康德式现实：觉知。

"康德理论哲学的最高原则是，一切认知必须'结合在某个单一的自我意识中'。"（Kitcher，1999）我们特此指出，存在一个与搜索、表征对齐和抽象过程交织在一起的强大的觉知机制，能够指导和评估这些过程在整个发展周期中的功能。事实上，在很大程度上，这种意识定义了心理功能的主观方面，将其从简单的计算提升到信息和心理功能在主观角度有意义的表征。

二、心智的发展

第三个问题探讨心智的发展。随着时间的推移，心智中什么是稳定的？什么是变化的？AACog 机制始终存在，然而，随着发展，它的表现不尽相同。在生命早期，它表现为统计学习和基本代数规则抽象。首先，个体会基于属性出现的频率生成概念，相似性是这一机制最明显的表现；其次，个体会产生强制性的不断增加的意义框架。婴儿满一周岁后，统计规律和规则与情景表征相整合，从而使婴儿对世界的概念具有稳定性，并出现相对复杂的互动。这个水平的意识是微弱而短暂的，最有可能在心理结构最初发生时被用到，而非在稍后的保持和回忆阶段被用到。因此，情景周期的首要大事是把对当前行动和感知的反应从"此时此地"转变为心理和表征化的，这一切伴随着语言和表征智力而出现。在那之前，情景思维会被环境变化所俘虏，受到它的引导，同时，也因为它而犯错。

两周岁后，幼儿进入一个被明确表征的世界。因此，该周期的首要大事就变成了注意控制和灵活性。知觉加工的意识和对知识的知觉，是此周期形成一般心理能力的主要标志。在此阶段，统计学习逐渐上升为归纳，基于规则的学习逐渐上升为逻辑断言，例如合取或析取。幼儿的推理中出现了时间维度，他们优先使用务实处理而非肯定前件式推理。然而，现实的表征思维经常被困于表征世界中，就像情景思维被困在感官世界中一样，想象与现实之间的界限模糊了，幼儿享受着想象的世界及其带来的欺骗。他们能够在这个周期中系统性地做出推论，但其有效性（对于学龄前儿童）源于当时占主导地位的信念，而非任何客观的有效性系统。

有效性系统出现在基于规则的心智中。儿童到了 5 岁，开始能够将表征的关联信息提炼成推理框架，这在归纳推理和演绎推理中都十分明显。在归纳推理中，儿童进行关系转换，寻找关系之间的关系（Gentner, 1983；Ratterman & Gentner, 1998）；在演绎推理中，他们达到双条件推理水平，能够将肯定前件式（p 和 q → p → q）和否定后件式（p 和 q → 非 q → 非 p）推理整合到一个共同图式中（Barrouillet & Lecas, 1999；Taplin et al., 1974）。与此同时，儿童越来越能意识到心理世界，能够在不同心理空间之间灵活转换，并能将不同空间联系起来。因此，归纳推理和对它的意识是 g 因素的主要标志。然而，这个周期个体对世界的表征往往缺乏统一性，并且由于缺乏连接概念空间和评估推理的一般原则，其逻辑验证能力受到影响。

到了青少年时期，基于原则的心智使青少年掌握了基于规则思维的推理框架的连接原则，能够明确地觉知心理过程，并且对自己的心理优势和劣势感到敏感。因此，青少年完全能够掌握条件推理，这是该阶段中 g 因素的主要标志（例如，p 和 q → 非 p → q 结论未知）。基于原则的心智采取假设的方式，允许个体从多个角度看待现实。然而，即使是受过良好训练的人，也免不了对备选方案或某一个规避方案左思右想，因而，错觉和错误时有发生。

因此，AACog 机制在不同的表征上运行，从不同类型的关系中抽象、对齐和觉知。因此，心理测量 g 因素在不同的发展周期是不一样的。它在每个发展周期都被不同的过程影响，从而被重塑。如第十一章所述，整合进 g 因素的过程往往与它交织在一起，而被巩固（分化）的过程往往更不受其影响。因此，我们的理论解决了这一分化的争议。

总之，心智中还存在一个皮亚杰式现实。四个发展周期中，每一周期都有两个阶段，看起来接近皮亚杰认知发展的四个阶段（感知运动、前运算、具体运算和形式运算）。这些周期是有代表性的，而非逻辑上定义的那般。这些周期是基于表征而非逻辑的，也就是说，它们根据在每一周期中占主导地位的表征类型（即情景图式、心理状态、规则和原则）以及各种表征之间的关联（即空间和基于时间的关联、表征映射、推理联系、基于真相或有效性的推理约束）而相互区分。尽管各周期在时间上有所重叠，但它们依然遵循一个必要的顺序，且每个周期都建立在对之前所有周期整合的基础上。

然而，在帕斯夸尔‑利昂（Pascual-Leone, 1970；Arsalidou & Pascual-Leone, 2016）发起新皮亚杰运动后，才有了被我们称为帕斯夸尔‑利昂式现实的新皮亚杰式现实。具体而言，通过各周期获得的发展，个体对要处理的信息结构的复杂性越来越有把握。然而，需要强调的是，我们认为关系复杂性是分析概念表征维度的工具，而不代表个体的表征能力。这里总结的研究结果强烈表明，推理能力的变化不是由工作记忆的变化驱动的。事实上，工作记忆在每个周期，尤其是在每个周期的早期阶段，在一般心理能力的形成中都是一个相当弱的"参与者"。连续周期中表征程度的差异与个体可能掌握的概念的不同复杂程度相关，因为它们指向不同的潜在维度。这反过来又反映在每个阶段的执行和意识概况的差异上。按照这一思路，希普斯特德等人（Shipstead et al., 2016）坚持认为工作记忆和流体智力涉及的加工过程之间不存在因果关系，但它们是围绕解决问题的自上而下的加工目标进行组织的。这一观点首先允许个体表征信息，进而设想解决方案。其次，它涉及从被拒绝的解决方案中脱离并设想新的解决方案的能力。这解释了为什么觉知和推理的作用会随着发展而逐步强化。因此，关系复杂性很可能会对可以表征和反映的内容构成限制。然而，因果关系的方向可能会由于关系复杂性的增强而走向任一方向，因为觉知程度的提高允许人们更集中地扫描和识别信息结构中的维度，以及更精确地对齐和编码以形成新概念。

三、为什么有的人更聪明？

第四个问题是关于个体差异的——为什么在智力和学习能力上存在个体差异？第五个问题探讨了基因组、脑与心智的关系。显然，个体在影响智力功能和发展的三个重要方面（基因、脑和社会环境）都存在差异。依照第十三章和第十四章中所讨论的证据，我们可以肯定的是，某些基因的确与脑的结构、功能及发育等诸多方面存在明显关系。尽管这些基因限制了脑各个方面的形成、功能和发育，但这些都对脑的表征和加工能力很重要，包括脑的总体积、灰质复杂性和白质结构的形成，以及连接的诸多方面，例如轴突长度或突触形成。这些结构和功能进一步与一般心理能力的几个方面明确相关，例如抽象化和处理新事物。具体而言，脑构建了代表现实的神经网络和活动模式，将它们校准并在结构或功能上将其连接到下一步网络中，进而从中抽象出模式。脑结构或功能的互联，通过将激活模式相互叠加或在递归序列中将其调谐至共同激活而发生。各种频率的突触形成和脑节律构成了这些网络形成背后的联结和句法元素（见第十四章）。在这些递归的脑激活序列中，单个模式既愈加细化又得以单独标记，同时也能被层级整合。因此如果需要，它们可以彼此之间各不相同，或以更加灵活的新组合被共同激活。

对这些变化和共同激活的约束来自两方面，一是对网络层次结构的个体元素的解析，二是不同元素之间联系路径的优化。组织（对应于情景和基于现实的表征、规则和原则）的主导层次及相关的觉知，可以作为指导变化和共同激活的高级指示和补位物生成器。例如，激活规则网络可以产生大量的规则实例化案例及其联系；激活原则网络则可产生大量的原则实例化案例，这反过来可能会激活相关的实例化案例。然而，正如在第十三章所提到的，基因组或脑中没有思维与心理过程。基因由分子构成，这些分子为身体（包括脑和其他器官）设定了发育程序；脑由神经元构成，这些神经元规定了个体如何表征环境，以及如何使用来自环境的经验来处理与环境交互产生的重复或意想不到的信息模式。相反，我们的脑与现实世界的心理结果（例如智商和教育成就）息息相关。但是，有一个环境存在于所有级别中：基因在身体中被表达，而身体则在培育（或培育不足或不良培育）环境中发挥作用，脑与环境相互作用形成人们心理操作的经验和问题背景，心理过程发生在直接有助于其形成和发展的学习环境中。显然，对于促使个人在人类文化中发挥作用的智力和心理上的必要条件，存在一种普遍的人类文化理想，这是由教育实施的总体规划以及其他文化单元（例如家庭）或明或暗地执行的。教育在多大程度上服务于这一普遍理想显然存在跨文化或跨社会群体或同一文化下个体间的差异。总而言之，从基因到文化，一般智力确实存在：我们证明了遗传 g 因素、脑（神经元）g 因素、心理测量 g 因素、主观（自我）g 因素和文化 g 因素的存在。因果关系是双向的，即自下而上与自上而下。自下而上地，遗传 g 因素在脑 g 因素中表达并对其产生因果影响；脑 g 因素被表达并对心理测量 g 因素产生因果影响，进而，心理测量 g 因素被表达并对自我 g 因素产生因果影响。这些不同水平的 g 因素中，每一个都直接但也间接地通过其他的 g

因素与环境、文化和自然产生相互作用。因而，这些效应也会自上而下地发生。与心智相关的基因或与基因相关的环境、脑结构和与脑相关的环境或思维相关的学习环境之间的差异，确实会导致个体在智力或学习能力方面的差异。

阐明上述每个水平内 g 因素的组成部分之间的关系（例如，定义遗传 g 因素的基因之间的相互作用，或定义脑 g 因素的脑区之间的相互作用，或在心理测量 g 因素中涉及的心理过程之间的相互作用，或在主观 g 因素中涉及的自我表征之间的相互作用），或跨水平的不同成分之间的关系（例如，基因、脑、心理过程和自我表征之间）不是一件容易的事。我们在第十四章中展示了图形分析如何用于探索非常具体的局部单元如何相互连接进而形成越来越复杂的网络，这些网络本身又如何相互连接成越来越具有包容性的网络系统。从该理论的角度来看，这些网络可以在所有水平具有重要的特异性：基因、脑、认知、社会群体和文化（参见第十四章中的图 14.3）。我们认为，至少在三个层面的网络上存在密切的类比关系，即在脑网络、认知－心理测量网络和自我表征网络上。此外，我们认为，在认知发展的连续性周期中，g 因素与不同形式的执行过程和推理之间关系的变化，与脑网络内部和跨脑网络节点互连的变化有关。显然，我们距离建立并完全阐明这些假设的对应关系，还有很长的路。

那么，脑和认知水平上这些日益复杂的网络发育结构是如何转化为个体之间的实际差异的？答案存在于表征的本质中，这些表征在发展的连续周期中被融合进 AACog 机制。具体来说，通过想象去设想下一个周期的表征是十分困难的。例如，情景表征具有其自身的强制性质，其属性可以直接从物理刺激中读取。它们之间的关系是它们物理结构的一部分：同样的颜色在眼睛中的表征是物理性的，颜色或声音的模式在空间或时间的布署也是物理性的。因此，它们的表征对齐是由知觉搜索直接引导的，对它们的抽象只需要编码它们的物理相似性或模式相似性，当个体重复看到或听到某一内容，或转向匹配情景之间的比较时，就可能出现对它们的意识。

将 AACog 机制应用于基于现实的表征本身将极富挑战性，对其概念的抽象需要在心理层面上保持一致，这可能由于外部干扰或遗忘等原因而无法实现。表征对齐需要内隐规则来引导心理搜索，缺少其中任何一环，都会导致意识的产生及相关元表征方面出现发展延迟。例如，先天失明的 4 岁儿童由于缺乏视觉其心理理论的发展将会出现延迟（Minter，Hobson，& Bishop，1998）。

实现基于规则的 AACog 机制对各个层面都有更高要求。此时，抽象需要关系转换，这种关系转换将直接搜索和对齐表征之间的关系，而不是表征的属性。根据定义，相关关系的内涵远不止相关表征，因为成对的表征可能与许多替代方式相关，这取决于它们选择用于加工的属性。对推理过程的意识需要将对象和表征与应用于它们的心理过程区分开来。这通常很困难，正如儿童往往会关注任务的内容特征而不是基本过程的事实所表明的那样。

最后，出于上述原因，实现基于原则的 AACog 机制，比实现基于规则的 AACog 机制更为困难。也就是说，由于原则本身连接了多个规则，对原则进行抽象相比于对规则进行抽象，增加了更多选项。根据定义，对以基本原则为基础的推理过程的意识，需要关注多个过程。例如，对条件推理中涉及的心理过程的意识需要激活本书中广泛讨论的所有四种推理图式。

总之，随着个体发育水平的提高，可选项也在呈指数级增长，因而对表征进行抽象并将它们集成到更高级别的执行和推理图式中，变得越来越困难，也更容易出现错误。换句话说，达到后期发展水平的可能性降低与认知发展中发展转变的主要因素的本质有关。根据这一解释，在一般人群中，达到下一个智力发展水平的可能性会降低，读者可参考第九章的图9.2和第十章的图10.1。值得注意的是，在一般人群中，很少有人能达到基于原则的思维周期，仅限于11—12岁人群的前5%和16—17岁人群的前25%。因此，人群中高智力分数的稀少与发展速度的减慢有关。也就是说，更高的智力分数需要解决与后期发展阶段相关的问题，分数受到发育水平的限制。

此时你可能会问，是否有特定的过程可以作为心理成就个体差异的良好指标，以及是否有另一个过程可以单独作为发展成就的良好指标。有学者提出，加工速度可以作为衡量个体差异的指标，执行控制可以作为衡量发展的指标（Anderson，2017；Coyle，2017）。根据这些学者的说法，在任何时候，与加工速度较慢的人相比，加工速度较快的人都更有可能建立更好和更广泛的脑网络，这也意味着，认知网络服务于意义形成和问题解决。这是由于它们几乎总是在目前的时限内运作，并在当下构建必要的概念或过程，或是在后续激活它们，并根据当下的特殊性做适当调整。在特定年龄达到的复杂的执行控制水平，反映了认知程序的上限，这些认知程序是在该年龄的发展目标下聚集而成的。安德森（Anderson，2017）认为，加工速度和执行控制植根于脑的不同方面：加工速度反映了白质的完整性，并与长距离连接的建立有关，它主要通过脑中的 α 波节律和反映个体差异的智商来表达；执行功能反映灰质连接性，主要通过将 α 波节律整合到层级激活中的 θ 波节律来表达，从而建立起整合的执行功能。

我们会在特定条件下支持这一观点。在第十章中，我们的研究总结（见图10.1）表明，当新的表征单元形成时，加工速度的变化预示着发展周期开始；当新的表征单元相互连接到更广泛的系统中时，工作记忆的变化预示着周期结束。因此，在这两种结构中都有关于发展与个体差异的维度。具体来说，作为衡量个体差异的一个指标，加工速度总是在反映通过塑造必要的新网络来影响新的心理结构的容易程度和效率。在与主要认知转变相关的年龄窗口期中，加工速度成为另外一个发展的标志。工作记忆作为执行控制的主要表现之一，可能反映了网络交织与重塑成新网络的难易程度，从而限制了发展进程。在与主要认知扩展相关的年龄窗口期，工作记忆（亦即执行控制）在更大程度上成为衡量个体差异的一个指标，执行控制更好的个体可以更有效地构建特定发展周期的网络。

以上阐述也解释了前文讨论过的弗林效应。从某种意义上说，弗林效应在群体水平上与上述个人水平上呈现的现象恰恰相反。弗林将这一现象归因于教育的扩大和对"技术至上"文化的象征性需求增长，这些变化促使个人使用和改进与流体智力相关的关系思维。根据目前的理论，弗林效应既与关系思维的直接训练相关，也与反思和觉知相关，后者是元表征、组织知识以及解决与20世纪社会和教育变革相关问题所需的。

该理论也预测了变化的反转，即工业化国家现实世界人群智商的下降。根据这一预测，弗林和沙耶尔（Flynn & Shayer, 2018）发现了弗林效应背后的过程在斯堪的纳维亚和英国儿童中于1995年左右走向结束，随后的负面趋势是30年间该群体的智商预估下降6.85分。他们还发现，这种下降与个体从皮亚杰具体运算阶段到形式运算阶段的转变中获得的过程有关。也就是说，在我们这个时代，与探索世界相关的基于规则的思维，面对不太有利于它们的新兴文化实践时，被迫做出了妥协。自1995年以来，是什么样的社会变迁导致了这种智商分数年复一年的下降？弗林和沙耶尔认为，这可能与儿童如何利用业余时间有关：长时间看电视、打游戏、玩智能手机已经取代了许多老式的游戏。也许这些新习惯会减少个体对觉知和元表征的需求，因为位置搜索、检索甚至评估和使用知识，都可以由智能机器提供。按照第十七章和第十八章讨论的方式，对这些机制逐步进行的敏感的显性教学和训练，或许可以弥补这些新的文化实践带来的冲击。

四、教学与学习

最后一个问题是关于学习的：是否可以通过特定的干预提高智力？值得注意的是，导致升入更高发展水平的可能性降低的因素，也阐明了教学与学习之间的影响。也就是说，当将 AACog 机制的过程作为教学的具体目标时，发展就会得以提升。第十六章中提到的研究表明，如果训练专注于关系过程（抽象和表征对齐）和觉知，那么推理过程就可能得到增强。因此，通过专门添加特定领域的限定词在特殊领域进行教学，这种核心机制可以被转化为各种知识的集合。我们选择将演绎推理作为一个例子来证明上述观点。我们将一种看似普遍的推理进行了一个特殊化的转换，从而将上述核心过程转换为环境中一组特定关系的表征集合，这些关系可以用语言表达成合适的句法。事实上，第十六章中其他侧重于数学学习的研究总结表明，每个领域的学习，都是在将核心过程转化并形成一套适用于该领域的程序和语言。研究还表明获得的提升可以推广到其他认知过程，例如源自这些基本 AACog 机制的过程的工作记忆和注意控制。

同时，这些研究表明，学习收益是具有发展特异性的，且通常是领域特异的。影响较早的周期的能力不一定会迁移到下一个周期或另一个领域：下一个周期在不同的表征水平上运行，需要通过特殊的实践来建立；另一个领域可能需要不同的技能来处理所涉及的特定领域的表征及关系。特定周期的学习方案可以改变这个水平的心理过程，但除非该计划被嵌入下一个更高水平的发展周期的运行支持框架中，否则学习获益不会获得巩固。因此，除非根据每个周期的需要开展重复学习，这些学习内容就无法迁移到下一个特定周期的心理过程中，直到将获益作为处理问题的习惯方式嵌入系统中。如果一个周期的成就被嵌入下一个周期的操作中，这一情况通常是会发生的，实际上，这些发现意味着学习方案必须沿着发展周期本身循环往复。也就是说，它们必须根据连续的发展周期进行调整，每次都是为了促进与每一周期的出现和巩固相关的过程，我们在第十七章和第十八章中对此进行了详述。

按照第十四章中概述的网络模型图，有效的学习必须满足两个条件：首先，获得学习一个特定认知过程的可持续性，成分节点和中心节点都必须成为相关模块中的特定目标。训练成分节点（例如，训练如何对不同形式的分数执行不同的算术运算）将确保中心节点（例如，理解分数的一般概念）会连接足够多的成分而稳定化；训练中心节点将确保成分节点会收到足够多来自更高水平的反馈而获得持续；为了使特定的学习体验具有发展性，经过训练的网络中心节点需要连接到其他相关网络（也可能是局部成分节点）的中心节点（例如，数字作为变量概念的基本原则）上。这会将前文提到的稳定化和持续的获益从局部转移到更高水平，从而使网络变得更强。

因此，发展进程和学习似乎都依赖于哥德尔式的现实。也就是说，每个当前阶段都在下一个阶段获得其全部潜力，每个周期只有在进入下一个周期的第一阶段时才会结束。因此，虽然有四个类似皮亚杰式的周期，但如果不扩展到后原则周期，则只有三个哥德尔式周期。只有在基于现实的表征的第一阶段，情景周期才会结束，因为只有当表征可以超越"此时此地"重新审视情景时，情景才能被自动化和独立地检查。现实的表征思维只有在基于规则的思维的第一阶段才会结束。到了那时，表征才能被组织起来，并有意地被用于产生它们的事件或情景之外的其他目的。基于规则的思维只有在基于原则的思维的第一阶段才会结束，因为只有到那时，个人的规则理论才能有意识地被用于评估输入或自我生成的表征、概念、决策和行动。当然，基于原则的思维可能会在认识论环境中告一段落，在这种环境中，人们会根据相关理论来建立原则。

五、人格与心智

智力与人格有什么关系？一个人凭借意志和自律来设定高要求的心理和生活目标，并通过自我组织去追求和实现这些目标是相当重要的。我们发现，与这些心理成就相关的、有关人格的所有方面，都起到了十分重要的作用，尤其是大五人格因素中的责任心。此外，心理功能与人格之间存在着密切的联系：自我概念。自我概念涉及个人如何在心理和人格维度上表征自己，这涉及对活动的选择，最终表现在重要生活领域的实际表现中。认知的自我概念本身可能对个体在青少年期之前的实际表现的预测性很低，然而，与自尊相关的自我概念的诸多方面与人格中的执行过程在小学阶段早期就展现出高度的相关性。

用现代术语来说，这里总结的模型与许多模型共享一个基本假设，即变化可被归因于自我反思，且这类反思会越来越多地产生更高层次的意识。目前的理论模拟了这一因素在从婴儿期到成年期发展过程中的作用，考虑到了推理以及心理加工的其他方面的变化，如工作记忆和智力，并阐明了它们与人格的关系。康德动力学在强大的弗洛伊德式约束下运行。觉知并不总是准确的，而且通常只与实际表现呈弱相关。这反映了一个事实，即心理加工并非总能触及意识，即使触及意识，也可能没有被很恰当地觉察到，因而常常是短暂的且通常是扭曲的。因此，弗洛伊德理论中的无意识总是挥之不去，吞噬着有可能浮现到意识层面的经验。从弗洛伊德式的视角来看，g 因素是认知的自我（cognitive ego），它在每个周期中由个体逐渐意识到的认知经验所塑造。

本书提出的理论很大程度上得益于更早的理论。为了纪念该领域一些伟大思想家的持久贡献，我们引用了他们发现的并经受住了时间考验的成果。希望我们的理论能够建设性地整合这些成果，并在早期理论所允许的基础上扩展我们对成长中的心智更深入的理解，揭示过去被忽视的现象或更好地阐明那些已知的发现。我们的最终目标是不断扩展对人类心智的理解，支持它充分发挥并发展其潜力。

参考文献

Abu-Akel, A., & Shamay-Tsoory, S. (2011). Neuroanatomical and neurochemical bases of theory of mind. *Neuropsychologia, 49*, 2971–2984.

Ackerman, P. L., Beier, M. E., & Boyle, M. O. (2005). Working memory and intelligence: The same or different constructs? *Psychological Bulletin, 131*, 30–60.

Alexander, P., Dumas, D., Grossnickle, E. M., List, A., & Firetto, C. M. (2016). Measuring relational reasoning. *The Journal of Experimental Education, 84* (1): 119–151.

Allport, G. W. (1937). *Personality: A psychological interpretation*. Oxford: Holt.

Anderson, J. R., & Fincham, J. M. (2014). Extending problem-solving procedures through reflection. *Cognitive Psychology, 74*, 1–34.

Anderson, M. (2015). *After phrenology: Neural reuse and the interactive brain*. New York: Bradford.

Anderson, M. (2017). Binet's error: Developmental change and individual differences in intelligence are related to different mechanisms. *Journal of Intelligence, 5*, 24.

Anderson, M., Kinnison, J., & Pescoa, L. (2014). Describing functional diversity of brain regions and brain networks. *Neuroimage, 73*, 50–58.

Andreou, M. (2009). *The development of emotional intelligence and the influence of cognitive development on emotional intelligence*. Doctoral Dissertation. University of Cyprus.

Andrews, G., Halford, G. S., Bunch, K. M., Bowden, D., & Jones, T. (2003). Theory of mind and relational complexity. *Child Development, 74*, 1478–1499.

Antinori, A., Carter, O. L., & Smillie, L. D. (2017). Seeing it both ways: Openness to experience and binocular rivalry suppression. *Journal of Research in Personality, 68*, 15–22.

Arffa, S. (2007). The relationship of intelligence to executive function and non-executive function measures in a sample of average, above average, and gifted youth. *Archives of Clinical Neuropsychology, 22*, 969–978.

Arsalidou, M., & Pascual-Leone, J. (2016). Constructivist developmental theory is needed in developmental neuroscience. *npj Science of Learning, 1*, 16016.

Asbury, K., Wachs, T. D., & Plomin, R. (2005). Environmental moderators of genetic influence on verbal and nonverbal abilities in early childhood. *Intelligence, 33*, 643–661.

Asendorph, Y., & van Aken, M. (2003). Validity of Big Five Personality judgments in childhood: A 9-year longitudinal study. *European Journal of Personality, 17*, 1–17.

Au, J., Buschkuehl, M., Duncan, G. J., & Jaeggi, S. M. (2015). There is no convincing evidence that working memory training is NOT effective: A reply to Melby-Lervåg and Hulme (2015). *Psychonomic Bulletin & Review*. pmid:26518308.

Au, J., Sheehan, E., Tsai, N., Duncan, G. J., Buschkuehl, M., & Jaeggi, S. M. (2015). Improving fluid intelligence with training on working memory: A meta-analysis. *Psychonomic Bulletin & Review, 22*, 366–377.

Baars, B. J. (1989). *A cognitive theory of consciousness*. Cambridge: Cambridge University Press.

Baars, B. J. (1997). *In the Theater of Consciousness*. New York: Oxford University Press.

Baddeley, A. D. (1990). *Human memory: Theory and practice*. Hillsdale: Erlbaum.

Baddeley, A. D. (2000). The episodic buffer: A new component of working memory? *Trends in Cognitive Sciences, 4*, 417–423.

Baddeley, A. D. (2012). Working memory: Theories, models, and controversies. *Annual Review of Psychology, 63*, 1–29.

Baddeley, A. D., & Hitch, G. H. (2000). Development of working memory: Should the Pascual-Leone and the Baddeley and Hitch models be merged? *Journal of Experimental and Child Psychology, 77*, 128–137.

Baillargeon, R. (1995). Physical reasoning in infancy. In M. S. Gazzaniga (editor-in-chief), *The cognitive neurosciences* (pp. 181–204). Cambridge: The MIT Press.

Baillargeon, R., Scott, R. M., & Bian, L. (2016). Psychological reasoning in infancy. *Annual Review of Psychology, 67*, 159–186.

Baldwin, J. M. (1968). *Mental development in the child and the race methods and processes*. New York: Augustus M. Kelley (Original work published 1894).

Baltes, P. B. (1991). The many faces of human aging: Toward a psychological culture of old age. *Psychological Medicine, 21*, 837–854.

Bardin, J. (2012). Neurodevelopment: Unlocking the brain, *Nature, 487*(7405), 24–26.

Barrett, H. C., & Kurzban, R. (2006). Modularity in cognition: Framing the debate. *Psychological Review, 113*, 628–647.

Barrouillet, P. (1997). Modifying the interpretation of if . . . then sentences in adolescents by inducing a structure mapping strategy. *Current Psychology of Cognition, 16*, 609-637.

Barrouillet, P., & Lecas, J.-F. (1999). Mental models in conditional reasoning and working memory. *Thinking & Reasoning, 5*, 289–302.

Barrouillet, P., Gavens, N., Vergauwe, E., Gaillard, V., & Camos, V. (2009). Working memory span development: A time-based resource-sharing model account. *Developmental Psychology, 45*, 477–490.

Barrouillet, P., Grosset, N., Lecas, J.-F. (2000). Conditional reasoning by mental models: Chronometric and developmental evidence. *Cognition, 75*, 237–266.

Becker, A. H., & Ward, T. B. (1991). Children's use of shape in extending novel labels to animate objects: Identity versus postural change. *Cognitive Development, 6*(1), 3–16.

Beilin, H., & Lust, B. (1975). A study of the development of logical and linguistics connectives: Linguistics data. In Harry Beilin (Ed.), *Studies in the cognitive basis of language development* (pp. 76–120). New York: Academic Press.

Benoit, L., Lehalle, H., Molina, M., Tijus, C., & Jouen, F. (2013). Young children's mapping between arrays, number words, and digits. *Cognition, 129*, 95–101.

Benyamin, B., Pourcan, B. St., Davis, O. S., Davies,A, Hansell, N. K., Brion, M. J., Kirkpatrick,R. M.⋯ Visscher,P. M. (2014). Childhood intelligence is heritable, highly polygenic and associated with FNBP1L. *Molecular Psychiatry, 19*, 253–258.

Bjorklund, D. F., & Harnishfeger, K. K. (1995). The evolution of inhibition mechanisms and their role in human cognition and behavior. In F. N. Dempster & C. J. Brainerd (Eds.), *Interference and inhibition in cognition* (pp. 141–173). New York: Academic Press.

Black, P., & Wiliam, D. (2009). Developing the theory of formative assessment. *Educational Assessment, Evaluation, and Accountability, 21*, 5–13.

Blair, C. (2006). How similar are fluid cognition and general intelligence? A developmental neuroscience perspective on fluid cognition as an aspect of human cognitive ability. *Behavioral and Brain Sciences, 29*, 109–160.

Bliss, J., & Ogborn, J. (1994). Force and motion from the beginning. *Learning and Instruction, 4*, 7–25.

Bloom, P., & German, T. P. (2000). Two reasons to abandon the false belief task as a test of theory of mind. *Cognition, 77*, B25–B31.

Boly, M., Seth, A. K., Wilke, M., Ingmundson, P., Baars, B., Laureys, S., Edelman, D. B., & Naotsugu, T. (2013). Consciousness in humans and non-human animals: Recent advances and future directions. *Frontiers in Psychology, 4*, 625.

Boot, W. R., Blakely, D. P., & Simons, D. J. (2011). Do action video games improve perception and cognition? *Frontiers in Psychology, 2*, 226.

Bouchard, T. J. (2004). Genetic influence on human psychological traits. *Directions in Psychological Science, 13*, 148–151.

Bouchard, T. J., & McGue, M. (2003). Genetic and environmental influences on human psychological differences. *Developmental Neurobiology, 54*, 4–45.

Boyd, R., & Silk, J. B. (2014). *How humans evolved*. New York: Norton.

Brainder, C. J. (1972). Neo-Piagetian training experiments revisited: Is there any support for the cognitive-developmental stage hypothesis? *Cognition, 2*, 349–370.

Braine, M. D. S. (1990). The "natural logic" approach to reasoning. In W. F. Overton (Ed.), *Reasoning, necessity, and logic: Developmental perspectives* (pp. 133–157). Hillsdale: Erlbaum.

Braine, M. D. S., & Rumain, B. (1983). Logical reasoning. In J. H. Flavell & E. M. Markman (Eds.), *Handbook of child psychology :Vol. III . Cognitive development*. New York: Wiley.

Brainerd, C. J. (1973). Neo-Piagetian training experiments revisited: Is there any support for the cognitive-developmental stage hypothesis? *Cognition, 2*, 349–370.

Brainerd, C. J. (1978). The stage question in cognitive-developmental theory. *The Behavioral and Brain Sciences, 2*, 173–2013.

Braithwaite, D. W., Pyke, A. A., & Siegler, R. S. (2017). A Computational model of fraction arithmetic. *Psychological Review, 124*, 603–625. doi.org/10.1037/rev0000072.

Bressler, S. L., & Menon, V. (2010). Large-scale brain networks in cognition: Emerging methods and principles. *Trends in Cognitive Sciences, 14*, 277–290.

Broadmann, K. (1909). *Vergleichende lokalisationslehre der grosshirnrindle*. Leipzig: Barth.

Brod, G., Bunge, S. A., & Shing, Y. L. (2017). Does one year of schooling improve children's cognitive control and alter associated brain activation? *Psychological Science, 28* (7), 967–978.

Brodmann, K. (1909). *Vergleichende Lokalisationslehre der Grosshirnrinde in ihren Prinzipien dargestellt auf Grund des Zellenbaues*. Barth.

Brody, N. (2008). Does education influence intelligence? In P. C. Kyllonen, R. D. Roberts, & L. Stankov (Eds.), *Extending intelligence: Enhancement and new constructs* (pp. 85–91). New York: Lawrence Erlbaum Associates.

Brooks, R., & Meltzoff, A. N. (2015). Connecting the dots from infancy to childhood: A longitudinal study connecting gaze following, language, and explicit theory of mind. *Journal of Experimental Child Psychology, 130*, 67–78.

Brown, J. D. (1998). *The self*. New York: McGraw-Hill.

Bryant, P. E., & Trabasso, T. (1971). Transitive inference and memory in young children. *Nature, 232*, 456–458.

Brydges, C. R., Reid, C. L., Fox, A. M., & Anderson, M. (2012). A unitary executive function predicts intelligence in children. *Intelligence, 40*, 458–469.

Burkart, J. M., Schubinger, M. N., & van Schaik, C. P. (2017). The evolution of general intelligence. *Behavioral and Brain Sciences, 40*, 1–67.

Buschkuehl, M., & Jaeggi, S. M. (2010). Improving intelligence: A literature review. *Swiss Medical Weekly, 140*(19–20), 266–272.

Buss, A. H., & Plomin, R. (1984). *Temperament: Early developing personality traits*. London: Wiley.

Butler, H. A., Pentoney, C., & Bong, M. P. (2017). Predicting real-world outcomes: Critical thinking ability is a better predictor of life decisions than intelligence. *Thinking Skills and Creativity, 25*, 38–46.

Butterworth, G. (1998a). Origins of joint visual attention in infancy: Commentary on Carpenter et al. *Monographs of the Society for Research in Child Development, 63*(4), 144–166.

Butterworth, G. (1998b). Perceptual and motor development. In A. Demetriou, W. Doise, & C. F. M. van Lieashout (Eds.), *Life-span developmental psychology* (pp. 101–136). Chichester: Wiley & Sons.

Buzsaki, G., & Brendon, W. O. (2012). Brain rhythms and neural syntax: Implications for efficient coding of cognitive content and neuropsychiatric disease. *Dialogues in Clinical Neuroscience, 14*, 345–367.

Cahan, E. D. (1984). The genetic psychologies of James Mark Baldwin and Jean Piaget. *Developmental Psychology, 20*, 128–135.

Campbell, F. A., & Burchinal, M. (2008). Early childhood interventions: The Abecedarian Project. In P. C. Kyllonen, R. D. Roberts, & L. Stankov (Eds.), *Extending intelligence: Enhancement and new constructs* (pp. 61–84). New York: Lawrence Erlbaum Associates/ Taylor & Francis Group.

Cao, M., Wang, J.-H., Dai, Z.-J., Cao, X.-Y., Jiang, L.-L., Fan, F.-M., Song, X.-W., ⋯,He, Y. (2014). Topological organization of the human brain functional connectome across the lifespan. *Developmental Cognitive Neuroscience, 7*, 76–93.

Caravita, S., & Hallden, O. (1994). Re-framing the problem of conceptual change. *Learning and Instruction, 4*, 89–111.

Carey, S. (1985). *Conceptual change in childhood*. Cambridge: MIT Press.

Carey, S. (2009). *The origin of concepts*. New York: Oxford University Press.

Carlozzi, N. E., Tulsky, D. S., Kail, R. V., & Beaumont, J. L. (2013). Ⅵ . NIH Toolbox Cognition Battery (CB): Measuring processing speed. *Monographs of the Society for Research in Child Development, 78*, 88–102.

Caro, T. M., & Hauser, M. D. (1992). Is there teaching in nonhuman animals? *Quarterly Review of Biology, 67*, 151–174.

Carpendale, J. I., & Chandler, M. J. (1996). On the distinction between false belief understanding and subscribing to an interpretive theory of mind. *Child Development, 67*, 1686–1706.

Carraher, T. N., Carraher, D., & Schliemann, A. D. (1985). Mathematics in the streets and in schools. *British Journal of Developmental Psychology, 3*, 21–29.

Carroll, J. B. (1993). *Human cognitive abilities: A survey of factor-analytic studies.* New York: Cambridge University Press.

Carroll, J. B. (1997). Psychometrics, intelligence, and public perception. *Intelligence, 24*, 25–52.

Carruthers, P. (2002). The cognitive functions of language & author's response: Modularity, language, and the flexibility of thought. *Behavioral and Brain Sciences, 25*, 657–719.

Carruthers, P. (2006). *The architecture of the mind: Massive modularity and the flexibility of thought.* Oxford: Oxford University Press.

Carruthers, P. (2009). How we know our own minds: The relationship between mindreading and metacognition. *Behavioral and Brain Sciences, 32*, 121–182.

Case, R. (1985). *Intellectual development. Birth to adulthood.* New York: Academic Press.

Case, R. (1992). *The mind's staircase: Exploring the conceptual underpinnings of children's thought and knowledge.* Hillsdale: Erlbaum.

Case, R., & Okamoto, Y. (1996). The role of central conceptual structures in the development of children's thought. *Monographs of the Society for Research in Child Development, 61*, (1–2, Serial No. 246).

Case, R., Demetriou, A., Platsidou, M., & Kazi, S. (2001). Integrating concepts and tests of intelligence from the differential and the developmental traditions, *Intelligence, 29*, 307–336.

Case, R., Okamoto, Y., Griffin, S., McKeough, A., Bleiker, C., Henderson, B., & Stephenson, K. M. (1996). The role of central conceptual structures in the development of children's thought. *Monographs of the Society for Research in Child Development, 61*, (1–2, Serial No. 246).

Casey, B. J. Tottenham, N., Liston, C., & Durston, S. (2005). Imaging the developing brain: What have we learned about cognitive development? *Trends in Cognitive Sciences, 9*, 104–110.

Cattell, R. B. (1957). *Personality and motivation structure and measurement.* Oxford, UK: World Book Co.

Cattell, R. B. (1963). Theory of fluid and crystallized intelligence: A critical experiment. *Journal of Educational Psychology, 54*, 1–22.

Cattell, R. B. (1965). *The Scientific Analysis of Personality.* New York: Penguin Group.

Cattell, R. B., & Horn, J. L. (1978). A check on the theory of fluid and crystallized intelligence with description of new subtest designs. *Journal of Educational Measurement, 15*, 139–164.

Ceci, S. J. (1991). How much does schooling influence general intelligence and its cognitive components? *Developmental Psychology, 27*, 703–722.

Chalvo, D. R. (2014). Critical brain dynamics at large scale. In E. Niebur, D. Plenz, & H. G. Schuster (Eds.), *Criticality in neural systems* (pp. 1–24). London: Wiley.

Chamorro-Premuzic, T., & Furnham, A. (2006). Intellectual competence and the intelligent personality: A third way in differential psychology. *Review of General Psychology, 10*, 251–267.

Chandler, M., Fritz, A. S., & Hala, S. (1989). Small scale deceit: Deception as a marker of 2-, 3-, and 4-year-olds early theories of mind. *Child Development, 60*, 1263–1277.

Chandler, M. J., Hallett, D., & Sokol, B. W. (2002). Competing claims about competing knowledge claims. In B. K. Hofer & P. R. Pintrich (Eds.), *Personal epistemology: The psychology of beliefs about knowledge and knowing* (pp. 145–168). Mahwah, NJ: Lawrence Erlbaum Associates.

Chein, J. M., & Morrison, A. B. (2010). Expanding the mind's workspace: Training and transfer effects with a complex working memory span task. *Psychonomic Bulletin & Review, 17*, 193–199.

Cheng, P. W., & Holyoak, K. J. (1985). Pragmatic reasoning schemas. *Cognitive Psychology, 17*, 391–416.

Cheung, A. K., Harden, K. P., & Tucker-Drob, E. M. (2015). From specialist to generalist: Developmental transformations in the genetic structure of early child abilities. *Developmental Psychobiology, 57*, 566–553.

Chevalier, N., & Blaye, A. (2016). Metacognitive monitoring of executive control engagement during childhood. *Child Development, 87*, 1264–1276.

Chomsky, N. (1986). *Knowledge of language: Its nature, origin and use*. New York: Praeger.

Christoforides, M., Spanoudis, G., & Demetriou, A. (2016). Coping with logical fallacies: A developmental training program for learning to reason. *Child Development, 87*, 1856–1876.

Chuderska, A., & Chuderski, A. (2009). Executive control in analogical reasoning: Beyond interference resolution. *Proceedings of the Annual Meeting of the Cognitive Science Society, 31*.

Chuderski, A. (2013). When are fluid intelligence and working memory isomorphic and when are they not? *Intelligence, 41*, 244–262.

Chugani, H. T., Phelps, M. E., & Mazziotta, J. C. (1987). Positron emission tomography study of human brain functional development. *Annals of Neurology, 22*, 487–497.

Cimpian, A., Hammond, M. D., Mazza, G., & Corry, G. (2017). Young children's self-concepts include representations of abstract traits and the global self. *Child Development, 88*, 1786–1798.

Cohn, L. D., & Westenberg, P. M. (2004). Intelligence and maturity: Meta-analytic evidence or the incremental and discriminant validity of Loevinger's measure of ego development. *Journal of Personality and Social Psychology, 86*, 760–772.

Colby, J. B., O'Hare, E. D., Bramen, J. E., & Sowell, E. R. (2013). Structural brain development. In J. Rubenstein & R. Pasko (Eds.), *Neural circuit development and function in the brain: Comprehensive developmental neuroscience* (pp. 207–230). Burlington: Academic Press.

Cole, M., Gay, J., Glick, J., & Sharp, D. W. (1971). *The cultural context of learning and thinking*. New York: Basic Books.

Comalli, P. E. Jr., Wapner, S., & Werner, H. (1962). Interference effects of Stroop color- word test in childhood, adulthood, and aging. *The Journal of Genetic Psychology, 100*, 47–53.

Commons, M. L., & Rodriguez, J. A. (1990). "Equal access" without "establishing" religion: The necessity for assessing social perspective-taking skills and institutional atmosphere. *Developmental Review, 10*, 323–340.

Cosmides, L., & Tooby, J. (1994). Origins of domain specificity: The evolution of functional organization. In L. Hirschfeld & S. Gelman (Eds.), *Mapping the mind: Domain specificity in cognition and culture* (pp. 85–116). Cambridge: Cambridge University Press.

Costa, P. T., Jr., & McCrae, R. R. (1997). Longitudinal stability of adult personality. In R. Hogan, J. Johnson, & S. Briggs (Eds.), *Handbook of personality psychology* (pp. 269–290). San Diego: Academic Press.

Couchman, J. J., Beran, M. J., Coutinho, M. V. C., Boomer, J., & Smith, D. J. (2012). Evidence for animals metaminds. In M. J. Beran, J. L. Brandl, J. Perner, & J. Proust (Eds.), *Foundations of metacognition* (pp. 61–97). Oxford: Oxford University Press.

Cowan, N. (2010). The magical mystery four: How is working memory capacity limited, and why? *Current Directions in Psychological Science, 19*(11), 51–57.

Cowan, N. (2016). Working memory maturation: Can we get at the essence of cognitive growth? *Perspectives on Psychological Science, 11*(2), 239–264.

Cowey, C. M. (1996). Hippocampal sclerosis on working memory. *Memory, 4*, 19–30.

Coyle, T. R. (2017). A differential-developmental model (DDM): Mental speed, attention lapses, and general intelligence (g). *Journal of Intelligence, 5*, 25.

Cramer, P. (2006). Ego functions and ego development: Defense mechanisms and intelligence as predictors of ego level. *Journal of Personality, 67*, 735–760.

Cramer, P. (2007). Longitudinal study of defense mechanisms: Late childhood to late adolescence. *Journal of Personality, 75*, 1–23.

Cramer, P. (2008). Identification and the development of competence: A 44-year longitudinal study from late adolescence to late middle age. *Psychology and Aging, 23*, 410–421.

Cramer, P. (2015a). Defense mechanisms: 40 years of empirical research. *Journal of Personality Assessment, 97*, 114–122.

Cramer, P. (2015b). IQ and defense mechanisms assessed with the TAT. *Rorschachiana, 36*, 40–57.

Crawley, M. J.(2007). *The R book*. Chilchester: John Wiley & Sons.

Crick, F. C., & Koch, C. (2005). What is the function of the claustrum? *Philosophical Transactions of the Royal Society: Brain and Biological Sciences, 30*, 1271–1279.

Csapó, B. (1992). Improving operational abilities in children. In A. Demetriou, M. Shayer, & A. Efklides (Eds.), *Neo-Piagetian theories of cognitive development. Implications and applications for education* (pp. 144–159). London: Routledge.

Currie, J. & Duncan, T. (1995). Does Head Start make a difference? *American Economic Review, 85*(3), 341–364.

Daniels, P. T., & Bright, W. (1996). *The world's writing systems*. Oxford: Oxford University Press.

Dasen, P. R. (1977). *Piagetian psychology: Cross-cultural contributions*. New York: Gardner Press.

Dasen, P. R. (1994). Culture and cognitive development from a Piagetian perspective. In W. J. Lonner & R. Malpass (Eds.), *Psychology and culture* (pp. 141–150). Boston: Allyn and Bacon.

de Ribaupierre, A., & Bailleux, C. (1994). Developmental change in a spatial task of attentional capacity: An essay toward an integration of two working memory models. *International Journal of Behavioral Development, 17*, 5–35.

de Ribaupierre, A., & Bailleux, C. (1995). Development of attentional capacity in childhood: A longitudinal study. In F. E. Weinert & W. Schneider (Eds.), *Memory performance and competencies: Issues in growth and development* (pp. 45–70). Hillsdale: Erlbaum.

de Ribaupierre, A., & Pascual-Leone, J. (1984). Pour une intégration des methods en psychologie: Approaches expérimentale, psycho-génétique et différentielle. *L'Année Psychologique, 84*, 227–250.

Deak, G. O., & Wiseheart, M. (2015). Cognitive flexibility in young children: General or task-specific capacity? *Journal of Experimental Child Psychology, 138*, 31–53.

Deary, I. J., Egan, V., Gibson, G. J., Austin, E. J., Brand, C. R., & Kellaghan, T. (1996). Intelligence and the differentiation hypothesis. *Intelligence, 23*, 105–132.

Deary, I. J., Strand, S., Smith, P., & Fernandes, C. (2007). Intelligence and educational achievement. *Intelligence, 35*, 13–21.

Dehaene, S. (2009). *Reading in the brain: The science and evolution of a human invention* (pp.

176–193). New York: Viking.

Dehaene, S. (2011). *The number sense* (2nd ed.). New York: Oxford University Press.

Dehaene, S. (2014). *Consciousness and the brain: Deciphering how the brain codes our thoughts.* New York: Penguin.

Dehaene, S., & Naccache. L. (2001). Towards a cognitive neuroscience of consciousness: Basic evidence and a workspace framework. *Cognition, 79,* 1–37.

DeLoache, J. S. (2000). Dual representation and young children's use of scale models. *Child Development, 71,* 329–338.

DeLoache, J. S., Miller, K. F., & Pierroutsakos, S. L. (1998). Reasoning and problem solving. In W. Damon (Ed.), *Handbook of child psychology: Volume 2: Cognition, perception, and language,* (pp. 801–850). Hoboken: John Wiley & Sons Inc.

Demetriou, A. (1990). Structural and developmental relations between formal and postformal capacities: Towards a comprehensive theory of adolescent and adult cognitive development. In M. L. Commons, C. Armon, L. Kohlberg, F. A. Richards, T. A. Grotzer, & J. D. Sinnott (Eds.), *Adult development: Vol. 2: Models and methods in the study of adolescent and adult thought* (pp. 147–173). New York: Praeger.

Demetriou, A. (1998). Cognitive development. In A. Demetriou, W. Doise, & K. F. M. van Lieshout (Eds.), *Life-span developmental psychology* (pp. 179–269). London: Wiley.

Demetriou, A. (2000). Organization and development of self-understanding and self- regulation: Toward a general theory. In M. Boekaerts, P. R. Pintrich, & M. Zeidner (Eds.), *Handbook of self-regulation* (pp. 209–251). New York: Academic Press.

Demetriou, A., & Bakracevic, K. (2009). Reasoning and self-awareness from adolescence to middle age: Organization and development as a function of education. *Learning and Individual Differences, 19,* 181–194.

Demetriou, A., & Efklides, A. (1981). The structure of formal operations: The ideal of the whole and the reality of the parts. In J. A. Meacham & N. R. Santilli (Eds.), *Social development in youth: Structure and content* (pp. 20–46). Basel: Karger.

Demetriou, A., & Efklides, A. (1985). Structure and sequence of formal and postformal thought: General patterns and individual differences. *Child Development, 56,* 1062–1091.

Demetriou, A., & Efklides, A. (1988). Experiential structuralism and neo-Piagetian theories: Toward an integrated model. In A. Demetriou (Ed.), *The neo-Piagetian theories of cognitive development: Toward an integration* (pp. 173–222). Amsterdam: North-Holland.

Demetriou, A., & Efklides, A. (1989). The person's conception of the structures of developing intellect: Early adolescence to middle age. *Genetic, Social, and General Psychology Mono-*

graphs, 115, 371–423.

Demetriou, A., & Kazi, S. (2001). *Unity and modularity in the mind and the self: Studies on the relationships between self-awareness, personality, and intellectual development from childhood to adolescence*. London: Routledge.

Demetriou, A., & Kazi, S. (2006). Self-awareness in g (with processing efficiency and reasoning). *Intelligence, 34*, 297–317.

Demetriou, A., & Kyriakides, L. (2006). A Rasch-measurement model analysis of cognitive developmental sequences: Validating a comprehensive theory of cognitive development. *British Journal of Educational Psychology, 76*, 209–242.

Demetriou, A., & Raftopoulos, A. (1999). Modeling the developing mind: From structure to change. *Developmental Review, 19*, 319–368.

Demetriou, A., & Spanoudis, G. (2017). Mind and intelligence: Integrating developmental, psychometric, and cognitive theories of human mind. In M. Rosén (Ed.), *Challenges in educational measurement—contents and methods*, (pp. 39–60). New York: Springer.

Demetriou, A., Efklides, A., & Gustafsson, J. (1992). Training, cognitive change, and individual differences. In A. Demetriou, M. Shayer, & A. Efklides (Eds.), *Neo-piagetian theories of cognitive development* (pp. 122–144), New York: Routledge.

Demetriou, A., Efklides, A., & Platsidou, M. (1993). The architecture and dynamics of developing mind: Experiential structuralism as a frame for unifying cognitive developmental theories. *Monographs of the Society for Research in Child Development*, 58, Serial Number 234.

Demetriou, A., Kyriakides, L., & Avraamidou, C. (2003). The missing link in the relations between intelligence and personality. *Journal of Research in Personality, 37*, 547–581.

Demetriou, A., Mouyi, A., & Spanoudis, G. (2008). Modeling the structure and development of g. *Intelligence, 5*, 437–454.

Demetriou, A., Mouyi, A., & Spanoudis, G. (2010). The development of mental processing. In W. F. Overton (Ed.), *Biology, cognition and methods across the lifespan: Vol. 1: Handbook of lifespan development* (pp. 306–343), Editor-in-chief: R. M. Lerner. Hoboken: Wiley.

Demetriou, A., Spanoudis, G., & Mouyi, A. (2011). Educating the developing mind: Towards an overarching paradigm. *Educational Psychology Review, 23*(4), 601–663.

Demetriou, A., Spanoudis, G., & Mouyi, A. (2012). Rejoinder in defense of the standard model of the mind: From whimsical to systematic science. *Educational Psychology Review, 24*, 19–26.

Demetriou, A., Spanoudis, G., & Shayer, M. (2014). Inference, reconceptualization, insight, and efficiency along intellectual growth: A general theory. *Enfance, issue 3*, 365–396.

Demetriou, A., Christou, C., Spanoudis, G., & Platsidou, M. (2002). The development of mental processing: Efficiency, working memory, and thinking. *Monographs of the Society of Research in Child Development, 67*, Serial Number 268.

Demetriou, A., Pachaury, A., Metallidou, Y., & Kazi. S. (1996). Universal and specificities in the structure and development of quantitative-relational thought: A cross-cultural study in Greece and India. *International Journal of Behavioral Development, 19*, 255–290.

Demetriou, A., Kui, Z. X., Spanoudis, G., Christou, C., Kyriakides, L., & Platsidou, M. (2005). The architecture, dynamics, and development of mental processing: Greek, Chinese, or universal? *Intelligence, 33*, 109–141.

Demetriou, A., Spanoudis, G., Shayer, M., Mouyi, A., Kazi, S., & Platsidou, M. (2013). Cycles in speed-working memory-G relations: Towards a developmental-differential theory of the mind. *Intelligence, 41*, 34–50.

Demetriou, A., Spanoudis, G., Žebec, M., Andreou, M. , Golino, H., & Kazi, S.(2018). Mind-personality relations from childhood to early adulthood. *Journal of Intelligence, 6*(4), 51.

Demetriou, A., Spanoudis, G., Shayer, M., van der Ven, S., Brydges, C. R., Kroesbergen, E., Podjarny, G., & Swanson, H. L. (2014). Relations between speed, working memory, and intelligence from preschool to adulthood: Structural equation modeling of 15 studies. *Intelligence, 46*, 107–121.

Demetriou, A., Spanoudis, G., Kazi, S., Mouyi, A., Žebec, M. S., Kazali, E., Golino, H., Bakracevic, K., & Shayer, M. (2017). Developmental differentiation and binding of mental processes with g through the life-span. *Journal of Intelligence. 5*, 23.

Dempster, F. N. (1991). Inhibitory processes: A neglected dimension of intelligence. *Intelligence, 15*, 157–173.

Dempster, F. N. (1992). The rise and fall of the inhibitory mechanism: Toward a unified theory of cognitive development and aging. *Developmental Review, 12*, 45–75.

Dempster, F. N. (1993). Resistance to interference: Developmental changes in a basic processing mechanism. In M. L. Howe & R. Pasnak (Eds.), *Emerging themes in cognitive development: Vol.1: Foundations* (pp. 3–27). New York: Springer.

Destan, N., & Roebers, C. M. (2015). What are the metacognitive costs of young children's overconfidence? *Metacognition and Learning, 10*, 347–374.

Detterman, D. K. (1987). Theoretical notions of general intelligence and mental retardation. *American Journal of Mental Deficiency, 92*, 2–11.

Devlin, B., Fienberg, S. E., Resnick, D. P., & Roeder, K. (1997). Intelligence, genes, and success. Scientists respond to The Bell Curve (pp. 215–234). New York: Springer-Verlag.

Diamond, A. (2013). Executive functions. *Annual Review of Psychology, 64*, 135–168.

Donaldson, M. (1978). *Children's minds*. Glasgow: Fontana/Collins.

Dumas, D., & Alexander, P. A. (2016). Calibration of the test of relational reasoning. *Psychological Assessment, 28*, 1303–1318.

Dumontheil, I. (2014). Development of abstract thinking during childhood and adolescence: The role of rostrolateral prefrontal cortex. *Developmental Cognitive Neuroscience, 10*, 57–76.

Duncan, J., Chylinski, D., Mitchell, D. J., & Bhandari, A. (2017). Complexity and compositionality in fluid intelligence. *Proceedings of the National Academy of Sciences, 114*(20), 5295–5299.

Edelman, G. M., & Tononi, G. A. (2000). *Universe of consciousness*. New York: Basic Books.

Efklides, A. (2008). Metacognition: Defining its facets and levels of functioning in relation to self-regulation and co-regulation. *European Psychologist, 13*, 277–287.

Efklides, A., Demetriou, A., & Gustafsson, J.-E. (1992). Training, cognitive change, and individual differences. In A. Demetriou, M. Shayer, & A. Efklides (Eds.), *Modern theories of cognitive development go to school* (pp. 122–143). London: Routledge.

Ektstrom, R. B., French, J. W., & Harman, H. H. (1976). *Manual for Kit of factor-referenced cognitive tests*. Princeton, NJ: Educational Service.

Emerson, H. F. (1980). Children's judgments of correct and reversed sentences with "if". *Journal of Child Language, 7*, 137–155.

Ennis, R. H. (1962). A concept of critical thinking. *Harvard Educational Review, 32*, 81–111.

Ennis, R. H. (1996). *Critical thinking*. Upper Saddle River: Prentice-Hall.

Epstein, H. T. (1986). Stages in human development. *Developmental Brain Research, 30*, 114–119.

Erdle, S., Irwing, P., Rushton, J. P., & Park, J. (2010). The general factor of personality and its relation to self-esteem in 628,640 internet respondents. *Personality and Individual Differences, 48*, 343–346.

Evans, J. (2003). In two minds: dual-process accounts of reasoning. *Trends in Cognitive Sciences, 7*(10), 454–459.

Eysenck, H. (1997). *Dimensions of personality*. London: Routledge.

Fabricius, W. V., & Schwanenflugel, P. J. (1994). The older child's theory of mind. In A. Demetriou & A. Efklides (Eds.), *Intelligence, mind, and reasoning: Structure and development* (pp. 111–132). Amsterdam: North-Holland.

Facon, B. (2006). Does age moderate the effect of IQ on the differentiation of cognitive abilities during childhood? *Intelligence, 34*, 375–386.

Falmagne, R. J. (1990). Situations, statements, and logical relations. Paper presented at the 20th annual symposium of the Jean Piaget Society, Philadelphia, June.

Fischer, K. W. (1980). A theory of cognitive development: The control and contribution of hierarchies of skills. *Psychological Review, 87*, 477–531.

Fischer, K. W., & Bidell, T. R. (1998). Dynamic development of psychological structures in action and thought. In R. Lerner (Ed.), W. Damon (Series Ed.), *Handbook of child psychology (5th ed.): Vol. 1: Theoretical models of human development*. New York: Wiley.

Flage, D. E. (1990). *David Hume's theory of mind*. London: Routledge.

Flavell, J. H. (1963). *The developmental psychology of Jean Piaget*. New York: D. Van Nostrand.

Flavell, J. H. (1979). Metacognition and cognitive monitoring: A new area of cognitive developmental inquiry. *American Psychologist, 34*, 906–911.

Flavell, J. H., Green, F. L., & Flavell, E. R. (1986). Development of knowledge about the appearance reality distinction. *Monographs of the Society for Research in Child Development, 51*, (Serial No. 212).

Flavell, J. H., Green, F. L., & Flavell, E. R. (1995). Young children's knowledge about thinking. *Monographs of the Society for Research in Child Development, 60*(1) (Serial No. 243).

Flavell, J. H., Green, F. L., Wahl, K. E., & Flavell, E. R. (1986). The effects of question clarification and memory aids on young children's performance on appearance-reality tasks. *Cognitive Development, 2*, 127–144.

Fleming, K. A., Heintzelman, A., J., & Bartholow, B. D. (2016). Specifying associations between conscientiousness and executive functioning: Mental set shifting, not-prepotent response inhibition or working memory updating. *Journal of Personality, 84*(3): 348–360.

Flynn, J. R. (2009). *What is intelligence: Beyond the Flynn effect*. Cambridge: Cambridge University Press.

Flynn, J. R., & Shayer, M. (2018). IQ decline and Piaget: Does the rot start at the top? . *Intellingence, 66*, 112–121.

Fodor, J. A. (1975). *The language of thought*. Hassocks: Harvester Press.

Fodor, J. A. (2008). *LOT 2: The language of thought revisited*. Cambridge: MIT Press.

Fonlupt, P. (2003). Perception and judgement of physical causality involve different brain structures. *Cognitive Brain Research, 17*, 248–254.

Fortey, R. (1997). *Life: An unauthorised biography*. New York: Harper & Collins.

Franson, P. , Aden, U., Blenow, M., & Lagercrantz, H. (2011). The functional architecture of the infant brain as revealed by resting-state fMRI. *Cerebral Cortex January, 21*, 145–154.

Freud, A. (1966). *The ego and the mechanisms of defence*. London: Karnac Books.

Freud, S. (1927). *The ego and the id*. London: Hogarth Press and Institute of Psycho-Analysis.

Freud, S. (1949). *An outline of Psychoanalysis* Now York: w. w. Noron and Co., Inc.

Friedman, H. R., & Goldman-Rakic, P. S. (1988). Activation of the hippocampus and dentate gyrus by working memory: A 2-deoxyglucose study of behaving rhesus monkeys. *The Journal of Neuroscience, 8*, 4693–4706.

Frith, U., & Frith, C. D. (2003). Development and neurophysiology of mentalizing. Philosophical Transactions of the Royal Society of London. *Series B, Biological Sciences, 358*, 459–473.

Frith, U., & Happe, F. (1999). Theory of mind and self-consciousness: What is it like to be autistic? *Mind & Language, 14*, 1–22.

Fry, A. F., & Hale, S. (1996). Processing speed, working memory, and fluid intelligence: Evidence for a developmental cascade. *Psychological Science, 7*, 237–241.

Fuster, J. M. (2002). Frontal lobe and cognitive development. *Journal of Neurocytology, 31*, 373–385.

Galaburda, A. M. (2002). The neuroanatomy of categories. In A. M. Galaburda, S. M. Kosslyn, & Y. Christen (Eds.), *The languages of the brain* (pp. 23–42). Cambridge: Harvard University Press.

Gallup, G. G. (1982). Self-awareness and the emergence of mind in primates. *American Journal of Primatology, 2*, 237–248.

Galotti, K. M., Komatsu, L. K., & Voelz, S. (1997). Children's differential performance on deductive and inductive syllogisms. *Developmental Psychology, 33*, 70–78.

Gardner, H. (1983). *Frames of mind: The theory of multiple intelligences*. New York: Basic Books.

Garon, N. (2016). Review of hot executive functions in preschoolers. *Journal of Self-Regulation and Regulation, 2*, 57–79.

Garon, N., Bryson, S. E., & Smith, I. M. (2008). Executive function in preschoolers: A review using an integrative framework. *Psychological Bulletin, 134*, 31–60.

Gauffroy, C., & Barrouillet, P. (2009). Heuristic and analytic processes in mental models for conditionals: An integrative developmental theory. *Developmental Review, 29*, 249–282.

Gauthier, I., Tarr, M. J., Moylan, J., Skudlarski, P., Gore, J. C., & Anderson, A. W. (2000). The fusiform "face area" is part of a network that processes faces at the individual level. *Journal of Cognitive Neuroscience, 12*(3), 495–504.

Gelman, R. (1990). First principles organize attention to and learning about relevant data: Number and the animate inanimate distinction as examples. *Cognitive Science, 14*, 79–106.

Gelman, R., & Gallistel, R. (1978). *The child's understanding of number*. Cambridge: Harvard University Press.

Gelman, S. A. (1988). The development of induction within natural kind and artifact categories. *Cognitive Psychology, 20*, 65–95.

Gelman, S. A. (2003). *The essential child: Origins of essentialism in everyday thought*. Oxford: Oxford University Press.

Gelman, S. A. (2005). *The essential child: Origins of essentialism in everyday thought*. Oxford: Oxford University Press.

Gelman, S. A., & Coley, J. D. (1990). The importance of knowing a dodo is a bird: Categories and inferences in 2-year-old children. *Developmental Psychology, 26*, 796–804.

Gentner, D. (1983). Structure-mapping: A theoretical framework for analogy. *Cognitive Science, 7*, 155–170.

Gentner, D. (2005). The development of relational category knowledge. In L. Gershkoff-Stowe & D. H. Rakison (Eds.), *Building object categories in developmental time* (pp. 245–275). Hillsdale: Erlbaum.

German, T. P., & Hehman, J. A. (2006). Representational and executive selection resources in "theory of mind": Evidence from compromised belief-desire reasoning in old age. *Cognition, 101*, 129–152.

Gignac, G. E. (2014). Dynamic mutualism versus g factor theory: An empirical test. *Intelligence, 42*, 89–97.

Ginsburg, H., & Opper, S. (1988). *Piaget's theory of intellectual development (3rd ed.)*. Englewood Cliffs: Prentice-Hall.

Gladwin, T. (1970). *East is a big bird*. Cambridge: Harvard University Press.

Glasser, M. F., Coalson, T. S., Robinson, E. C., Hacker, C. D., Harwell, J., Yacoub, E., Ugurbil, K., ..., Van Essen, D. C. (2016). A multi-modal parcellation of human cerebral cortex. *Nature, 536*(7615), 171–178.

Goel, V. (2007). Anatomy of deductive reasoning. *Trends in Cognitive Science, 11*, 435–441. http://dx.doi.org/10.1016/j.tics.2007.09.003.

Goel, V., & Dolan, R. J. (2000). Anatomical segregation of component processes in an inductive inference task. *Journal of Cognitive Neuroscience, 12*, 1–10.

Goel, V., & Dolan, R. J. (2001). Functional neuroanatomy of three-term relational reasoning. *Neuropsychologia, 39*, 901–909.

Goel, V., Buchel, C., Frith, C., & Dolan, R. J. (2000). Dissociation of mechanisms underlying syllogistic reasoning. *NeuroImage, 12*, 504–514.

Goswami, U. (1992). *Analogical reasoning in children*. Hillsdale: Erlbaum.

Goswami, U. & Brown A. L. (1989). Melting chocolate and melting snowmen: Analogical reasoning and causal relations. *Cognition, 35*, 69–95.

Gottfredson, L. S. (2016). A g theorist on Why Kovacs and Conway's Process Overlap Theory amplifies, not opposes, g theory. *Psychological Inquiry, 27*, 210–217.

Gottlieb, G. (2007). Probabilistic epigenesis. *Developmental Science, 10*(1), 1–11.

Graziano, W. G., Jensen-Campbell, L. A., & Finch, J. F. (1997). The self as a mediator between personality and adjustment. *Journal of Personality and Social Psychology, 73*, 392–404.

Grimm, K. J., Ram, N., & Hamagani, F. (2011). Nonlinear growth curves in developmental research. *Child Development, 82*, 1357–1371.

Gruber, O., & Goschke, T. (2004). Executive control emerging from dynamic interactions between brain systems mediating language, working memory and attentional processes. *Acta Psychologica, 115*, 105–121.

Gruber, O., & von Cramon, Y. D. (2003). The functional neuroanatomy of human working memory revisited. Evidence from 3-T fMRI studies using classical domain-specific interference tasks. *NeuroImage, 19*, 797–809.

Gustafsson, J.-E. (1984). A unifying model for the structure of intellectual abilities. *Intelligence, 8*, 179–203.

Gustafsson, J.-E. (2008). Schooling and intelligence: Effects of track of study on level and profile of cognitive abilities. In P. C. Kyllonen, R. D. Roberts, & L. Stankov (Eds.), *Extending intelligence: Enhancement and new constructs* (pp. 37–59). New York: Lawrence Erlbaum Associates.

Gustafsson, J.-E., & Undheim, J. O. (1996). Individual differences in cognitive functions. In D. C. Berliner & R. C. Calfee (Eds.), *Handbook of educational psychology* (pp. 186–242). New York: Macmillan.

Halford, G. S., & Boulton-Lewis, G. M. (1992). Value and limitations of analogs in teaching mathematics. In A. Demetriou, A. Efklides, & M. Shayer (Eds.), *Neo-Piagetian theories of cognitive development: Implications and applications for education* (pp. 183–209). London: Routledge.

Halford, G. S., Cowan, N., & Andrews, G. (2007). Separating cognitive capacity from knowledge: A new hypothesis. *Trends in Cognitive Science, 11*, 236–242.

Halford, G. S., Maybery, M. T., O'Hare, A. W., & Grant, P. (1994). The development of memory and processing capacity. *Child Development, 65*, 1330–1348.

Halford, G. S., Wilson, W. H., Andrews, G., & Phillips, S. (2014). *Categorizing cognition: Toward conceptual coherence in the foundations of psychology*. Cambridge: MIT Press.

Halford, G. S., Wilson, W. H., & Phillips, S. (1998). Processing capacity defined by relational complexity: Implications for comparative, developmental, and cognitive psychology. *Behavioral and Brain Sciences, 21*(6), 803-831.

Hall, P. A., & Fong, G. T. (2013). Conscientiousness versus executive function as predictors of health behaviors and health trajectories. *Annals of Behavioral Medicine, 45*, 398–399.

Hall, P. A., Fong, G. T., & Epp, L. J. (2014). Cognitive and personality factors in the prediction of health behaviors: An examination of total, direct and indirect effects. *Journal of Behavioral Medicine, 37*(6), 1057–1068.

Halpern, D. F. (2006). The nature and nurture of critical thinking. In R. J. Sternberg, H. L. Roediger Ⅲ, & D. F. Halpern (Eds.), *Critical thinking in psychology* (pp. 1–14). Cambridge: Cambridge University Press.

Hansell, N. K., Halford, G. S., Andrews, G., Shum, D. H. K., Harris, S. E., Davies, G., Franic, S., ... Wright, M. J. (2015). Genetic basis of a cognitive complexity metric. *PloS One, 10*(4), e0123886.

Hanson, J. L., Hair, N., Shen, D. G., Shi, F., Gilmore, J. H., Wolfe, B. L., & Pollak, S. D. (2013). Family poverty affects the rate of human infant brain growth. *Plos One, 8*(12), e80954.

Harnishfeger, K. K. (1995). The development of cognitive inhibition: Theories, definitions, and research evidence. In F. N. Dempster & C. J. Brainerd (Eds.), *Interference and inhibition in cognition* (pp. 175–204). New York: Academic Press.

Harris, I. M., Egan, G. F., Sonkkila, C., Tochon-Danguy, H. J., Paxinos, G., & Watson, D. G. (2000). Selective right parietal lobe activation during mental rotation. *Brain, 123*, 65–73.

Harris, P. L. (2007). Trust. *Developmental Science, 10*, 135–138.

Harris, P. L., & Núñez, M. (1996). Understanding of permission rules by preschool children. *Child Development, 67*, 1572–1591.

Harris, P. L., Brown, E., Marriott, C., Whittall, S., & Harmer, S. (1991). Monsters, ghosts and witches: Testing the limits of the fantasy–reality distinction in young children. *British Journal of Developmental Psychology, 9*, 105–123.

Harter, S. (2012). *The construction of the self: Developmental and sociocultural foundations (2nd ed.)*. New York: Guilford Press.

Hartman, P. (2006). Spearman's Law of Diminishing Returns: A look at age differentiation. *Journal of Individual Differences, 27*, 199–207.

Hattie, J. (1992). Measuring the effects of schooling. *Australian Journal of Education, 36*(1), 5–13.

Haxby, J. V., Ungerleider, L. G., Horwitz, B., Maisog, J. M., Rapoport, S. I., & Grady, C. L. (1996). Face encoding and recognition in the human brain. *Proceedings of the National Academy of Sciences, 93*, 922–927.

Heavey, C. L., & Hurlburt, R. T. (2008). The phenomena of inner experience. *Consciousness and Cognition.*

Hermer, L., & Spelke, E. (1996). Modularity and development: The case of spatial reorientation. *Cognition, 61*, 195–232.

Herrnstein, R. J., & Murray, C. (1994). *The bell curve: Intelligence and class structure in American life*. New York: The Free Press.

Heyman, G. D. (2008). Children's critical thinking when learning from others. *Current Directions in Psychological Science, 17*, 344–347.

Hill, P. L., & Jackson, J. J. (2016). The invest-and-accrue model of conscientiousness. *Review of General Psychology, 20*, 141–154.

Hill, W. D., Davirs, G., McIntosh, A. M., Gale, C. R., & Deary, I. J. (2017). A combined analysis of genetically correlated traits identifies 107 loci associated with intelligence. bioRxiv preprint, 7 July.

Hoff, G. E. A-J., van den Heuvel, M. P., Benders, M. J. N. L., Kersbergen, K. J., & de Vries, L. S. (2013). On development of functional brain connectivity in the young brain. *Frontiers in Human Neuroscience, 7*, 650.

Holland, J., Holyoak, K., Nisbett, R., & Thagard, P. (1989). *Induction: Processes of inference, learning, and discovery*. Cambridge: MIT Press/Bradford Books.

Hudspeth, W. J., & Pribram, K. H. (1992). Psychophysiological indices of cerebral maturation. *International Journal of Psychophysiology, 12*, 19–29.

Hunt, E. (2011). *Human intelligence*. Cambridge: Cambridge University Press.

Hupp, J. H., & Sloutsky, V. M. (2011). Learning to learn: From within-modality to cross-modality transfer during infancy. *Journal of Experimental Child Psychology, 110*, 408–421.

Hurlburt, R. (1993). *Sampling inner experience with disturbed affect*. New York: Plenum Press.

Hwang, K., Hallquist, M. N., & Luna, B. (2013). The development of hub architecture in the human functional brain network. *Cerebral Cortex, 23*(10), 2380–2393.

Hy, L. X., & Loevinger, J. (1996). *Measuring ego development*. London: Psychology Press.

Ide, J. S., Shenoy, P., Yu, A. J., & Li, C. S. (2013). Bayesian prediction and evaluation in the anterior cingulate cortex. *The Journal of Neuroscience: The Official Journal of the Society for Neuroscience, 33*, 2039–2047.

Inagaki, K., & Hatano, G. (2002). *Young children's naive thinking about the biological world*. New York: Psychology Press.

Inhelder, B., & Piaget, J. (1958). *The growth of logical thinking from childhood to adolescence*. New York: Basic Books. (Original work published 1955).

Inhelder, B., & Piaget, J. (1969). *The early growth of logic in the child: Classification and seriation*. New York: Norton. (Original work published 1959).

Jaeggi, S. M., Buschkuehl, M., Jonides, J., & Perrig, W. J. (2008). Improving fluid intelligence with training on working memory. *Proceedings of the National Academy of Sciences of the United States of America, 105*(19), 6829–6833.

James, W. (1890). *Principles of psychology*. New York: Henry Holt & Co.

Jensen, A. R. (1998). *The g factor: The science of mental ability*. Westport: Praeger.

Jensen, A. R. (2006). *Clocking the mind: Mental chronometry and individual differences*. Amsterdam: Elsevier.

Jensen, O., & Lisman, J. E. (2005). Hippocampal sequence-encoding driven by cortical multi-item working memory buffer. *Trends in Neurosciences, 28*, 67–72.

Johansson, B. S., & Sjolin, B. (1975). Preschool children's understanding of the coordinators "and" and "or". *Journal of Experimental Child Psychology, 19*, 233–240.

Johnson, J., Pascual-Leone, J., & Agostino, A. (2001). Solving multiplication word problems: The role of mental attention. Presented at the meeting of the Society for Research in Child Development, Minneapolis.

Johnson, J., Im-Bolter, N., & Pascual-Leone, J. (2003). Development of mental attention in gifted and mainstream children: The role of mental capacity, inhibition, and speed of processing. *Child development, 74*, 1594–1614.

Johnson, M. H. (2011). Interactive specialization: A domain-general framework for human functional brain development? *Developmental Cognitive Neuroscience, 1*, 7–21.

Johnson-Laird, P. N. (1983). *Mental models: Towards a cognitive science of language, inference, and consciousness*. Cambridge: Harvard University Press.

Johnson-Laird, P. N. (2006). *How we reason*. Oxford: Oxford University Press.

Johnson-Laird, P. N. (2012). Inference with mental models. In K. J. Holyoak & R. G. Morrison (Eds.), *The Oxford handbook of thinking and reasoning* (pp. 134–145). New York: Oxford University Press.

Johnson-Laird, P. N., & Khemlani, S. S. (2014). Toward a unified theory of reasoning. In B. H. Ross (Ed.), *The psychology of learning and motivation*. Elsevier Inc: Academic Press, 1–42.

Johnson-Laird, P. N., & Wason, P. C. (1970). A theoretical analysis of insight into a reasoning task. *Cognitive Psychology, 1*, 134–138.

Jonides, J., Lacey, S. C., & Nee, D. E. (2005). Processes of working memory in mind and brain. *Current Directions of Psychological Science, 14*, 2–5.

Jung, R. E., & Haier, R. J. (2007). The Parieto-Frontal Integration Theory (P-FIT) of intelligence: Converging neuroimaging evidence. *Behavioral and Brain Sciences, 30*, 135–187.

Kahneman, D. (2011). *Thinking: Fast and slow*. New York: Farrar, Straus and Giroux.

Kagan, J. (2009). *The three cultures: Natural sciences, social sciences, and the humanities in the 21st century.* Cambridge University Press.

Kail, R. (1991). Developmental functions for speed of processing during childhood and adolescence. *Psychological Bulletin, 109*, 490–501.

Kail, R. (2000). Speed of information processing: Developmental change and links to intelligence. *Journal of School Psychology, 38*, 51–61.

Kail, R., (2007). Longitudinal evidence that increases in processing speed and working memory enhance children's reasoning. *Psychological Science, 4*, 312–313.

Kail, R. V., & Ferrer, E. (2007). Processing speed in childhood and adolescence: Longitudinal models for examining developmental change. *Child Development, 78*, 1760–1770.

Kail, R., & Salthouse, T. A. (1994). Processing speed as a mental capacity. *Acta Psychologica, 86*, 199–225.

Kail, R. V., Lervåg, A., & Hulme, C., (2015). Longitudinal evidence linking processing speed to the development of reasoning. *Developmental Science,* 1–8.

Kaldy, Z., & Leslie, A. M. (2005). A memory span of one? Object identification in 6.5-month-old infants. *Cognition, 97*, 153–177.

Kane, M. J., Bleckley, M. K., Conway, A. R. A., & Engle, R. W. (2001). A controlled-attention view of working-memory capacity. *Journal of Experimental Psychology: General, 130*, 169–183.

Kant, I. (1902). Kants gesammelte schriften, Akademie Ausgabe, 29 vols. Ed. Königlichen Preussichen Akademie der Wissenschaften. Berlin and Leipzig: Walter de Grunter and presecessors.

Kanwisher, N., McDermott, J., & Chun, M. M. (1997). The fusiform face area: A module in human extrastriate cortex specialized for face perception. *The Journal of Neuroscience, 17*, 4302–4311.

Kargopoulos, P., & Demetriou, A. (1998). Logical and psychological partitioning of mind: Depicting the same picture? *New Ideas in Psychology, 16*, 61–88 (with commentaries by J. Pascual-Leone, M. Bickhard, P. Engel, and L. Smith).

Kaufman, S. B., DeYoung, C. G., Reis, D. L., & Gray, J. R. (2011). General intelligence predicts reasoning ability even for evolutionarily familiar content. *Intelligence, 39*, 311–322.

Kazali, E. (2016). *Development of inductive and deductive reasoning from 4 to 10 years: Interactions with executive control and cognizance.* Doctoral dissertation. Panteion University of Social Sciences, Athens, Greece.

Kazi, S., Demetriou, A., Spanoudis, G., Zhang, X. K., & Wang, Y. (2012). Mind-culture interactions: How writing molds mental fluidity. *Intelligence, 40*, 622–637.

Keil, F. C. (1989). *Concepts, kinds, and cognitive development.* Cambridge: MIT Press.

Keith, T. Z., Fine, J. G., Taub, G. E., Reynolds, M. R., & Kranzler, J. H. (2006). Higher order, multisample, confirmatory factor analysis of the Wechsler Intelligence Scale for Children, (4th ed.): What does it measure? *School Psychology Review, 35*, 108–127.

Kemps, E., de Rammelaere, S., & Desmet, T. (2000). The development of working memory: Exploring the complementarity of two models. *Journals of Experimental Child Psychology, 77*, 89–109.

Kiefer, M., & Pulvermüller, F. (2012). Conceptual representations in mind and brain: Theoretical developments, current evidence and future directions. *Cortex, 48*, 805–825.

Kievit, R. A., Davis, S. W., Griffiths, J., Correia, M. M., Cam-Can, & Henson, R. N. (2016). A watershed model of individual differences in fluid intelligence. *Neuropsychologia, 91*, 186–198.

King, P. M., & Kitchener, K. S. (2002). The reflective judgment model: Twenty years of research on epistemic cognition. In B. K. Hofer & P. R. Pintrich (Eds.), *Personal epistemology: The psychology of beliefs about knowledge and knowing* (pp. 37–61). Mahwah, NJ: Lawrence Erlbaum Associates.

Kitcher, P. (1999). Kant on self-consciousness. *Philosophical Review, 108*(3), 345–386.

Kitcher, P. (2011). *Kant's thinker.* Oxford: Oxford University Press.

Klauer, K. J., & Phye, G. (1994). *Cognitive training for children: A developmental program of inductive reasoning and problem solving.* Seattle: Hogrefe & Huber.

Klauer, K., & Phye, G. D. (2008). Inductive reasoning: A training approach. *Review of Educational Research, 78*(1), 85–123.

Klingberg, T. (1998). Concurrent performance of two working memory tasks: Potential mechanisms of interference. *Cerebral Cortex, 8*, 593–601.

Koch, C. (2012). *Consciousness: Confessions of a romantic reductionist.* Cambridge: MIT Press.

Koenig, M. A., & Harris, P. L. (2005). Preschoolers mistrust ignorant and inaccurate speakers. *Child Development, 76*, 1261–1277.

Kohlberg, L., Levine, C., & Nucci, L. (1983). Moral stages: A current formulation and a response to critics. *Contributions to human development: Vol. 10.* Basil: Karger.

Kosslyn, S. M. (1980). *Image and mind.* Cambridge: Harvard University Press.

Kovacs, K., & Conway, A. R. A. (2016). Process overlap theory: A unified account of the general factor of intelligence. *Psychological Inquiry, 27*, 151–177.

Kovas, Y., Haworth, C. M. A., Harlaar, N., Petrill, S. A., Dale, P. S., & Plomin, R. (2007). Overlap and specificity of genetic and environmental influences on mathematics and reading disability in 10-year-old twins. *Journal of Child Psychology and Psychiatry, 48*, 914–922.

Krumm, S., Ziegler, M., & Buehner, M. (2008). Reasoning and working memory as predictors of school grades. *Learning and Individual Differences, 18*, 248–257.

Kuhn, D. (1999). A developmental model of critical thinking. *Educational Researcher, 28*, 16–25.

Kuhn, D. (2005). *Education for thinking*. Cambridge: Harvard University Press.

Kyllonen, P., & Christal, R. E. (1990). Reasoning ability is (little more than) working memory capacity? *Intelligence, 14*, 389–433.

Kyllonen, P., & Kell, H. (2017). What is fluid intelligence? Can it be improved? In M. Rosén, K. Yang Hansen, & U. Wolff (Eds.), *Cognitive abilities and educational outcomes*: Methodology *of educational measurement and assessment* (pp. 15–37). Cham: Springer.

Kyriakides, L., & Luyten, H. (2009). The contribution of schooling to the cognitive development of secondary education students in Cyprus: An application of regression-discontinuity with multiple cut-off points. *School Effectiveness and School Improvement, 20*(2), 167–186.

Lackner, C., Sabbagh, M. A., Hallinan, E., Liu, X., & Holden, J. J. A. (2012). Dopamine receptor D4 gene variation predicts preschoolers' developing theory of mind. *Developmental Science, 15*, 272–280.

Lake, B. M., Salakhutdinov, R., & Tenenbaum, J. B. (2015). Human-level concept learning through probabilistic program induction. *Science, 350*, 1332–1338.

Lamb, M. E., Chuang, S. S., Wessles, H., Broberg, A. G., & Hwang, C. P. (2002). Emergence and construct validation of the Big Five factors in early childhood: A longitudinal analysis of their ontogeny in Sweden. *Child Development, 73*, 1517–1524.

Lamme, V. A. F. (2006). Towards a true neural stance on consciousness. *Trends in Cognitive Science, 10*, 494–501.

Landau, B., Smith, L. B., & Jones, S. S. (1988). The importance of shape in early lexical learning. *Cognitive Development, 3*(3), 299–321.

Lehman, D., Lembert, R. O., & Nisbett, R. E. (1988). The effects of graduate training on reasoning: Formal discipline and thinking about everyday-life events. *American Psychologist, 43*, 431–442.

Leslie, A. M., Friedman, O., & German, T. P. (2004). Core mechanisms in "theory of mind." *Trends in Cognitive Sciences, 8*, 528–533.

Levesque, H. J. (1989). *A knowledge-level account of abduction*. Toronto: Dept. of Computer Science, University of Toronto.

Liddle, B., & Nettle, D. (2006). Higher-order theory of mind and social competence in school-age children. *Journal of Cultural and Evolutionary Psychology, 4*, 231–246.

Lisman, J. (2005). The theta/gamma discrete phase code occuring during the hippocampal phase precession may be a more general brain coding scheme. *Hippocampus, 15*, 913–922.

Livingstone, M., & Hubel, D. (1988). Segregation of form, color, movement, and depth: Anatomy, physiology, and perception. *Science, 240*, 740–749.

Loevinger, J. (1976). *Ego development: Conceptions and theories*. San Francisco: Jossey-Bass.

Lourenço, O. (2016). Developmental stages, Piagetian stages in particular: A critical review. *New Ideas in Psychology, 40*, 123–137.

Luria, A. (1968). *The mind of a mnemonist: A little book for a vast memory*. Cambridge: Harvard University Press.

Luria, A. (1976). *Cognitive development: Its cultural and social foundations*. Cambridge: Harvard University Press.

Lynn, R. (2008). *The global bell curve: Race, IQ, and inequality worldwide*. Washington: Washington Summit Publishers.

Lyons, K. E., & Zelazo, P. D. (2011). Monitoring, metacognition, and executive function: Elucidating the role of self-reflection in the development of self-regulation. In J. Benson (Ed.), *Advances in child development and behavior, 40*, (pp. 379–412). Burlington: Academic Press.

Lysaker, P., Dimaggio, G., & Brüne, M. (2014). *Social cognition and metacognition in schizophrenia: Psychopathology and treatment approaches*. New York: Academic Press.

Machery, E. (2016). The amodal brain and the offloading hypothesis. *Psychological Bulletin & Review, 23*, 1090–1095.

Mackey, A. P., Hill, S. S., Stone, S. I., & Bunge, S. A. (2010). Differential effects of reasoning and speed training in children. *Developmental Science, 14*, 582–590.

Mackey, A. P., Miller Singley, A. T., & Bunge, S. A. (2013). Intensive reasoning training alters patterns of brain connectivity at rest. *The Journal of Neuroscience, 33*, 4796–4803.

Mackey, A. P., Park, A. T., Robinson, S. T., & Gabrieli, J. D. E. (2017). A pilot study of classroom-based cognitive skill instruction: Effects on cognition and academic performance. *Mind, Brain, and Education, 11*, 85–95.

Mackintosh, N. J. (1998). *IQ and human intelligence*. Oxford: Oxford University Press.

MacLeod, C. M. (1991). Half a century of research on the Stroop Effects: An integrative review. *Psychological Bulletin, 109*, 163–203.

MacLeod, C. M., & Dunbar, K. (1988). Training and Stroop-like interference: Evidence for a continuum of automaticity. *Journal of Experimental Psychology: Learning, Memory, and Cognition, 14*, 126–135.

Macnamara, J. (1986). *A border dispute: The place of logic in psychology*. Cambridge: MIT Press.

Mahy, C. E. V., Moses, L. J., & Pfeifer, J. H. (2014). How and where: Theory-of-mind in the brain. *Developmental Cognitive Neuroscience, 9*, 68–81.

Makris, N. (1995). *Personal theory of mind and its relation with cognitive abilities*. Doctoral dissertation. Aristotle University of Thessaloniki, Greece.

Makris, N., Tahmatzidis, D., Demetriou, A., & Spanoudis, G. (2017). Mapping the evolving core of intelligence: Relations between executive control, reasoning, language, and awareness. *Intelligence, 62*, 12–30.

Mandler, J. M. (1992). How to build a baby: Ⅱ. Conceptual primitives. *Psychological Review, 99*, 587–604.

Marcus, G. F., Fernandes, K. J., & Johnson, S. P. (2007). Infant rule learning facilitated by speech. *Psychological Science, 18*, 387–391.

Marcus, G. F., Vijayan, S., Bandi Rao, S., & Vishton, P. M. (1999). Rule learning in 7-month-old infants. *Science, 283*, 77–80.

Markovits, H. (2014). On the road toward formal reasoning: Reasoning with factual causal and contrary-to-fact causal premises during early adolescence. *Journal of Experimental Child Psychology, 128*, 37–51.

Markovits, H., & Vachon, R. (1990). Conditional reasoning, representation, and level of abstraction. *Developmental Psychology, 26*, 942–951.

Markovits, H., Thomson, V. A., & Brisson, J. (2015). Metacognition and abstract reasoning. *Memory and Cognition, 43*, 681–693.

Markus, H. R., & Wurf, E. (1987). The dynamic self-concept: A social psychological perspective. *Annual Review of Psychology, 38*, 299–337.

Massey, C. M., & Gelman, R. (1988). Preschooler's ability to decide whether a photographed unfamiliar object can move itself. *Developmental Psychology, 24*, 307–317.

Matzel, L. D., & Kolata, S. (2010). Selective attention, working memory, and animal intelligence. *Neuroscience & Biobehavioral Reviews, 34*, 23–30.

Mayer, J. D. & Salovey, P. (1993). The intelligence of emotional intelligence. *Intelligence, 17*, 433–442.

McArdle, J. J., & Nesselroade, J. R. (2003). Growth curve analysis in contemporary psychological research. In J. Schinka & W. Velicer (Eds.), *Comprehensive handbook of psychology: Vol. 1* (pp. 447–480). New York: Pergamon Press.

McCrae, R. R., & Costa, P. T., Jr. (1999). A Five-Factor theory of personality. In L. A. Pervin & O. P. John (Eds.), *Handbook of personality: Theory and research* (2nd ed., pp. 139–153). New York: Guilford.

McCrae, R. R., Costa, P. T., Ostendorf, F., Angleitner, A., Hrebickova, H., Avia, M. D., Sanz, J., &

Sanchez-Bernardos, M. L. (2000). Nature over nurture: Temperament, personality, and life span development. *Journal of Personality and Social Psychology, 78*, 173–186.

McGrew, K. S. (2009). CHC theory and the human cognitive abilities project: Standing on the shoulders of the giants of psychometric intelligence research. *Intelligence, 37*, 1–10.

McIntyre, M., & Graziano, W. G. (2016). Seeing people, seeing things: Individual differences in selective attention. *Personality and Social Psychology Bulletin*, 1–14.

McLaughlin, G. H. (1963). Psycho-logic: A possible alternative to Piaget's formulation. *British Journal of Educational Psychology, 33*, 61–67.

Mealor, A. D., & Dienes, Z. (2013). The speed of metacognition: Taking time to get to know one's structural knowledge. *Consciousness and Cognition, 22*, 123–136.

Meier, M. E., Smeekers, B. A., Silvia, P. J., Kwapil, T. R., & Kane, M. J. (2018). Working memory capacity and the antisaccade task: A microanaltyic-macroanalytic investigation of individual differences in goal activation and maintenance. *Journal of Experimental Psychology: Learning, Memory, and Cognition, 44* (1), 68–84.

Melby-Lervåg, M., Redick, T. S., & Hulme, C. (2016). Working memory training does not improve performance on measures of intelligence or other measures of "far transfer": Evidence from a meta-analytic review. *Perspectives on Psychological Science, 11*, 512–534.

Menon, V., & Uddin, L. Q. (2010). Saliency, switching, attention and control: A network model of insula function. *Brain Structure and Function, 214*, 655–667.

Miller, G. A. (1956). The magical number seven, plus or minus two: Some limits on our capacity for processing information. *Psychological Review, 63*, 81–97. http://dx.doi.org/10.1037/h0043158.

Miller, S. A., Custer, W. L., & Nassau, G. (2000). Children's understanding of the necessity of logically necessary truths. *Cognitive Development, 15*, 383–403.

Minter, M., Hobson, P. R., & Bishop, M. (1998). Congenital visual impairment and "theory of mind". *British Journal of Developmental Psychology, 16*, 183–196.

Mithen, S. (1996). *The prehistory of the mind: The cognitive origins of art, religion and science.* London: Thames and Hudson.

Miyake, A., & Friedman, N. P. (2012). The nature and organization of individual differences in executive functions: Four general conclusions. *Current Directions in Psychological Science, 21*(1), 8–14.

Miyake, A., Friedman, N. P., Emerson, M. J., Witzki, A. H., Howerter, A., & Wager, T. D. (2000). The unity and diversity of executive functions and their contributions to complex "Frontal Lobe" tasks: A latent variable analysis. *Cognitive Psychology, 41*, 49–100.

Moreno-Juan, V., Filipchuk, A., Antón-Bolaños, N., Mezzera, C., Gezelius, H., Andrés, B., Rodríguez-Malmierca, L., Susín, R., Schaad, O., Iwasato, T., Schüle, R., Rutlin, M., Nelson, S., Ducret, S., Valdeolmillos, M., Rijli, F. M., & López-Bendito, G. (2017). Prenatal thalamic waves regulate cortical area size prior to sensory processing. *Nature Communications, 8*, 14172.

Morra, S. (2000). A new model of verbal short-term memory. *Journal of Experimental Child Psychology, 75*, 191–227.

Moshman, D. (1990). The development of metalogical understanding. In W. F. Overton (Ed.), *Reasoning, necessity, and logic: Developmental perspectives* (pp. 205–225). Hillsdale: Erlbaum.

Moshman, D. (1994). Reasoning, metareasoning and the promotion of rationality. In A. Demetriou & A. Efklides (Eds.), *Mind, intelligence, and reasoning: Structure and development* (pp. 135–150). Amsterdam: Elsevier.

Moshman, D. (2011). *Adolescent rationality and development: Cognition, morality, and identity (3rd ed.)*. New York: Psychology Press.

Moshman, D., & Tarricone, P. (2016). Logical and causal reasoning. In A. Greene, W. A. Sandoval, & I. Braten (Eds.), *Handbook of epistemic cognition* (pp. 54–67). London: Routledge.

Motes, M. A., Gamino, J. F., Chapman, S. B., Rao, N. K., Maguire, M. J., Brier, M. R., Kraut, M. A., & Hart J., Jr. (2014). Inhibitory control gains from higher-order cognitive strategy training. *Brain and Cognition, 84*, 44–62.

Müller, U., Overton, W. F., & Reene, K. (2001). Development of conditional reasoning: A longitudinal study. *Journal of Cognition and Development, 2*, 27–49.

Murray, C. (2009). *Real education: Four simple truths for bringing America's schools back to reality*. New York: Three Rivers.

Na, J., Grossmann, I., Varnum, M. E. W., Kitayama, S., Gonzalez, R. & Nisbett, R. E. (2010). Cultural differences are not always reducible to individual differences. *PNAS, 107*, 6192–6197.

Naglieri, J. A. (1997). *Naglieri nonverbal ability test*. San Antonio: The Psychological Corporation.

Naglieri, J. A., & Kaufman, J. C. (2001). Understanding intelligence, giftedness and creativity using the PASS theory. *Roeber Review, 23*, 151–156.

Naglieri, J. A., & Ronning, M. E. (2000). Comparison of White, African-American, Hispanic, and Asian children on the Naglieri nonverbal ability test. *Psychological Assessment, 12*, 328–334.

Neill, W. T., Valdes, L. A., & Terry, K. M. (1995). Selective attention and the inhibitory control of cognition. In F. N. Dempster & C. J. Brainer (Eds.), *Interference and inhibition in cognition* (pp. 207–226). San Diego: Academic Press.

Neisser, U. (Ed.) (1998). *The rising curve: Long-term gains in IQ and related measures*. Washington: American Psychological Association.

Neisser, U., Boodoo, G., Bouchard, T. J., Jr., Boykin, A. W., Brody, N., Ceci, S. J., & Urbina, S. (1996). Intelligence: Knowns and unknowns. *American Psychologist, 51*, 77–101.

Nieder, A., & Dehaene, S. (2009). Representation of number in the brain. *Annual Review of Neuroscience, 32*, 185–208.

Nisbett, R. E. (2003). *The geography of thought: Why we think the way we do*. New York: Free Press.

Nisbett, R. E., Aronson, J., Blair, C., Dickens, W., Flynn, J., Halpern, D. F., & Turkheimer, E. (2012). Intelligence: New findings and theoretical developments. *American Psychologist, 67*, 130–159.

Nisbett, R. E., Fong, G. T., Lehman, D. R., & Cheng, P. W. (1987). Teaching reasoning. *Science, 238*, 625–631.

O'Boyle, M. W., Cunnington, R., Silk, T. J., Vaughan, D., Jackson, G., Syngeniotis, A., & Egan, G. F. (2005). Mathematically gifted male adolescents activate a unique brain network during mental rotation. *Cognitive Brain Research, 25*, 583–587.

Oberauer, K. (2006). Reasoning with conditionals: A test of formal models of four theories. *Cognitive Psychology, 53*, 238–283.

Oberauer, K., Farrell, S., Jarrold, C., & Lewandowsky, S. (2016). What limits working memory capacity? *Psychological Bulletin, 142*, 758–799.

O'Brien, D., & Overton, W. F. (1982). Conditional reasoning and the competence- performance issue: A developmental analysis of a training task. *Journal of Experimental Child Psychology, 34*, 274–290.

Olson, D. R., & Astington, J. W. (2013). Preschool children conflate pragmatic agreement and semantic truth. *First Language, 33*, 617–627.

O'Neill, D. K. (1996). Two-year-old children's sensitivity to parents' knowledge state when making requests. *Child Development, 67*, 659–677.

Onishi, K. H., & Baillargeon, R. (2005). Do 15-month-old infants understand false beliefs? *Science, 308*(5719), 255–258.

Osherson, D., & Markman, E. (1975). Language and the ability to evaluate contradictions and tautologies. *Cognition, 3*, 213–226.

Osherson, D., Perani, D., Cappa, S., Schnur, T., Grassi, F., & Fazio, F. (1998). Distinct brain loci in deductive versus probabilistic reasoning. *Neuropsychologia, 36*, 369–376.

Osman, M. (2004). An evaluation of dual-process theories of reasoning. *Psychonomic Bulletin &*

Review, 11(6), 988–1010.

Overton, W. F. (1990). Competence and procedures: Constraints on the development of logical reasoning. In W. F. Overton (Ed.), *Reasoning, necessity, and logic* (pp. 1–30). Hillsdale: Erlbaum.

Overton, W. F., Byrnes, J. P., & O'Brien, D. P. (1985). Developmental and individual differences in conditional reasoning: The role of contradiction training and cognitive style. *Developmental Psychology, 21*, 692–701.

Panaoura, A., Gagatsis, A., & Demetriou, A. (2009). An intervention to the metacognitive performance: Self-regulation in mathematics and mathematical modelling. *Acta Didactica Universitatis Comenianae, 9*, 63–79.

Pang, W., Esping, A., & Plucker, J. A. (2017). Confucian conceptions of human intelligence. *Review of General Psychology, 21*, 161–169.

Papageorgiou, E., Christou, C., Spanoudis, G., & Demetriou, A. (2016). Augmenting intelligence: Developmental limits to learning-based cognitive change. *Intelligence, 56*, 16–27.

Pascual-Leone, J. (1970). A mathematical model for the transition rule in Piaget's developmental stages. *Acta Psychologica, 32*, 301–345.

Pascual-Leone, J. (1988). Organismic processes for neo-Piagetian theories: A dialectical causal account of cognitive development. In A. Demetriou (Ed.), *The neo-Piagetian theories of cognitive development: Toward an integration* (pp. 25–64). Amsterdam: North-Holland.

Pascual-Leone, J., & Baillargeon, R. (1994). Developmental measurement of mental attention. *International Journal of Behavioral Development, 17*, 161–200.

Pascual-Leone, J., & Goodman, D. R. (1979). Intelligence and experience: A neo-Piagetian approach. *Instructional Science, 8*, 301–367.

Pascual-Leone, J., & Morra, S. (1991). Horizontality of water level: A neo-Piagetian developmental review. *Advances in Child Development and Behavior, 23*, 231–275.

Patterson, K., Nestor, P. J., & Rogers, T. T. (2007). Where do you know what you know? The representation of semantic knowledge in the human brain. *Nature Reviews Neuroscience, 8*, 976–987.

Paulus, M., Proust, J., & Sodian, B. (2013). Examining implicit metacognition in 3.5-year-old children: An eye-tracking and pupillometric study. *Frontiers in Psychology: Cognition 4*, 145.

Paulus, M., Tsalas, N., Proust, J., & Sodian, B. (2014). Metacognitive monitoring of oneself and others: Developmental changes in childhood and adolescence. *Journal of Experimental Child Psychology, 122*, 153–165.

Perner, J. (1991). *Understanding the representational mind*. Cambridge: MIT Press.

Perner, J., & Dienes, Z. (2003). Developmental aspects of consciousness: How much theory of mind do you need to be consciously aware? *Consciousness and Cognition, 12*, 63–82.

Perone, P., Molitor, S., Buss, A. T., Spencer, J. P., & Samuelson, L. K. (2015). Enhancing the executive functions of 3-year-olds in the dimensional change card sort task. *Child Development, 86*, 812–827.

Petersen, S., & Posner, M. I. (2012). The attention system of the human brain: 20 years after. *Annual Review of Neuroscience, 35*, 73–89.

Piaget, J. (1952). *The origins of intelligence in children*. New York: International Universities Press. (Original work published 1936).

Piaget, J. (1968). *Psychology of Intelligence*. Totowa: Littlefield, Adams and Company.

Piaget, J. (1970). Piaget's theory. In P. H. Mussen (Ed.), *Carmichael's handbook of child development* (pp. 703–732). New York: Wiley.

Piaget, J. (1976). *The grasp of consciousness*. Cambridge: Harvard University Press.

Piaget, J. (1977). *To understand is to invent: The future of education*. New York: Penguin.

Piaget, J. (2001). *Studies in reflecting abstraction*. London: Psychology Press.

Piaget, J., & Inhelder, B. (1974). *The child's construction of quantities*. London: Routledge & Kegan Paul. (Original work published 1941).

Pillow, B. L. (2008). Development of children's understanding of cognitive activities. *The Journal of Genetic Psychology, 169*, 297–321.

Plomin, R., & Spinath, F. M. (2002). Genetics and general cognitive ability (g). *Trends in Cognitive Sciences, 6*, 169–176.

Pollak, S. D., Nelson, C. A., Schlaak, M. F., Roeber, B. J., Wewerka, S. S., Wiik, K. L., Frenn, K. A., Loman, M. L., & Gunnar, M. R. (2010). Neurodevelopmental effects of early deprivation in postinstitutionalized children. *Child Development, 81*, 224–236.

Posner, M. I., & Raichle, M. (1997). *Images of mind (2nd ed.)*. New York: Scientific American Library.

Posner, M. I., & Rothbart, M. K. (2006). *Educating the human brain*. New York: American Psychological Association.

Povinelli, D. J. (2001). The self: Elevated in consciousness and extended in time. In C. Moore & K. Lemmon (Eds.), *The self in time: Developmental perspectives* (pp. 75–95). Mahaw: Lawrence Erlbaum Associates.

Protzko, J. (2015). The environment in raising early intelligence: A meta-analysis of the fadeout effect. *Intelligence, 53*, 202–210.

Protzko, J. (2017). Effects of cognitive training on the structure of intelligence. *Psychological*

Bulletin & Review, 24 (4), 1022–1031.

Raganath, C., & D'Esposito, M. (2005). Directing the mind's eye. Prefrontal, inferior, and medial temporal mechanisms for visual working memory. *Current Opinion in Neurobiology, 15*, 175–182.

Rakoczy, H., Fizke, E., Bergfeld, D., & Schwarz, I. (2015). Explicit theory of mind is even more unified than previously assumed: Belief ascription and understanding aspectuality emerge together in development. *Child Development, 86*(2), 486–502.

Ratterman, M. J., & Gentner, D. (1998). More evidence for a relational shift in the development of analogy: Children's performance on a causal-mapping task. *Cognitive Development, 13*, 453–478.

Raven, J. (2000). The Raven's Progressive Matrices: Change and Stability over Culture and Time. *Cognitive Psychology, 41*, 1–48.

Repovš, G., & Baddeley, A. (2006). The multi-component model of working memory: Explorations in experimental cognitive psychology. *Neuroscience, 139*, 5–21.

Reverberi, C., Pischedda, D., Burigo, M., & Cherubini, P. (2012). Deduction without awareness. *Acta Psychologica, 139*(1), 244–253.

Reynolds, M. R. (2013). Interpreting the g loadings of intelligence test composite scores in light of Spearman's Law of Diminishing Returns. *School Psychology Quarterly, 28*, 63–76.

Ricco, R. (2010). The development of deductive reasoning across the life span. In W. F. Overton & R. M. Lerner (Eds.), *The handbook of life-span development: Cognition, biology and methods: Vol 1* (pp. 391–430). Hoboken: Wiley.

Rinaldi, L., & Karmiloff-Smith, A. (2017). Intelligence as a developing function: A neuroconstructivist approach. *Journal of Intelligence, 5*, 18.

Rindermann, H., & Neubauer, A. C. (2004). Processing speed, intelligence, creativity, and school performance: Testing of causal hypotheses using structural equation models. *Intelligence, 32*(6), 573–589.

Rips, L. J. (1994). *The psychology of proof. Deductive reasoning in human thinking.* Cambridge: MIT Press, Bradford.

Rips, L. J. (2001). Two kinds of reasoning. *Psychological science, 12*, 129–134.

Rivera, S., & Sloutsky, V. M. (2016). Salience versus prior knowledge—how do children learn rules? Cognitive Science Society.

Roberts, B. W., Walton, K. E., & Viechtbauer, W. (2006). Patterns of mean-level change in personality traits across the life course: A meta-analysis of longitudinal studies. *Psychological Bulletin, 132*, 1–25.

Rocadin, C., Pascual-Leone, J., Rich, J. B., & Dennis, M. (2007). Developmental relations between working memory and inhibitory control. *Journal of the International Neuropsychological Society, 13*, 59–67.

Rochat, P. (1998). Self-perception and action in infancy. *Experimental Brain Research, 123*, 102–109.

Roebers, C. M., Cimeli, P., Röthlisberger, M., & Neuenschwander, R. (2012). Executive functioning, metacognition, and self-perceived competence in elementary school children: An explorative study on their interrelations and their role for school achievement. *Metacognition and Learning, 7*, 151–173.

Rohde, T. E., & Thomson, L. A. (2007). Predicting academic achievement with cognitive ability. *Intelligence, 35*, 83–92.

Ronald, A. (2011). Is the child "father of the Man"? Evaluating the stability of genetic influences across development. *Developmental Science, 14*, 1471–1478.

Rothbart, M. A. (2011). *Becoming who we are: Temperament and personality in development*. New York: The Guilford Press.

Rothbart, M. K., & Bates J. E. (1998). Temperament. In W. Damon & N. Eisenberg (Eds.), *Handbook of child psychology: Vol. 3, Social, emotional, personality development*. New York: Wiley & Sons.

Rothbart, M. K., & Posner, M. I. (2015). The developing brain in a multitasking world. *Developmental Review, 35*, 42–63.

Rothbart, M. K., Ahadi, S. A., & Evans, D. E. (2000). Temperament and personality: Origins and outcomes. *Journal of Personality and Social Psychology, 78*, 122–135.

Rubinov, M., Sporns, O., van Leeuwen, C., & Breakspear, M. (2009). Symbiotic relationship between brain structure and dynamics. *BMC Neuroscience, 10*, 55.

Rueda, M., Posner, M. I., & Rothbart, M. K. (2005). The development of executive attention: Contributions to the emergence of self-regulation. *Developmental Neuropsychology, 28*, 573–594.

Rumbaugh, D. M., & Washburn, D. (2003). *Intelligence of apes and other rational beings*. New Haven: Yale University Press.

Rushton, J. P. , & Irwing, P. (2009). A general factor of personality in 16 sets of the Big Five, the Guilford–Zimmerman Temperament Survey, the California Psychological Inventory, and the Temperament and Character Inventory. *Personality and Individual Differences, 47*, 558–564.

Saffran, J. R., Aslin, R. N., & Newport, E. L. (1996). Statistical learning by 8-month-old infants. *Science, 274*, 1926–1928.

Sala, G., & Gobert, F. (2017). Working memory training in typically developing children: A meta-analysis of the available evidence. *Developmental Psychology, 53*, 671–685.

Salomon, G., & Perkins, D. N. (1989). Rocky roads to transfer: Rethinking mechanisms of a neglected phenomenon. *Educational Psychologist, 24*, 113–142.

Salthouse, T. A. (1996). The processing-speed theory of adult age differences in cognition. *Psychological Review, 103*, 403–428.

Salthouse, T. A. (2000). Aging and measures of processing speed. *Biological Psychology, 54*, 35–54.

Sampson, G., Gil, D., & Trudghill, P. (Eds.). (2009). *Language complexity as an evolving variable*. Oxford: Oxford University Press.

Sauseng, P., Griesmayer, B., Freunberger, R., & Klimesch, W. (2010). Control mechanisms in working memory: A possible function of EEG theta oscillations. *Neuroscience and Biobehavioral Reviews, 34*, 1015–1022.

Saxe, R., & Carey, S. (2006). The perception of causality in infancy. *Acta Psychologica, 123*(1–2), 144–165.

Schaafsma, S. M., Pfaff, D. W., Spunt, R. P., & Adolphs, R. (2015). Deconstructing and reconstructing theory of mind. *Trends in Cognitive Sciences, 19*, 65–72.

Schaie, K. W. (1996). Adulthood and old age. In T. Husen & T. N. Postlewaithe (Eds.), *International encyclopedia of education* (pp. 163–168). Oxford: Pergamon Press.

Schaie, K. W., Willis, S. L., Jay, G., & Chipuer, H. (1989). Structural invariance of cognitive abilities across the adult life span: A cross-sectional study. *Developmental Psychology, 25*, 652–662.

Schmitt, D. P., Allik, J., McCrae, R. R., & Benet-Martinez, V. (2007). The geographic distribution of Big Five personality traits: Patterns and profiles of human self-description across 56 nations. *Journal of Cross-Cultural Psychology, 38*, 173–212.

Schneider, S., & Katz, M. (2011). Rethinking the language of thought. *WIREs Cognitive Science*.

Schneider, W., & Lockl, K. (2007). Knowledge about the mind: Links between theory of mind and later metamemory. *Child Development, 78*, 148–167.

Schubert, A.-L., Hagemann, D., & Frischkorn, G. T. (2017). Is general intelligence little more than the speed of higher-order processing? *Journal of Experimental Psychology: General, 146* (10), 1498–1512.

Schweizer, K., & Koch, W. (2002). A revision of Cattell's investment theory: Cognitive properties influencing learning. *Learning and Individual Differences, 13*, 57–82.

Scott, R. B., Dienes, Z., Barrett, A. B., Bor, D., & Seth, A. K. (2014). Blind insight: Metacognitive discrimination despite chance task performance. *Psychological Science, 25*(12), 2199–2208.

Sergent, C., & Naccache, L. (2012). Imaging neural signatures of consciousness: 'What', 'When', 'Where' and 'How' does it work? *Archives Italiennes de Biologie, 150,* 91–106.

Shah, P., & Miyake, A. (1996). The separability of working memory resources for spatial thinking and language processing: An individual differences approach. *Journal of Experimental Psychology: General, 125*(1), 4–27.

Shayer, M. (2003). Not just Piaget; not just Vygotsky, and certainly not Vygotsky as alternative to Piaget. *Learning and Instruction, 13,* 465–485.

Shayer, M., & Adey, P. S. (1993). An exploration of the long-term far-transfer effects following an extended intervention program in the high school science curriculum. In L. Smith (Ed.), *Critical readings on Piaget* (pp. 66–95). London: Routledge.

Shayer, M., & Adey, P. S, (Eds.). (2002). *Learning intelligence: Cognitive acceleration across the curriculum from 5 to 15 years.* Milton Keynes: Open University Press.

Shayer, M., & Adhami, M. (2007). Fostering cognitive development through the context of mathematics: Results of the CAME project. *Educational Studies in Mathematics, 64,* 265–291.

Shayer, M., Demetriou, A., & Pervez, M. (1988). The structure and scaling of concrete operational thought: Three studies in four countries. *Genetic, Social and General Psychology Monographs, 114,* 307–376.

Shayer, M., Ginsburg, D., & Coe, R. (2007). Thirty years on – a large anti-Flynn effect? The Piagetian test Volume & Heaviness norms 1975–2003. *British Journal of Educational Psychology, 77,* 25–41.

Sheppard, L. D., & Vernon, P. A. (2008). Intelligence and speed of information-processing: A review of 50 years of research. *Personality and Individual Differences, 44,* 535–551.

Shipstead, Z., Harrison, T. L., & Engle, R. W. (2016). Working memory capacity and fluid intelligence: Maintenance and disengagement. *Perspectives on Psychological Science, 11,* 771–799.

Shipstead, Z., Redick, T. S., & Engle, R. W. (2012). Is working memory training effective? *Psychological Bulletin, 138,* 628–654.

Shultz, T. R. (1982). Rules of causal attribution. *Monographs of the Society for Research in Child Development, 47*(1), 1–51.

Siegal, M., & Varley, R. (2002). Neuronal systems involved in "theory of mind". *Nature Reviews, 3,* 463–471.

Siegel, H. (1989). The rationality of science, critical thinking, and science education, *Synthese, 80,* 9–41.

Siegler, R. S. (2016). Continuity and change in the field of cognitive development and in the perspectives of one cognitive developmentalist. *Child Development Perspectives, 10*(2), 128–133.

Simion, F., Macchi Cassia, V., Turati, C., & Valenza, E. (2001). The origins of face perception: Specific vs. nonspecific mechanisms. *Infant and Child Development, 10*, 59–65.

Simoneau, M., & Markovits, H. (2003). Reasoning with premises that are not empirically true: Evidence for the role of inhibition and retrieval. *Developmental Psychology, 39*, 964–975.

Skoritch, D. P., Gash, T. B., Stalker, K. L., & Zheng, L. (2017). Exploring the cognitive foundations of the shared attention mechanism: Evidence for a relationship between self-categorization and shared attention across the autism spectrum. *Journal of Autism and Developmental Disorders, 47*, 1341–1353.

Sniekers, S., Stringer, S., Watanabe, K., Jansen, P. R., Coleman, J. R., Krapohl, E., ... Posthuma, D. (2017). Genome-wide association meta-analysis of 78,308 individuals identifies new loci and genes influencing human intelligence. *Nature Genetics, 49* (7), 1107–1112.

Somsen, R. J. M., van't Klooster, B. J., van der Molen, M. W., van Leeuwen, H. M. P., & Licht, R. (1997). Growth spurts in brain maturation during middle childhood as indexed by EEG power spectra. *Biological Psychology, 44*, 187–209.

Spanoudis, G., Demetriou, A., Kazi, S., Giorgala, K., & Zenonos, V. (2015). Embedding cognizance in intellectual development. *Journal of Experimental Child Psychology, 132*, 32–50.

Spearman, C. (1904). "General intelligence," Objectively determined and measured. *The American Journal of Psychology, 15*, 201–292.

Spearman, C. (1927). *The abilities of man: Their nature and measurement*. London: Macmillan.

Sporns, O. (2012). *Discovering the human connectome*. Cambridge: MIT Press.

Sporns, O., & Betzel, R. F. (2016). Modular brain networks. *Annual Review of Psychology, 67*, 613–640.

Squire, L., R., (1992). Memory and the hippocampus: A synthesis from rats, monkeys, and humans. *Psychological Review, 92*, 195–231.

Stanovich, K., & West, R. (2000). Individual differences in reasoning: Implications for the rationality debate? *Behavioral and Brain Sciences, 23*(5), 645–665.

Staudenmayer, H., & Bourne, L. E. (1977). Learning to interpret conditional sentences: A developmental study. *Developmental Psychology, 13*, 616–623.

Sternberg, R. J. (2006). The nature of creativity. *Creativity Research Journal, 18*, 87–98.

Sternberg, R. J. (2011). *Cognitive psychology*. New York: Cengage Learning.

Sternberg, R. J., & Downing, C. J. (1982). The development of higher-order reasoning in adolescence. *Child Development, 53*, 209–221.

Stiles, J., & Jernigan, T. L. (2010). The basics of brain development. *Neuropsychological Review, 20*, 327–348.

Stone, V. E., & Gerrans, P. (2006). Does the normal brain have a theory of mind? *Trends in Cognitive Sciences, 10*(1), 3–4.

Storrs, C. (2017). How poverty affects the brain. *Nature, 547*, 150–152.

Strauss, S. (1972). Learning theories of Gagne and Piaget: Implications for curriculum development. *Teachers College Record, 74*(1), 81–102.

Stroop, J. R. (1935). Studies of interference in serial verbal reactions. *Journal of Experimental Psychology, 18*, 643–662.

Taplin, J. E., Staudenmayer, H., & Taddonio J. L. (1974). Developmental changes in conditional reasoning: Linguistic or logical? *Journal of Experimental Child Psychology, 17*, 360–373.

Tau, Z. G., & Peterson, B. S. (2010). Normal development of brain circuits. *Neuropharmacology, 35*(1), 147–168.

Tenenbaum, J. B., Kemp, C., Griffiths, T. L., & Goodman, N. D. (2011). How to grow a mind: Statistics, structure, and abstraction. *Science, 331*, 1279–1285.

Thatcher, R. W. (1992). Cyclic cortical reorganization during early childhood. *Brain and Cognition, 20*, 24–50.

Thatcher, R. W. (1994). Cyclic cortical reorganization: Origins of human cognitive development. In G. Dawson & K. Fischer (Eds.), *Human behavior and the developing brain* (pp. 232–266). New York: Guilford.

Thompson, P. M., Gledd, J. N., Woods, R. P., MacDonald, D., Evans, A. C., & Toga, A. W. (2000). Growth patterns in the developing brain detected by using continuum tensor maps. *Nature, 404*, 190–193.

Thornton, A., & Raihani, N. J. (2008). The evolution of teaching. *Animal Behaviour, 75*, 1823–1836.

Thurstone, L. L. (1935). *The vectors of mind: Multiple-factor analysis for the isolation of primary traits*. Chicago: University of Chicago Press.

Thurstone, L. L. (1938). *Primary mental abilities*. Chicago: University of Chicago Press.

Thut, G., & Miniussi, C. (2009). New insights into rhythmic brain activity from TMS-EEG studies, *Trends in Cognitive Sciences, 13*(4), 182–189.

Tideman, E. & Gustafsson, J. E. (2004). Age-related differentiation of cognitive abilities in ages 3–7. *Personality and Individual Differences, 36*, 1965–1974.

Toplak, M. E., & Stanovich, K. E. (2002). The domain specificity and generality of disjunctive reasoning: Searching for a generalizable critical thinking skill. *Journal of Educational Psychology, 94*, 197–209.

Tran, R., & Pashler, H. (2017). Learning to exploit a hidden predictor in skill acquisition: Tight linkage to conscious awareness. *Plos One 12*(6), e0179386. https://doi.org/10.1371/ journal. pone.0179386.

Tsalas, N., Sodian, B., & Paulus, M. (2017). Correlates of metacognitive control in 10-year-old children and adults. *Metacognition and Learning, 12,* 297–314.

Tucker-Drob, E. M. (2009). Differentiation of cognitive abilities across the lifespan. *Developmental Psychology, 45*, 1097–1118.

Vallotton, C. (2008). Infants take self-regulation into their own hands. *Zero to Three*, 29–34.

van der Linden, D., te Nijenhuis, I., & Bakker, A. B. (2010). The general factor of personality: A meta-analysis of Big Five intercorrelations and a criterion-related validity study. *Journal of Research in Personality, 44*, 315–327.

van der Maas, H. L. J., Dolan, C. V., Grasman, R. P. P. P., Wicherts, J. M., Huizenga, H. M., & Raijmakers, M. E. J. (2006). A dynamical model of general intelligence: The positive manifold of intelligence by mutualism. *Psychological Review, 113*, 842–861.

van der Maas, H. L. J., Kan, K., Marsman, M., & Stevenson, C. E. (2017). Network models for cognitive development and intelligence. *Journal of Intelligence, 5*, 16.

van Geert, P. (1998). A dynamic systems model of basic developmental mechanisms: Piaget, Vygotsky and beyond. *Psychological Review, 105*, 634–677.

van Geert, P. (2000). The dynamics of general developmental mechanisms: From Piaget and Vygotsky to dynamic systems models. *Current Directions in Psychological Science, 9*, 64–68.

Vendetti, M. S., & Bunge, S. A. (2014). Evolutionary and developmental changes in the lateral frontoparietal network: A little goes a long way for higher-level cognition. *Neuron, 84*, 906–917.

Vendetti, C., Kamawar, D., Podjarny, G., & Astle, A. (2015). Measuring preschoolers' inhibitory control using the Black/White Stroop. *Infant and Child Development, 24* (6), 587–605.

Vergauwe, E., Hartstra, E., Barrouillet, P., & Brass, M. (2015). Domain-general involvement of the posterior frontolateral cortex in time-based resource-sharing in working memory: An fMRI study. *NeuroImage, 115,* 104–116.

Vértes, P. E., & Bullmore, E. T. (2015). Annual research review: Growth connectomics—the organization and reorganization of brain networks during normal and abnormal development. *Journal of Child Psychology and Psychiatry, 56*(3), 299–320.

Vincent, J. L., Snyder, A., Fox, M. D., Shannon, B. J. Andrews, J. R., Raichie, M. E., & Buckner, R. L. (2006). Coherent spontaneous activity identifies a hippocampal-parietal memory network. *Journal of Neurophysiology, 96*, 3517–3531.

Visser, B., Ashton, M. C., & Vernon, P. (2006). Beyond g: Putting multiple intelligences theory to the test. *Intelligence, 34*, 487–502.

von Bastian, C. C., & Druey, M. D. (2017). Shifting between mental sets: An individual differences approach to commonalities and differences of task switching components. *Journal of Experimental Psychology: General, 146*(9), 1266–1285.

Vosniadou, S. (1994). Capturing and modeling the process of conceptual change. *Learning and Instruction, 4*, 45–69.

Vosniadou, S. (2013). *International handbook of research on conceptual change*. London: Routledge.

Vygotsky, L. (1986). *Thought and language*. Cambridge: MIT Press.

Wagner, S., Winner, E., Cicchetti, D., & Gardner, H. (1981). "Metaphorical" mapping in human infants. *Child Development, 52*, 728–731.

Wason, P. C., & Evans, J. St. B. T. (1975). Dual processes in reasoning? *Cognition, 3*, 141–154.

Waterhouse, L. (2006). Multiple intelligences, the Mozart effect, and emotional intelligence: A critical review. *Educational Psychologist, 41*, 207–225.

Watson, G. B., & Glaser, E. M. (1980). *WGCTA Watson-Glaser Critical Thinking Appraisal manual: Forms A and B*. San Antonio: The Psychological Corporation.

Wechsler, D. (1950). *The range of human abilities*. Baltimore: William & Wilkins.

Wellman, H. M. (1990). *The child's theory of mind*. Cambridge: MIT Press.

Wellman, H. M. (2014). *Making minds: How theory of mind develops*. Oxford: Oxford University Press.

Wellman, H. M., Cross, D., & Watson, J. (2001). Meta-analysis of theory-of-mind development: The truth about false belief. *Child Development, 72*, 655–684.

Wellman, H. M., Fang, F., & Peterson, C. C. (2011). Sequential progressions in a theory-of-mind scale: Longitudinal perspectives. *Child Development, 82*, 780–792.

Wendelken, C., Ferrer, E., Whitaker, K. J., & Bunge, S. A. (2015). Fronto-Parietal network reconfiguration supports the development of reasoning ability. *Cerebral Cortex*, 1–13.

West, R. F., Toplak, M. E., & Stanovich, K. E. (2008). Heuristics and biases as measures of critical thinking: Associations with cognitive ability and thinking dispositions. *Journal of Educational Psychology, 100*, 930–941.

Whorf, B. (1956). *Language, thought, and reality*. London: Wiley.

Wildenger, L. K., Hofer, B. K., & Burr, J. E. (2010). Epistemological development in very young knowers. In Lisa D. Bendixen & Florian C. Feucht (Eds.), Personal epistemology in the classroom: Theory, research, and implications for practice (Ch. 8). Cambridge: Cambridge University Press.

Wilhem, O., & Oberauer, K. (2006). Why are reasoning ability and working memory capacity related to mental speed? An investigation of stimulus-response compatibility in choice reaction time tasks. *European Journal of Cognitive Psychology, 18*, 18–50.

Wimmer, R. D., Schmitt, L. I., Davidson, T. J., Nakajima, M., Deisseroth, K., & Halassa, M. M. (2015). Thalamic control of sensory selection in divided attention. *Nature, 526*, 705–709.

Winship, C., & Korenman, S. (1997). Does staying in school make you smarter? The effect of education on IQ in The Bell Curve. In B. Devlin, S. E. Fienberg, D. P. Resnick, & K. Roeder (Eds.), *Intelligence, genes, and success. Scientists respond to The Bell Curve* (pp. 215–234). New York: Springer-Verlag.

Woodley of Menie, M. A., Younuskunja, S., Balan, B., & Piffer, D. (2017). Holocene selection for variants associated with cognitive ability: Comparing ancient and modern genomes. bioRxiv preprint, 21 February. http://dx.doi.org/10.1101/109678.

Yoon, T., Okada, J., Jung, M. W., & Kim, J. J. (2008). Prefrontal cortex and hippocampus subserve different components of working memory in rats. *Learning and Memory, 15*, 97–105.

Yuan, L., Uttal, D., & Gentner, D. (2017). Analogical processes in children's understanding of spatial representations. *Developmental Psychology, 53*, 1098–1114.

Zabaneh, D., Krapoli, E., Gaspar, H. A., Curtis, C., Lee, S. H., Patel, H., Newhouse, S., Wu, H. M., Simpson, M. A., Putallaz, M. A., Lubinski, D., Plomin, R., & Breen, G. (2017). A genome-wide association study for extremely high intelligence. *Molecular Psychiatry*, 1–7.

Žebec, M. S., Demetriou, A., & Kotrla-Topić, M. (2015). Changing expressions of general intelligence in development: A 2-wave longitudinal study from 7 to 18 years of age. *Intelligence, 49*, 94–109.

Zelazo, P. D. (2004). The development of conscious control in childhood. *Trends in Cognitive Sciences, 8*, 12–17.

Zelazo, P. D. (2015). Executive function: Reflection, iterative reprocessing, complexity, and the developing brain. *Developmental Review, 38*, 55–68.

Zelazo, P. D., Anderson, J. E., Richler, J., Wallner-Allen, K., Beaumont, J. L., & Weintraub, S. (2013). Ⅱ. NIH toolbox cognition batter (CB): Measuring executive function and attention. *Monographs of the Society for Research in Child Development, 78*, 16–33.

Zheng, X., & Rajapakse, J. C. (2006). Learning functional structure from fMRI images. *NeuroImage, 31*, 1601–1613.

Zuo, X. N., He, Y., Betzel, R. F., Colcombe, S., Sporns, O., & Milham, M. P. (2017). Human connectomics across the life span. *Trends in Cognitive Sciences, 21*(1), 32–45.

索 引

各词条后所列数码为英文版原著页码,即本书边码。

A

AACog mechanism 抽象、表征匹配及觉知机制(AACog 机制) 118–123,134–135,188–190,200,211–213,223,282–284,287–290

ability differentiation index 能力分化指数 151–152

academic performance 学业表现 226–227

　　see also school performance 又见 学业表现

adaptive functions of intelligence 智力的适应功能 32–33

adolescent critical thinking 青少年批判性思维 277–280

adolescent education 青春期教育 266–268

　　educating awareness 培养意识 268

　　educating reasoning 培养推理 268

　　educating representational capacity 培养表征能力 267–268

　　educating SCS 完善特定能力系统 267

adopting a critical stance 采取批判性的立场 274–275,277

adult personality factors 成人人格因素 164–165

adverse life conditions 不利的生活处境 209–210

affirming the consequent 肯定后件 13–14,21,38,64,66,109,图 8.4,237–238

age differentiation index 年龄分化指数 151–152

agreeableness 宜人性 164–166,168,170,172,227–228

alignment of reasoning development 推理发展的对齐 图 9.2,136–137

alpha(α) factor α 因素 168,227,289

alpha oscillations α 振荡 201

analogical reasoning 类比推理 41–43,57–59,67,139,259

animal g 动物 g 因素 183–184

aspects of mental functioning 心理功能方面 175–176

assessment for learning 学习评价 268–270
    cognitive development diagnostic tool 认知发展诊断工具 269–270
    overcoming mental difficulties 克服心理障碍 270
assimilation 同化 33
association 联系 11–15
attention-inhibition mechanism 注意－抑制机制 77
autonomy 自主性 82，173，272
awareness 意识 17–19，68–81，198–199，254，260–262，268
    brain networks 脑网络 198–199
    and consciousness 知觉 17–19

B

Baddeley's model of WM 巴德利工作记忆模型 9–10，图1.2，10，19，47–48，50，52，95
Big Five factors of adult personality 成人大五人格因素 79，164–172，专栏12.1，180，187–188，227
binding mental processes 心理过程的整合 147–161
    see also differentiation of mental processes 又见 心理过程的分化
biological make-up 生理构成 163–164
biological worlds 生物界 85–86
bodily-kinaesthetic intelligence 躯体运动智力 23
bottom-up causal effects 自下而上的因果效应 230–231，286–287
bottom-up mediation 自下而上的中介 144–146
brain activation 大脑激活 167–168
brain architecture 大脑结构 24，193–201，211
    communication between brain networks 脑网络间的交流 200–201
    locating cognitive functions in brain 脑中的认知功能定位 193–200
brain bases of mental processes 心理过程的脑基础 20–21
brain connectivity 大脑连接 206–208
brain development 大脑发育 201–210
    changes in mind-related brain networks 与心智相关的脑网络变化 202–209
    under adverse life conditions 在不利生活处境下 209–210
brain development cycles 脑的发展周期 207–209
brain functioning underlying intelligence 智力的脑功能 199–200
brain morphometry 大脑形态 193

brain networks　大脑网络　193–201

brain rhythms　大脑节律　200–201

bridging experimental/psychometric traditions　将实验传统和心理测量学传统联系起来　26–30

bridging Piaget and Vygotsky　将皮亚杰和维果茨基的观点联系起来　234–237

C

Carroll's three-strata model　卡罗尔的三层模型　24–27，图 2.1，27，41，95

cascade model　级联模型　54–55，图 4.5，图 8.2

categorical reasoning　类别推理　12–13，262，267

categorical specialized capacity system　分类特定能力系统　252–253，255，262

categorical thought　分类思维　101–102，104–105，107，262

Cattell-Horn-Carroll model of intelligence　卡特尔-霍恩-卡罗尔（CHC）模型　24，图 2.1，26，113，168，230

causal specialized capacity system　因果特定能力系统　专栏 8.2，253，256，263

causal thought　因果思维　102–105，267

causal-experimental reasoning　因果实验推理　156–157

cause-effect relations　因果关系　279

central conceptual structures　中心概念结构　87–88

central executive　中央执行　10

change mechanisms in Piaget's theory　皮亚杰理论中的变化机制　39

changes in factor structure with growth　因素结构随发育的变化　148–150

changes in mind-related brain networks　与心智相关的脑网络变化　202–209

changing intelligence　改变智力　243–246

characteristics of Big Five personality factors　大五人格因素　专栏 12.1

childhood temperament　儿童气质　163–164

cognitive acceleration　认知加速　232–237，图 16.1

　　bridging Piaget with Vygotsky　将皮亚杰和维果茨基的观点联系起来　234–237

　　testing for transfer　迁移测试　233–234

cognitive development diagnostic tool　认知发展诊断工具　269–270

cognitive dimensions of SCSs　特定能力系统的认知维度　106–107

cognitive functions in the brain　脑中的认知功能　193–200，209

　　awareness/consciousness　意识　198–199

　　domain-specific brain networks　领域特定的脑网络　193–194

　　inferential capacity　推理能力　196–198

      parieto-frontal integration theory　顶叶－额叶整合理论　199–200

      representational capacity　表征能力　194–196

cognitive performance　认知表现　223–226

cognitive self-concept　认知自我概念　228

cognizance　觉知　116–122，127，137–145，173–174，237–246

colour perception　颜色知觉　100，103

communication between brain networks　脑网络间的交流　200–201

composition of growing mind　心智的构成　281–283

compositionality　组合性　16，21，42，73，282–283

concepts of personality　人格的概念　162–166

conceptual similarity　概念相似性　57–58

conceptual stability　概念稳定性　38–39

concrete thought　具体思维　35–39，52，127

      preoperational thought　前运算思维　35–37

      formal thought　形式思维　37–39

conditional reasoning　条件推理　66–67，222，237–243，表 16.2，284

conscientiousness　责任心　164–165，167–168，171–174，227–228

consciousness　意识　17–19，198–199

conservation　守恒　232–233

constructed reasoning　建构的推理　63–66

control of attentional focus　对注意的控制　160–161

control of impulse　冲动控制　172–173

controlled attention　控制注意　8

controlled conceptual change　可控的概念变化　250

core domains　核心领域　82–91，100–101

critical thought　批判性思维　273–280

crystallized intelligence　晶体智力　23–24，28，168

cultural aspects of the mind　心智的文化方面　177–190

      see also psychological aspects of the mind　又见　心智的心理方面

culture　文化　184–188

current status of Piaget's theory　皮亚杰理论的现状　40–41

cycles in brain development　脑发育周期　207–209

cycles of development　发展周期　121–133

      see also phases of development　又见　发展阶段

cycles in development of g　g因素的发展周期　122–130
　　　episodic thought　情景思维　123–124
　　　principle-based thought　基于原则的思维　129–130
　　　realistic representational thought　现实的表征思维　124–126
　　　rule-based thought　基于规则的思维　126–129

D

debating origins of mental processes　心理过程起源的争论　178–179
deductive inference　演绎推理　125–126
deductive reasoning　演绎推理　11–12，59–66，108，139–143，156–157，186，197，224，259–260，265，268
　　　development of　演绎推理的发展　59–63
　　　explicit content-implicit inference　外显内容 – 内隐推理　60–62
　　　explicit inference-implicit logic　外显推理 – 内隐逻辑　62
　　　explicit logic-implicit metalogic　外显逻辑 – 内隐元逻辑　62–63
　　　explicit metalogic　外显元逻辑　63
deductive syllogism　演绎推理三段论　65
defence mechanisms　防御机制　174–175
defining critical thought　定义批判性思维　274–275
denying the antecedent　否定前件　13，21，38，64，109，图8.4，237–238
developing mind, school performance, learning　发展心智、学业表现和学习　220–221
development of brain under adversity　处境不利下的脑发育　209–210
development of core theories　核心理论的发展　88–90
development of reasoning　推理的发展　57–67，表5.1，图9.2
　　　deductive reasoning　演绎推理　59–63
　　　inductive/analogical reasoning　归纳/类比推理　57–59
　　　origins of reasoning　推理的起源　63–66
　　　reasoning and process efficiency　推理和加工效率　66–67
developmental changes in personality　人格的发展变化　171–172
developmental cycles　发展周期　131–132，147–161
developmental g markers　g因素随年龄发展的标志物　154–160
developmental pattern mapping　发育模式图　150–154
developmental relations between school and cognitive performance　学业和认知表现的发展关系　223–226
developmental theory of instruction　发展的教学理论　217–292

  educating critical thought　培养批判性思维　273–280
  enhancing intelligence in laboratory　在实验室中增强智力　229–246
  school and intellectual development　学校和智力发展　219–228
  towards theory of instruction　迈向教学理论　247–272
differential tradition　差异的传统　22–30
  research bridging experimental/ psychometric tradition　将实验传统和心理测量传统联系起来的　26–60
differentiation of mental processes　心理过程的分化　147–161
  changes of factor structure with growth　因素结构随发育的变化　148–150
  mapping changes in structural relations　结构关系的变化图　150–154
  mapping integration-differentiation patterns　绘制整合－分化模式图　154–160
Dimensional Change Card Sorting task　维度变化卡片分类任务　256–257，269
domain-specific brain networks　领域特定的脑网络　81，193–194
dopamine　多巴胺　183，199
dual encoding　双重编码　89
dual representation　双重表征　89–90
dynamic interaction　动态交互作用　282

E

early childhood cognizance　儿童早期的觉知　143–145
educating critical thought　培养批判性思维　273–280
educating infants　婴幼儿阶段的教育　251–254
  educating awareness　发展意识　254
  educating core operators in SCS　发展特定能力系统中的核心要素　252–253
  educating reasoning　发展推理能力　253–254
  educating representational capacity　发展表征能力　253
educating the SCS　完善特定能力系统　262–264，267
eductive ability　教育能力　24，41，52
ego　自我　163，172–174
ego-defences *see* defence mechanisms　自我防御　见　防御机制
emotional intelligence　情商　165–166，169–171
emotions in the mind　心智中的情绪　162–176
empirical mapping of dimensions in g　g因素维度的经验性映射　113–119
empirical mapping of four-fold architecture　四重结构模型中的经验性映射　97–98
empirical substantiation of SCSs　特定能力系统的实证证据　103–106

索 引

enhancing intelligence in laboratory　在实验室中增强智力　229–246
　　　accelerating cognitive development　加速认知发展　232–237
　　　manipulating cognizance　操纵觉知　237–246
enhancing mathematical thought　加强数学思维　243–246
episodic representations　情景表征　123–124，196，206–207，284–285
episodic thought　情景思维　123–124
executive control　执行控制　30，48–51，53，79，256–257
existence of experience　经验的存在　106–107
experience　经验　106–107，126，167，172，192
experimental cognitive tradition　实验认知的传统　7–21，232
　　　awareness/consciousness　意识/知觉　17–19
　　　language of thought　思维语言　15–17
　　　mechanisms of attention/inhibition　注意/抑制的机制　8
　　　mechanisms of integration　整合机制　11–15
　　　mechanisms of representation/processing　表征/加工的机制　8–10
explaining development of core theories　解释核心理论的发展　88–90
extraversion　外倾性　164–166，169，171–172
Eysenck, H.　艾森克　162–164，166–167，171

F

factor structure with growth　发育中的因素结构　148–150
factorial structures across cycles　各周期的因素结构　图 11.1
factors of processing　加工因素　55–56
false belief tasks　错误信念任务　70–74，图 6.1
fluid intelligence　流体智力　23–28，42–43，54，66，116，120，168，185，199–200，222–223，226，230，285
Flynn effect　弗林效应　185，223，227，289–290
formal thought　形式思维　37–39，52，59–63
four-fold architecture mapping　四重结构模型图谱　图 8.1，97–98，133，211，227，231，248，图 17.1，270，273–274，281–282
functioning of mind　心智的功能　74–76

G

g see general intelligence　g 因素　见　一般智力
general factor of personality　一般人格因素　168–171，图 12.1，172
general intelligence　一般智力　22–30，41–42，66，89–90，98，105–106，113–130，

154–160，183–184，230–231，281–292
generic rules organizing representations　组织表征的一般规则　123，129
genes　基因　180–183
genetic aspects of the mind　心智的遗传方面　177–190
　　see also psychological aspects of the mind　又见　心智的心理方面

H

heritability of g　g 因素的遗传　180，189
hierarchical organization　分层组织　16，21，42，73，282–283
higher-order reasoning　高阶推理　197–198
hippocampus　海马　194–196，201，203，211
hypothetico-deductive stance　假设－演绎立场　129

I

implicit inference　内隐推理　60–62
implicit metalogic　内隐元逻辑　62–63
improving conditional reasoning　提高条件推理能力　237–243
individual differences　个体差异　30，288
inductive reasoning　归纳推理　11，22–23，57–59，108，142–143，155，186，224，259，265，268–269
inductive syllogism　归纳推理三段论　65
infant education　婴幼儿教育　251–254
infant temperament　婴幼儿气质　153–415
inference　推理　11–17，62，67，图 6.2，107–108，118–120，127–129，143–146，155，242–243
inferential awareness　推理意识　67，144–145，155，242
influence of culture　文化的影响　189–190
influence of intelligence on schooling　智力对学校教育的影响　220–221
inhibition　抑制　8，44–55，图 4.2，171–172，223–224
"I-self"　主体我　76–77，174，176
institutionalization　制度化　209–210
instruction　教学　247–272，290–291
integrated model of brain functioning　脑功能整合模型　199–200
integration mechanisms　整合机制　11–15
integration-differentiation pattern mapping　整合－分化模式图　图 11.3，154–160
integrative inferential processes brain networks　整合推理过程的脑网络　196–198

intellectual development　智力发展　180–188

intellectual realism error　智力的现实主义错误　86

intelligence　智力　180–188，220–221，226–227

  personality and academic performance　人格与学业表现　226–227

intelligence quotient　智商　26–27，104，131–132，图 9.2，图 9.3，175，178–190，219–229，286

  and environmental impact　环境影响　184–188

  how development cycles relate to　发展周期如何与智商关联　131–132

  increase in　智商增长　219–222，227–229

intelligence-personality nexus　智力－人格联系　162

intervention　干预　235–241，表 16.1，245

intrinsic connectivity networks　内置连接网络　194–195

intuition　直觉　52，72，124

inversion　可逆性　37–38

IQ *see* intelligence quotient　IQ 见　智商

J

James, William　威廉·詹姆斯　75–76，174，176

Jung, R. E.　荣格　199–200

K

knowing self　认识自我　76–77

knowledge about mind　对心智的认识　68–81

knowledge validation　知识的验证　268，279

L

laboratory-enhanced intelligence　实验室提升的智力　229–246

  see also enhancing intelligence in laboratory　又见　在实验室中提升智力

language of thought　思维语言　15–17，42–43，120

learning　学习　220–221，290–291

  Instruction　教学　290–291

    see also assessment for learning　又见　学习评估

learning to learn　学会学习　268–270

levels of consciousness model　意识水平模型　79

locating cognitive functions in the brain　脑中的认知功能定位　193–200

logic schemes　逻辑图式　12–13

logical dimensions of SCSs　特定能力系统的逻辑维度　106–107

logical fallacies　逻辑谬误　238–239，241–243
logical necessity　逻辑必然性　128，239，266
logistic growth　逻辑增长　152–154，专栏 11.1，图 11.3
long-term memory　长时记忆　158，199，266

M

manipulating cognizance　操纵觉知　237–246
  enhancing mathematical thought　加强数学思维　243–246
  improving conditional reasoning　提高条件推理能力　237–243
mapping changes in structural relations　结构关系变化图　150–154
  logistic growth　逻辑增长　152–154
  Tucker-Drob differentiation model　塔克－德罗布分化模型　150–152
mapping integration-differentiation patterns　整合－分化模式图　154–160
  cycle of principle-based representations　基于原则的表征的循环　156–160
  cycle of realistic representations　基于现实的表征的循环　154–155
  cycle of rule-based representations　基于规则的表征的循环　155–156
mapping mind-brain development　脑智发育图谱　191–215
markers of developmental g g　因素随年龄发展的标志物　154–160
mathematical thought enhancement　数学思维的提升　107，243–246
meaning making　意义创造　18，85，211–212，280
mechanisms of attention　注意机制　8
mediating role of cognizance　觉知的中介作用　137–145，图 10.2
mediation of cognizance　觉知的中介　134–146，243
"Me-self"　客体我　76–77，174，176
mental age　心理年龄　30，131–132，图 9.3，147–150
mental functions　心理功能　表 14.1
mental mapping　心理图谱　101，107
mental models theory　心理模型理论　238–239
mental process training　心理过程训练　229–246
  see also enhancing intelligence in laboratory　又见　在实验室中增强智力
mental processes　心理过程　图 14.1
mental retardation　心理发育迟缓　148
mental rotation　心理旋转　44，99–101，104，108–111，114–116，157，193–194，231–232，263
mental self-concept　心理自我概念　228

mentation 心理状态 284–285
metacognition 元认知 19，68–69，79–80，96
metalogic 元逻辑 62–63
    explicit 外显 63
    implicit 内隐 62–63
metareasoning 元推理 60
metarepresentation 元表征 77，89–90，119，129，260–262
Miller's magic number 米勒的神奇数字 7，47，50
mind-related brain network changes 心智相关脑网络的变化 202–209
mindfulness 正念 77–80
model of brain functioning 脑功能模型 199–200
model of cognitive accomplishment 认知成就模型 132
model of intelligence 智力模型 24–26
model-based reasoning 基于模型的推理 107–113
models of personality 人格模型 162–166
modularity 模块化 15–17，82–83
modus ponens 肯定前件 12–14，21，38，64–66，128–130，237–238
modus tollens 否定后件 12–14，21，38，64，108–109，图 8.4，237–238
monitoring mechanisms 监控机制 103

N

Naglieri's PASS theory 纳格里的 PASS 理论 25–26
nature of intelligence 智力的本质 32–33
nature of knowledge 知识的本质 247–248
negative emotionality 消极情绪性 164，170
neo-Piagetian theories 新皮亚杰学派的理论 44–56，88–90，219–220
neural connectivity 神经连接 182，198
neuroticism 神经质 164–168，171–172，275

O

ontogenetic time-scale 个体发生的时间尺度 2
ontological status of mind 心智的本体论状态 69–70
openness to experience 经验开放性 164–165，171
operative development 操作性发展 33–39
organization of human mind 人类心智的组织 74–76，95–120
organization of personality 人格结构 162–166

  Big Five factors of adult personality　成人大五人格因素　164–165

  emotional intelligence　情商　165–166

  temperament in infancy/childhood　婴儿/儿童气质　163–164

origins of mental processes　心理过程的起源　178–179

origins of reasoning　推理的起源　63–66

overarching principles integrating representations　整合性表征的首要原则　123，129

overarching theory of growing mind　心智成长的主要理论　93–216

  cycles/phases of development　发展周期或阶段　121–133

  differentiation of mental processes through development cycles　发展周期中心理过程的分化　147–161

  genetic/psychological/cultural aspects of mind　心智的遗传/心理/文化方面　177–190

  mapping mind-brain development　绘制脑智发育图谱　191–215

  organization of human mind　人类心智的组织　95–120

  personality/emotions in the mind　心智中的人格/情绪　162–176

  recycling and mediation of cognizance　觉知的循环与中介　134–146

P

parieto-frontal integration theory　顶叶–额叶整合理论　199–200，211

perception　知觉　16，33–34，57，100–102，143–146，154，201

perceptual similarity　知觉相似性　57–58

personality　人格　162–176，226–228，291–292

  intelligence and academic performance　智力和学业表现　226–227

  intelligence relations　智力关联　171–172

  relations between personality/emotions/cognition　人格、情绪、认知间的关系　166–171

personality-intelligence relations　人格–智力的关联　171–172

phases of development　发展的阶段　121–133

  cycles in development of g　g 因素的发展周期　122–130

  how developmental cycles relate to IQ　发展周期如何与智商相关联　131–132

physical causality　物理因果关系　86–87

physical resemblance　物理上的相似之处　101–102

Piaget, Jean　让·皮亚杰　15–16，31–43，63–64，82，88–90，107，118–119，219–220，234–237

  current status of Piaget's theory　皮亚杰理论现状　40–41

  mechanisms of change　变化机制　39

  nature/adaptive functions of intelligence　智力的适应功能/本质　32–33

  Piaget's theory　皮亚杰理论　31–32

    stages of operative development　操作发展阶段　33–39

 "Piagetian reasoning"　皮亚杰式推理　107，225，284

Piaget's theory of cognitive development　皮亚杰的认知发展理论　31–32，39–41，69，102，187，232–234，250

pre-schooler critical thinking　学龄前的批判性思维　275–276

pre-schooler education　学前教育　254–262

  core operators to representations　核心表征操作　254–256

  educating awareness　培养意识　260–262

  educating executive control　培养执行控制　256–257

  educating reasoning　培养推理能力　257–260

pre-sorting episodic representation　预先分类的情景表征　123–124

preoperational thought　前运算思维　35–37，41

primary reasoning　初级推理　59–63

primary school critical thinking　小学阶段的批判性思维　276–277

primary school education　小学阶段的教育　262–266

  educating reasoning　培养推理能力　265

  educating representational capacity　培养表征能力　264–265

  educating SCS　完善特定能力系统　262–264

  educating self-awareness　培养自我意识　265–266

principle-based thought　基于原则的思维　129–130，136，156–160，277–280

  markers of developmental g　g因素随年龄发展的标志物　156–160

process of cognizance in early-late childhood　儿童早期－晚期的觉知过程　143-145

processing efficiency　加工效率　66–67，133–135，138–139，150，221–222，图 15.1，224，246

processing of emotional information　情绪信息的加工　170

processing mechanisms　加工机制　8–10

psychoanalytic theory　精神分析理论　163，172–173

psychological aspects of the mind　心智的心理方面　177–190

  culture, intelligence, intellectual development　文化、智力和智力发展　184–188

  genes, intelligence, intellectual development　基因、智力和智力发展　180–183

  origins of mental processes　心理过程的起源　178–179

psychometric g　心理测量g因素　28，113，121，135，148，178–181，图 13.1，192，232，284–287

psychometric requirements　心理测量学需求　119–120

psychometric standards　心理测量学标准　103，119

psychometric tradition　心理测量传统　26–30，219–220，232，271–272

Q

quantitative specialized capacity system　定量特定能力系统　158，253，255，262–263

quantitative thought　定量思维　102，104–105，110–111，139，233，245，262–263，267

R

Raven's Progressive Matrices　瑞文渐进矩阵　24–26，图 2.2，101–102，119，126–132，144，155，188，203，220–221，224，232，269，283

reading disability　阅读障碍　183

realistic mental representations　现实的心理表征　123，206–207

realistic representational thought　现实的表征思维　124–126，154–155

reality constraint　现实约束　137

reasoning　推理　11–15，图 4.4，57–67，107–113，139，150，253–260，265–268

recursivity　递归性　16，21，42，73，77，282–283，286

recycling　循环　48–51，134–146，图 10.1，209

　　and executive control structures　执行控制结构　48–51

　　　specifying mediating role of cognizance　明确觉知的中介作用　137–145

　　　speed, working memory, reasoning　速度、工作记忆、推理　135–137

refining cognitive skills　提高认知能力　270–272

reflection　反射　119

relations between personality, emotions, cognition　人格、情绪、认知之间的关系　166–171

representation mechanisms　表征机制　8–10

representational alignment　表征对齐　118，260–262，图 17.2，283–284

representational capacity brain networks　表征能力的脑网络　167，194–196，253，256–257，264–268

representational efficiency　表征效率　55–56，134–135

representational ensembles　表征集合　254–256

representational intelligence　表征智力　35–39

　　concrete to formal thought　具体到形式思维　37–39

　　　preoperational to concrete thought　前运算思维到具体思维　35–37

representational resolution　表征能力　257

representational role of mind　心智的表征性　70–74，254–255

reproductive ability　再现能力　24–25

索 引

research manipulating cognizance　操纵认知的研究　237–246
reversibility　可逆性　37，42，127，282
role of speed of processing　加工速度的作用　44–55
rule-based reasoning　基于规则的推理　107–113，155–156，206–208
rule-based thought　基于规则的思维　126–129，143，156

S

Sally task　萨利任务　70–71，73，144
　　　see also false belief tasks　又见　错误信念任务
SAT see Scholastic Assessment Test SAT　见　美国高中毕业生学术能力水平考试
Scholastic Assessment Test　美国高中毕业生学术能力水平考试　220–222
school and intellectual development　学校和智力发展　219–228
　　　developing mind, school performance, learning　发展心智、学校教育、学习　220–221
　　　how schooling influences cognition　学校教育如何影响认知　221–223
　　　personality, intelligence, academic performance　人格、智力、学业表现　226–227
school performance　学业表现　220–226
　　　cognitive performance　认知表现　223–226
　　　see also academic performance　又见　学业表现
schooling　学校教育　220–221
SCS see specialized capacity systems SCS　见　特定能力系统
SCS-IQ relation　特定能力系统同智商的关联　104，106
second-order theory of mind tasks　二阶心理理论任务　73
self　自我　172–175
　　　defence mechanisms　防御机制　174–175
　　　ego　自我　172–174
self-assessed intelligence　自我评价的智力　169–170
self-awareness　自我意识　68–69，77–81，97，114，171，173，265–266
self-categorization 自我分类　79–80
self-concept　自我概念　77，79，176，228，291–292
self-consciousness　自我意识　78，283
self-directed searching　自主搜索　270
self-discipline　自律　170，227
self-esteem　自尊　168，172，291–292
self-evaluation　自我评价　114–115，130，157–158
self-identity　自我认同　173

self-inhibition　自我抑制　168

self-initiated movement　自我发起的运动　83，85

self-knowledge　自我认识　17，23，76–77，189–190

self-management　自我管理　168

self-monitoring　自我监控　119，246

self-reflection　自省　78–79

self-regulation　自我调节　53，81，119，163，166，171，173–174，188，265–266

self-representation　自我表征　68–69，76，168，170，172，176，227

self-restraint　自制力　164

self-satisfaction　自我满足　163

self-systems　自我系统　168

self-worth　自我价值　169

sensorimotor intelligence　感知运动智力　34–35，49，52，232

SES *see* socio-economic status　SES 见 社会经济地位

short-term storage space　短时存储空间　49–53，图 4.3，95–96，195–196

similarity estimations　相似性估计　138，157

small-world networks　小世界网络　203–204，图 14.3

social specialized capacity system　社会特定能力系统　253

social thought　社会思想　103–104

socialization　社会化　163

socially acceptable tendencies　社会接纳倾向　163

socio-economic status　社会经济地位　210

spatial specialized capacity system　空间特定能力系统　158，252–253，255–256

spatial thought　空间思维　101，104-105，107，111，139，156–157，186，245，263，267

Spearman's Law of Diminishing Returns for Age　斯皮尔曼的年龄收益递减法则　148

Spearman's two-factor theory　斯皮尔曼的两因素理论　22–24，41，52，65，119，148

special abilities　特殊能力　82–83

specialized capacity systems　特定能力系统　95–121，149–150，158–160，166–168，188，225–226，231–237，248–266

　　association with cognitive functions　与认知功能的关系　图 11.5

　　cognitive style and ability　认知风格和能力　图 11.6

specialized domains of thought　思维的特定领域　95，98–107，表 8.1

specialized storage systems　特定存储系统　10

specialized structural systems　特定结构系统　98–99

specific genes,specific aspects　特定基因，特定方面　188–190

speed of processing　加工速度　8，44–55，135–137，198

SSS *see* specialized structural systems　SSS 见　特定结构系统

stages of operative development　操作发展阶段　33–39

　　representational intelligence I　表征智力 I　35–37

　　representational intelligence II　表征智力 II　37–39

　　sensorimotor intelligence　感觉运动智力　34–35

stream of consciousness　意识流　75

Stroop phenomenon　斯特鲁普现象　8，27，46，114，232

structural relations within phases　阶段内的结构关系　135–137

substance of g　g 因素的物质基础　113–119，122–130

　　cycles in development of g　g 因素的发展周期　122–130

　　empirical mapping of dimensions　维度的图谱　113–119

substantiation of SCSs　特定能力系统的证实　103–106

subvocal rehearsal loop　默读复述环路　10

superego　超我　163

surgency　外倾性　164

syllogistic reasoning　三段论推理　107

synchronization　同步性　20，46，213–214

systematic training of mental processes　心理加工的系统训练　246

T

temperament　气质　163–164，167

testing for transfer in SCSs　测试特定能力系统内的迁移　233–234

theory of mind　心理理论　44，68–80，199–200，275，287

　　know yourself　认识自己　76–77

　　ontological status of mind　心智的本体论状态　69–70

　　organization/functioning of mind　心智的组织/运作　74–76

　　representational/causal role of mind　心智的表征/因果作用　70–74

　　self-awareness/mindfulness　自我意识/正念　77–80

theory-of-mind tasks　心理理论任务　图 6.1

top-down causal effects　自上而下的因果效应　230–231，245，286–287

top-down mediation　自上而下的中介　144–146

total processing space　总加工空间　49–50，52

towards overarching theory of growing mind　迈向心智成长的总体理论　281–292
　　composition of growing mind　成长心智的构成　281–283
　　development of the mind　心智的发展　283–285
　　instruction/learning　教学 / 学习　290–291
　　personality/mind　人格 / 心智　291–292
towards theory of instruction　迈向发展理论　247–272
　　assessment for learning　评估学习　268–270
　　general principles of education　教育的基本原则　248–268
traditions of research on human mind　人类心智研究的传统　5–92
　　awareness about the mind　心智的意识　68–81
　　core domains　核心领域　82–91
　　development of reasoning　推理的发展　57–67
　　differential tradition　差异的传统　22–30
　　experimental cognitive tradition　实验认知的传统　7–21
　　neo-Piagetian theories　新皮亚杰理论　44–56
　　Piaget's theory　皮亚杰理论　31–43
training intelligence　训练智力　229–232
trait emotional intelligence　特质情绪智力　170
transfer in/across SCSs　特定能力系统内和特定能力系统间的迁移　233–234
transfer to g　迁移到 g 因素　243–246
transfer of training effects　训练效果的迁移　图 16.2，图 16.3，246
Tucker-Drob differentiation model　塔克-德罗布分化模型　150–152，图 11.2，154，157–158
types of thought domain　思维领域的类型　101–103
　　categorical thought　分类思维　101–102
　　causal thought　因果思维　102–103
　　quantitative thought　定量思维　102
　　social thought　社会思维　103
　　spatial thought　空间思维　101

V

verbal thought　言语思维　245
visual perception　视知觉　100，201
Vygotsky, Lev　列夫·维果斯基　15–16，234–237，269–270

W

Wason's card selection task　沃森卡片选择任务　13–14，图 1.3，63，107–108

WISC-Ⅲ　韦氏智力测验第三版　104，图 8.3，119，131–132，225，232，283

working memory　工作记忆　8–10，图 1.1，图 1.2，28–29，45–55，95–97，116，135–143，150，154，180–186

working memory capacity　工作记忆容量　27–28，51，219–220

Z

zone of proximal development　最近发展区　234–235，图 16.1，269–270

Growing Minds: A Developmental Theory of Intelligence, Brain, and Education, 1 edition

By Andreas Demetriou, George Spanoudis

© 2018 Andreas Demetriou and George Spanoudis

Authorized translation from English language edition published by Routledge, a member of the Taylor & Francis Group.

Educational Science Publishing House Limited is authorized to publish and distribute exclusively the Chinese (Simplified Characters) language edition. This edition is authorized for sale throughout the Mainland of China. No part of the publication may be reproduced or distributed by any means, or stored in a database or retrieval system, without the prior written permission of the publisher.

Copies of this book sold without a Taylor & Francis sticker on the cover are unauthorized and illegal.

All Rights Reserved.

本书原版由 Taylor & Francis 出版集团旗下 Routledge 出版公司出版。
本书中文简体翻译版由教育科学出版社有限公司独家出版并限在中国大陆地区销售。未经出版者书面许可，不得以任何方式复制或发行本书的任何部分。
本书封面贴有 Taylor & Francis 公司防伪标签，无标签者不得销售。

版权所有，侵权必究。